普通高等教育“十一五”国家级规划教材

信息存储与检索

第2版

主　编　王知津

副主编　李　培　于晓燕

参　编　（按姓氏笔画排序）

陈芳芳　赵　洪　徐　芳

蒋伟伟　景　璟　樊振佳

机 械 工 业 出 版 社

本书供高等院校信息管理类专业学生学习信息检索专业课使用，有别于旨在向大学生普及信息检索方法的信息检索与利用类教材。本书内容涉及信息检索的原理、方法、技术、系统以及相关的网络知识等，共分9章：绪论、信息检索模型、文本信息存储与检索、多媒体信息存储与检索、Web信息存储与检索、并行与分布式信息检索、人工智能与自然语言检索、用户界面与可视化、信息检索评价与实验。

本书内容丰富，深入浅出，力图将计算机技术与信息检索紧密结合起来，具有信息检索专业性质，属于侧重“技术”的教材。本书不仅适合信息管理类专业学生使用，还可作为高等院校计算机类专业师生的参考书，对于从事信息检索系统、数据库以及网站开发、设计的实际工作者来说，也是一本较好的参考书。

图书在版编目（CIP）数据

信息存储与检索/王知津主编．—2版．—北京：机械工业出版社，2015.9（2024.1重印）
普通高等教育“十一五”国家级规划教材
ISBN 978-7-111-51235-6

Ⅰ.①信… Ⅱ.①王… Ⅲ.①信息存贮—高等学校—教材 ②情报检索—高等学校—教材 Ⅳ.①TP333 ②G252.7

中国版本图书馆CIP数据核字（2015）第189326号

机械工业出版社（北京市百万庄大街22号 邮政编码100037）
策划编辑：易 敏 责任编辑：易 敏 刘 静
责任校对：赵 蕊 封面设计：陈 沛
责任印制：邓 博
北京盛通数码印刷有限公司印刷
2024年1月第2版8次印刷
184mm×260mm・18.25印张・428千字
标准书号：ISBN 978-7-111-51235-6
定价：45.00元

电话服务
客服电话：010-88361066
010-88379833
010-68326294

网络服务
机 工 官 网：www.cmpbook.com
机 工 官 博：weibo.com/cmp1952
金 书 网：www.golden-book.com
机工教育服务网：www.cmpedu.com

第2版前言

本书第1版自2009年出版以来，受到广大读者的好评和欢迎，许多学校都采用本书作为教材或主要教学参考书，先后多次印刷。

随着计算机技术和网络技术的迅速发展，信息存储与检索的理论研究与实践活动也发生了许多变化。因为这些发展，本书有的内容需要修改，有的内容需要删除，有的内容需要增加。部分读者和用书教师也对本书的内容提出了建议和要求。在这种情况下，我们对第1版进行了修订。

此次修订的指导思想是：延续原书的写作风格和特色，保留原书的主要框架，只对个别结构进行微调；补充新内容，使其更加充实和饱满；删除个别陈旧过时的内容，突出基本理论、方法和技术；修改不十分恰当的内容及其文字表述，使之更加科学、完善和流畅。此外，我们还补充和更新了个别图、表、思考题以及参考文献。

本书各章节的修订者及具体分工如下：王知津（第1章）、赵洪（第2章）、陈芳芳（第3章第1~5节、第7节以及第8章）、景璟（第3章第6节）、徐芳（第4章）、蒋伟伟（第5章）、李培（第6、7章）、樊振佳（第9章）。

信息存储与检索是一个紧跟计算机技术及网络技术并不断发展和变化的领域，新理论、新方法、新技术层出不穷，虽然我们尽了最大努力兼顾该领域的最新发展与学校教学的基本规律，并将其有机结合起来，但受学识、水平和能力的限制，缺点、疏漏在所难免，恳请各位专家、学者以及广大读者不吝赐教、指正，及时反馈意见和建议，以便将来再次修订时予以更正、补充和完善。

王知津

第1版前言

如果在30年前提起“信息检索”，恐怕没有多少人听说过，因为那个时候信息检索还远离广大最终用户，“信息检索”只是作为专业工作者的专用术语而存在。然而，这并不意味着广大最终用户不需要信息检索，恰恰相反，人们在学习、工作和生活的各个领域里，每时每刻都在需求信息和利用信息，只不过绝大多数的检索操作都不是用户亲自进行的，而是由专职人员代替完成的。然而，近几十年来，计算机技术、通信技术和网络技术飞速发展，特别是互联网延伸到世界的各个角落，成为一种大众工具，使信息检索也发生了翻天覆地的变化。今天的“信息检索”已经不是什么新鲜事，已变成了大多数人耳熟能详的常用术语。

信息检索是信息管理领域的核心部分。现代信息检索已经脱离了原来的人工操作方式，而与现代信息技术紧密结合起来，从而进入了一个崭新的历史发展阶段。自20世纪50年代初提出“信息检索”这个概念以来，历经半个多世纪的发展和建设，信息检索已成为一门新兴的交叉学科呈现在人们面前。信息检索已经逐渐形成了包括自身的理论、方法、技术和应用领域在内的完整的学科体系，尽管还存在一些没有解决或没有完全解决的课题，但这并不影响它沿着自己的既定方向继续前进。

目前，环顾国内外，关于信息检索的教材数量众多。仅就国内而言，绝大多数此类教材属于“方法”类，主要供在校大学生学习、掌握和运用检索方法，强化其利用信息的技能和技巧，带有普及性质。还有少数此类教材属于“技术”类，主要供高等学校信息管理类专业的学生使用，旨在使学生深入了解信息检索的原理、技术、系统以及相关的网络知识等，相较而言更专业。本书属于后者。

2005年，我们曾翻译出版了《现代信息检索》（机械工业出版社出版）一书。该书主要从计算机专业角度出发，将计算机技术与信息检索紧密结合起来进行介绍，但由于文化和教育背景不同，还不能完全适合我国学生。为此，出版社鼓励我们重新编写一本更加适合我国学生的信息检索教材，这成为我们编写本书的巨大动力。此后，本书被教育部列入普通高等教育“十一五”国家级规划教材，也得到了南开大学教材建设立项资助。

本书大体上分为4个部分共9章。第一部分是信息检索理论，包括第1、2章，主要介绍信息检索和信息检索系统的基本概念、原理、类型、结构及各种数学模型。第二部分是基本的信息存储与检索，包括第3~5章，重点介绍文本信息、多媒体信息和Web信息的存储与检索。第三部分是信息存储与检索的提高，包括第6~8章，着重介绍并行与分布式信息检索、智能信息检索、用户界面设计及信息检索可视化。第四部分的第9章是信息检索的评价，侧重介绍信息检索的相关性理论以及评价指标、方法与实验。

本书的编写思路和大纲由王知津提出，经集体反复讨论和修改后确定。各章节的编写者及具体分工如下：王知津（第1章）、赵洪（第2章）、陈芳芳（第3章第1~5节、第7节）、于晓燕（第4、8章）、江力波（第3章第6节、第5章第1~3节）、张收棉

（第5章第4节）、李培（第6、7章）、樊振佳（第9章）。全书的初审由于晓燕和李培完成，王知津负责终审和定稿。

在本书的编写过程中，我们参考和借鉴了大量的中外文书刊资料，由于篇幅所限，未能一一列出，在此对所有参考文献作者表示诚挚的谢意。正是这些参考文献作者的前期工作为本书的完成奠定了基础，并为我们提供了强大的写作动力和丰富的创新素材。本书得以顺利完成，与机械工业出版社易敏编辑所给予的大力支持、鼓励、指导、帮助和建议是分不开的，在此，我们一并表示感谢。

虽然我们尽了自己最大的努力编写好本书，但信息检索毕竟是一个快速发展和不断更新的领域，限于编者的学识、水平和能力，缺点、疏漏在所难免，恳请各位专家、学者和广大读者不吝赐教、指正，以便在本书修订时加以补充、更正和完善。

我们制作了与本书配套的PPT课件，使用本书作教材授课的教师可向出版社编辑索取（yimin9721@163.com）。

王知津

目录

第1章　绪　　论

【本章提示】　本章为信息存储与检索提供一个概貌，为后续各章的展开打下基础。本章主要阐述信息检索的概念、原理和类型等基本理论，介绍信息检索系统的概念、类型、物理结构和逻辑结构，讨论信息检索的研究内容、相关学科、产生和发展以及现状与未来趋势。要求重点掌握信息检索基本理论和信息检索系统两大部分，对于信息检索的研究现状与趋势可做一般了解。

1.1　信息检索基本理论

1.1.1　信息检索的概念

"信息检索"（Information Retrieval，IR，我国早期译为"情报检索"）一词最早出现于1952年，由美国学者穆尔斯（C. W. Mooers）提出，从1961年开始在学术界和实践领域中得到广泛的应用。信息检索这一概念首先假设包含相关信息的文献或记录已经按照某种有助于检索的顺序组织起来。信息检索就是对信息项进行表示、存储、组织和存取的全过程。对信息项的表示和组织应该能够为用户提供其感兴趣的信息的方便存取。遗憾的是，对用户信息需求进行全面而准确的描述不是一件轻而易举的事情。例如，在万维网（或者就是Web）环境中考察以下假设的用户信息需求：

找出包含能满足以下两个条件的有关某一学院网球队相关信息的所有网页（即文献）：①该网球队隶属于美国的一所大学；②该网球队参加过美国大学生体育协会（NCAA）举办的网球锦标赛。为了保证查找结果的相关性，检索到的网页必须包括该网球队在过去三年里在全国比赛中的名次及其教练的电子邮箱、地址或电话号码等信息。

显然，在目前的Web搜索引擎界面中，人们不可能直接采用这种对用户信息需求进行完整描述的方式来检索信息，用户必须首先将这些信息需求转换为搜索引擎（或IR系统）能够处理的查询式来查询。这种转换以其最普遍的形式生成一组关键词（或索引词），而这些关键词能够对用户信息需求的描述进行概括。

20世纪90年代以前，知道"信息检索"这个术语的人还不多。随着因特网的形成、发展和普及，信息检索才被越来越多的人所知、所用。就信息检索这个概念而言，不同的使用者对它有着不同的理解和解释，大体上可以分为两类：

第一类是广义的。对于专门从事信息检索及其系统的研究、开发和设计的少数人来说，"信息检索"的完整含义是"信息存储与检索"（Information Storage and Retrieval，ISR）。也就是说，把"信息检索"当作"信息存储与检索"的简称。这里所谓的信息检索，包括存储和检索两个过程。信息存储是指将有用信息按照一定的方式组织和存放起来；信息检索是指当用户需要这些信息时，再把它们从存放的地方查找和提取出来。因此，对于广义的信息检索来说，存储和检索缺一不可。本书采取信息检索的广义用法，这就要求不仅要知道如何检索，也要知道如何存储，因为如何存储决定了如何检索。

第二类是狭义的。对于普通信息用户来说，在大多数情况下，“信息检索”可以用英文 Information Searching 来表达，其准确含义是“信息查询”或“信息搜索”。也就是说，所谓信息检索，是指按照一定的方式从现有的信息集合或数据库中，找出并提取所需要的信息。可见，狭义的信息检索仅指检索这一个过程，而不关心信息是如何存储的。

1.1.2 信息检索的原理

如上所述，广义的信息检索包括存储和检索两个过程，其基本原理可以用图 1-1 表示。

在存储过程中，专门负责信息检索系统和数据库建立的人从各种各样的信息资源中，搜集有用信息，对有用信息进行主题内容的分析，找出能够全面、准确表达该信息主题内容的概念，借助于检索语言（通常是检索词表）把分析出来的概念转换成检索系统所采用的词语（在自然语言检索系统中，直接使用自然语言而不需要转换），再按照一定的规则和方式将这些有用信息组织成可供检索用的数据库，并存储在一定的介质上。这就是说，存储过程的实质是对信息进行标引，以形成信息特征标识，为检索过程提供入口和路径。

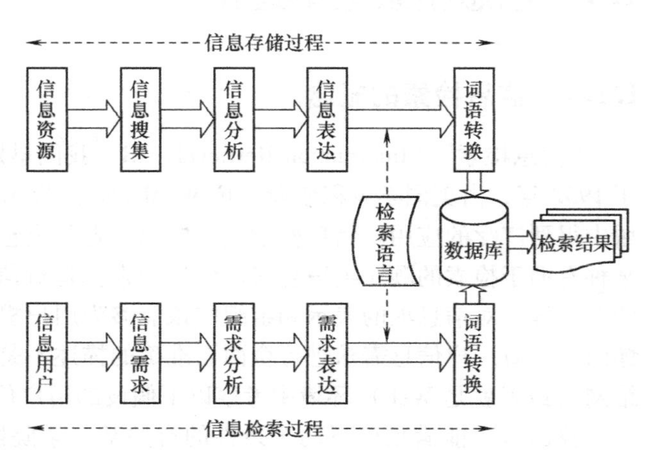

图 1-1 广义的信息检索的基本原理

信息用户在工作、学习和生活中产生了信息需求，为了检索并获取自己所需要的信息，用户必须对自己的需求进行主题内容的分析，找出能够全面、准确表达该需求主题内容的概念，借助于检索语言（通常是检索词表）把分析出来的概念转换成检索系统所采用的词语（在自然语言检索系统中，直接使用自然语言，而不需要转换）；再按照一定的检索规则和方式，制定检索策略，构造检索式，从数据库中查找并获取自己所需要的信息；最后，输出检索结果。当然，检索的全过程还应当包括对检索结果进行评价、反馈，或许还要重新制定检索策略，重新构造检索式，反复进行检索，直至检索出满意的结果为止。这就是说，检索过程的实质是对提问（从用户的信息需求中提炼出来）进行标引，以形成提问特征标识，然后按照存储过程所提供的入口和路径，从信息集合中查获与提问标识相符合的信息子集。可见，检索过程是存储过程的相反过程或逆过程。

在现实中，把用户的复杂信息需求与近乎无限的信息集合进行直接的比较和匹配是不现实的，取而代之的可行方式是对两者的简约代表进行比较和匹配，即间接比较和匹配。因而，信息检索原理的实质就是提问特征标识与信息特征标识的比较和匹配，这种比较和匹配代表着信息需求与信息集合之间的比较和匹配。比较和匹配的结果，如果两者一致，则检索命中或检索成功；如果两者不一致，则检索未命中或检索未成功。

从用户的角度来看，信息检索原理的核心是用户所使用的检索词或者由检索词和运算符所组成的检索式与数据库中的检索词及其逻辑关系之间的比较和匹配机理。从集合论的观点来看，检索过程是对信息集合进行选择或划分的过程，选择或划分的依据就是一系列检索条件。由于存储过程和检索过程都不具有唯一性，所以，对于同一个信息需求或检索课题来说，检索方式也是多种多样的。

从图1-1可以看出，信息存储和信息检索有两个交汇处：一个是直接的，即表达信息主题内容的词语与表达需求主题内容的词语之间进行对比的交汇；另一个是间接的，即通过检索语言进行沟通，确保把存储用词和检索用词都统一到同一个检索语言体系中（对于自然语言检索系统来说，不存在存储与检索的间接交汇处）。

由此可见，信息存储和信息检索的直接交汇处是至关重要的，由此形成了信息检索的一致性匹配作用机理，如图1-2所示。

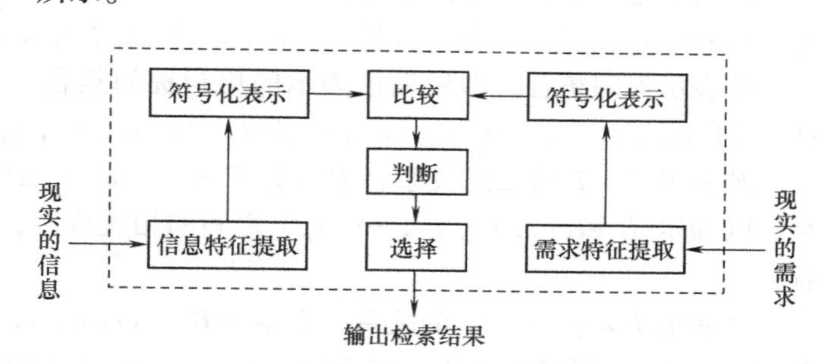

图1-2 信息检索的一致性匹配作用机理

信息检索的一致性匹配作用机理包括五个机理。

（1）提取机理。从现实的信息和现实的需求中提取出能够揭示特定信息和特定需求的语法特征和语义特征。这些特征可以归纳成内容（内部）特征和形式（外部）特征，前者包括特定信息和特定需求的类别（如学科、专业）、主题等，后者包括信息和需求的名称（题名）、作者（责任者）、时间、编号等。

（2）表示机理。用适当的符号表示信息和需求的各种特征。符号是广义的，可以是文字、数字和符号，也可以是图形、图像、视频和音频。比如，用分类号表示信息和需求的类别，用关键词表示信息和需求的主题。

（3）比较机理。在检索项类型（如题名、作者、分类、关键词）相同的情况下，对代表特定信息的特征符号与代表特定需求的特征符号进行对比。比较的实质是相似性比较或一致性比较，即包括完全一致、部分一致和不一致，也包括等于、不等于、大于、小于。比如，对于两个词或词组来说，它们可以是完全一致、前方一致、后方一致、中间一致；对于两个编号来说，它们可以是相等、大于、小于。

（4）判断机理。在比较的基础上，对信息是否符合需求以及符合的程度加以判断。两者相符合的信息被检索出来（命中），不相符合的信息被拒绝（不命中）。从符合程度来看，可以是完全符合，也可以是部分符合。在部分符合中，还可以进一步细化。原则上，凡是符合特定检索所规定的比较条件和一致条件的信息，都应该是符合需求的，尽管它们符合的程度有所不同。

（5）选择机理。对于检索出来的结果，按照一定的标准加以选择，带有推荐首选或着重使用的意义。选择的实质就是排序，排序有多种标准和方法，如相关度、权值和（加权检索）、时间（新颖性）、重要作者或单位等。

信息检索的一致性匹配作用机理的实质是简化现实的信息和现实的需求之间的匹配。把内容与形式都非常复杂的信息简化成信息特征的符号化表示，再把内容与形式都非常复杂的需求也简化成需求特征的符号化表示，将这两个非常简单的特征符号化表示进行比较、判断和选择，从而变复杂为简单，化模糊为清晰，大大提高了匹配效率。然而，这种简化也会带来一些弊病，造成误检和漏检。如何解决和避免这些问题，已经成为信息检索领域的重要研究课题。

按照信息检索原理，可以用如下代数结构来描述任何一个信息检索系统：

$$I = < T, D, Q, F, R >$$

式中，T 表示词语集合，$T = \{t_1, t_2, t_3, \cdots, t_n\}$，它代表某一检索系统或数据库的词语空间（或控制空间、属性空间、标引空间），是标引的结果和检索的依据，用于规范和控制标引和检索。

D 表示记录集合，如文献集合代表某一检索系统或数据库的文献空间，$D = \{d_1, d_2, d_3, \cdots, d_m\}$，$d_i \in D$，都有$(t_{i1}, t_{i2}, t_{i3}, \cdots, t_{in}) \in d_i$，且$(t_{i1}, t_{i2}, t_{i3}, \cdots, t_{in}) \subseteq T$。

Q 表示提问集合，即用词语表示的用户提问集合，$Q = \{q_1, q_2, q_3, \cdots, q_k\}$，$q_j \in Q$，都有$(t_{j1}, t_{j2}, t_{j3}, \cdots, t_{jn}) \in q_j$，且$(t_{j1}, t_{j2}, t_{j3}, \cdots, t_{jn}) \subseteq T$。

F 表示 $D \times T$ 的二元关系，表示为 $F = \{ < d, t, \mu(d, t) > \}$，$F$ 描述的是标引关系，以确定 d_i 和$(t_{i1}, t_{i2}, t_{i3}, \cdots, t_{in})$之间的相关程度，而 μ 值是这种相关程度的量化描述。

R 表示 $T \times Q \rightarrow \{d\}$ 的关系，表示为 $R = (t, q, d, \theta(t, d, q))$，$R$ 描述的是检索关系，与 F 是对称的；θ 表示包含$(t_{i1}, t_{i2}, t_{i3}, \cdots, t_{in})$的任意一个文献 d_i 与包含$(t_{j1}, t_{j2}, t_{j3}, \cdots, t_{jn})$的任意一个提问 q_j 之间相关程度的标准，即检索算法。检索算法可能是一个值（检索词），也可能是一个公式（检索式），它所产生的检索结果集是 $\{d\}$，它是 D 的子集，能够满足该检索算法 θ 所确定的、Q 所提出的以及 T 所规范的标准。该检索算法描述了标引方式 F 和检索方式 R 两个方面，F 和 R 是一个事物的两个方面，即什么样的 F 决定了什么样的 R，什么样的 R 来源于什么样的 F。

可以用数学空间的概念来描述标引和检索。对于标引来说，设 T 为词语空间，则 $T = \{t_1, t_2, t_3, \cdots, t_n\}$，这是一个 n 维的向量空间。设 D 为文献集合，则 $D = \{d_1, d_2, d_3, \cdots, d_m\}$，对于任意一个 d_i 来说，在词语空间中都有一个确定的向量与之对应。也就是说，在 T 之上，用二元关系 F 对 d_i 进行标引后，d_i 就成为该 n 维 T 空间中的一个文献向量，而 m 个文献向量就构成了文献空间。类似地，设 Q 为提问集合，则 $Q = \{q_1, q_2, q_3, \cdots, q_k\}$，对于任意一个 q_j 来说，在词语空间中都有一个确定的向量与之对应。也就是说，在 T 之上，用二元关系 F 对 q_j 进行标引后，q_j 就成为该 n 维 T 空间中的一个提问向量，而 k 个提问向量就构成了提问空间。对于检索来说，通过 R 关系确定：在任意一个 q_j 向量的周围，或者在人为给定的范围内，蕴含多少个 d_i 向量，即可被 q_j 命中的文献。

1.1.3 信息检索的类型

信息检索的类型很多，可以从不同的角度进行分类，下面仅从信息检索的对象性质和计算机检索技术两个方面阐述信息检索的类型。

1. 按照信息检索的对象性质划分

（1）文献检索（Document Retrieval）。文献检索的对象是文献，例如，检索有关“太阳能电池”方面的文献。这里所说的“文献”是指文献单元，即包含一个完整内容的单元，如一篇论文、一本图书、一份报告等，而忽略其物理载体（如纸介质、磁介质、光介质）、出版形式（如图书、期刊、报纸）、加工深度（如一次文献、二次文献、三次文献）等。进一步说，这里的“文献”可以是完整的原始文献，也可以是原始文献的替代品，如一条目录款目、一条文摘款目或一条索引款目。归根结底，文献检索的目标是检索出原始文献或原始文献的替代品。供文献检索使用的数据库是文献数据库，包括目录、文摘、索引、全文等数据库。

按照文献内容的完整性，文献检索又可以进一步分为书目检索（Bibliographic Retrieval）和全文检索（Full Text Retrieval）。

1）书目检索。所谓书目检索，是指检索对象为原始文献的替代品，即文献线索，而不是原始文献本身，要想阅读原始文献，还必须依据文献线索去进一步找到和获取原始文献。书目检索通常借助于文摘数据库、索引数据库、目录数据库来完成。书目检索的首要目标是检索出包含用户所需信息的书目记录，其数据库则由被存储文献的书目记录构成。

2）全文检索。所谓全文检索，是指检索对象为原始文献本身，主要是对全文中的字、词、句、段等进行检索，检索出来的结果就是原始文献，进而可以直接阅读和使用原始文献。全文检索通常借助于全文数据库来完成，通常可以提供报纸、手册、字典、百科全书、统计资料等的文摘或全文，其首要目标是找出能满足用户所需信息的某个实际文本。全文数据库包含文献的实际文本，最终的检索结果也是实际文本。应当指出，全文检索的完整含义不限于检索结果是全文，而是使用全文中的各种元素（如字、词、句、段等）进行检索。因此，如果只使用题名、作者、关键词、摘要等进行检索，而不能使用全文中的各种元素进行检索，即使检索结果同样是全文，也不是严格意义上的全文检索。

无论是书目检索还是全文检索，都假定存在一个有信息需求的目标用户群。当用户提出询问时，系统应能提供包含他们所需信息的书目记录或全文文本。

文献检索是最典型的信息检索，也是信息检索的早期类型。对于学术研究来说，文献检索仍然是目前使用最普遍的信息检索类型。在许多情况下，可以把文献检索直接理解为信息检索的同义语。

（2）数值检索（Numeric Retrieval）。数值检索有时也叫数据检索（Data Retrieval）。数值检索的对象是以数字形式表示的具体数值，如生产指标、统计数据、物价、股票及理化特性等，主要应用于科学研究、工程设计和经济统计等领域。数值的范围不限于数字本身，还包括图形、图表、数学公式、化学分子式及结构式等非数字型的数值。数值检索的目标是检索出能满足给定条件的、能够直接使用的数值，如钢铁产量、国内生产总值（GDP）、居民消费价格指数（CPI）、汽车的价格、黄金的密度、聚氯乙烯的分子结构、尼罗河的全长、喜马拉雅山的高度等。供数值检索使用的数据库是数值数据库。例如，物理数据库可以提供有关物质的密度、比热容、沸点、熔点、拉力和压力等参数；热力学数据库可以提供有关物质的热力学特性和计算公式；建筑数据库可以提供有关建筑材料的型号、强度、刚度及其他理化特性，还可以提供有关建材产品的型号、规格和价格等。

数值检索是新型的信息检索，其发展速度已超过了文献检索。由于数值检索的结果可以直接使用，数值数据库必须具有高度的准确性和浓缩性，所以，数值的收集、加工和输入必须非常仔细，不能有半点马虎。此外，数值的鉴定也是一项非常重要而又十分复杂的工作。

（3）事实检索（Fact Retrieval）。事实检索的对象是某一特定的客观事实，反映事物或事件发生的时间、地点和过程等实际情况，例如，“长江哪一年汛期的水位最高”“克隆羊最早是由谁研制成功的”“世界上最大的空难是哪一次”，等等。回答这类问题，事先必须有详细记载。与文献检索和数值检索不同，事实检索一般不能通过简单检索直接提供问题的答案，而必须进行比较复杂的对比、分析、推理后才能得出最终结果，从而满足给定条件。事实检索是在数值检索的基础上发展起来的。

在国外，有时对数值检索和事实检索并不加以区分，而是把两者都概括在数据检索或事实检索之下，这样的检索系统应能查找出某项具体的事实或数据。例如，有一个办公信息数据库，包含职工姓名、职位、工资等，还有一个超市信息的数据库，包含商品名称、价格、数量等，数据或事实检索应能检索出某位经理的工资和某种香水的价格。

文献检索是一种相关性检索，主要是确定某一文献集合中的哪些文献包含了用户查询中的关键词，然而，只有这些关键词通常是不能满足用户的信息需求的。文献检索获得的结果具有不确定性和概率性，也就是说，检索结果出来后，还不能确定它们是否满足要求、在多大程度上满足要求，而这些只有在阅读或浏览了原始文献之后才能确定。因此，只能说检索出来的结果与检索课题是相关的。这就是说，文献检索检出的结果可以是不准确的，并且可能有觉察不出来的错误。

相比之下，数值检索和事实检索是确定性检索，检索出来的结果要么有、要么无，要么是、要么否，要么对、要么错，直接回答用户的具体问题，毫不含糊。例如，在检出的1000个结果中，如果只有一个是错误的，就意味着本次检索在整体上是失败的。产生这种区别的主要原因是，一方面，文献检索所处理的通常是自然语言文本，而人们总是不能使自然语言文本很好地结构化，并且自然语言文本可能会有语义上的歧义。另一方面，数值检索和事实检索所处理的通常是事先已经定义好的结构和语义的数据。此外，如上所述，事实检索是三种检索类型中最复杂的。

文献检索是信息检索的核心和主体，数值检索和事实检索是由文献检索派生出来的，但很有发展前途。与数值检索和事实检索相比，文献检索的内容更丰富、方法更灵活，是信息用户最经常使用的。

2. 按照计算机检索技术划分

（1）脱机检索（Off-line Retrieval）。脱机检索是计算机检索的最早技术。脱机检索的存储介质是磁带，输入介质是穿孔卡片或穿孔纸带，不使用通信和终端设备，采用成批处理方式，用户不直接使用计算机，检索作业由专职的检索人员完成。作为计算机检索技术的一个发展阶段，脱机检索在计算机检索技术的历史上占有一席之地，但现在已经很少使用了。目前使用较多的计算机检索技术包括联机检索、光盘检索和网络检索。

（2）联机检索（On-line Retrieval）。联机检索以联机检索提供商为中心，联机检索提供商开发自己的检索软件，建立自己的联机检索系统，数据库则是从数据库生产商那里购买的。用户利用联机检索终端，通过专用的或公用的电话线路等数据通信网络与联机检索系统相连，按照联机提供商所制定的各项检索规则进行检索。由于联机检索系统的功能较强、数据库的质量较好，所以联机检索的费用较高。联机检索的鼎盛时期是20世纪60年代中期到80年代中期，至今在网络环境下仍被使用。

（3）光盘检索（CD-ROM Retrieval）。光盘检索分单机系统和联机系统两种，光盘单机检索系统自成系统，提供给单个用户使用，通常由微型计算机、光盘驱动器、光盘数据库及相应的检索软件和驱动软件组成。光盘联机检索系统是在光盘网络的环境下运行的，光盘网络受到光盘塔和局域网的支撑，在局域网内提供给多个用户使用，由服务器管理。光盘数据库大多由联机检索提供商提供，因此两者的检索方法大体相同。光盘检索费用低，但数据更新慢。光盘检索的鼎盛时期是20世纪80年代中期到90年代初，至今作为网络检索的重要补充，仍被使用。

（4）网络检索（Internet Retrieval）。基于搜索引擎技术的网络检索是随着Internet的兴起和普及而出现的。Internet上的信息非常广泛、丰富，但又非常杂乱、无序。它的信息资源分布在世界各地的主机上，信息量巨大，动态更新，主要依靠搜索引擎获取。早期的网络检索工具包括Archie（检索FTP[⊖]资源）、Veronica（检索Gopher资源）和WAIS（Wide Area Information System，即广域信息查询系统，检索网络文本资源）。当今网络检索工具的主流是Web搜索引擎，它不仅能够提供文本检索，还可以提供图形、图像、音频、视频、动画等多媒体检索。目前，网络检索已经成为信息检索的主要途径。

1.2 信息检索系统

1.2.1 信息检索系统的概念

信息检索过程的实现要依靠特定的系统，这个系统就是信息检索系统。系统是由两个或两个以上既相互区别又互相影响的各种要素构成的统一整体，信息检索系统的构成要素包括目标、功能、资源、设备、方法以及人员。

（1）目标。狭义地讲，信息检索系统的目标是使特定的信息用户能够在特定的时间和地点、以特定的方式和方法获得特定的信息，从而满足其信息需求。换句话说，在用户给出查询后，信息检索系统的首要目标就是检索出可能对用户有用或相关的信息。广义地讲，信息检索系统的目标是将作者表达的思想与用户对该思想的需求进行匹配，即在信息创造者或生成者与该信息的用户之间建起桥梁。

（2）功能。信息检索系统的功能是作为各种各样的信息吸收源的总代表，从各种各

⊖ FTP即File Transfer Protocol的简称，中文译为“文件传输协议”，用于互联网上的控制文件的双向传输。同时，它也是一个应用程序。

样的信息发生源收集信息，又作为各种各样的信息发生源的总代表，向各种各样的信息吸收源提供信息，使信息交流有条不紊、准确无误地进行。具体地说，信息检索系统的功能就是存储和检索，核心功能是以适于匹配用户查询的方式来分析和表达信息内容，以适于匹配数据库的形式来分析和表达用户查询，将用户查询与数据库进行匹配。

（3）资源。信息检索系统的资源是各种形式的信息，包括文字、图形、图像、音频、视频等，这些信息是经过加工整理的有序集合体。

（4）设备。设备是支撑信息检索系统有效运行的各种技术设施和装备。随着科学技术的发展，信息检索系统的设备也在不断变化和更新。早期的、最简单的设备是书本和卡片（包括普通卡片、穿孔卡片和比孔卡片）及其设备，随后出现了计算机设备和通信设备等。

（5）方法。方法是实现信息检索系统功能的保障，也是信息检索系统的本质所在。传统的方法包括编目法、分类法、主题法、索引法和文摘法等，现代的方法包括标记法、链接法、源数据法等。

（6）人员。信息检索系统是人工建造的系统，因此，人是构成系统必不可少的要素，信息检索系统的人员主要包括系统人员和系统用户两个部分。

由此可见，信息检索系统由若干个相互作用的部分构成，各部分的功能各异，设计的目的也各不相同，但它们之间是相互联系的，共同实现系统的目标。狭义地讲，这个目标就是检索信息；广义地讲，目标则是提升用户的知识水平。通常认为，信息检索系统的任务是告知用户他所需要的信息在哪里。也就是说，信息检索系统并不告诉用户他所询问的主题（即不改变用户的知识结构），它只是告诉用户这一主题是否存在于数据库中，相关的文献都存在哪里。

概括地说，信息检索系统是专门进行信息的收集、处理、存储、检索并满足用户信息需求的系统。在信息检索的不同发展阶段和不同的语境下，信息检索系统可以有不同的代名词。

在手工检索阶段或环境下，人们常用的术语是检索工具。它主要是指用来报道、存储和查找文献而编制、出版、发行的印刷型的文摘、索引、目录、年鉴、手册等出版物，可以是书本式的，也可以是卡片式的。检索工具本身就构成了自含式的信息检索系统。

在计算机检索阶段或环境下，人们常用的术语是数据库。数据库采用磁介质或光介质作为记录和存储信息的载体，用机器语言表示信息，借助于计算机和通信设备实现信息的存储、检索和传输。数据库本身也构成了自含式的信息检索系统。可以把数据库看成是印刷型检索工具的机读版，但其检索功能大大超过了前者。事实上，在相当长的时期内，相同信息内容的机读版数据库和印刷版的文摘索引刊物是平行出版的。

在网络检索阶段或环境下，人们常用的术语是搜索引擎。搜索引擎主要由搜集、索引和检索三个子系统构成，搜集子系统包括主控、搜集器和原始数据库；索引子系统包括索引器和索引数据库；检索子系统包括检索器和用户接口。可见，搜索引擎本身就是自含式的信息检索系统。

不管是在什么发展阶段或环境下，信息检索系统的本质特征都没有发生变化，都是实现信息的存储和检索，便于人们获取所需要的信息。所以，在不同的发展阶段或环境下，人们使用不同的术语来表示信息检索系统就不足为怪了。

1.2.2　信息检索系统的类型

人们习惯上按照使用的硬件设备来划分信息检索系统的类型。

（1）书本式检索系统。其主要形态是期刊和图书：前者通常叫检索刊物，发行和使用非常广泛，如文摘刊物、索引刊物、题录刊物等；后者也叫单卷式检索工具，如馆藏目录、联合目录、专题目录等。在计算机出现之前，书本式检索系统是主要的信息检索系统。在计算机出现之后，它又成为建立机读数据库的基础，但随着计算机检索和网络检索的出现和兴起，其地位已经逐渐下降。

（2）卡片式检索系统。其主要形态是普通卡片或传统卡片，如目录卡片以及连续发行的题录卡片、文摘卡片、索引卡片等。卡片式检索系统成本低，便于积累和更新，适用于单位和个人自用，曾经发挥过重要作用。目前，目录卡片已经被联机公共检索目录（OPAC）取代，题录卡片、文摘卡片和索引卡片也被机读数据库取代。

（3）机械式检索系统。其存储介质是穿孔卡片，穿孔卡片不同于普通卡片，需要借助专门的机具操作（这些机具可以是手工操作的穿针，也可以是专门的机械装置或光电装置），对穿孔卡片进行分拣。机械式检索系统是信息检索从手工走向计算机的过渡阶段，计算机检索系统就是在机械式检索系统的基础上演变而来的。

（4）缩微式检索系统。其存储介质是缩微胶卷和缩微胶片，可分为手工、半自动和自动三种方式，主要用于图形、图像检索，其最新发展是计算机辅助缩微检索系统。

（5）计算机检索系统。其存储介质是计算机穿孔卡片、穿孔纸带、磁带、磁盘、光盘，通常由计算机、数据库、检索软件及其他设备组成。其中，磁带存储器适用于批处理的脱机检索系统，磁盘存储器适合于实时处理的联机检索系统，光盘存储器适用于微型计算机处理的光盘检索系统（既可单机光盘检索，也可光盘网络检索）。计算机检索系统的高级阶段是国际联机检索系统，通常由中央计算机、计算机终端、联机数据库、通信网络及设备组成。

（6）网络检索系统。它主要依托 Internet 和搜索引擎，是目前使用最多、最广泛的信息检索系统，主要形式是关键词检索和目录浏览，并最大限度地使用超级链接。

信息检索系统类型的这种划分与信息检索的发展历史大体上是对应的。

信息检索系统的类型也可以从其他角度划分，例如，按照信息检索的类型可以划分为书目检索系统、全文检索系统、数据检索系统、事实检索系统；按照载体还可以分为图形图像检索系统、音频检索系统、视频检索系统和多媒体检索系统。

1.2.3　信息检索系统的物理结构

系统结构是指系统的组成以及各个组成部件之间的关系。概括地说，信息检索系统的物理结构一般包括硬件、软件和数据库三个基本部分，但不同类型的信息检索系统的配置有所不同。

（1）联机检索系统的物理结构。所谓联机检索，是指用户利用终端设备，通过通信网络或通信线路与分布在世界各地的检索系统中心的中央计算机连接，通过人机对话的方式，运用特定的检索指令和检索策略，访问中央数据库，从中检索出所需信息的过程。

联机检索系统也称为国际联机检索系统，通常采用相对封闭的客户机/服务器（Client/Server，C/S）模式，属于典型的主从式结构。如图 1-3 所示，联机检索系统通常由联机检索中心、通信系统、检索终端三个主要部分组成。联机检索中心是联机检索系统的主体部分，由中央计算机、数据库和外设组成。该中心的任务是开发和研制各种检索软件，利用中央计算机建立各种数据库，完成信息的收集、处理、存储和提供检索。数据库是联机检索系统的数据基础和操作对象。通信系统是连接联机检索中心和检索终端的桥梁，即在两者之间传输数据。它由通信网络（公共电话网、专用数据交换网、通信卫星、海底电缆等）和通信设备（调制解调器等）组成，目前已经发展到依托 Internet，以 Telnet（远程登录）或 Web 方式与联机检索中心联机。检索终端是用户向联机检索中心发送和接收信息的设备，它可以是传统的终端，也可以是个人计算机。联机检索系统实际上是由一台主机带多个终端，不同用户在各自的终端上直接与主机对话，进行实时检索。

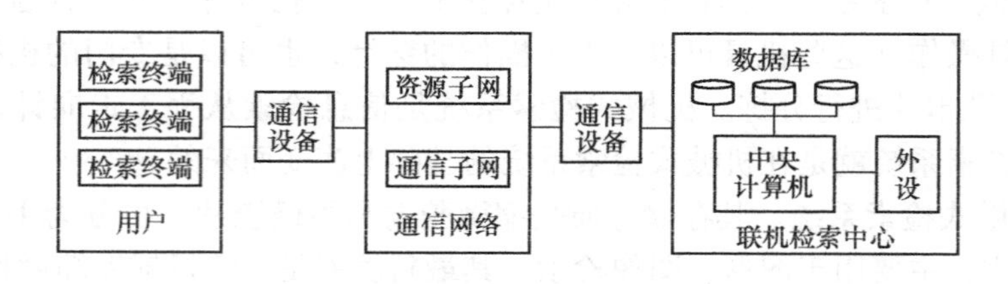

图 1-3　联机检索系统的物理结构

联机检索系统的特点是：① 检索范围广，数据库数量多，几乎涉及各个学科领域，世界上公开出版发行文献的 90% 都可以通过几种主要的联机检索系统查到。②检索内容新，数据库更新及时，基本上是同步，能够检索到最新信息。③检索功能强，一个联机检索系统中的所有数据库通常使用统一的检索命令，检索途径多、检索效率高、检索质量好。④数据库质量高，都是经过严格加工、处理和组织的，通常是各个领域中核心的和权威的数据库。⑤检索较复杂，专业性太强，一般用户不容易掌握检索指令、规则和方法，通常依赖于专业检索人员。⑥检索费用高，要求熟练掌握检索技巧和经验，普通用户难以承受。⑦人机界面比较单一、呆板。目前，随着光盘检索和网络检索的兴起，联机检索系统的最终用户数量减少，大部分最终用户都委托专业检索人员进行代理检索，但这种检索方式和系统仍然存在，特别是对于科学研究更为重要。比较著名的联机检索系统有 DIALOG、ORBIT、BRS、ESA-IRS、STN、MEDLINE、DataStar、OCLC 等。

（2）光盘检索系统的物理结构。光盘检索系统有两种类型：单机光盘检索系统和光盘网络检索系统。

单机光盘检索系统通常由计算机、光盘驱动器、光盘数据库等硬件设备组成，自成一体，系统结构简单，数据量少，利用率低，一次只能供一个用户检索，通常供单用户、单机使用。

光盘网络检索系统可以分为面向特定范围对象的局域网系统和依托 Internet 的面向所有用户开放的系统，其实质是将光盘资源上网，允许局域网、广域网甚至 Internet 上的众多用户在同一时间、不同地点同时访问一个或多个光盘数据库。其局域网系统的物理结构如图1-4所示。将光盘资源上网一般仅供在局域网上检索，如高等学校的图书馆网、校园网等。光盘网络检索系统可以连接到许多用户终端，网上用户可以分时共享光盘数据库中的信息。它通常是一个由开放式Client/Server网络体系结构建立的、支持TCP/IP的分布式计算机网络，由光盘塔服务器、光盘库和终端服务器组成。

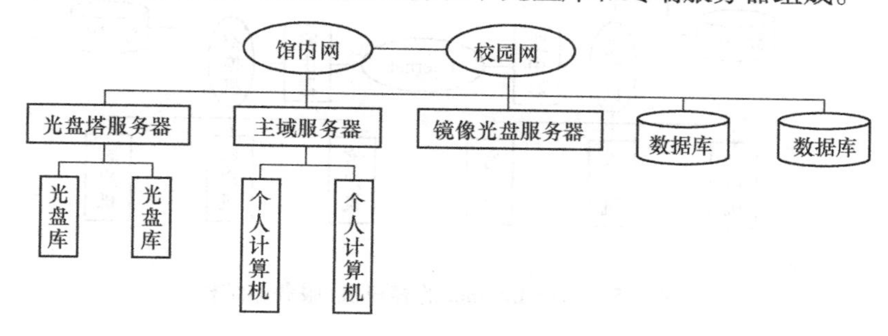

图1-4 光盘网络检索的局域网系统的物理结构

与联机检索系统相比，光盘检索系统的特点是：①方便快捷，不受通信线路和网络等因素的影响和限制，可以随时启动使用。②检索费用低，一次购买、多次使用，不涉及远程通信，分摊成本低，用户在心理上没有费用的压力。③操作界面友好，帮助信息、功能键、窗口式对话框、鼠标控制等简单易学，直接面向最终用户，不需要对用户进行专门的培训。④输出灵活，可以有拷盘、打印、套录建库以及网上传输等多种输出形式。⑤融多种媒体于一身，结合激光技术、计算机技术和多媒体技术，将文字、声音、图像、视频等多种媒体信息存储在一起。⑥数据更新慢，周期较长，时效性差。⑦数据量有限，受到光盘容量的限制，通常局限于专业领域，范围不够广泛。

（3）网络检索系统的物理结构。网络资源极其丰富，就信息检索而言，主要包括网络数据库、网络出版物、网站等。这里所说的网络检索主要是指Internet信息检索，以Internet上的信息资源为检索对象。Internet是一个在全球范围内将成千上万台计算机连接起来而形成的网络，它的出现改变了人们使用网络的方式，使计算机脱离了特定网络的约束，任何人只要进入Internet，都可以利用网上各个计算机的资源。早期的网络检索工具有Archie、WAIS、Veronica等。后起之秀的Web检索是Internet上最为流行、发展最快、使用最广泛的工具和服务，人们可以迅速方便地获取丰富的信息。目前它已成为网络信息检索系统的主力，搜索引擎、门户网站、网络资源指南等都是网络信息资源的检索工具。

如图1-5所示，Web采用客户机/服务器结构，彼此之间的关系对等，可以互相访问和利用对方的资源。服务器用于网络管理、运行应用程序、处理各个网络工作站成员的信息请求等，并连接外部设备。客户机也称工作站，任何一台连入网络并由服务器进行管理和提供服务的计算机都属于客户机。这种结构是信息资源处理和检索的重要方式，目前应用极为普遍，今后还会得到大量应用。在Internet网络系统中，应用更广泛的数据处理模式是浏览器/服务器（B/S）结构，如图1-6所示。

随着Internet的发展和网络信息资源的激增，搜索引擎应运而生，其发展速度和规模是任何其他现有的网络检索工具所无法比拟的。目前它已经成为网络信息检索工具的代名词，也是人们获取网络信息的主要途径。

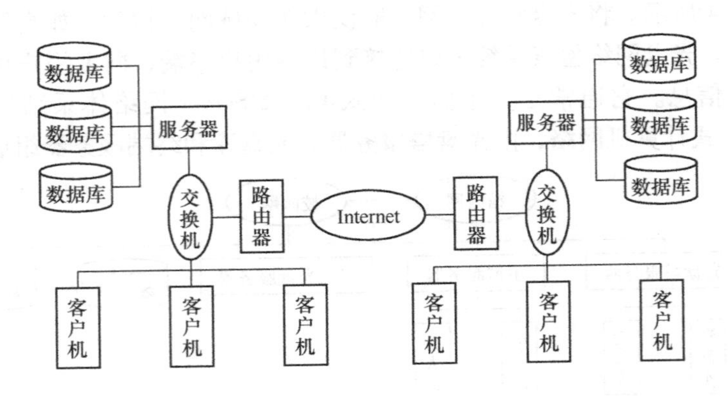

图 1-5　基于 Internet 的客户机/服务器结构

搜索引擎的系统结构如图 1-7 所示。搜集器（如 Spider 或 Robot）负责发现、跟踪和搜集网上的各种信息资源，在页面上按照某种策略对远程数据进行自动搜索和获取。搜集方式通常采用人工和自动相结合：前者由专门人员根据一定的原则和标准，跟踪和选择有用的站点或页面；后者通过一些计算机程序搜寻页面，提取信息。索引器是用户检索的基础，它负责分析搜集器所搜集到的信息，建立、维护和更新索引数据库。检索器将用户的查询条件与索引数据库中的记录进行匹配和相关度比较，对检索结果进行排序、整理和输出。

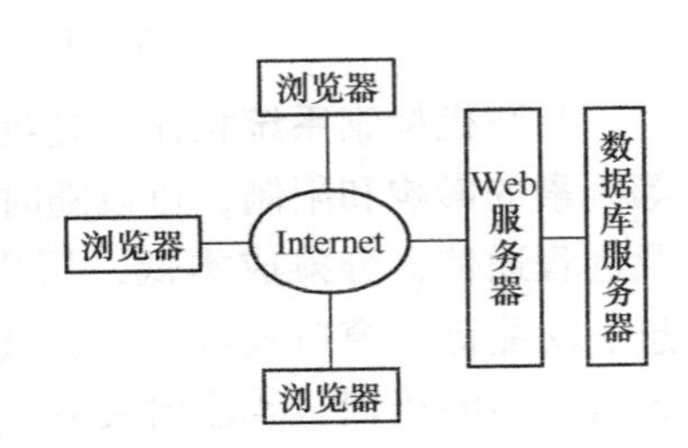

图 1-6　基于 Internet 的浏览器/服务器结构

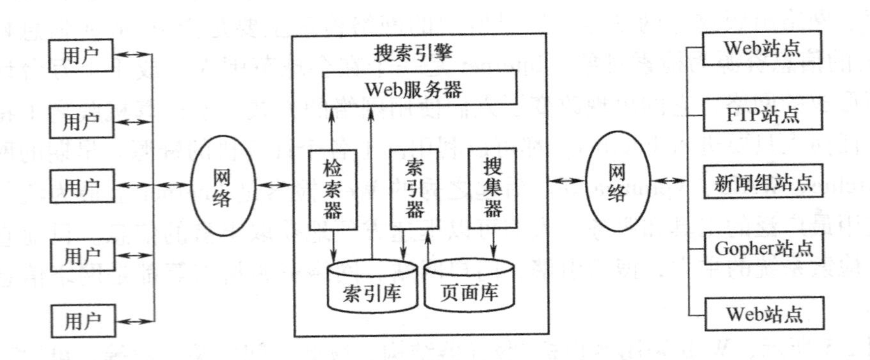

图 1-7　搜索引擎的系统结构

搜索引擎主要分为单搜索引擎和元搜索引擎两种。前者是依靠自身资源和技术，独立提供网络信息资源的检索工具，它自身有一套完整的搜集、索引和检索机制，目前大多数搜索引擎都属于这一种，如搜狐、百度、新浪等。后者是包含多个单搜索引擎，在统一的用户查询界面下，共享多个单搜索引擎的资源库的检索工具，它实际上是搜索引擎的搜索引擎，没有自己的资源库，只充当中间代理的角色。著名的元搜索引擎有 Info-

Space、Dogpile、Vivisimo 等，其系统结构如图 1-8 所示。

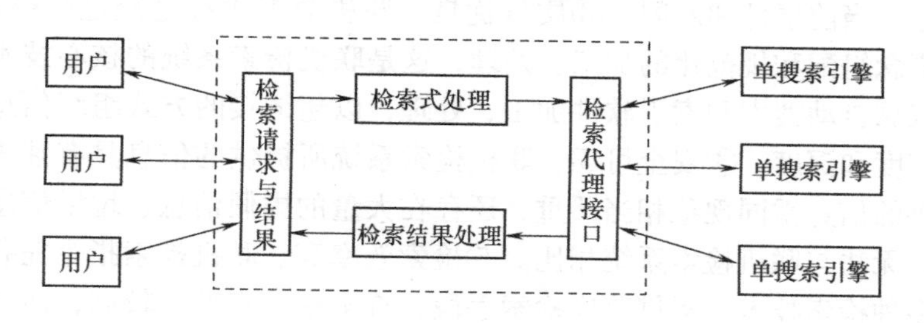

图 1-8 元搜索引擎的系统结构

概括地讲，网络检索系统的特点是：①检索空间无限，检索范围覆盖了 Internet 所能延伸到的世界各地，用户不必知道某种资源的具体地址。②检索内容极其丰富，包括网上所有领域、各种类型、各种媒体（文本、图像、声音、视频、动画等）的信息资源，如 Web、FTP、Telnet、Usenet、Gopher 等。③超文本浏览，检索结果是完全可以直接阅读的 Web 页面，可以非线性地随时从一个页面跳到另一个页面。④界面最友好，屏蔽了各个局域网之间的各种物理差异（如硬件系统、软件平台、地理位置、存储方式、通信协议等），极大地提高了系统的透明度。用户使用通用的图形窗口检索界面，即可访问和检索各种异构系统的数据库，在通过 Web 浏览器访问的过程中，无须关心一些技术细节。⑤操作最简便，良好的交互式作业、多种导航和编辑功能、及时获得在线帮助和指导以及符合大多数用户检索习惯的用户接口，使得检索简单易行，不必经过太多的培训即可操作。⑥检索效率不高，网络信息缺乏规范和统一管理，动态性强，重复率、冗余度高，无用信息较多，查准率差。

在网络环境下，许多联机检索系统的数据库供应商纷纷把各自的数据库资源推向 Web 平台，直接面向最终用户提供服务。大体上有四种做法：①Telnet 联入。通过 Internet 上的一种很重要的信息服务和资源获取方式 Telnet，远程登录到联机检索系统主机进行检索。②Web 联入。以 Internet 上最普遍、最易用的信息提供和查找方式 Web 为平台，将联机检索系统安装在 Web 服务器上，建立 Web 检索界面，把联机检索融合在网络检索中，如 DIALOG、STN、OCLC 等，从而将原来的有限用户扩大到世界各地。用户的增加降低了传输信息的时间和费用，增加了服务项目，如动态信息服务（简讯、新闻组等）、信息咨询服务、电子原文传递服务等。③改善用户界面。早期的联机检索系统采用非图形检索界面和指令式检索语言，联入 Internet 后，采用直观、可交互的对话框方式，友好性、可操作性强，更加简单、易做。④调整收费政策。例如，1998 年，DIALOG 终止联机时间费用，而按使用资源多少收费，以此减轻用户检索时的心理负担，从而吸引用户。

网络信息检索无须借助于联机检索系统，从而使 Internet 环境下的联机检索系统受到很大的冲击。但是，随着网络信息检索的迅速发展，联机检索系统并不会走向消亡，因为与网络信息检索工具相比，联机检索系统仍然具有不可比拟的优势，具体体现在以下方面：①数据量大，学术性、专业性信息资源非常丰富。联机检索系统中的信息大多数是综合性的，覆盖了很广的学科领域；而网络信息资源虽然非常丰富、数量增长很快，但学术性和专业性远不及联机系统。②回溯性好。数据库生产商具有悠久的建库历史，体现出很好的累积性、系统性和完整性，便于回顾历史和背景；而网络信息资源大多为现实话题、当前事件和新闻。③质量优良。联机数据库都是经过严格的人工采集、内容标引、概念组配和规范化的加工、处理，这是联机检索系统的核心技术，而网络检索工具主要依靠自动搜索和索引软件加工、处理，以超链接的方式组织信息，质量不够稳定，缺少广度和深度。④安全可靠，联机检索系统所提供的信息具有独占性；网络检索工具所提供的信息雷同现象相当严重，还存在大量的虚假信息、垃圾信息以及带有病毒的信息等，无法与联机检索系统相比。⑤检索效率高。联机检索指令完备，检索功能强大，支持多种检索技术，提供跨库检索手段，查全率、查准率较高；而网络信息资源虽然海量，但不属于同一机构，分散、无序，查全有余，查准不足。

1.2.4 信息检索系统的逻辑结构

系统的逻辑结构主要是指该系统所包括的子系统或功能模块及其相互之间的逻辑关系。不管信息检索系统的物理结构如何，它们的逻辑结构大体上都是相同或相似的，只有组成部分多与少的区别。如前所述，信息检索系统的两大基本功能是存储和检索，这两大基本功能可以分解为六个子系统或功能模块，它们共同构成了信息检索系统的逻辑结构。如图 1-9 所示，这六个子系统是采选子系统、词语子系统、标引子系统、查询子系统、匹配子系统和交互子系统。

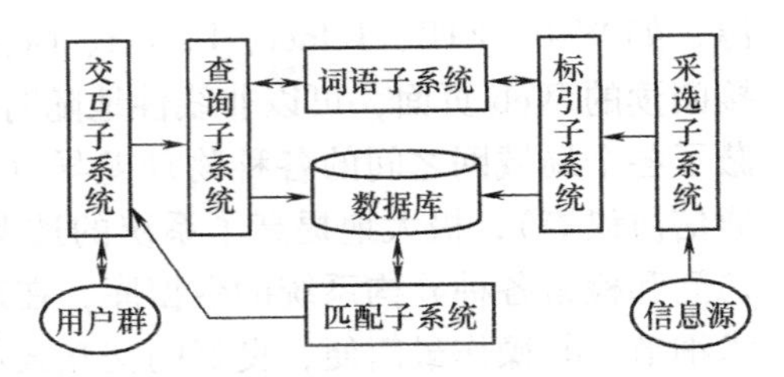

图 1-9　信息检索系统的逻辑结构

（1）采选子系统。该子系统也称输入子系统，是建立信息检索系统和数据库的逻辑起点、前提和基础，其功能是从外部的各种信息源向系统进行输入操作。输入要根据系统的既定方针和用户需求进行，输入过程由信息的采集、鉴别和筛选组成，采选标准包括信息的学科范围、存在形态、内容类型、时间跨度等。该子系统决定了信息检索系统和数据库的类型、内容和范围。具体的采选方式有三种：①人工采选，信息资源的采集和录入均由人工完成。②人机结合采选，人机合理分工。例如，在采集和选择信息资源的类型、范围、质量等方面，由人工决策；而具体的采选作业通过计算机来完成，如扫描、复制、链接、归并、转换等。③自动采选，即在无人工干预的情况下由计算机自动完成。例如，使用网络搜索引擎完成对网络信息的自动发现、自动跟踪、自动搜集和自动更新等。就自动采选而言，采集到的原始数据的来源主要是 Web，格式多种多样，如网页、Word 文件、PDF 文件等，除了正文以外，还有大量的标记信息，因此，需要进行预处理，以便从多种格式的数据中提取正文以及所需要的其他信息。

（2）词语子系统。任何信息检索系统都离不开相应的语言，作为连接信息检索系统的存储与检索两大基本功能的纽带，以及协调标引子系统与查询子系统的中介，该子系统的功能主要是对采用规范化词语的系统在标引和查询时所使用的词语进行规范化的控制和处理。从某种意义上说，该子系统对信息检索系统实施的是质量控制。不同的信息检索系统所使用的质量控制工具不同，大体上可以分为主题法和分类法两个大类，而每个大类又可以分为若干种类。例如，主题法分为标题法、单元词法、叙词法等。对于采用非规范化词语（指自然语言，如关键词、自由词等）的系统来说，该子系统不起作用，如搜索引擎系统。但一般来讲，即使是自然语言检索系统，也会或多或少地对词语进行一定程度的规范化控制。

(3) 标引子系统。该子系统决定着揭示数据库记录内容的深度和检索入口，并直接影响到信息检索系统的检索方式和检索途径。其功能是使用系统规定的规范化词语，对输入的信息中具有检索价值的特征进行表示和描述。标引包括对输入信息进行概念分析和概念转换两个过程。标引作业既可以是人工标引，也可以是自动标引。自动标引又可分为全自动标引和半自动标引（计算机辅助标引）、自动抽词标引和自动赋词标引。对于自然语言检索系统来说，可能根本就不进行规范化的标引，如搜索引擎系统。这种情况也可称为“无标引”或“全标引”，事实上，也就是对信息中的所有词语都进行标引。因此所谓“无标引”和“全标引”是从两个不同的角度相对而言的。经过对信息的组织，标引的最终成果是创建数据库，并与采选子系统共同实现信息检索系统的存储基本功能。在创建数据库时，除了进行标引外，还要构造索引。为了提高检索速度，在构造索引时，还可以采用一些比较复杂的方法，如B树、哈希表等。由于文档中的有些字或词不宜直接作为标引词而编入索引，因此标引时还需要进行词法分析。例如，汉语词的切分、合并相同词根的英文词、过滤停用词等。

(4) 查询子系统。与标引子系统类似，该子系统决定着对用户查询内容的揭示深度和检索入口，并直接影响到用户查询的检索方式和检索途径。其功能是使用系统规定的规范化词语描述用户的检索询问，包括对用户询问进行概念分析和概念转换两个过程，也包括按照系统的既定规则制定检索策略和构建检索式。该子系统完成对数据库的查找过程，并与交互子系统共同完成信息检索系统的存储基本功能。用户输入的查询条件有多种形式，如检索项、检索词、检索式甚至自然语言语句等。为了能够全面表达用户的意图，提高查询的有效性，许多系统可以提供查询扩展功能，即扩大查询范围，如增加同义词、近义词等，也可以采用相关反馈、关联矩阵等方法对用户的查询条件进行深入挖掘，从而提高检索效率。

(5) 匹配子系统。从计算机技术实现的难易程度上讲，该子系统并不复杂，其功能是，为了便于进行检索元素的匹配操作，对查询子系统所形成的检索式进行相应的加工、展开和变换（如表变换、逆波兰变换），按照系统规定的匹配模式、条件和程序，与标引子系统最终形成的数据库记录进行比对并决定取舍，最后向用户提交检索结果。取舍的标准取决于查询子系统的输出，如比较条件（等于、大于、小于、不等于）和一致条件（完全一致、前方一致、后方一致、中间一致等）。该子系统完成对用户询问与数据库的匹配过程，并与词语子系统共同实现对信息检索系统的存储与检索两大基本功能的协同和沟通。

(6) 交互子系统。该子系统也称用户/系统界面（接口）子系统，其功能是保证系统和用户之间能够进行良好的沟通。一方面，要全面、准确地反映用户的真实需求，形成明确的检索目标。这是一个由表及里、由此及彼、去粗取精、去伪存真的过程，也是正确制定检索策略和构建检索式的前提，涉及检索的广度、深度、角度等。另一方面，要把与用户查询全部或部分匹配的检索结果及时地反馈给用户，允许用户根据反馈情况，更改原来的检索式，重新进行检索，直至检索出满意的结果。任何一个信息检索系统都必须有一个检索接口或界面，负责用户与系统之间的通信任务，实现人机对话和交互式操作。对于用户来说，交互子系统就代表了信息检索系统的全部，他们就是通过这个子系统来感受、认识、使用和评价信息检索系统的。

从上述的信息检索系统逻辑结构可以看出，信息检索系统是一个比较复杂的系统，包含多个功能模块或子系统，同时，开发和设计这样一个系统的任务也是比较艰巨的。目前，各种不同类型的信息检索系统以各不相同的形式和方式呈现给用户，尽管它们在存储介质、表现方式、检索平台以及实现环境等方面都有较大差别，但基本上都是依据上述逻辑结构的基本思路并结合本系统的物理结构而设计出来的。

1.3 信息检索研究

1.3.1 信息检索的研究内容

自20世纪50年代初提出“信息检索”这个术语以来，信息检索不但把传统的图书情报理论与实践推向崭新的阶段，而且还突破了原有的比较封闭的领域，让整个社会都接纳了这个富有生命力的事物，并享受到它的无限乐趣。

信息检索是一个相对独立的研究领域。半个多世纪以来，它从无到有，由小到大，从理论到实践，又从实践回到理论，逐渐成为一门独立的学科，形成了独具特色的完整的学科体系。从学科角度可以概括地讲，信息检索是一门研究信息的处理、存储、查询和获取活动与过程的一般规律的学科。它是在文献检索的基础上，融合了现代计算机技术、通信技术、存储技术以及网络技术而发展起来的新兴的交叉学科，也是一门实验性、实践性很强的学科。从学科上讲，信息检索是情报学的一个分支，但目前已经发展成为计算机技术的一个重要的应用领域。

随着信息技术的进步和应用领域的扩大，作为一门正在发展中的学科，信息检索的研究范围在不断扩展，研究内容在不断丰富和完善，研究对象也越来越清晰和明确。概括起来，信息检索的研究内容包括以下几个方面：

（1）信息检索理论研究。信息检索理论研究对于改进检索算法、提高检索效率具有重要的指导作用。信息检索理论研究主要集中在以下各方面：①检索模型。检索模型主要来自数学模型，它可以深入刻画信息检索中的各种要素，这是信息检索理论的数学基础和重要组成部分，也是各种类型信息检索系统开发、设计的基础框架。信息检索理论中具有代表性的模型是集合论模型、代数论模型和概率论模型，每种模型又包括原始的经典模型和派生的改进模型、扩展模型。②标引理论。手工标引理论包括分类标引和主题标引，自动标引理论包括统计标引、加权标引、引文标引、自动聚类和自动分类等。③信息组织理论。它包括有关信息编码、信息标识和元数据的信息描述理论，知识组织（如知识表示）与知识组织系统理论，以及信息构建理论等。④相关性理论。这是有关信息与查询相关性判定的匹配标准的理论，既可用于信息检索系统的开发、设计，又可用于信息检索系统性能的评价。

（2）信息检索方法研究。检索方法是指查找信息时所采用的具体方法。采用何种检索方法，对于检索效果和效率有着重要的影响。传统的检索方法包括浏览法、回溯法、常规法（又分为顺查法、倒查法、抽查法）、综合法；在计算机检索系统中，主要的检索方法包括布尔检索法、加权检索法、截词检索法、位置检索法、限制检索法、聚类检索法以及全文检索法等。信息检索方法的研究旨在改进和完善现有的检索方法，同时开发和研制新的检索方法，提高信息检索的效率。

（3）信息检索技术研究。检索技术是实现信息检索有效性的手段和保障。归纳起来，与信息存储的物理介质有直接联系的检索技术主要包括文本检索技术（如自动标引技术、自动摘要技术、自动分类技术、自动聚类技术、自动翻译技术）、图像检索技术（如颜色检索、纹理检索、形状检索）、音频检索技术（如语音自动识别与检索、音乐旋律检索）、视频检索技术（运动目标检索、关键帧提取与镜头检索）以及多媒体检索技术等。与网络搜索引擎有关的检索技术包括网络信息自动采集技术、网页超链接技术、搜索结果排序技术、元搜索技术、网络挖掘技术等。此外，还有智能检索技术、信息检索可视化技术、信息过滤技术、信息提取技术、信息融合技术以及基于内容的检索技术等。检索技术始终引领信息检索的发展方向，研究和开发新的检索技术无疑成为信息检索的重要研究课题。

（4）信息检索语言研究。检索语言是信息检索系统不可缺少的工具，是用户与系统交流、互动、沟通的媒介，在很大程度上影响着检索系统的效率。检索语言研究包括受控语言（分类语言和主题语言）检索、非控语言（关键词、自由词、自然语言）检索以及混合语言检索的研究，此外，还包括多语言检索研究、跨语言检索研究、检索语言一体化和兼容性研究等。

（5）信息检索系统研究。检索系统是在检索理论的指导下，由信息资源、检索方法、检索技术和检索语言等组成的有机综合体，是信息检索活动的物质基础，也是信息检索研究的现实对象和重点。检索系统研究主要包括信息检索系统的结构、功能、类型、分析、设计、开发、运行、维护、管理及评价。

（6）信息检索服务研究。信息检索的服务对象是用户，用户是信息检索系统赖以生存的基础和生命，从信息检索系统的建立、运行到评价的全过程都要立足于系统所服务的对象，所以，用户、需求和服务一直是信息检索研究的精髓。信息检索服务研究通常包括用户及其需求的类型以及用户认知、心理、行为等特征的调查、分析和研究，各种服务方式和模式的开发及对其实际效果和用户满意度的评价，用户认知和行为模型的建立等，从而为系统的设计提供依据，为系统的运行提供策略。就服务方式而言，通常包括参考咨询服务、委托检索服务、定题检索服务、科技查新服务、培训辅导服务以及延伸服务（如在检索的基础上提供行业报告、战略咨询、竞争情报、市场调查、资信调查、项目调研与评估等）。

（7）信息检索评价研究。为了不断提高用户满意度，需要经常对信息检索系统的运行状况和效果进行实际评价，以便改进系统性能、完善系统功能、全面提高系统效率和效益。自信息检索问世以来，对信息检索系统的评价一直没有间断，而且随着信息检索的广泛应用，检索评价更显得越来越重要，并且已经发展成信息检索中的一个重要研究领域和一项专门的比较成熟的技术和方法。信息检索评价研究通常包括检索性能评价、检索效益评价、检索评价方法与步骤、检索评价指标体系以及评价实例研究等。

上述内容构成了信息检索研究的基本框架。虽然信息检索学科经过了半个多世纪的发展和建设，也已为学术界和社会所认可，但毕竟历史较短，所以，目前已经总结出来的理论体系还要随着实践的发展而加以充实。

1.3.2 信息检索的相关学科

从上面的研究内容所涉及的方面可以看出，信息检索是一个比较典型的交叉研究领域。虽然它起源于它的母体学科——图书馆学、情报学，并在这个学科背景下，母体学科为信息检索的产生和发展提供了比较完善的理论基础和实践应用，而逐渐成熟起来，但是，随着信息检索活动的不断深入和普及，它也开始广泛借鉴和吸收其他自然科学、社会科学和人文科学等多个领域的研究成果和方法，而使自己进一步完善和发展。

与信息检索关系比较密切的相关学科和领域如下：

（1）计算机科学与技术。从“信息检索”一词的提出年代看，正是由于计算机的诞生和应用，才会出现信息检索，也由此使其从原来的文献检索时代跨入信息检索时代。此后，信息检索也一直保持着与计算机技术的渊源关系，并且伴随着计算机技术的发展而向前发展。可以说，信息检索的每一项成就都是与计算机技术的进步分不开的。计算机技术是信息检索赖以生长和发展的土壤，现代信息检索的理论、方法与技术几乎都是借助于计算机技术的成果。所以说，计算机技术无疑是信息检索的核心技术，它是与信息检索关系最为密切的学科。因此，要想学习、理解、掌握和运用信息检索的基本理论和方法，要想成功地设计和使用信息检索系统，要想深入研究信息检索领域中的理论与实践课题，都必须对计算机技术有比较充分的了解和准确的把握。归纳起来，对于信息检索最重要的计算机技术和知识包括程序设计、数据结构、数据库原理、系统分析与设计、网络通信技术等。

（2）数学。数学是自然科学的基础，对于社会科学、人文科学也都有重要意义。信息检索由于与计算机技术结下了不解之缘，因而也在很大程度上形成了对数学的依赖性。数学为信息检索提供了理论基础和方法论基础。数学在信息检索中的应用价值和做出的贡献主要表现在检索模型建立、检索算法设计、检索系统评价等方面。在信息检索中使用较多的数学工具包括布尔代数、线性代数、概率统计、集合论、图论、模糊数学和离散数学。因而要想对信息检索开展深入研究，不了解和掌握这些数学工具是不行的。

（3）系统科学。系统科学是一门具有广泛适用性和应用价值的科学，运用系统的观点和思想可以有效地认识和处理现实世界中的各种问题。对于信息检索来说，系统科学是信息检索系统开发和建设的基本理论和思想指导，尤其在系统模式选择、系统分析和系统设计方面，系统科学所提供的基本规则、工具、技术和方法具有更直接的意义。

（4）语言学。早在以文本语言信息处理为主的文献检索时代，语言学就已经成为与信息检索关系密切的相关学科。目前，文本检索仍然是信息检索的主体，语言学对于信息检索的重要性没有改变。长期以来，语言学在信息检索中的应用形成了信息检索的一个重要分支——检索语言学，其中的典型代表是分类语言（分类表）和主题语言（叙词表）。检索语言对语言学中的词法学、语法学表现出很大的依赖性，如截词检索、汉语自动分词等。随着计算机技术的进步，检索语言越来越需要语义学和语用学的知识成果，因而，自然语言理解和自然语言处理技术对于解决信息检索中的某些难题具有重要意义，如自动标引、自动摘要、自动分类、自动翻译、语义检索、概念检索等。有鉴于此，语言学、词法学、语法学、语义学以及计算语言学都是信息检索研究所需要的。

（5）认知科学。认知科学是一门研究人类思维规律和方法的科学。从信息处理的观点来看，它研究人类的认知行为和过程，为此，需要建立相应的认知模型。从人的角度来看，信息检索的任务是对信息生产者、信息处理者、系统设计者、信息检索者以及信息用户的认知结构进行统筹、协同和调整。从用户的角度来看，可以把信息检索过程看成是以自己已有的知识结构和认知能力为出发点，通过与信息检索系统的交互，解决自己的信息需求，产生改进和完善自己的知识结构的过程。从认知的角度来看，信息检索系统、信息检索过程和信息检索活动绝不单纯是物理的和机械的，它涉及信息检索中各种各样的人、交互、反馈和控制等，因此，需要借助于认知科学、心理学、行为科学的思想和方法，全面、准确地认识和把握信息检索的本质和规律。

正是由于信息检索具有的跨学科特征，才吸引着各个相关学科的专家、学者投身于信息检索研究，从不同的学科背景出发做出各自的贡献。

1.3.3 信息检索的产生和发展

"信息检索"一词虽然是1952年提出来的，但作为这项工作的前身和起源的文摘索引工作和参考咨询工作，却出现在19世纪。科学领域中的文摘工作具有悠久的历史，并在19世纪初进入成熟和定型阶段。据记载，1830年，柏林科学院出版了著名的《药学总览》（*Pharmaceutisches Central-Blatt*），其深远意义在于，专门用于查询的文摘刊物开始从一般刊物中分离出来而单独出版发行，这一事件可看成是信息检索活动的开端。随后，同样具有悠久历史的索引工作逐渐渗入文摘刊物，并与之紧密结合在一起，构成了一体化的检索刊物。然而，检索刊物的问世只是为用户检索提供了一种工具，还体现不出信息检索的全貌。1883年，美国波士顿公共图书馆首次设立专职的参考咨询职务，并开设了参考阅览室，这标志着信息检索的另一部分——检索服务的诞生。由此，正式进入了早期的信息检索阶段。

进入20世纪后，陆续出现了机械化和半机械化的缩微胶卷检索系统、边缘开口卡片系统、重叠比孔卡片系统和穿孔卡片系统等，可以把它们看成是早期的机械化检索阶段。20世纪中期，随着世界上第一台计算机的问世，信息检索也开始进入迅速发展时期。计算机在美国问世，这使得美国在这一领域一直处于领先地位。同样，计算机信息检索也起源于美国，这也使得美国在信息检索的每一个发展阶段都处于领先地位。从信息检索的发展历史来看，可以分为以下几个时期：

（1）起步期（20世纪50年代）。自世界上第一台计算机诞生以来，人们就开始不断地探索其在信息检索领域应用的可行性。1951年，单元词组配检索法被提出。1954年，美国海军兵器试验中心（NOTS）在IBM 701型电子计算机上建立了世界上第一个计算机信息检索系统，标志着计算机信息检索时代的到来。该系统输入的是文献号和单元词，输出的是文献号，属于单元词检索系统。1957年，英国克兰菲尔德航空学院的克兰弗顿（C. W. Cleverdon）领导了世界上第一个检索评价试验——Cranfield-Ⅰ，首开信息检索评价试验的先河。1958年，美国通用电子公司使用IBM 704型计算机对NOTS系统进行了改进，输出结果有文摘、篇名和作者等。20世纪50年代后期，IBM公司的卢恩（H. P. Luhn）利用计算机研制出基于自动标引的题内关键词索引法（Key Word in

Context），并于60年代初用于编制检索刊物《化学题录》（*Chemical Titles*），这在自动标引、自动编文摘、自动编索引方面取得进展，成为信息检索发展的一个重要里程碑。1958年，诞生了基于KIWC索引的计算机定题检索服务（Selective Dissemination of Information，SDI）。

（2）成长期（20世纪60年代）。进入60年代后，在50年代信息检索成果的鼓舞下，信息检索逐步进入了实用化阶段。1964年，美国国家医学图书馆（NLM）建成世界上第一个大型的脱机批处理检索系统——医学文献分析与检索系统（MEDLARS），并投入实际应用。该系统集文献分析、加工和检索于一身，成为世界上第一个使用计算机控制的光电照排机编辑出版检索刊物《医学索引》（*Index Medicus*）的系统，成为最具代表性的脱机检索系统。随着计算机通信和分时系统的成功应用，人们对联机检索表现出极大的兴趣，纷纷投入研制并取得可喜进展。1966年，美国国家航空航天局（NASA）属下的Lockheed公司完成了至今最大的DIALOG联机检索系统的研制。1968年，又推出DIALOG-Ⅱ，1969年正式投入使用。隶属美国空军的SDC公司也开发出ORBIT联机检索系统，IBM公司研制成功STAIRS系统，欧洲空间组织也建成了ESA-IRS联机检索系统。在此期间，又进行了几个大型的检索系统评价实验——Cranfield-Ⅱ和MEDLARS实验等。值得一提的是，1961年，美国的萨尔顿（G. Salton）领导了一个全新的自动标引实验——SMART系统，它从理论和方法两个方面，推动了信息检索的发展。至此，自动标引研究开始从后台走上前台。1966年，美国伊利诺伊大学的兰卡斯特（F. W. Lancaster）领导了MEDLARS的评价实验。60年代信息检索的主流方式是脱机检索，而联机检索也开始崭露头角。

（3）发展期（20世纪70年代）。就信息检索而言，如果说60年代是脱机时代的话，那么，70年代就是联机时代，这一时期联机特征的主要标志是联机检索系统实用化、商业化。1970年，MEDLARS被成功地改造成MEDLINE，通过公共电话网，将信息检索服务推向全美国，取得了巨大成功。1972年，DIALOG和ORBIT先后投入商业运营。同年，美国《纽约时报》的Infobank新闻数据库建成，也投入联机检索服务。1977年，美国又推出了非政府背景的BRS联机检索系统。70年代联机检索的飞速发展得益于通信网络的发展，各个联机检索系统相继进入国际通信网络，把联机检索的触角延伸到世界各地。70年代的另一个重要成果是，全文检索走向实用化。1973年，Mead Data Central公司推出LEXIS系统（法律）和NEXIS全文检索系统（新闻），并提供服务。在这一时期，计算机辅助标引的研究气氛活跃，陆续出现了以英国的PRECIS为典型代表的一系列计算机辅助标引系统。

（4）成熟期（20世纪80年代）。1981年，IBM公司率先推出个人计算机（PC），PC的出现对信息检索产生了深远影响，也是使联机检索走向成熟的关键技术因素。随着微型计算机性能的大幅度提高和成本大幅度降低，其性价比更加符合办公室、家庭和个人使用。正是由于微型计算机的迅速普及，联机检索用户迅速地从中间用户转向最终用户。1982年，DIALOG系统和BRS系统分别推出了Knowledge Index和After Dark，这些家庭检索服务（即晚间联机自助服务）以其低廉的价格博得了广大用户的欢迎。1983年，在日本诞生的世界上第一张高密度只读光盘（CD-ROM），是80年代对信息检索产生重大影响的另一项信息技术。1985年，美国国会图书馆（LC）正式推出了第一张光盘数据库产品——BIBLIOFILE。1987 年，DIALOG 系统推出了光盘检索服务产品——OnDisc，从此，光盘检索成为信息检索大家庭中的一个成员。80 年代联机检索的另一个重大变化是产业重组。据报道，截至 80 年代末，联机检索服务商已经发展到 600 家左右，竞争日益激烈，迫使产业结构发生重大变化，“纵向一体化”成为联机检索产业的主导经营模式，即从原文的印刷出版到数据库的生产再到联机服务这一产业链上的各个环节均由少数公司控制，从而导致产业内兼并、收购和联营现象的发生，并出现了新的联机检索服务商。1986 年，ORBIT 系统被英国 Pergamon 集团收购；1988 年，BRS 系统被 Pergamon 旗下的 MacMillan 出版公司收购；同年，DIALOG 系统被 Lockheed 公司卖给美国 Knight-Ridder 新闻出版公司。大型联机检索系统的产权转移和产业重组标志着联机检索进入了成熟发展时期。

（5）开放期（20 世纪 90 年代以后）。90 年代以后，对信息检索产生根本性影响的是 Internet 的出现。开始研制于 60 年代末的 Internet 技术，在经历了军事、科技和教育领域里的试验和应用之后，终于在 80 年代末结出了硕果，出现了 Internet 上广泛使用的三大基本服务——FTP、远程登录（Telnet）和电子邮件（E-mail）。进入 90 年代后，“信息高速公路”遍布世界各地，全球网充满了生机。随着超文本链接和浏览器技术的成功应用，Web 系统得到了迅速发展，逐步取代了原来的三大基本服务，成为 Internet 上的主流技术应用平台。1994 年，最早的一批搜索引擎系统诞生，如 Yahoo!、AltaVista 和 Excite 等。在单搜索引擎的基础上，也出现了元搜索引擎，如 Metacrawler、Dogpile、Profusion 和 Vivisimo 等。在元搜索引擎之后，又出现了具有主动性和可适应性的检索代理。在 Internet 的猛烈冲击下，原有的联机检索服务商也不甘落后，纷纷开通自己的 Web 站点，将联机检索服务推向广大网络用户。1996 年后，DIALOG 系统陆续推出了 www. dialogClassic. com（纯文本界面）、www. dialogSelect. com 和 www. dialogWed. com（Web 界面）。建立了网络检索平台的联机检索数据库的还有 Ei Compendex Web（检索 EI㊀）、Web of Science（检索 SCI㊁）和 Web of Knowledge（检索 SSCI㊂）。进入 21 世纪后，搜索引擎领域得到了更快的发展，竞争也日趋激烈，经过一系列的商业收购和兼并组合，Yahoo!、Ask Jeeves、百度等少数几家搜索引擎巨头脱颖而出，成为 Internet 用户使用最多、最广泛、最受欢迎的检索工具。

1.3.4 信息检索的趋势

信息检索从 20 世纪 50 年代初发展到今天，其规模、结构、功能、性能和技术水平都发生了翻天覆地的变化，信息检索已经走进人们的工作、生活和家庭的各个方面。当人们在尽情地享受信息检索给人类带来的各种乐趣的时候，也许人们不禁要问：信息检索正面临哪些研究课题？它将来会是什么样子？

概括地讲，可以把信息检索当前正在研究的主要课题和未来发展趋势归纳如下：

（1）跨语言信息检索。检索语言的兼容性和互换性越来越受到重视，检索语言从多

㊀ Engineering Index，工程索引。

㊁ Science Citation Index，科学引文索引。

㊂ Social Science Citation Index，社会科学引文索引。

样化向中介化、一体化的方向发展。受控语言和非控语言各有长短，互补性强，兼容和整合是必要的。建立一种中介语言可以解决不同检索语言之间的转换问题。一体化语言集标引、检索和用户询问于一身，为用户提供透明的、易用的检索窗口。使不同词表词间关系的类型和规则实现规范化，可以提高兼容性。可以对不同网络数据库的检索语言加以整合。跨语言检索的实质是统一检索界面，实现跨平台检索，用户用母语提交查询，系统在多语言数据库中进行检索，返回能够回答用户查询的所有语言的文档。如果能够结合机器翻译，就可以用母语返回检索结果。

（2）多媒体信息检索。这是信息检索领域里的前沿研究课题之一，其主流研究思想是基于内容的多媒体检索。多媒体技术主要应用于信息的存储和表示，具有非结构化、内容多义性的特点。目前，多媒体信息检索主要有基于文本的和基于内容的两种方式。前者主要是以关键词的形式来反映多媒体的物理特征和内容特征；后者可分为基于内容的图像检索、基于内容的音频检索、基于内容的视频检索，这样可以避免主观性，表示出视频数据的时序特征，支持语义关系，揭示多媒体信息的内涵，成为未来的发展方向。目前，在这方面已经有了一些成果，例如，针对图形、图像、视频等提出了基于形状、颜色、纹理、空间位置关系、镜头等信息特征的提取与匹配算法，出现了一批示范性和实验性的检索系统。同时，也提出了一些针对音频信息检索的自动语音识别技术，先把语音信息转换成文本信息，然后再进行文本检索。针对音乐信息检索，提出了基于旋律、节奏、乐谱等的匹配算法。这种检索今后的努力方向是成熟化和实用化。

（3）信息检索可视化。目前的主要检索对象是文本信息，如果能够把文本信息转换成大小、形状、颜色、动作等特征，并以生动、形象、准确和多维的可视化形式展示给人们，就可以充分发挥人的视觉器官的作用，把认知变成感知，从而可以减轻人的负担。信息检索可视化是数据可视化在信息检索领域中的应用，用户与系统之间的交互是通过图形界面（图形、图像、多维空间数据等）实现的。把可视化技术引入信息检索，不仅有利于营造出一个简洁、明快的视觉检索空间和环境，增强检索操作的直观性，也有利于帮助对检索询问和检索结果之间内在联系的理解。目前，信息检索可视化的研究成果主要体现在检索式构造可视化、检索过程可视化、检索结果可视化以及检索词表可视化等方面。

（4）信息检索智能化。信息检索智能化主要体现在以下几个方面：第一个是自然语言检索，其前提是自然语言理解和处理，这需要建立一个能够像人那样理解、分析、处理自然语言的计算机模型。目前，基于词法和语法层次的自然语言处理和分析技术已经达到了实用化，如语义网，但语义和语用层次的自然语言处理还存在许多困难。第二个是知识检索，涉及的技术包括数据库的知识发现、知识挖掘、知识库、知识本体等。第三个是智能代理。智能代理是计算机技术和信息检索的交叉领域。智能代理以智能的知识过滤和知识提取为基础，具有信息发现、筛选、推送和导航的功能，可以动态地关注用户需求的变化。作为网络信息提供者和需求者之间的中介，智能代理不但可以根据用户的需求和意愿代替用户寻找和推荐用户所需信息，还能综合运用机器学习、智能搜索、知识发现、知识集成、知识检索等方法提供高质量的信息和知识。

（5）信息检索个性化。个性化服务是一种基于 Web 的以用户需求特征为中心的服务，通常分为三个步骤：不同的用户通过各种途径访问 Web 资源；系统学习用户特征，创建用户访问模型；系统根据获得的知识调整服务的内容，以便适应不同用户的个性化需求。个性化的实质是跟踪和分析用户的查询行为。目前，个性化信息服务的支撑技术包括查询行为分析技术、Web挖掘技术、数据推送技术、网页动态生成技术和智能代理技术。网络检索工具的个性化服务主要体现在：①收录内容特色化，专门收录其他检索工具不收或少收的内容，如StockCharts专为投资者提供有关金融、股市分析等方面的文章、图表、图表制作工具及培训资料等。②检索设置个性化，允许用户按照自己的偏好、兴趣设置并保存相关的检索参数。③检索界面个性化，允许用户从颜色、布局、内容和格式等方面来设置个人的检索界面，如My Yahoo！和My Lycos等。④信息推送个性化，根据用户的定制要求，把有关信息主动地推送给用户，如Profusion。

（6）信息检索多样化。信息检索多样化主要体现在：①信息多样化，随着图像处理、模式识别、计算机视觉等技术的应用，改变目前以检索文本信息为主的状况，可以检索的信息包括文本、图像、音频、视频、动画等。②工具多样化，推出更多的针对特定需求的检索工具，如人名、地名、新闻等专门的搜索引擎。③功能多样化，包括同时提供浏览/检索方式、个性化检索定制、定题检索服务、检索结果评价等。④语言多样化，为了能够面向全球网络用户服务，避免语言障碍，许多网络检索工具纷纷推出多语言检索界面，如Yahoo!。⑤获取多样化，目前从网上获取信息通常有三种模式，即信息推送（Push）、信息拉取（Pull）和推拉结合。⑥内容多样化，信息内容扩展到天气预报、新闻报道、股票点评、交通旅游和地图等。

以上所列举的信息检索的发展方向和趋势并不是全部，而是具有代表性的。时至今日，信息检索已经走过了半个多世纪的历程，取得了辉煌的成就。然而，随着人们信息需求的不断提高和信息技术日新月异的发展，必将给信息检索研究提出更多、更高的要求，因此，信息检索水平和能力的提高与进步也是永无止境的。

思考题

1. 什么叫信息检索和信息检索系统？
2. 阐述信息检索的原理和一致性匹配作用机理。
3. 信息检索和信息检索系统各有哪些主要类型？
4. 阐述信息检索系统的物理结构和逻辑结构。
5. 简述信息检索的主要研究内容和现状及未来趋势。
6. 简述信息检索的发展历程。

第 2 章　信息检索模型

【本章提示】　本章对信息检索模型相关的基础知识进行了阐述，重点是信息检索模型的分类、数学描述以及评价。通过本章的学习，应掌握信息检索模型的定义和分类，理解经典模型、集合理论模型、代数模型、扩展概率模型和结构化模型所包含的各个数学模型的原理、运用以及优缺点。

2.1　引言

任何检索策略都包含三部分：文档表示、查询表示和匹配函数。文档表示反映文档在系统中的存储形式描述，可用一组关键词或标引词表示；查询表示反映对用户信息需求的描述；匹配函数用于将经过处理的文档表示和查询表示放入系统中进行匹配，以过滤输出结果。

信息检索系统首先要对文档集进行索引和归档，以支持信息检索。检索式代表用户的信息需求。检索系统分析用户查询表示与文档表示，进行相似性匹配，排序返回查询结果。因此文档信息检索过程实际上涉及文档集的逻辑表示、用户查询表示、相似性匹配及其排序三个重要的处理。

通过对文档和查询的表示方式以及检索的实现方式分析，对信息检索任务进行数学抽象，就产生了相应的信息检索模型。信息检索模型主要从两个方面抽象地研究信息检索方法：一是确定在检索模型中如何表示构成检索系统的两个要素，即文档和检索式；二是确定在模型中如何定义和计算文档与检索式之间的关系。需要指出的是，信息检索模型的研究并不考虑对具体实现细节的数据存储、数据结构等的描述，而是对数学模型的构造。传统的信息检索模型（又称经典信息检索模型）包括布尔模型、向量空间模型和概率模型。检索模型的重要作用主要体现在以下几个方面：更精确地描述出文档与文档、文档与查询间的相关关系，使之能比较和计算；安排更合理、更便于检索的文档存储形式；在此基础上设计出合理的检索方式；除信息检索外，还进行一些信息辅助分析工作。

随着信息检索研究的不断深入，在经典信息检索模型的基础上已发展出了许多信息检索模型。基于经典布尔模型的信息检索模型中，文档和查询用标引词集合来表示，都是建立在集合理论的基础之上，因此称该类模型为集合理论模型，包括模糊集合模型、扩展布尔模型和粗糙集模型等。基于经典向量模型的信息检索模型中，文档和查询用 t 维空间的向量来表示，都是建立在代数理论的基础之上，因此，称该类模型为代数模型，包括广义向量模型、潜语义标引模型和神经网络模型等。基于经典概率模型的信息检索模型中，用于构建文档和查询模型的机制是基于概率论的，因此，称该类模型为 扩展概率模型，包括概率粗糙集模型、推理网模型和信任度网络模型等。

除经典模型及其改进模式外，比较重要的信息检索模型还有结构化模型，主要包括非重叠链表模型、邻近节点模型、扁平浏览模型、结构导向模型和超文本模型等。

那么，信息检索模型到底是什么？其描述如下[1]：

信息检索模型是一个四元组

$$/D,\ Q,\ F,\ R(q_i,d_j)/$$

式中，D 是文档集中的一组文档逻辑视图（表示），称为文档的表示；Q 是一组用户信息需求的逻辑视图（表示），这种视图（表示）称为查询；F 是一种机制，用于构建文档表示、查询它们之间关系的模型；$R(q_i,d_j)$ 是排序函数，该函数输出一个与查询 $q_i \in Q$ 和文档表示 $d_j \in D$ 有关的实数，这样就在文档之间根据查询 q_i 定义了一个顺序。

建立一个检索模型，首先要考虑文档的逻辑视图和用户的信息需求，之后，便可以构造一个模型框架了，这种框架同时也应具备构建排序函数的功能。例如，在经典布尔模型中，这种框架由文档集合和作用在这个集合上的标准运算所组成；对于经典向量模型，这种框架由 t 维向量空间和作用在向量上的标准线性代数运算所组成；对于经典概率模型，这种框架由集合、标准概率运算和贝叶斯理论所组成。

本章将介绍这些模型。

2.2 经典模型

信息检索的经典模型认为，每篇文档都可以用一组有代表性的关键词即标引词（Index Term）集合来描述。标引词是文档中的词，其语义可以帮助理解文档的主题，因此，标引词常用于编制索引和概括文档的内容。对于文档中的标引词集合来说，在描述文档内容时它们的作用是不尽相同的，因而应当明确标引词与文档内容的密切程度。

用 k_i 表示标引词，d_j 表示文档，$w_{i,j} \geqslant 0$ 为二元组（k_i，d_j）的权值（Weight），该权值可以用来衡量描述文档语义内容的标引词的重要性。用 t 表示系统中标引词的数目，$K=\{k_1, k_2, \cdots, k_t\}$ 是所有标引词的集合，$w_{i,j}>0$ 是文档 d_j 中的标引词 k_i 的权值，对于没有出现在文档文本中的标引词，其权值$w_{i,j}=0$。文档 d_j 可以用标引词向量来表示：$d_j=(w_{1,j}, w_{2,j}, \cdots, w_{t,j})$。此外，函数 g_i 用以返回任何 t 维向量中标引词 k_i 的权值，即 $g_i(d_j)=w_{i,j}$。其中，标引词的权值通常被认为是互相独立的。

2.2.1 布尔模型

布尔模型（Boolean Model）是基于集合理论和布尔代数的一种简单的检索模型，它假定标引词在文档中要么出现，要么不出现。因此，标引词的权值全部被设为二值数据，$w_{i,j} \in \{0,1\}$。查询 q 由连接词 not（非）、and（与）、or（或）连接起来的多个标引词所组成，如“奥运会”、“奥运会” and “中国”、“奥运会” and（“中国” or（not “体操”））等，通过对标引词与用户给出的检索式进行逻辑比较来检索文本。

文本集 D 中某一文本表示为 $D_i=(t_1,t_2,\cdots,t_m)$，其中，t_1，t_2，…，t_m 为标引词，用以反映 i 的内容。另设用户某一检索式为 $q_j=(t_1 \text{ and } t_2) \text{ or } (t_3 \text{ not } t_4)$ 或者 $q_j=(t_1 \wedge t_2) \vee (t_3 \neg\ t_4)$。对于该检索式，系统响应并输出的一组文本应为它们都含有标引词 t_1

[1] B. Ricardo, R. Berthier. 现代信息检索（王知津，贾福新等译）. 北京：机械工业出版社，2005：24。

和 t_2，或者含有标引词 t_3，但不含有标引词 t_4。

[定义] **对于布尔模型而言，标引词权值变量都是二值的，即 $w_{i,j} \in \{0,1\}$，查询 q 是一个常规的布尔表达式。用 q_{dnf} 表示查询 q 的析取范式，q_{cc} 表示 q_{dnf} 的任意合取分量。文档 d_j 和查询 q 的相似度可以定义为**

$$\mathrm{Sim}(d_j,q)=\begin{cases}1 & \text{如果}\ \exists q_{cc} \mid (q_{cc} \in q_{dnf}) \wedge (\forall k_i, g_i(d_j)=g_i(q_{cc})) \\ 0 & \text{其他}\end{cases}$$

如果 $\mathrm{Sim}(d_j,q)=1$，则布尔模型表示文档与查询相关（也可能不相关），否则文档 d_j 与查询 q 不相关。

例如检索式是“图书馆” and “档案馆”，基于表 2-1 的内容进行检索，那么得到的结果是文档 2，假如检索条件是“图书馆” or “档案馆”，则检索结果是文档 1、文档 2 和文档 3。

表 2-1　标引词和文档的权值表

文档 \ 标引词	图书馆	情报所	档案馆	…
文档 1	1	0	0	…
文档 2	1	1	1	…
文档 3	1	0	0	…
文档 4	0	1	0	…
…	…	…	…	…

为提高应用于信息检索的布尔模型的精度，可以对布尔模型进行以下三个方面的优化：

- 半结构化的检索，例如在检索项目中仅对标题、摘要起作用。
- 检索可对半结构化中的语义位置起作用，例如要求某词出现在标题的第一个位置。
- 可增加 Proximity 操作符，指定项之间的距离。例如检索的项有两个：T_1 和 T_2，利用 Proximity 操作符可以指定 T_1 和 T_2 必须在一个句子中，或 T_1 和 T_2 必须在相邻的 n 个句子中。

一个可能比较荒谬的问题是没有数学知识的用户可能无法使用布尔方式进行检索。因为他可能完全不懂 and 和 or 的意思。所以布尔检索式最简单的生成方法是先把所有查询词用 or 连起来，然后用同义词词典扩充同义词，再进行检索。萨尔顿提出了一种自动生成的方法，其方法如下：

- 输入一个自然语言方式的检索表达式。
- 把检索表达式分成若干个项目，并去除停用词，然后把所有的项目用 or 连起来。
- 寻找那些共同频率较高的词对，或者三元组，将之用 and 连起来。

布尔检索模型是最早提出的一个信息检索模型，它具有简单、易理解、易实现等优点，故得到广泛的应用。1967年后，布尔检索正式被大型文档检索系统采用，并逐渐成为各种商业性联机检索系统的标准检索模式，服务信息情报界30多年。直到现在，大多数商用检索系统仍采用布尔检索。

尽管布尔模型有着种种优点，但是它的缺点也是明显的，它存在的主要缺陷有以下几点：

（1）布尔逻辑式的构造不易全面反映用户的需求。用标引词的简单组配不能完全反映用户的实际需要，用户需要哪方面内容的文本、需要到多大程度，这是检索式无法表达清楚的。例如对上述检索式，“图书馆” and “档案馆”，究竟用户希望能得到更多的反映“图书馆”内容的文本还是反映“档案馆”内容的文本，传统的布尔检索无法解决此问题。

（2）匹配标准存在某些不合理的地方。例如，在响应某个用and连接的检索时，系统把只含有其中一个或数个但非全部检索词的文本与那些根本不含有任何一个检索词的文本同样加以排除；用响应某个用or连接的检索式时，系统也不会认为含有所有这些检索词的文本比那些只含有其中一个检索词的文本更好一些。

（3）检索结果不能按照用户定义的重要性排序输出。系统检索输出的文本中，排在第一位的文本不一定是文本集中最适合用户需要的文本，用户只能从头到尾浏览才能知道输出文本中哪些更适合自己的需要。

2.2.2 向量模型

向量模型又叫向量空间模型（Vector Space Model，VSM）。由于使用二值权值（Binary Weight）的布尔检索存在太多的局限，信息检索研究中便提出了一种框架以便能够进行部分匹配，即通过给查询和文档中的标引词分配非二值权值（Non-binary Weight）来实现这个目标。该权值用于计算存储在系统中的文档和用户查询之间的相似度。向量模型通过对检出文档按相似度降序排列的方式来实现文档与查询的部分匹配。

一个向量空间是由一组线性无关的基本向量组成，向量维数与向量空间维数一致，并可以通过向量空间进行描述。设文档集D中某一文档D_i，该文档可表示为$D_i = (t_1, t_2, \cdots, t_m)$，其中，$t_1$，$t_2$，…，$t_m$为标引词，用以反映$i$的内容。则相应的特征项$t_n$能够代表文档$D_i$能力的大小，体现了特征项在文档中的重要程度，文档$D_i$的向量可以表示为$\boldsymbol{D}_i(w_{i,1}, w_{i,2}, \cdots, w_{i,m})$，其中$w_{i,1}$，$w_{i,2}$，…，$w_{i,m}$分别代表文档$\boldsymbol{D}_i$特征项$t_1$，$t_2$，…，$t_m$的权重。相似度Sim（Similarity）是指两个文档内容相关程度的大小，当文档以向量来表示时，可以使用向量文档中向量间的距离来衡量，一般使用内积或夹角θ的余弦来计算，两者夹角越小说明相似度越高。由于查询也可以在同一空间里表示为一个查询向量，见图（2-1），可以通过相似度计算公式计算出每个文档向量与查询向量的相似度，即

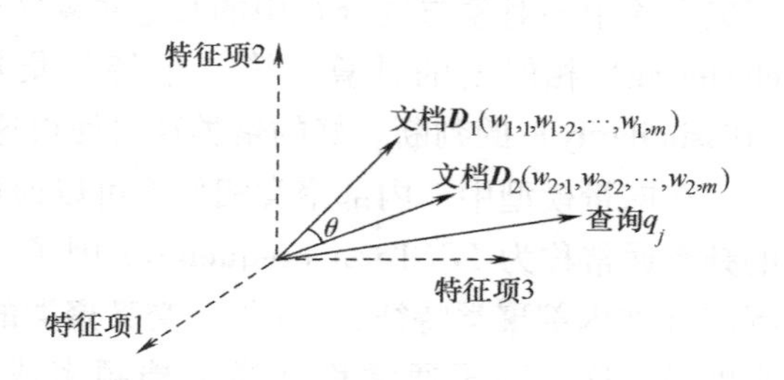

图2-1 文档VSM及相似度Sim（$\boldsymbol{D}_1$，$\boldsymbol{D}_2$）

注：资料来源：刘斌，陈桦．向量空间模型信息检索技术讨论．情报杂志，2006（7）：91-93。

$$\mathrm{Sim}(D_1, D_2) = \sum_{k=1}^{n} w_{1,k} w_{2,k} \tag{2-1}$$

或

$$\mathrm{Sim}(D_1, D_2) = \cos\theta = \frac{\sum_{k=1}^{n} w_{1,k} w_{2,k}}{\sqrt{\left(\left(\sum_{k=1}^{n} w_{1,k}^2\right)\left(\sum_{k=1}^{n} w_{2,k}^2\right)\right)}} \tag{2-2}$$

将这个结果与设立的阈值进行比较，如果大于阈值则页面与查询相关，保留该页面查询结果；如果小于则不相关，过滤此页。这样就可以控制查询结果的数量，加快查询速度[⊖]。

从向量空间模型的特点可以看出，在特征项确定的情况下，特征项的权重计算是文档分类的关键。特征项权重计算常用的方法有布尔函数、开根号函数、对数函数、TFIDF 函数等，其中 TFIDF 函数应用最为广泛，它的主要思想是词语加权（Term-weighting）技术，与聚类（Clustering）技术的基本原理密切相关，阐述如下：

假定对象集 C 和一个集合 A 的模糊描述，那么，简单的聚类算法就是把集合 C 中的对象分成两个子集：一个子集由那些与集合 A 相关的对象所组成，另一个子集由那些与集合 A 不相关的对象所组成。在这里，模糊描述的含义是：没有完整的信息来准确地判断哪个对象在集合 A 里，哪个对象不在集合 A 里。例如，人们要寻找一个价格与雷克萨斯（Lexus）400“相当”的汽车集合 A，由于不能明确“相当”的准确意思，所以对于集合 A 的表述并不确切和唯一。更复杂的聚类算法是把一个对象集，按照它们的特征分成不同的类。例如，医生可能将癌症病人分成四大类：晚期、恶化期、转移期、诊断期。由于对于集合的描述也可能是不准确的和唯一的，这就产生了将新病人分到哪一类的问题。检索模型需要做的是根据用户提供的查询决定（如分成两类）：估计哪篇文档与给定查询相关、哪篇不相关。因此，下面只讨论聚类问题的一些简单方面。

为了把信息检索问题看成是一种聚类，可以把文档看成是对象集 C，把用户查询看成是对象集 A 的模糊描述。于是，信息检索就可以简化为判断哪篇文档在集合 A、哪篇文档不在集合 A，因此，可以把信息检索看成是一个聚类问题。在聚类中，必须解决两个问题：第一，需要明确哪些特征用于描述集合 A 中的对象；第二，需要明确哪些特征把集合 A 中的对象与集合 C 中的其他对象区分开来。第一个特征集用于内部聚类（Intra-clustering）相似度的计算，第二个特征集用于交叉聚类（Inter-clustering）的相异度（Dissimilarity）的判断。好的聚类算法使得这两种效果达到平衡。

在向量模型中，内部聚类相似度可以通过文档 d_j 中语词 k_i 的初始频率来度量，该词的频率通常称为 TF(Term Frequency) 因子，它可用于衡量标引词描述文档内容的好坏程度（如内部聚类特征）。此外，交叉聚类的相异度可以通过文档集中语词 k_i 的逆频率来度量，这个因子通常称为逆文档频率或逆文献频率（Inverse Document Frequency，IDF）因子。使用 IDF 因子的积极意义在于，它阐明了在许多文档中出现的语词对于区分

⊖ G Salton，A Wong，C S Yang. On the Specification of Term Values in Automatic Indexing. Journal of Documentation，1973（4）。

相关文档和不相关文档是没有什么作用的。对于一个好的聚类算法而言，信息检索最有效的语词加权方案总是试图平衡这两种效果。

设 N 表示系统中的文档总数，n_i 表示包含标引词 k_i 的文档数目，$\mathrm{freq}_{i,j}$ 表示语词 k_i 在文档 d_j 中的初始频率（例如语词 k_i 在文档 d_j 文本中被提及的次数），则文档 d_j 中语词 k_i 的标准化频率 $f_{i,j}$ 为

$$f_{i,j}=\frac{\mathrm{freq}_{i,j}}{\max_l \mathrm{freq}_{l,j}} \tag{2-3}$$

最大值是通过计算文档 d_j 文本中出现的所有语词来获得的。如果语词 k_i 不出现在文档 d_j 中，则 $f_{i,j}=0$，语词 k_i 的逆文档频率 idf_i 为

$$\mathrm{idf}_i=\log\frac{N}{n_i} \tag{2-4}$$

最著名的语词加权方案为

$$w_{i,j}=f_{i,j}\log\frac{N}{n_i} \tag{2-5}$$

或者是这个公式的一个变形。

对于查询语词的权值，Salton 和 Buckley 指出可以采用如下方法，即

$$w_{i,q}=\left(0.5+\frac{0.5\mathrm{freq}_{i,q}}{\max_l \mathrm{freq}_{l,q}}\right)\log\frac{N}{n_i} \tag{2-6}$$

VSM 作为基于统计学方法的一个数学模型，充分发挥了计算机量化处理文档的特长。由于它一开始并没有对特征项的权值评价、文档向量与提问向量的相似度计算等问题做出统一的规定，加之它与文本语种的无关性，因此它在文本信息处理的研究与应用方面具有广泛的适应性。30 余年来，它在文本信息处理领域一直占据着非常重要的地位，近乎成为文本处理领域的经典方法。其主要优点在于：标引词加权改进了检索效果；其部分匹配策略允许检出与查询条件相接近的文档；余弦公式根据文档资料与查询之间的相似度对文档进行排序。

与此同时，VSM 在应用过程中也逐渐显现出了它的不足：

（1）特征项在文档中的不同位置代表不同的权重，而不同的关键词长度也会影响权重的大小。例如在查询“汽车修理”一词时，如果该词出现在文档的标题处，则其权重一定比出现在文章的摘要中要高，而出现在摘要中的权重一定比出现在正文中要高；而且如果文档 D_1 的长度比文档 D_2 长，那么在 D_2 中的权重也应该比 D_1 要高，其相似度也应该大一些。对于中文文档，关键词的长度越长，则在文档中出现的概率就越小，因为较长的关键词要比较短的包含更多的信息。在实际情况中，如果同一特征项在不同文档中出现的次数不同，那么在出现频率较高的文档中，其权重应该较高（而不应该是统一权重值“1”）。在传统的 TFIDF 函数中，每增加一个文档都要重新计算向量，从而导致查询速度降低，同时由于使用频率因子，在扩大查询范围时，不可避免地会影响到查询的准确性。

（2）查询和文档向量间是依靠链接来判断的，而且判断的依据是两者间相同关键词的简单比较，但实际情况是，大量的关键词具有相同的语义，同一关键词也会有多种语

义的解释描述（即产生了语义分歧）。例如“计算机”一词，也可以说成“电脑”“微机”等，对用户来说所指的可能是一个意思，但在VSM中这几个词是完全不同的概念，也就是说用户用“计算机”这个关键词去查询时，包含“电脑”“微机”这些词的相关文档会检索不出来，而可能许多不相关的文档反而会被检索出来。

2.2.3 概率模型

每一篇文档都存在一个主题。用户在检索信息的时候，其头脑中就有关于信息需求的主题。概率模型的任务在于用数学方法推断出用户需求的主题，以及文档所表达的主题，并根据用户需求主题与文档表达主题之间的相似度来对文档进行排序。其基本思想为，根据用户的检索 q，可以将文档集 D 中的所有文档分为两类：一类与检索需求 q 相关（集合 R），另一类与检索需求不相关（$\bar{R}$）。在同一类文档中，各标引词具有相同或相近的分布；而属于不同类的文档中，标引词应具有不同的分布。因此，通过计算文档中所有标引词的分布，就可以判定该文档与检索的相关度。该模型把一个文档可能与用户需求相关的概率作为标引词相似度的标准，使相关文档排列形成形式化的数学过程，虽然相似度最终依赖于用户的判断，但可以假设用户会认为主题与信息需求主题相似的文档是相关文档。

经典概率模型是由 Roberson 和 Sparck Jones 提出的，他们对文档与检索相匹配的概率进行估计，估计值作为衡量文档相关性的尺度。对于检索 q，任意文档 $d \in D$ 与其相关和不相关的概率分别表示为 $P(R \mid d)$ 和 $P(\bar{R} \mid d)$ 。根据贝叶斯公式有

$$P(R|d) = P(d|R)P(R)/P(d) \tag{2-7}$$

$$P(\bar{R}|d) = P(d|\bar{R})P(\bar{R})/P(d) \tag{2-8}$$

上述两式中的后两项只与检索需求 q 有关，而与每个文档无关，可以不计算，因此可将计算 $P(R \mid d)$ 转化为计算 $P(d \mid R)$ 。同理，对 $P(\bar{R} \mid d)$ 的计算也将转化为对 $P(d \mid \bar{R})$ 的计算。

由于标引词的数目很大，因此常常在计算中引入一些假设，以简化计算。对应不同的假设，就形成了三种不同的经典概率模型，分别是二元独立模型（Binary Independent Model）、二元一阶相关概率模型（Binary First Order Dependent Model）和双泊松分布概率模型（Two Poisson Independent Model）。

1. 二元独立模型

二元独立模型对文档中标引词的分布做了如下两个假设：

【假设1】（二元属性取值）任意一个文档 d 可以表示为 $d(x_1, x_2, \cdots, x_i, \cdots)$，其中二元随机变量 x_i 表示标引词 t_i 是否在该文档中出现，如果出现，则$x_i = 1$，否则 $x_i = 0$。

【假设2】（标引词独立性假设） 在一个文档中，任意一个标引词的出现与否不会影响到其他标引词的出现，它们之间相互独立。

根据【假设1】和【假设2】有

$$P(d \mid R) = P(x_1, x_2, \cdots \mid R) = \prod_{i=1}^{m} P(x_i \mid R) \tag{2-9}$$

$$P(d \mid \bar{R}) = P(x_1, x_2, \cdots \mid \bar{R}) = \prod_{i=1}^{m} P(x_i \mid \bar{R}) \tag{2-10}$$

至此，可以定义文档 d 与检索 q 的相关度排序函数 $f_r(q,d)$ 为

$$f_r(q,d)=\frac{P(R|d)}{P(\bar{R}|d)} \tag{2-11}$$

该值越大，表示文档 d 与检索 q 越相关。将式（2-9）与式（2-10）利用式（2-7）和式（2-8）转换后，代入式（2-11），去掉常数并整理后有

$$f_r(q,d)=\frac{\prod_{i=1}^{m} p_i^{x_i}(1-p_i)^{1-x_i}}{\prod_{i=1}^{m} q_i^{x_i}(1-q_i)^{1-x_i}} \tag{2-12}$$

其中，$p_i=P(x_i=1\mid R)$，$q_i=P(x_i=1\mid \bar{R})$。对式（2-12）右边取对数并整理，就得到相关度排序函数的计算公式为

$$f_r(q,d)=\sum_{i=1}^{n}\left[x_i\log\frac{p_i(1-p_i)}{q_i(1-q_i)}\right] \tag{2-13}$$

式（2-13）中需要确定的参数为 p_i、q_i，它们分别表示标引词 t_i 在两类文档 R 和 $\bar{R}$ 中的出现概率，如果能够预先得到一定数量的带有标记（相关性标记）的文档，则可以通过最大似然估计法来确定参数 p_i、q_i 的值。假设对给定的文档集的统计结果如表2-2所示，则

$$p_i=P(x_i=1|R)=\frac{n_R(x_i=1)}{n_R(x_i=1)+n_R(x_i=0)} \tag{2-14}$$

$$q_i=P(x_i=1|\bar{R})=\frac{n_R(x_i=1)}{n_R(x_i=1)+n_R(x_i=0)} \tag{2-15}$$

表2-2　二元独立模型的参数估计表

	相　关	不相关
$x_i=1$	n_R（$x_i=1$）	$n_{\bar{R}}$（$x_i=1$）
$x_i=0$	n_R（$x_i=0$）	$n_{\bar{R}}$（$x_i=0$）

在实际应用中，一般无法预先给出带有相关性标记的文档集，所以常常通过相关反馈（Relevant Feedback）技术来获取标记文档，即先采用其他检索技术，如全文检索技术等获得一批文档，并由用户对这些文档进行相关性标记，然后再将这些标记后的文档作为确定参数的文档集。

2. 二元一阶相关概率模型

标引词独立性假设只是为了数学上的处理方便，并不符合实际情况。可以看到，一些标引词在文档中的出现往往不是相互独立，而是存在某种关系，如某些标引词经常会同时出现在一篇文档中，因此要想获得更好的检索结果，就必须考虑各个标引词之间的相互依赖关系这一信息。这就是建立二元一阶相关概率模型的背景。二元独立模型与二元一阶相关概率模型在假设1上完全一致（也就是对文档的表示两者一致），其区别在于后者不承认假设2，从而对 $P(d\mid R)$ 和 $P(d\mid \bar{R})$ 的计算与前者不同。为了实际地表示文档中各个标引词的相关关系，一般假设在相关文档中，各个标引词之间存在统计相关性。统计相关性不同于逻辑相关性，它是两个或多个标引词在文档中出现频率之间所表

现出的一种相关性，不考虑各个标引词在文档中的先后次序。

3. 双 Poisson 分布概率模型

双 Poisson 分布概率模型最先是由 Harter 在研究文档标引时提出的，该模型的基本思想来源于如下的实验观察：文档中的单词可分为两类：一类单词与表达文档的主题相关，称为内容词（Content-bearing Words）；另一类只完成一些语法功能，称为功能词（Functional Words），统计实验发现，功能词在文档中的分布与内容词不同，前者出现的概率比较稳定，其波动情况可以近为泊松分布，即如果用 x 表示某个功能词在文档中的出现频率，则

$$P(x)=\frac{u^x}{x!}\mathrm{e}^{-x}$$

式中，u 是该分布的均值，表示该功能词的平均出现频率。

可见，内容词在文档中的出现频率，在一定意义上反映了一个文档的主题。因此 Harter 假设，根据一个内容词可以将文档从主题上分为两类，同时该内容词在两类文档中的出现频率也会不相同。一类文档的主题与该内容词相关，那么该内容词在其中的出现频率应该比较高，其波动特征可以用一个泊松分布表示；而另一类文档的主题与内容词不相关，所以内容词在其中的出现频率应该比较低，其波动特征也可以用一个泊松分布表示；综合起来，一个内容词在文档中的出现频率 x 可以表示为两个泊松分布的加权组合

$$P(x)=\pi\frac{u^x}{x!}\mathrm{e}^{-x}+(1-\pi)\frac{v^x}{x!}\mathrm{e}^{-x}$$

式中，u、v 分别是内容词在两类文档中出现频率的均值；π 是任意一个文档属于第一类的概率。

该假设被称为双 Poisson 分布假设。只要将所有的标引词看作内容词（其实，在实际的检索中，标引词一般都是内容词），则它们也满足双 Poisson 模型。与二元独立模型相比，双 Poisson 分布概率模型的不同在于不承认假设 1，其余都相同。

概率模型的主要优点在于，它利用概率论原理，通过赋予索引词某种概率值来表示这些词在相关文档集合和非相关文档集合中的出现概率，然后计算某一给定文档与某一给定用户提问相关的概率并做出检索决策。不同于布尔检索和向量空间模型，概率模型具有一种内在的相关反馈机制，它把检索处理过程看作一个不断逼近并最终确认命中文档集合特征的过程，并通过运用某种归纳式学习方法实现系统对检索结果的优化与完善。从理论上讲，它吸收了相关反馈原理，将文档根据它们相关的概率按递减的顺序排列。

概率模型虽然具有坚实的理论基础，但仍然存在一些局限，主要表现在：①最初需要把文档分成相关的集合和不相关的集合；②这种方法并不考虑标引词在文档中出现的频率，即所有的权值都是二值的；③假设标引词相互独立，然而如同 VSM 一样，这并不能明确标引词的独立性在实际情况中是否为一个不利的假设。

2.3 集合理论模型

本节将介绍集合理论模型的三个改进模式：模糊集合模型、扩展布尔模型和粗糙集模型。

2.3.1 模糊集合模型

用关键词集来表示文档和查询，会形成仅与文档和查询各自真实的语义内容部分相关的描述，其结果使文档与查询的匹配是近似的或含糊的。因此，可以通过如下描述构建模型：将每一个查询语词定义成一个模糊集合，每篇文档在这个集合中都有一个隶属度，取值通常小于1。关于模糊集合的概念检索过程的这种解释，是过去几年提出的用于信息检索的若干模糊集合模型的基本依据。

模糊集合理论（Fuzzy Set Theory）研究的是边界不明确的集合的表示，其中心思想是把隶属函数（Membership Function）和集合中的元素结合在一起。该函数的取值在区间［0，1］上，0对应不隶属于该集合，1表示完全隶属于该集合，隶属值在0和1之间表示集合中的边际元素。因此，模糊集合中的隶属关系与在传统布尔逻辑中一样，是一个逐步派生出来的固有概念，而不是突然出现的。

［定义］ 论域 U 的一个模糊子集 A 可以用隶属函数 μ_A 来描述 $\mu_A: \to [0,1]$，为 U 的每个元素 u 分配一个数值 $\mu_A(u)$，该数值在区间［0，1］上。

模糊集合中最常用的三种运算分别是：模糊集合的补运算、两个或多个集合的并运算、两个或多个模糊集合的交运算。它们对于表示含糊和不确切的情况是很有帮助的，在信息检索领域也得到了重要的应用。

采用叙词表来建立模型是信息检索过程构建模型的一种常用方法。叙词表可以通过定义一个词-词关联矩阵（Term-term Correlation Matrix）$\boldsymbol{C}$ 来构建，这个矩阵的行和列分别对应于文档集合中的标引词。在矩阵 $\boldsymbol{C}$ 中，语词 k_i 和 k_l 之间的标准化关联因子 $c_{i,l}$ 可以定义为

$$c_{i,l} = \frac{n_{i,l}}{n_i + n_l - n_{i,l}}$$

式中，n_i 是包含语词 k_i 的文档的数目；n_l 是包含语词 k_l 的文档的数目；$n_{i,l}$ 是同时包含语词 k_i、k_l 的文档的数目。

可以使用词-词关联矩阵 $\boldsymbol{C}$ 来定义与每个标引词 k_i 相关联的模糊集合，在这个集合中，文档 d_j 的隶属度可以计算如下：

$$\mu_{i,j} = 1 - \prod_{k_l \in d_j} (1 - c_{i,l})$$

即计算文档 d_j 中所有语词的代数和（在此是通过负代数积求补来实现的）。如果文档 d_j 自身的语词与 k_i 有关，则该文档属于语词 k_i 的模糊集合。只要文档 d_j 中至少有一个标引词与 k_i 密切相关，则 $\mu_{i,j}$ 接近于1，且标引词 k_i 是文档 d_j 的一个很好的模糊索引；如果文档 d_j 中的所有标引词与 k_i 不是密切相关的，则标引词 k_i 不是文档 d_j 的一个好的索引（如 $\mu_{i,j}$ 接近于0）。这样可以使文档 d 中所有语词的代数和（而不是传统的最大值函数）熟练地转换成 $\mu_{i,j}$ 因子的值。

用户通过一个布尔型的查询表达式来阐述他的信息需求，模糊集合模型将查询转换为析取范式。例如，查询 $[q = k_a \wedge (k_b \vee \neg k_c)]$ 可以写成析取范式的形式 $[q_{\text{dnf}} = (1,1,1) \vee (1,1,0) \vee (1,0,0)]$，其中的每一个分量都是三元组 (k_a, k_b, k_c) 的一个二值加权向量，这些二值加权向量是 q_{dnf} 的合取分量。用 cc_i 表示第 i 个合取分量的参量，则

$$q_{dnf} = cc_1 \vee cc_2 \vee \cdots \vee cc_p$$

式中，p 是 q_{dnf} 的合取分量的数目。

计算文档与查询相关的过程类似于采用经典布尔模型进行比较的过程。其区别在于，此处的集合是松散的集合而不是布尔集合。

重新考虑 $[q = k_a \wedge (k_b \vee \neg k_c)]$，用 D_a 表示与索引 k_a 相关联的文档模糊集合，比如该集合由隶属度 $\mu_{a,j}$ 大于给定阈值 K 的文档 d_j 组成；此外，用 $\overline{D_a}$ 表示 D_a 的补集，模糊集合 $\overline{D_a}$ 与 $\overline{k_a}$ 相关联，它是标引词 k_a 的否定。类似地，可以分别定义标引词 k_b 的模糊集合 D_b 和标引词 k_c 的模糊集合 D_c，因为所有的集合都是模糊的，即使文档 d_j 的文本中并不包含索引 k_a，该文档 d_j 也有可能属于集合 D_a。

查询模糊集合 D_q 是与 q_{dnf} 3 个合取分量（就 cc_1、cc_2、cc_3 而言）相关联的模糊集合的并集，模糊结果集合 D_q 中文档 d_j 的隶属度可以通过以下的公式来计算：

$$\begin{aligned}\mu_{q,j} = \mu_{cc_1+cc_2+cc_3} &= 1 - \prod_{i=1}^{3}(1 - \mu_{cc_i,j}) \\ &= 1 - (1 - \mu_{a,j}\mu_{b,j}\mu_{c,j})(1 - \mu_{a,j}\mu_{b,j}(1 - \mu_{c,j})) \\ &\quad (1 - \mu_{a,j}(1 - \mu_{b,j})(1 - \mu_{c,j}))\end{aligned}$$

式中，$\mu_{i,j}$，$(i \in \{a,b,c\})$ 是与 k_i 有关联的模糊集合中文档 d_j 的隶属度。

如前所述，析取模糊集合中的隶属度是用代数和来计算的，而不是最常用的最大值函数。此外，合取模糊集合中的隶属度是用代数积来计算的，而不是常见的最小值函数。采用代数和与代数积得出的隶属度，比用最大值函数和最小值函数计算得出的隶属度数值的变化更小，从而更适合于信息检索系统。

总的来说，模糊集合模型与经典布尔模型关系密切，它基本保留了布尔检索功能，但是更为灵活，对那些既想利用布尔检索的长处，又想避免其二值相关性测度局限性的研究者来说，模糊集合模型能更好地满足需求。此外，模糊集合模型还支持对命中文档按相关度大小排序输出。但是目前为止，模糊集合模型仅限于小规模的文档集合，相关试验结果的可比性比较差，它的研究工作主要集中在模糊学领域的文档中，在信息检索领域中的研究并不十分广泛。

2.3.2 扩展布尔模型

扩展布尔模型，将向量模型与布尔模型融为一体，克服了经典布尔模型的一些缺点。采用向量模型的主要原因是该模型简单、快捷，并能产生较好的检索效果。用部分匹配和语词加权功能来扩展布尔模型，可以使布尔查询表达式与向量模型的特征结合在一起。下面用矢量的方法来讨论扩展布尔模型。

设文本集中每篇文本仅由两个标引词 t_1 和 t_2 标引，并且 t_1、t_2 允许赋以权值，其权值范围为 [0, 1]。权值越接近 1，说明该词越能反映文本的内容，反之，则越不能反映文本的内容。在扩展布尔模型中，上述情形用平面坐标系上某点代表某一文本和用户给出的检索式，如图 2-2 所示。图 2-2 中的横、纵坐标用 t_1、t_2 表示，其中 $A(0,1)$ 表示词 t_1 权值为 0、词 t_2 权值为 1 的文本，$B(1,0)$ 表示词 t_1 权值为 1、词 t_2 权值为 0 的文本，$C(1,1)$ 表示词 t_1、t_2 的权值均为 1 的文本，文本集 D 中凡是可以用 t_1、t_2 标引的文本可

以用四边形 $OACB$ 中某一点表示。同样，用户给出检索式后，也可用四边形 $OACB$ 中某一点表示。

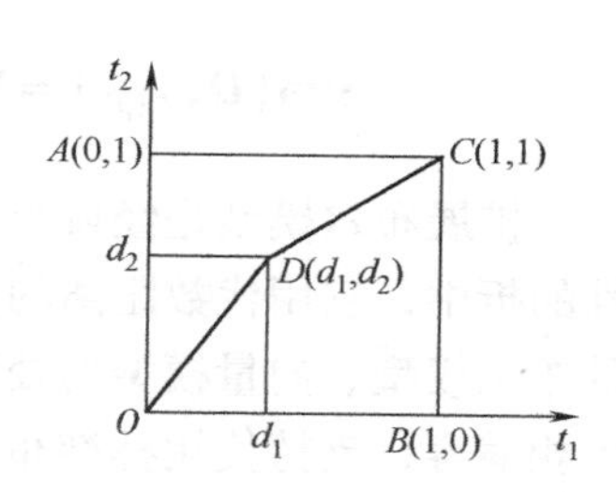

图 2-2　布尔检索矢量表示法

注：资料来源：李广源．扩展布尔检索模型——Salton 模型．广西科学院学报，2000（11）：153-155。

下面来看扩展布尔模型是如何构造相似度计算式的。

对于由 t_1 和 t_2 构成的检索式 $q = t_1 \vee t_2$，在图 2-2 中只有 A、B、C 三点所代表的文本才是最理想的文本。对于某一文本 D 来说，D 点离 A、B、C 三点越接近，说明相似度越大，或者说，当 D 点离 O 点越远时相似度越大。因而 D 与 O 的距离

$$|DO| = \sqrt{(d_1 - 0)^2 + (d_2 - 0)^2} = \sqrt{d_1^2 + d_2^2}$$

可以作为衡量某文本与查询 q 的相关程度的一个尺度，显然，$0 \leqslant |DO| \leqslant \sqrt{2}$。为了使相似度控制在 0 与 1 之间，将相似度定义为

$$\mathrm{Sim}(D, Q(t_1 \vee t_2)) = \sqrt{\frac{d_1^2 + d_2^2}{2}} \tag{2-16}$$

对于由 t_1 和 t_2 构成的查询 $q = t_1 \wedge t_2$，只有 C 点才是最理想的文本。用 D 与 C 的距离

$$|DC| = \sqrt{(1 - d_1)^2 + (1 - d_2)^2}$$

作为衡量一文本与查询 q 的相关程度的一个尺度，于是，把相似度定义为

$$\mathrm{Sim}(D, Q(t_1 \wedge t_2)) = 1 - \sqrt{\frac{(1 - d_1)^2 + (1 - d_2)^2}{2}} \tag{2-17}$$

式（2-16）、式（2-17）还可推广到对检索标引词进行加权的情形，设检索标引词 t_1、t_2 的权值分别为 a、b，$0 \leqslant a$，$b \leqslant 1$，则式（2-16）、式（2-17）可进一步推广为

$$\mathrm{Sim}(D, Q(t_1, a) \vee (t_2, b)) = \sqrt{\frac{a^2 d_1^2 + b^2 d_2^2}{a^2 + b^2}} \tag{2-18}$$

$$\mathrm{Sim}(D, Q(t_1, a) \wedge (t_2, b)) = \sqrt{1 - \frac{a^2 (1 - d_1)^2 + b^2 (1 - d_2)^2}{a^2 + b^2}} \tag{2-19}$$

扩展模型还给出了把标引词推广到 n 个时的相似度计算公式。

设 $D = (d_1, d_2, \cdots, d_n)$，$d_i$ 表示第 i 个标引词 t_i 的权值，$0 \leqslant d_i \leqslant 1$。由布尔运算符“∨”及“∧”所确定的检索式分别为

$$Q_{\vee(p)} = (t_1, a_1) \vee (t_2, a_2) \vee \cdots \vee (t_n, a_n) \tag{2-20}$$

$$Q_{\wedge(p)} = (t_1, a_1) \wedge (t_2, a_2) \wedge \cdots \wedge (t_n, a_n) \tag{2-21}$$

式中，a_i 是第 i 个检索标引词 t_i 的权值，$0 \leqslant a_i \leqslant 1$；$p$ 是一个可变的量，$1 \leqslant q \leqslant +\infty$。

在扩展布尔模型中，以式（2-18）、式（2-19）作为基本的出发点，在 n 个标引词生成的 n 维欧氏空间中应用 L_P 矢量模公式进行欧氏模的计算，将文本和查询的相似度定义为

$$\mathrm{Sim}(D, {}_{\vee(p)}) = \left[\frac{a_1^p d_1^p + a_1^p d_2^p + \cdots + a_n^p d_n^p}{a_1^p + a_1^p + \cdots + a_n^p}\right]^{\frac{1}{p}} \tag{2-22}$$

$$\mathrm{Sim}(D, _{\wedge(p)}) = 1 - \left[\frac{a_1^p(1-d_1)^p + a_1^p(1-d_2)^p + \cdots + a_n^p(1-d_n)^p}{a_1^p + a_1^p + \cdots + a_n^p}\right] \tag{2-23}$$

扩展布尔模型是经典布尔检索模型精确匹配的严格性和向量处理模式提问的无结构性的折中，它用代数距离的方式来解释并放松了布尔操作的要求，因而有效融合了传统的布尔模型、向量模型的处理思想。它的主要特点有：与传统布尔检索中的倒排文档技术相兼容，支持使用标准布尔检索逻辑表达的提问式结构；允许在文档和提问式中进行词加权处理；支持按相似度的大小排序输出检索结果；通过调整参数 p 的取值，可以灵活选择并得到不同的检索结果。

2.3.3 粗糙集模型

信息检索的关键就是对相关文本进行检索来回答用户的查询。提高检索算法的有效性是一个很重要的研究目标。查询提炼是信息检索中的一个重要部分，它通过修改初始查询产生一个更高效的查询，对于那些查询不完备，还不足以进行有效检索的用户来说，这一步是非常关键的。粗糙集模型在检索和基于词汇的查询提炼之间提供了高度的完整性，因为任何时候考虑到用户的信息需求，都必须保证字眼算子关系的完整性。实际上，检索操作是在查询提炼之后进行的，在检索开始之前字眼和关系被自动用来进行查询提炼，粗糙集提供了一个在检索之前对词汇进行自动挖掘的方法。

粗糙集理论是波兰科学家 Pawlak 于 1982 年提出的一种处理不精确、不相容和不完全数据的新的数学工具，它的独到之处在于不需要先验知识，就可以从数据中获取潜在依赖规律。

在粗糙集理论中，一个等价关系将一个非空集合划分成互不相连的等价类。根据这个关系等价类中的对象是不可区分的，全集和等价关系一同定义了一个近似空间，等价类和空集被称为这个近似空间的基本集或原子集。这样一个近似空间可以用来描述全集的任意子集，这要用到两个近似集，即上近似集和下近似集。它们是这样定义的：

设 R 是划分非空全集 U 的一个等价关系，近似空间为 $apr_R = (U,R)$ ，一个划分被定义为 $U/R = \{C_1, C_2, \cdots, C_n\}$ ，这里 C_i 是 U/R 的一个等价类，对于 U 的任意一个子集 S，

S 的下近似集为
$$\underline{apr_R}(S) = \{x \in C_i \mid C_i \subseteq S\} \tag{2-24}$$

S 的上近似集为
$$\overline{apr_R}(S) = \{x \in C_i \mid C_i \cap S \neq \varnothing\} \tag{2-25}$$

上近似集和下近似集近似描述了近似空间（U，R）中的子集 S，粗糙集就可以用这两个近似集来描述。

粗糙集理论的一个重要特点是，无须提供问题所需处理数据集合之外的任何先验信息。这是粗糙集理论与概率方法、模糊集合方法和证据理论方法等其他处理不确定性问题理论的最显著区别，也是它最重要的优点。具体地说，在模糊集合理论中对隶属度和隶属函数的指定，证据理论中对属性、数据或知识等局部的信念及全局信念函数的计算等，均需要凭借系统设计者的经验，带有强烈的主观色彩。而对于粗糙集来说，对知识不确定程度的测量，无须对知识或数据的局部给予主观评价，而是对被分析数据处理之后自然获得。换言之，粗糙集理论对不确定性的描述相对客观。因此，粗糙集方法与其

他处理不确定性问题的理论具有很强的互补性。

粗糙集理论的另一个特点是只处理离散性属性。在实际应用环境中，经常遇到属性取连续值的情况，为此，需要对连续属性进行离散化。目前，研究人员对这个问题的研究已经取得进展。连续属性的离散化使得粗糙集理论对离散和连续属性都能够处理，扩大了该理论的应用范围。

利用粗糙集在信息检索中可以为词汇建立模型。该模型是将给定范围的单词（单个词汇和段落）当作全集 U，表示等价关系 R 的定义为字眼的相似关系，R 对 U 产生一个划分，这样一个类中的字眼彼此都是同义的，用向量来表示文本和查询，通过近似空间 $apr_R=(U,R)$ 中的上、下近似集进行比较。显然，文本和查询是全集的子集，分别求出它们在近似空间 $apr_R=(U,R)$ 中的上、下近似集。下近似集中的属性确定地描述了子集，而上近似集中的属性可能地描述了子集，这些确定性和可能性当然在很大程度上是由近似空间决定的，因此，下近似集自动向核心描述靠近，而上近似集在词汇空间允许的范围内扩大了描述。（邹晓红，2005）

当对文本和查询进行比较时，采用非自反的相似度方法，设 U 的两个子集 S_1 和 S_2，S_2 作为中心：

$$B_L=\underline{apr}_R(S_2)\,|-|\,(\underline{apr}_R(S_1)\cap\underline{apr}_R(S_2)) \tag{2-26}$$

$$B_U=\overline{apr}_R(S_2)\,|-|\,(\overline{apr}_R(S_1)\cap\overline{apr}_R(S_2)) \tag{2-27}$$

这里 $|-|$ 表示边界差，然后计算：

$$\text{Sim}_R(S_1,S_2)=1-[card(B_L)/card(\underline{apr}_R(S_2))] \tag{2-28}$$

在比较中，保持 S_2 为中心，如果上式为 0，表示不匹配；上式为 1，表示 S_2 和 S_1 之间的最大匹配。同样有

$$\overline{\text{Sim}}_R(S_1,S_2)=1-[card(B_U)/card(\overline{apr}_R(S_2))] \tag{2-29}$$

在实际比较中，可以把这两个相似度结合到一个检索状态值中。但是粗糙集模型也有一些局限性，比如它不能使用用权值描述的文本和查询，也不能利用除了同义词之外的字眼关系。为了解决这个问题并且使粗糙集模型在检索中更加灵活，一般将粗糙集和模糊集合理论结合起来进行扩展，使检索模型适用的范围更加广泛，更进一步地提高检索效率。

2.4 代数模型

本节将介绍三种典型的代数模型：广义向量空间模型、潜语义标引模型和神经网络模型。

2.4.1 广义向量空间模型

如前所述，对 VSM 而言通常有如下解释：用 k_i 表示标引词 k 的一个向量，向量模型中标引词的相互独立意味着向量集合 $\{k_1, k_2, \cdots, k_t\}$ 是线性独立的，并构成了目标子空间的基。该空间的维数就是集合中标引词的数目 t。

通常，VSM 中标引词之间的相互独立性在某种更严格的意义上可以理解为标引词向

量两两正交，即 $k_i \cdot k_j = 0$。然而在实际情况中，标引词之间总存在着一定的相互关系，即不是两两正交的，一个词的出现可能会引起另外一个相关词的出现。因而，标引词向量不能作为向量空间的正交基（在向量模型中常把 $\{k_1, k_2, \cdots, k_t\}$ 作为目标子空间的基），这就导出了广义向量空间模型。

在广义向量空间模型中，标引词向量是线性独立但不是两两正交的，标引词向量由一组更小分量所组成的正交基向量来表示，词与词之间的关系可直接由基向量表示给出较为精确的计算。

系统中的标引词集合为 $\{k_1, k_2, \cdots, k_t\}$，它生成的布尔代数表示为 $\langle B, \neg, \wedge, \vee \rangle$。则文档中词出现的所有模式可以用最小项来表示。

［定义］ 布尔代数 $\langle B, \neg, \wedge, \vee \rangle$ 上由 $x_1, x_2, \cdots, x_n$ 产生的形如 $x_1^{\sigma_1} \wedge x_2^{\sigma_2} \wedge x_3^{\sigma_3}$ 的布尔表达式称为由 $x_1, x_2, \cdots, x_n$ 产生的最小项，其中当 $\sigma_i = 1$ 时 $x_i^{\sigma_i} = x_i$；当 $\sigma_i = 0$ 时 $x_i^{\sigma_i} = \overline{x_i}$。

t 个标引词生成 2^t 个互不相同的最小项，在每个最小项中，k_i 和 $\neg k_i$ 之一出现且只出现一次。最小项不能被进一步简化，它们构成布尔代数的基本元素；其他任何元素都可以由基本元素的析取范式表示。

令 $\{mx\}_{2^t}$ 表示 B 的元素，则每一个基本元素可以由布尔向量 $(\sigma_1, \sigma_2, \cdots, \sigma_t)$ 唯一确定，即

$$m_x = k_1^{\sigma_1} \wedge k_2^{\sigma_2} \cdots \wedge k_n^{\sigma_n} \qquad k_i^{\sigma_i} = \begin{cases} k_i & \text{当 } \sigma_i = 1 \text{ 时} \\ \neg k_i & \text{当 } \sigma_i = 0 \text{ 时} \end{cases} \tag{2-30}$$

标引词也是 B 中的一个元素，则可以表示成基本元素的析取式，即 $k_i = m_1 \vee m_2 \vee \cdots \vee m_r$。

因此，基本元素可以表示成 2^t 维笛卡儿空间中的正交基本向量，即 $\overline{m_1} = (1,0,\cdots,)$，$\overline{m_2} = (0,1,\cdots,0,0)$，$\overline{m_{2^t}} = (0,0,\cdots,0,1)$，对于所有的 $i \neq j$，有 $m_i \cdot m_j = 0$，则向量集合 $\overline{m_i}$ 是两两正交的，但这并不意味着标引词之间是相互独立的；相反，标引词通过基本向量相关联。

标引词 k_i 的向量是通过把所有最小项 m_r 的向量相加求和得出的。

$$k_i = \frac{\sum_{\forall r, g_i(m_r)=1} c_{i,r} m_r}{\sqrt{\sum_{\forall r, g_i(m_r)=1} c_{i,r}^2}} \tag{2-31}$$

$$c_{i,r} = \sum_{d_j \mid g_l(d_j) = g_l(m_r) \text{ for all } l} w_{i,j} \tag{2-32}$$

式中的关联因子用于计算文档 d_j 中标引词的权值之和，函数 $g_i(m_r)$ 返回最小项 m_r 中标引词的权值（通常为1）。

向量空间模型把文档和提问分别表示成 $\overline{d_j} = \sum_{\forall i} w_{i,j} \overline{k_i}$ 和 $\overline{q} = \sum_{\forall i} w_{i,q} \overline{k_i}$。在广义向量空间模型中，通过式（2-31）把这些表示直接转化成最小项向量的集合，然后利用标准余弦函数来计算文档向量 d_j 和提问向量 q 之间的相似度，并将文档按相似度的大小以递减顺序排列输出。这种方法既考虑了语词之间的关系，又没有陷入对相似函数的复

杂讨论中。

向量空间模型和广义向量空间模型都是用标引词来概括文档和提问文本的内容，由于受到同义词、多义词的影响，语义的准确表达不仅取决于对词汇的恰当选择，而且也取决于上下文对语义概念的限定。如果没有上下文的语境而孤立地依赖于标引词的简单组配，可能导致检索效果低下，其准确性、完整性也不够理想，即许多不相关的文档也有可能包括在结果集合中，没有用任何关键词进行标引的文档有可能被遗漏。因此，文本的思想内容虽然与标引词有关联，但相比之下，它与其中的概念关系更为密切，基于概念匹配而不是标引词匹配的潜语义标引模型较好地解决了这些问题。

2.4.2　潜语义标引模型

在传统的向量空间模型中，文档集合中的文档被抽取成若干个标引词，每个文档由标引词构成一个文档向量空间，而每个特征项在文档集合的各个文档中的权值集合则构成了一个特征项向量空间。两者结合在一起构成了文档集合的向量空间。但是，在检索过程中，用标引词集合来概括文档和查询的内容可能降低检索效率。其最终结果有两种情况：其一，许多不相关的文档可能包含在结果集合中；其二，没有用任何查询关键词进行标引的相关文档也有可能不被检出。产生这两种结果的原因是基于关键词集合的检索过程固有的模糊性。

潜语义标引模型（Latent Semantic Indexing Model）是将标引词之间、文档之间的依赖关系以及标引词与文档之间的语义关联都考虑在内，将文档向量和提问向量映射到与语义概念相关联的较低维空间中，从而把文档的标引词空间向量转化为语义概念空间。在降维的语义概念空间中，计算文档向量和提问向量的相似度，然后根据所得的相似度把排列结果返回给用户。

设$\overline{M}$表示 t 行 n 列的关键词—文档矩阵，t 表示系统中标引词的数目，n 为总的文档数目，则

$$\overline{\boldsymbol{M}} = (\boldsymbol{d}_1, \boldsymbol{d}_2, \cdots, \boldsymbol{d}_n) = \begin{pmatrix} \boldsymbol{W}_{11} & \boldsymbol{W}_{12} & \cdots & \boldsymbol{W}_{1n} \\ \boldsymbol{W}_{21} & \boldsymbol{W}_{22} & \cdots & \boldsymbol{W}_{2n} \\ \vdots & \vdots & & \vdots \\ \boldsymbol{W}_{t1} & \boldsymbol{W}_{t2} & \cdots & \boldsymbol{W}_{tn} \end{pmatrix} = \begin{pmatrix} \boldsymbol{M}_{11} & \boldsymbol{M}_{12} & \cdots & \boldsymbol{M}_{1n} \\ \boldsymbol{M}_{21} & \boldsymbol{M}_{22} & \cdots & \boldsymbol{M}_{2n} \\ \vdots & \vdots & & \vdots \\ \boldsymbol{M}_{t1} & \boldsymbol{M}_{t2} & \cdots & \boldsymbol{M}_{tn} \end{pmatrix} \tag{2-33}$$

矩阵中的每一个元素 $M_{i,j}$ 为关键词—文档（k_i，d_j）的权值，该权值可以用传统向量空间模型中普遍采用的 *TFIDF* 加权方案来确定。

潜语义标引模型的思想是用数学方法把关键词—文档矩阵进行奇异值分解（Singular Value Decomposition，SVD）。奇异值分解是一种与特征值分解、因子分析紧密相关的矩阵方法。

[定义]　**M 为 $t \times n$ 矩阵，$M^{T}M$ 的特征值为 λ_1^2，λ_2^2，…，λ_n^2，则 $\sigma_1 = |\lambda_1|$，$\sigma_2 = |\lambda_2|$，…，$\sigma_n = |\lambda_n|$ 为矩阵 M 的奇异值。**

[定理]　**任何矩阵均可以被分解成三个矩阵的乘积。**

所以，关键词—文档矩阵也可以分解成三个部分，M 的奇异值分解如下所示：

$$\overline{\boldsymbol{M}} = \overline{\boldsymbol{K}}\,\overline{\boldsymbol{S}}\,\overline{\boldsymbol{D}}^{t} \tag{2-34}$$

式中，矩阵$\overline{K}$是由词-词关联矩阵$\overline{M}\cdot\overline{M}^t$导出的$t\times t$正交特征向量矩阵（$KK^t=K^tK=E$），称为$M$的左奇异向量；$\overline{D}^t$是由文档—文档关联矩阵$\overline{M}^t\ \overline{M}$导出的$n\times n$正交特征向量矩阵（$DD^t=D^tD=E$），称为$M$的右奇异向量；$\overline{S}$是$n\times n$奇异值对角矩阵，对角元为$\sigma_1$，$\sigma_2$，…，$\sigma_r$，且$\sigma_1\geqslant\sigma_2\geqslant\cdots\geqslant\sigma_r$，此对角为$M$的奇异值，$r=\min\{t,n\}$是矩阵$M$的秩。

奇异值分解允许用一个维度较小的矩阵作为初始矩阵的最优近似，选定一个合适的x值，保留S中的前x个最大奇异值，并保留K，D中对应的行和列，删去其余的行和列。则矩阵M的秩——x近似矩阵M_x为

$$\overline{M_x}=\overline{K_x}\ \overline{S_x}\ \overline{D_x}^t \tag{2-35}$$

式中，K_x是由K的前x列组成的$t\times t$矩阵，S_x是由S的前x行、前x列组成的$x\times x$矩阵；D_x^t是由D^t的前x行组成的$x\times n$矩阵。

这样，通过M的秩——r近似矩阵将文档的关键词向量空间转化为语义概念空间，且语义概念空间的维度$x\leqslant t$（t是文档关键词向量空间的维度，即系统中所使用的标引词的数量），因而，次要的术语区别就被忽略了，有相似用法的关键词，其向量也就相似，用法不同的关键词，对应的向量也就不相似，从而降低了同义词、多义词的影响，减少了冗余。

值x的选择是折中的。首先，x必须足够大，能包括所有的实数结构；其次，x又必须足够小，以便能忽略掉一些错误和不重要的描述细节。如果x值太小，那么分辨文档或标引词的能力不足；如果x值过高，则接近于传统的向量空间模型，失去了可以表示词相互关系的能力。

在维度为x的降维空间中，两篇文档的相似度等于$\overline{M_x}$的两个相应列向量的点积：$\overline{M_x}^t\ \overline{M_x}=(\overline{K_x}\ \overline{S_x}\ \overline{D_x}^t)^t\ \overline{K_x}\ \overline{S_x}\ \overline{D_x}^t=\overline{D_x}\ \overline{S_x}^t\ \overline{K_x}^t\ \overline{K_x}\ \overline{S_x}\ \overline{D_x}^t=\overline{D_x}\ \overline{S_x}^t\ \overline{S_x}\ \overline{D_x}^t=(\overline{D_x}\ \overline{S_x})(\overline{D_x}\ \overline{S_x})^t$，矩阵$\overline{M_x}^t\ \overline{M_x}$中的元素（$i$，$j$）是矩阵$\overline{D_x}\ \overline{S_x}$的第$i$、$j$行的点积，它量化了文档$d_i$和$d_j$之间的关系。同理，标引词$k_i$与文档$d_j$的相似度是$M_x$的第（$i$，$j$）元素。由于$\overline{M_x}=\overline{K_x}\ \overline{S_x}\ \overline{D_x}^t=\overline{K_x}\ \overline{S_x}^{\frac{1}{2}}(\overline{D_x}\ \overline{S_x}^{\frac{1}{2}})^t$，则$M_x$的（$i$，$j$）元素可以由$\overline{K_x}\ \overline{S_x}^{\frac{1}{2}}$的第$i$行与$\overline{D_x}\ \overline{S_x}^{\frac{1}{2}}$的第$j$行的点积得出。

为了对与用户提问相关的文档进行排序，通常把用户提问向量Q作为初识词—文档矩阵$\overline{M}$的一个伪文档向量（例如，假定查询被构建成数值为0的文档，那么矩阵$\overline{M_x}^t\ M_x$的第一行即为关于提问的所有文档的排序）。转化为x维语义概念空间的向量$\overline{Q}$后，才能在语义概念空间中进行文档相似性的比较。用户提问的转化公式为$\overline{Q}=Q^tK_xS_x^{-1}$。然后计算文档向量与提问向量的相似度，并根据相似度的计算结果，把文档排列起来返回给用户。潜语义标引模型将文档和提问向量从t维关键词向量空间转化为x维语义概念空间，降低了空间的维度，消除了基于标引词表示的描述的噪声，克服了多义词和同义词对检索的影响，提高了检索的精度。

2.4.3 神经网络模型

在信息检索系统中，通过对文档向量与查询向量的比较来计算排序。因此，文档与查询的标引词必须进行匹配和加权才能计算排序。由于神经网络是一种很好的匹配模式，所以人们很自然地想到可以把它作为信息检索的一种可供选择的模式。

神经网络是大脑中相互连接的神经元网络结构的一种过于简单化的图形表示，图中的节点（Node）表示处理单元，边表示突触链接。为了模拟突触链接在大脑中随时间不断变化的强度，可以为神经网络的每一条边分配一定的权值。起初，节点的状态根据它的活跃值（它是一个关于初状态和接收信号的函数）来定义，依据节点的活跃值，节点 A 可能向邻近的节点 B 发送一个信号，节点 B 信号的强度取决于节点 A 和节点 B 之间的边的权值[⊖]。与基于规则的符号系统相比，它能更好地仿效人类的认识过程，学习用户的兴趣、爱好和行为，与用户进行相互作用。应用神经网络的检索模型能将人类的知识继承到检索过程中，以适应网络信息资源的快速增长、不断变化以及多媒体和多语种化的情形，从而更有效地进行信息检索。具体来说，它能模仿人类的学习和认知过程，使检索过程更符合认知科学的观点；能改变系统的一部分参数，优化检索系统，以适应不同学科领域的需要，同时系统内核保持不变；能为异质的文档做不同的索引，对异类的主题词加以转变，满足不同用户想通过不同的信息提供者检索不同信息的需要。

用于信息检索的神经网络可以用图 2-3 来描述，在图中可以看出神经网络由三层组成：第一层表示查询语词，第二层表示文档语词，第三层表示文档本身。查询语词节点通过向文档语词节点发出信号来开始推理过程，文档语词节点自身也可以向文档节点发出信号。信号从查询语词节点到文档节点（在图 2-3 中从左到右）就完成了第一个阶段。

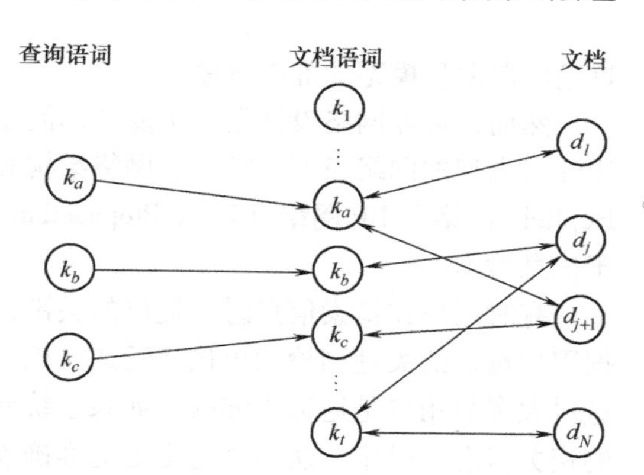

图 2-3　用于信息检索的神经网络模型

注：资料来源：B. Ricardo，R. Berthier. 现代信息检索（王知津，等译）. 北京：机械工业出版社，2005：24。

然而，神经网络在信号传递的第一个阶段之后并没有停顿下来。实际上，文档节点依次直接向文档语词节点返回新的信号，这是由于文档语词节点和文档节点之间是双向边的原因。一旦接收到这种信号，文档语词节点将再次直接向文档节点发出新的信号并重复这一过程。信号在每一次反复中会逐渐衰减，传递激活过程最终会停顿下来。即使文档 d_l 不包含任何的查询语词，它也有可能在这一过程中被激活。因此，这一过程可以解释为内置叙词表的激活。

为查询语词节点分配初始/固定的最大活跃值（Activation），然后查询语词节点向文档语词节点发出信号，而文档语词节点已用规范化的查询语词权值 $\overline{w}_{i,q}$ 来衰减。对向量型的排序而言，规范化的权值可以由式（2-6）中的向量模型所定义的权值 $w_{i,q}$ 导出。例如，

$$\overline{w}_{i,q} = \frac{w_{i,q}}{\sqrt{\sum_{i=1}^{t} w_{i,q}^2}} \tag{2-36}$$

⊖ R. Wilkinson, P. Hingston. Using the cosine measure in a neural network for document retrieval. In Proc. of the ACM SIGIR Conference on Research and Development in Information Retrieval, 1991: 202-210。

采用查询向量的范数来规范化。

一旦信号到达文档语词节点，这些节点就直接向文档节点发出新的信号，这些信号已用规范化的文档语词节点的权值 $\overline{w}_{i,j}$ 来衰减。权值 $\overline{w}_{i,j}$ 可以用式(2-5)中的向量模型所定义的权值 $w_{i,j}$ 导出。例如，

$$\overline{w}_{i,j}=\frac{w_{i,j}}{\sqrt{\sum_{i=1}^{t}w_{i,j}^{2}}} \tag{2-37}$$

采用文档向量的范数来规范化。

对到达文档节点的信号进行求和，在信号传播的第一个阶段之后，与文档 d_j 相关联的文档节点的活跃值可以表示为

$$\sum_{i=1}^{t}\overline{w}_{i,q}\overline{w}_{i,j}=\frac{\sum_{i=1}^{t}w_{i,q}w_{i,j}}{\sqrt{\sum_{i=1}^{t}w_{i,q}^{2}}\sqrt{\sum_{i=1}^{t}w_{i,j}^{2}}} \tag{2-38}$$

这是经典向量模型的准确排序。

然而，神经网络设计是一个复杂的问题。其复杂性主要表现在两个方面：第一，采用什么类型的网络模型；第二，网络结构和参数的确定。目前，神经网络的模型主要有 Hopfield 网络和 BP 网络（Back Propagation Network，反向传播网络）等，它们均可应用于信息检索。

有时用户在检索信息时，提供的关键词难以充分表达其检索要求。通常的检索是根据用户输入的关键词检索出最接近的文档，即只能用某一种模式检索出某一类文档，而这对大多数用户是远远不够的。如果系统能对用户提出的概念进行概念联想，提供更多的相关概念，供用户从中挑选出更能准确表达其信息需求的概念，就可以提高检索系统的检索性能。联想记忆神经网络能较好地完成这一任务。

Hopfield 联想记忆神经网络能模拟人类的联想记忆，具有相似输入获得相似输出的功能，是容错型的存储和检索工具。有一种联想记忆技术，当用户使用拼写错误的单词或不在规范集合中的单词时，也能检索出相似单词，从而有效地纠正了用户的拼写错误，在处理用户输入信息时具备了一定的智能。但这种模型仍不能检索出语义上相似的概念。为此，有人应用 Hopfield 网络设计了能检索相关概念的信息检索系统，用网络节点表示概念，由概念间的共同点或联系方式决定概念的权值，将相关概念推荐给用户。人们在此基础上进行了研究，通过实验模拟概念联想的过程，由用户的初始提问概念所在的节点开始，激活其相邻节点，并反馈到输入端，作为下一阶段的输入，且不断重复这一过程，直到网络节点的输出不再改变或变化很小，使网络达到稳定状态，最后从各个节点的输出中找出权值较大的节点。这些节点所表示的概念就是与初始概念相关的概念，以此达到对用户的检索提问进行概念联想和语义扩充的目的。

传播激励网络（Spreading Activation Networks）是一种最常见的基于神经网络的信息模型，一般由概念层和文档层组成，有时还有提问层。用户提问的概念在概念层被激活，然后概念层将最高度激活的文档作为结果返回给用户，并且允许由文档或文档和概念结合形成初始提问。为了提高检索质量，用户得到检索结果时，可以就某些文档做出

相关性反馈，给它们分配一个相关值；也可以随时改变一些高度激活的概念和文档节点的相关性，评价和影响被激活的节点。系统在相关和不相关的文档内分析概念的分布，优化用户的提问。此外，当层间的激活传送过几次后，在相同文档间经常出现的概念也可作为提问概念被激活，这样就可以自然地、灵活地进行概念扩展，让用户和系统相互作用。

BP 网络是 Rumelhart 等人在 1986 年提出的功能强大、最受欢迎的神经网络模型。德国的 T. Mandl 将 BP 网络应用于信息检索，提出了 COSMIR（Cognitive Similarity Learning in Information Retrieval，信息检索认知相似性学习）模型，其检索过程以人类知识为中心，是一种能通行相似性学习的新型信息检索模型。COSMIR 能根据人类给出的例子，学习并计算检索提问和每个存储文档的相似性。它依赖于大量的相关反馈，综合用户的判断，通过神经网络学习人类相似性判断的规则，存储关于相似性判断的知识，描述众多用户和用户兴趣，形成的处理方式宽松、灵活。在用户眼里相似的文档和提问，它可以使用同一概念，也可以不用，并且不严格限制文档和提问中出现的概念。同时，它能灵活处理人类相似性判断所允许的复杂情况，使用户可以通过与文档表示方式相同或不同于文档表述的方式形成提问，并适用于信息资源异质多样的情况。当各种信息源相联系时，用户能用一种方式向其中很多信息源进行提问。

对于神经网络设计复杂性对应的第二个方面，基于进化算法的神经网络进化学习为解决该问题提供了一条新的更有潜力的途径。进化算法（Evolutionary Algorithm，EA）是从自然进化的思想和理论发展而来的一类基于群体的随机搜索算法，包括遗传算法（Genetic Algorithm，GA）、进化策略（Evolutionary Stratagem，ES）、进化规划（Evolutionary Programming，EP）、遗传规划（Genetic Programming，GP）。进化算法着重用于解决结构性优化、非线性优化、并行计算等复杂问题。在求解问题时，其根本目标是追求群体收敛性，保证算法趋于全局最优。其中，遗传算法是进化计算中提出得最早、应用最广、研究得最深入的一种算法，它是最早用于神经网络自动设计的进化算法并且获得的实验结果也最多。

遗传算法主要是借助生物进化机制和遗传学原理，按照自然选择和适者生存的原则，利用简单的编码技术和繁殖机制，模拟自然界生物群体优胜劣汰的进化过程，实现对复杂问题的求解。遗传算法的运算过程是一个反复迭代的过程。它操作的对象是一组编码化的可行解，即由 M 个个体组成的集合（又称为群体），通过三种遗传算子——选择算子、交叉算子和变异算子不断地对其进行遗传和进化操作，并且每次都是按照优胜劣汰的规则，将适应度较高的个体以较大的概率更多地遗传到下一代，这样最终在群体中会得到一个优良的个体，使得它能达到或接近于问题的最优解。因此遗传算法有着鲜明的优点：全局优化性和鲁棒性；良好的并行性；可操作性和简单性。遗传算法的基本步骤如下：

（1）初始化。设置最大进化代数 T；随机生成 M 个个体作为初识群体 $P(0)$。

（2）个体评价。计算群体 $P(t)$ 中各个个体的适应度。

（3）选择运算。将选择算子作用于群体。

（4）交叉运算。将交叉算子作用于运算。

（5）变异运算。将变异算子作用于群体。群体 $P(t)$ 经过选择、交叉、变异运算之

后得到下一代群体 $P(t+1)$。

(6) 终止条件判断。若 $t \leqslant T$，则 $t \to t+1$，转到 (2)，若 $t>T$，则以进化过程所得到的具有最大适应度的个体作为最优解输出，终止计算。

由于网络提供了海量信息，因此用户很难从中查找到自己感兴趣的信息，而遗传算法在用户兴趣模型的提取与信息检索方面有着得天独厚的优势：①遗传算法是一种基于自然选择的自适应算法，这种特性使得它非常适合于动态环境中的应用，而通常用户的兴趣也是随着时间的变化而变化的。②从某种意义上来说，提取用户兴趣模型也是一个优化问题。③遗传算法中存在演化的随机性，使得发现用户没能正确表达出来的兴趣需求成为可能。

在基于遗传算法的信息检索方面的研究，国际上已经有了一些成果，它们有许多共同点而又各有不同的侧重点。在演化群体中的个体的含义方面，它们都是以用户模型来表示个体进行演化的。但是在 GA 的应用中，有些主要应用于用户兴趣的提取，而有些用来支持在线信息检索的动态环境。在个体的适应值的评价方面，有些以适应值函数来计算值，而有些以用户反馈来取值。后者的交互性更强，但同时用户在演化过程中的介入也更多，通常为了达到一个平衡，使得群体规模比较小。一般说来，用户兴趣模型可描述为：

首先，以一组含有权重的关键字来表示用户兴趣。

$$\textbf{Profile} = \{(\boldsymbol{T_1},\boldsymbol{W_1}),(\boldsymbol{T_2},\boldsymbol{W_2}),\cdots,(\boldsymbol{T_m},\boldsymbol{W_m})\} \tag{2-39}$$

式中，T_i 是关键字；W_i 是权（表示用户对该关键字的偏好）。

从中提取一组向量：$\boldsymbol{P}=(W_i)$。

其次，用一个多维向量来表示 Web 文档的内容：

$$\boldsymbol{D_i}=(\boldsymbol{f_{ij}}) \tag{2-40}$$

式中，f_{ij}是关键字 T_j 在文档 D_i 中的出现频率。

两个向量之间的相似度表示为

$$\mathbf{Sim}(\boldsymbol{P},\boldsymbol{D_i})=\frac{\boldsymbol{PD_i}}{|\boldsymbol{P}|\,|\boldsymbol{D_i}|} \tag{2-41}$$

用 R_i 表示用户对 Web 文档 D_i 的评分，则提取用户兴趣模型的问题就变成了找到一个 P，使得对于任意的 Web 文档 D_i，$|R_i\mathrm{Sim}(P,D_i)|$ 都最小的优化问题[㊀]。

下面对用户兴趣模型的提取算法进行描述和分析：

(1) 从用户浏览的 Web 网页中提取 N 篇 $\{D_1, D_2, \cdots, D_N\}$ 作为文档资源。文档资源的大小 N 取值不能太大，否则会增加用户的干预负担；也不能太小，太小就不能准确地从中提取用户兴趣。一般 N 取 10。

(2) 由用户分别给每篇文档 D_i 评分 R_i，以表示用户偏好。对文档的评分 R_i 取值为 0~1 之间的实数，最好是取一些固定的数值，例如 0.1、0.3、0.7 和 1.0 等。

(3) 分别提取文档 D_i 的特征空间，表示为 $D_i=\{(T_{i1},F_{i1}),(T_{i2},F_{i2}),\cdots,(T_{im},F_{im})\}$。其中，$T_{ij}$表示 D_i 中出现频率最高的前 m 个单词，F_{ij}表示 T_{ij}的出现频率。

在提取文档特征空间时，需要对文档中单词出现的频率进行分级，应用中取前 4 个

㊀ 徐斌，刘赛．基于遗传算法的信息检索技术．计算机工程，2004（5）：74-75，108。

等级的单词来组成这个特征空间，并注意整个过程必须排除一些介词、冠词和定冠词。

（4）初始化群体 $P=\{\text{Profile}_1,\text{Profile}_2,\cdots,\text{Profile}_n\}$。$T_{ij}$ 为随机从文档的特征空间中选取的单词，W_{ij} 为一个 $-1\sim1$ 之间的随机数值，表示权重，并由这些权重组成一个向量 $P_i=(W_{ij})$。

初始化群体时，每个个体的基因长度都为可变量，它的长度可由在初始化时随机产生一个 1 ~ 15 之间的数值决定。在基因权值的选取上，保持有利的值占 80% 左右，若权值取得都过低，会使演化的收敛速度下降。

（5）当演化代数小于 Maxgen（最大遗传代数）时，执行下列过程：①随机选取一个个体 Profile_i 进行变异演化，产生一个后代；②随机选取两个个体 Profile_j 和 Profile_k 进行杂交演化，产生两个后代；③通过适应值函数 Fitness( ) 计算它们的适应值，取值最大的前 N 个个体作为下一代群体组成。

$$\text{Fitness}(\text{Profile}_i)=\frac{N-\text{gap}(P_i,(D_i))}{N} \tag{2-42}$$

式中，

$$\text{gap}(P,(D_i))=\sum_i |R_i-S_{P,D_i}| \tag{2-43}$$

$$S_{P,D_i}=\begin{cases}\text{Sim}(P,D_i) & 当\ \text{Sim}(P,D_i)\geqslant 0\\ 0 & 当\ \text{Sim}(P,D_i)<0\end{cases} \tag{2-44}$$

针对于个体的变异算子有两种：一种是权值变异，即只改变个体中对应单词的权值；另一种是单词变异，即个体中的单词和相应权值都改变。两个个体通过杂交算子产生两个后代，杂交算子为随机从两个个体中选择的两个基因点，然后从基因点开始交换两者后面的基因，从而产生两个新的个体。但要注意的是，算法中的个体基因必须唯一，也就是说在同一个体中每个基因单词都必须在个体中唯一，无论是杂交还是变异，都不能违背这一点。

（6）返回适应值最好的个体作为结果，算法结束。

2.5 扩展概率模型

本节将介绍概率模型的三个扩展：概率粗糙集模型、推理网模型和信度网模型。

2.5.1 概率粗糙集模型

本书在 2.3.3 节中介绍了粗糙集模型，粗糙集理论引入代数学中的等价关系讨论知识，把知识看作关于论域的划分。虽然粗糙集理论易于分析数据，但是不一定能反映实际应用中元素间关系的现实视图。与基于划分的标准粗糙集理论相比，基于论域覆盖的模型更具现实意义，因为实际应用中数据对象间的关系不一定严格满足对称性与传递性。本节将条件概率关系与粗糙集理论相结合，以表示对象间的关联，并给出概率粗糙集模型描述。

［定义 1］ **U 为一非空有限论域，一个条件概率相似关系是一个映射 R：$U\times U\to[0,1]$，R 对 $\forall x, y\in U$ 满足**

$$R(x,y)=P(x\mid y)=P(y\to x)=\frac{|x\cap y|}{y}$$

［定义 2］ **对于 x，$y \in U$，μ_x，μ_y 为 x，y 关于属性集 At 的模糊集，一个模糊条件概率关系是一个映射 R：$U \times U \to [0, 1]$，R 对 $\forall x$，$y \in U$ 满足**

$$R(x,y) = \frac{\sum_{a \in At} \min\{\mu_x(a), \mu_y(a)\}}{\sum_{a \in At} \mu_y(a)}$$

其中，$\mu_x(a)$ 为 x 关于 a 的隶属函数。

条件概率关系与模糊条件概率关系均用来表示对象间相似关系，且模糊条件概率关系代表了更一般化的情形。

［定义 3］ **U 为一非空有限论域，R 为 U 上一条件概率关系。对 $\forall x \in U$，其 a^- 被支持集与 a^- 支持集分别定义为**

$$R_S^a(x) = \{y \mid y \in U \wedge R(x,y) \geqslant a\}$$

$$R_P^a(x) = \{y \mid y \in U \wedge R(x,y) \leqslant a\}$$

式中，$a \in [0,1]$；$R_S^a(x)$ 为支持 x 的对象集；$R_P^a(x)$ 为被 x 支持的对象集。

条件概率关系满足自反性，因此 $\{R_S^a(x) \mid x \in U\}$ 与 $\{R_P^a(x) \mid x \in U\}$ 均构成论域 U 上的一个覆盖。以下仅讨论 $R_S^a(x)$，关于 $R_P^a(x)$ 通过类似方法推导可得。

［定义 4］ **U 为一非空有限论域，R 为 U 上一条件概率关系。对于论域 U 的任意子集 $X \subseteq U$，其下近似集与上近似集分别定义为**

$$\underline{R_S^a}(X) = \cup \{R_S^a(x) \mid x \in U \wedge R_S^a(x) \subseteq X\}$$

$$\overline{R_S^a}(X) = \cup \{R_S^a(x) \mid x \in U \wedge R_S^a(x) \cap X \neq \varnothing\}$$

下近似集 $\underline{R_S^a}(X)$ 由所有为 X 子集的 $R_S^a(x)$ 构成，上近似集 $\overline{R_S^a}(X)$ 由所有与 X 相交不为空的 $R_S^a(x)$ 构成。

在传统信息检索中，对每篇文档抽取若干标引词，用这些词条的集合来代表原文，近似表示原文的语义，从而实现按原文语义进行检索。假设 m 个文档构成文档集 $D = \{d_1, d_2, \cdots, d_m\}$，其标引词空间 $T = \{t_1, t_2, \cdots, t_n\}$，文档 d_j（$1 \leqslant j \leqslant m$）形式化表示为 $d_j = \{t_{1j}, t_{2j}, \cdots, t_{nj}\}$。可定义 t_{ij}（$1 \leqslant i \leqslant m$，$1 \leqslant j \leqslant n$）为布尔取值，此时 d_j为文档的精确标引词空间表示；其取值定义为区间［0，1］更符合当前信息检索的一般方法时，d_j为文档的模糊标引词空间表示。针对文档的精确表示和模糊表示进行信息检索，为自动挖掘相似概念类，须分别构造标引词空间的条件概率关系和模糊条件概率关系。

［定义 5］ **标引词空间 $T = \{t_1, t_2, \cdots, t_n\}$ 上的条件概率关系是一个映射 R：$T \times T \to [0, 1]$，使得对**

$$\forall t_i, t_j \in T, R(t_i, t_j) = \frac{|S(t_i) \cap S(t_j)|}{|S(t_j)|}$$

其中，$S(t_i)$ 为含有标引词 t_i的文档集；$S(t_i) \cap S(t_j)$ 为同时含有标引词 t_i与 t_j的文档集。

［定义 6］ **标引词空间 $T = \{t_1, t_2, \cdots, t_n\}$ 上的模糊条件概率关系是一个映射 R：$T \times T \to [0, 1]$，使得对**

$$\forall t_i, t_j \in T, R(t_i, t_j) = \frac{\sum_{d \in D} \min\{\mu_d(t_i), \mu_d(t_j)\}}{\sum_{d \in D} \mu_d(t_j)}$$

其中，$\mu_d(t_i)$ 为标引词 t_i 关于 d 的隶属度。

条件概率关系实质上是模糊条件概率关系的特例，对应于标引词隶属度为逻辑取值的情形。以下仅讨论一般化情形——模糊条件概率关系即可。条件概率关系与模糊条件概率关系体现了这样一个事实：若2个标引词趋向同时出现在文档对象中，则认为此2个标引词相互依赖，属于同一相似概念。既然模糊概率关系对应在区间［0，1］内取值，那么当然就可以在此关系基础上，通过设置一阈值 a 以自动挖掘各标引词的相似概念类。

［定义7］　设 R 是标引词空间 $T=\{t_1, t_2, \cdots, t_n\}$ 上的模糊条件概率关系，对 $\forall t_i \in T$，分别定义其 a^- 被支持集和 a^- 支持集如下：

$$R_S^a(t_i) = \{t_j \mid t_j \in T \wedge R(t_i, t_j) \geqslant a\}$$

$$R_P^a(t_i) = \{t_j \mid t_j \in T \wedge R(t_j, t_i) \geqslant a\}$$

［定义8］　假设有 m 个文档构成文档集 $D=\{d_1, d_2, \cdots, d_m\}$，$R$ 是标引词空间 $T=\{t_1, t_2, \cdots, t_n\}$ 上的模糊条件概率关系，对 $\forall d \in D$，分别定义其关于 R 的 a^- 下近似集与 a^- 上近似集如下：

$$\underline{R_S^a}(d) = \cup\{R_S^a(t_i) \mid t_i \in d \wedge R_S^a(t_i) \subseteq d\}$$

$$\overline{R_S^a}(d) = \cup\{R_S^a(t_i) \mid t_i \in d \wedge R_S^a(t_i) \cap d \neq \varnothing\}$$

$R_S^a(t_i)$ 与 $R_P^a(t_i)$ 用于在标引词空间挖掘概念类形成类空间，a 越大则分类所导致的粒度越小，相反，a 越小则分类所导致的粒度越大，因此需根据分类结果选择一合适的 a 值。然后在此基础上根据定义9可求取文档集中任意对象的 a^- 下近似集与上近似集，以便于下一步的贴近度计算。同时，针对文档的模糊表示，为进一步得到其下、上近似模糊集，还须定义标引词关于文档 a^- 下、上近似集隶属度的计算方法。

［定义9］　设 R 是标引词空间 $T=\{t_1, t_2, \cdots, t_n\}$ 上的模糊条件概率关系，文档 d 的模糊表示对应文档论域上的一个模糊集，标引词 t_i（$t_i \in T$）关于模糊集 d 的下、上近似隶属度分别定义为

$$\mu_{\underline{R_S^a}(d)}(t_i) = \mathrm{Inf}\{\mu_d(t_j) \mid t_j \in T \wedge t_j \in R_S^a(t_i)\}$$

$$\mu_{\overline{R_S^a}(d)}(t_i) = \mathrm{Sup}\{\mu_d(t_j) \mid t_j \in T \wedge t_j \in R_S^a(t_i)\}$$

其中，Inf 表示取下确界；Sup 表示取上确界。这样就可首先以文档论域为基础根据 $R_S^a(t_i)$ 形成标引词概念空间，然后计算文档对象的近似集，再依据近似集隶属度定义计算每一标引词关于文档对象近似集的隶属度，从而得到文档近似集的模糊表示。查询式下、上近似集及隶属度的计算方法同文档对象的计算方法。

［定义10］　文档与查询间语义贴近度定义如下：

$$\mathrm{Sim}(Q_i, d_j) = \underline{\mathrm{Sim}}(Q_i, d_j) + \overline{\mathrm{Sim}}(Q_i, d_j)$$

$$\underline{\mathrm{Sim}}(Q_i, d_j) = |\underline{R_S^a}(Q_i) \wedge \underline{R_S^a}(d_j)| / |\underline{R_S^a}(Q_i) \vee \underline{R_S^a}(d_j)|$$

$$\overline{\text{Sim}}(Q_i,d_j) = |\overline{R_S^a}(Q_i) \wedge \overline{R_S^a}(d_j)| / |\overline{R_S^a}(Q_i) \vee \overline{R_S^a}(d_j)|$$

得到查询或文档下、上近似集模糊表示后，即可应用贴近度公式计算文档与查询间以及文档与文档间的语义贴近度，最终根据贴近度值实现检索匹配结果的排序输出。

2.5.2 推理网模型

一个推理网模型分为两部分，如图 2-4 所示，图中虚线上面的部分称为文档网络（Document Network），下面部分称为检索网络（Query Network）。网络中所有节点变量都是二值变量，其值域为 {0，1}。文档网络由文档节点 d_1，d_2，…，d_j和文档表示节点 x_1，x_2，…，x_n构成。每一个文档节点 d 对应文档集合 D 中的一个实际文档，它的取值分别表示该文档是否被观察到。每个表示节点 x 对应文档的索引项，它的取值分别表示某个文档是否包含了该索引项。因为每一个文档节点与它含的索引项之间存在因果关系，所以用一个有向边来连接，因果关系的强度用表示节点的条件概率表来表示。不同的信息检索模型的一个主要区别是对文档的不同表示方法。可以想象，对于不同的文档表示方法，都可以定义不同的表示节点及条件概率表，因此文档的网络模型可以同时将多种文档的表示方法综合在一起。

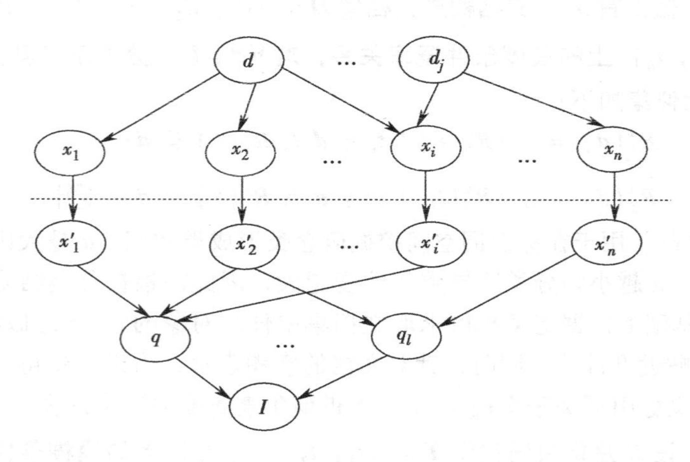

图 2-4　推理网模型

注：资料来源：邢永康，李少平．信息检索的概率模型．计算机科学．2003（8）：13－17。

检索网络是对用户信息检索需求的结构化表示。与文档的表示不同，它是以用户的信息检索需求是否被满足作为构成网络的因果关系，因此与文档网络的方向相反。在该网络中，节点 I 表示用户的信息检索需求，对应事件——该检索需求是否被满足。由于该需求是一种用户的内在需求，一般无法明确、准确表达，所以采用不同的表示方案，可以形成多个格式化的检索，如图中的 q、q_l等节点。该节点的取值分别表示该检索是否被满足。与文档一样，每一个检索又可以采用多种不同的表示方案，每一种表示方案通过一批不同的表示节点来表示。这些表示节点的取值分别表示它们是否被观察到。

将文档网络与检索网络结合在一起的是两者的表示节点各自构成的空间。这两个空间之间可以根据实际的应用背景，建立起多种映射关系。最简单和常用的映射是一一映射（如图 2-4 所示）。例如在文本检索中，如果每个表示节点对应一个单词，就会产生这种映射关系。利用推理网模型，就将信息检索过程表示为一个基于证据的推理过程：一次指定一个文档变量的值为 1，即将它作为证据，计算出检索节点的后验概率；对于所有的文档分别做如上的计算，就可以根据后验概率值对这些文档与检索的相关度进行排序。

［定义］ **推理网模型中，一个文档与检索的相关度定义为给定证据 $d=1$ 条件下，检索 $q=1$ 的后验概率，即相关度排序函数为**

$$f_r(q,d)=p(q=1\mid d=1)$$

下面针对简化的推理网结构将节点 x_i 和 x_i' 合并为节点 x_i，并将所有表示节点构成的向量表示为 $\vec{x}=(x_1,x_2,\cdots,x_n)$ 来推导相关性排序函数的计算公式：

$$f(q\mid d)\propto p(q,d)=\sum_{\forall\vec{x}}p(q,d,\vec{x})=\sum_{\forall\vec{x}}p(q\mid d,\vec{x})p(d,\vec{x})$$

根据该网络结构中包含的两类条件独立关系可以有效地简化计算：

（1）由于节点 q 与节点 d 被节点 $\vec{x}=(x_1,x_2,\cdots,x_n)$ 分割开，所以它们之间条件独立：

$$p(q\mid d,\vec{x})=p(q,\vec{x})$$

（2）由于节点等都是节点的子节点，所以当变量的值确定时，各个子节点之间相互独立：

$$p(\vec{x}\mid d)=p(x_1,x_2,\cdots,x_n\mid d)=\sum_{i=1}^{n}p(x_i\mid d)$$

将（1）（2）代入相关性排序函数的计算公式并整理：

$$p(\vec{x}\mid d)=\sum_{\forall\vec{x}}p(q\mid\vec{x})\left[\prod_{i=1}^{n}p(x_i\mid d)\right]p(d)$$

式中的参数有 $p(d)$、$p(x_i\mid d)$ 以及 $p(q\mid\vec{x})$，在推理网中符合节点条件概率表的条件推理。只要为这些参数指定不同的取值方式，就可以模拟多个已有的经典信息检索模型，如布尔模型、向量空间模型等。

该模型分别用文档网络和检索网络表示文档和检索，它将多种文档表示方案及检索表示方案综合在一个统一的网络中。因此从理论上讲，它可以同时综合多种信息检索模型的优点。推理网模型对用户的信息需求做了结构化的表示，从而可以综合各种检索生成与扩展技术。

如图 2-4 所示，节点 I 表示用户的信息需求，它可以看成多个检索的逻辑组合，如果假设 $I=q\vee q_l$，则相关度排序函数可定义为 $f_r(I,d_j)=p(I,d_j)$。

2.5.3　信度网模型

与推理网模型相比，信度网模型明确定义了模型中概率的样本空间，因此具有更坚实的理论基础，并且比前者有更强的表达能力。

［定义 1］ **（样本空间）文档集合 D 中所有文档的所有索引项构成的集合 $S=\{t_1,t_2,\cdots,t_n\}$，称为模型的样本空间（Sample Space）。**

［定义 2］ **（概念）集合 S 的一个子集定义为一个概念，即（Concept）c，**

$$c=\{t_1,t_2,\cdots,t_n\}\subset S$$

可以看出，概念就是一个集合。为了方便处理和表示概念之间的关系（即集合关系），可以采用随机变量来表示这些概念（集合）：对 S 中的每一个索引项 t_i 分别设置值域为 $\{0, 1\}$ 的随机变量 x_i，且用 $x_i=1$（$x_i=0$）表示该索引项包含（不包含）在相应的概念中，则一个概念 c 就可以表示为集合 $c=\{x_1, x_2, \cdots, x_n\}$，且 $\forall x_i=1$。

根据定义 2，可以将每一个文档看作样本空间上的概念，即 $d=\{x_1, x_2, \cdots, x_n\}$。同样，检索 q 也可看作样本空间 S 上的概念。

[定义 3]　**(概率分布 P)：对于样本空间 S 上的任意一个概念 c，它的概率 $P(c)$ 分布定义为概念 c 对样本空间 S 的覆盖度，并通过下式计算：**

$$P(c) = \sum_{n \in U} p(c \mid u) p(u)$$

U 表示样本空间 S 上的所有概念构成的集合。基于以上的定义，将信息检索问题转化为在样本空间 S 上的概念匹配问题，即

[定义 4]　**文档 d 与检索 q 的相关度定义为在样本空间 S 上，概念 d 对概念 q 的覆盖程度：**

$$f_r(q,d) = p(d=1 \mid q=1)$$

下面推导上述相关度函数的计算公式。

$$p(d \mid q) = \frac{p(q,d)}{p(q)} = ap(q,d)$$

a 是一个常数，所以只需计算 $p(q, d)$。根据定义 3 引入基本概念 u，有

$$p(q,d) = \sum_{u} (p(q,d \mid u) p(u))$$

进一步计算需要利用这些变量之间的概率依赖关系。可以将这些关系表示为一个贝叶斯网络结构，如图 2-5 所示。该结构包含三类节点，每个节点变量都是值域为 $\{0, 1\}$ 的二值变量。

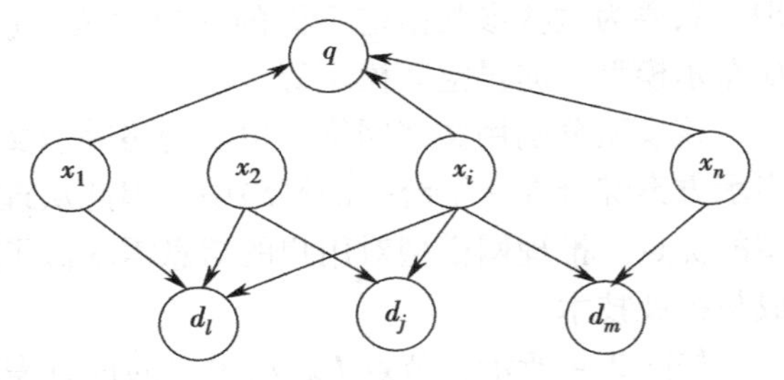

图 2-5　信度网模型

注：资料来源：邢永康，李少平．信息检索的概率模型．计算机科学，2003（8）：13－17。

（1）索引项节点 $x_1, x_2, \cdots, x_n$。节点由索引项对应的随机变量构成。变量值为 1 表示该索引项包含在当前的概念中。

（2）文档节点。一个实际的文档对应一个文档节点，节点变量 d 的值为 1 表示概念 d 完全覆盖样本空间。因为我们认为文档间的关系可以从它们所包含的索引项中推导出来，所以在信度网模型中文档之间是没有连线的。这种假设表示在给定了文档的关键词后，文档是条件独立的。但是，知道两个文档间的语义关系以后，它们之间的关系也是允许的。

（3）检索节点。由于将文档和检索都看作统一样本空间上的概念，因此检索节点与文档节点的处理完全一样。

根据信度网模型，将概念 u 表示为向量 $\vec{x}$，则上述公式转化为

$$p(q,\ d)\ =\ \sum_{\vec{x}}\left(p(q,\ d\mid \vec{x})p(\vec{x})\right)$$

由图2-5可知，索引项节点给定后，文档节点和检索节点之间相互独立，所以

$$p(q,\ d)\ =\ \sum_{\vec{x}}\left(p(d\mid \vec{x})p(q\mid \vec{x})p(\vec{x})\right)$$

与推理网模型一样，该公式中的参数在信度网中也符合节点条件概率表的条件推理，通过为它们指定不同的函数，就可以模拟各种经典的信息检索模型。

2.6 结构化模型

结构化模型与其他模型不同，它可以使我们能够将对语句或模式化的描述和对文档结构组成的描述结合起来，因而，将文本内容中的信息与文档结构信息相结合的检索模型称为结构化文本检索（Structured Text Retrieval，STR）模型。结构化文本检索系统就是查找所有满足查询的文档，因而也就没有注意到与具体检索任务的关联。从这个意义上讲，过去的结构化文本检索模型是一种数据检索模型，而不是信息检索模型。20世纪80年代末期和整个90年代，研究者提出了不同的结构化文本检索模型。通常，模型的表示越丰富，其查询评估策略效率就越低。本节讨论的结构化模型包括非重叠链表模型、邻近节点模型、扁平浏览模型、结构导向模型和超文本模型。

2.6.1 非重叠链表模型

Burkowski提出将文档的整个文本划分成若干个非重叠的文本区域，并用链表连接起来。由于将文本分为非重叠区域的方法有多种，所以会产生多种链表。例如，可以构建一个文档中所有章的链表，第二个链表是关于文档中所有节的链表，第三个链表包含文档中的所有子节。这些链表彼此独立，并且有不同的数据结构。尽管相同扁平的链表中的文本区域没有重叠，但不同链表中的文本区域可能会重叠。图2-6阐明了同一文档中的四种不同的链表。

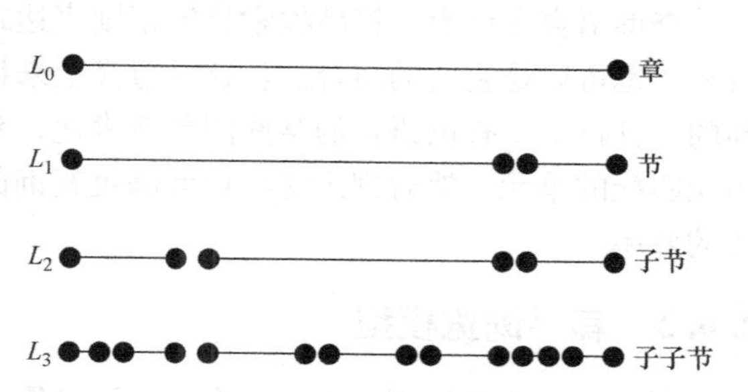

图2-6 通过四个独立的索引链表来表示文档中的结构

注：资料来源：B. Ricardo，R. Berthier. 现代信息检索（王知津，贾福新，等译）. 北京：机械工业出版社，2005：24。

为了允许对标引词和文本区域进行搜索，需要为每个链表构建一个独立的倒排文档。在这个倒排文档中，每个结构单元作为索引中的一个项。与每个项相关的是一个文本区域的链表，表示文本区域在哪些文档中出现。此外，这个链表还可以很容易地与传统的倒排文档合并，以表示文本中的单词。因为文本区域是不重叠的，所以可以被提交的查询类型很简单：①选择一个包含给定单词的区域（不包含其他区域）；②选择一个不包含任何区域B的区域A（B属于一个不同于链表A的链表）；③选择一个不被包含于任何其他区域的区域。

2.6.2 邻近节点模型

Navarro 和 Baeza-Yates 提出了一种新的模型，该模型允许在相同文档的文本上定义独立分层（非扁平的）索引结构。每个索引都有严格的层次结构，即由章、节、段、页、行所组成，这些结构单元通常称为节点，如图 2-7 所示。每个这样的节点都与一个文本区域相关。此外，两个不同的层次结构可能会涉及重叠的文本区域。

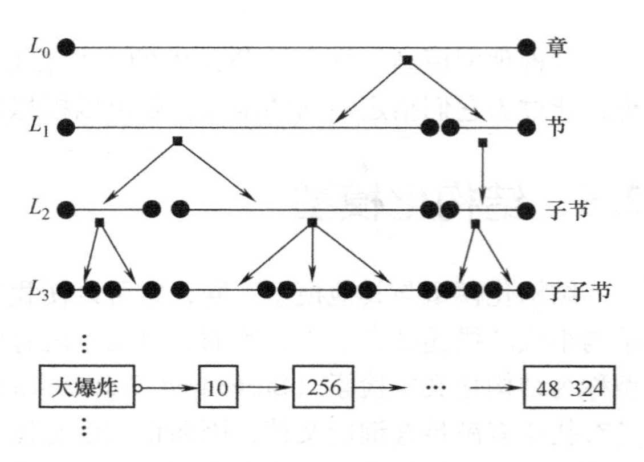

图 2-7　结构化单元的层次索引和词的扁平索引

注：资料来源：B. Ricardo，R. Berthier. 现代信息检索（王知津，贾福新，等译）. 北京：机械工业出版社，2005：24。

对于涉及不同层次结构的用户查询而言，所汇集的结果只能由来自其中一个层次结构的所有节点形成。因此，最终结果不能由两个不同层次的节点所组成，这样做的目的是允许以较少的表达式获得较快的查询处理。然而应该考虑到，由于结构是层次型的，因此在结果集中允许出现来自于相同层次的嵌套文本区域。

图 2-7 给出了一个具有四个层次的层次索引结构，它们分别对应于同一篇文档中的章、节、子节和子子节，图中还给出了词“大爆炸”的倒排列表。倒排列表中的项，列出了文档文本中所有出现单词“大爆炸”的位置。在这个层次结构上，每个节点指明了结构化单元（如章、节、子节、子子节）在本文中的位置。

查询语言允许为字符串检索指定正则表达式，通过名称（如搜索章节）来引用结构成分，也可以是它们的组合。从这种意义上来说，可以把这个模型看成是表达与高效之间的一种折中。查询语言的某些限制性表达，允许首先搜索出那些与查询中指定的字符串相匹配的单元，然后判定哪些单元满足查询的结构部分的要求，这样可以提高检索过程的效率。

2.6.3 扁平浏览模型

用户的兴趣可能不在于提交查询，而是愿意花一些时间来浏览文档空间中他所感兴趣的内容，在这种情况下，可以说用户是在进行对文档空间的浏览而不是检索。

扁平浏览模型的思想是假设用户浏览一个扁平组织结构的文档空间。例如，文档集可以描述为二维平面上的点或是一维链表中的元素。然后用户在这些文档上到处浏览，以查找相关信息。例如，在相关反馈过程中，用户通过在相邻文档之间的浏览，查找出相关的资料，或找出一些感兴趣的关键词。这些关键词将被加入原始查询中，以提供更好的上下文，从而构造新的查询。用户也可以以扁平的方式浏览单个文档，例如利用浏览器的窗口，用滚动条和鼠标的光标浏览一个 Web 页面。该模型的一个缺陷是，在给定的页面和屏幕上，可能没有关于用户所处上下文情况的任何提示。例如，用户随意打开一本小说中的某一页，他就不知道这一页是属于哪一章的。

2.6.4 结构导向模型

为了对浏览的任务提供更好的支持，文档应该被组织成像目录那样的结构。如有些Web搜索引擎（如Yahoo），除标准检索界面外，还提供了可以用于浏览和频繁查询的层次目录。目录是类的层次结构，将文档按照相关主题来分类和组织。用这样的类层次对文档进行分类，已经有几百年的历史了。因此，可以很自然地采用它作为现代浏览的界面。在这种情况下，可以说用户执行一个具有结构导向的浏览。同样的思想可以用于单个文档。例如，如果浏览一本电子书，第一个层次内容可能是章，第二个层次是所有的节，第三个层次是所有的段落等，最后的层次可能是文本本身（扁平）。一个好的用户界面能够以变焦的方式上下查看这些层次，指导用户的浏览过程，并保持上下文的线索。

除了用于浏览任务导向的结构外，界面也可以提供一些其他的工具如历史地图，用来指明最近访问过的类，这对于浏览结构庞大的文档集是很有用的。在检索时，通过表明事件发生来表示这种结构（如采用内容表格的方法），这使用户能在全部文档的上下文中看到事件的发生，而不是文本的某一页——以至于我们不清楚处在文档的哪个位置。

2.6.5 超文本模型

传统的与文本书写任务有关的概念是顺序，写作的顺序通常被认为是阅读的顺序，读者也不会期待通过随机地阅读某段文本而全部理解作者的思想。人们需要以文本结构来跳过文本的部分章节，但这会造成读者与作者之间的交流障碍。因而，大多数书面文本采用顺序组织结构。当读者不能接受这样一个结构的规则时，他通常就不能把握作者的主要思想。

有时候，要查找一些包含在整个文本中但很难通过顺序阅读获得的一些信息。例如，当大致浏览一本有关人类战争历史的书，我们可能暂时只对欧洲地区的战争感兴趣。我们了解书中的信息，但可能由于作者没有很好地按照这个目标来组织信息（他可能是按照年代顺序组织信息的），而使我们很难查找到这方面的信息。在这种情况下，就要求其他文本组织方式。然而，重写整本书是没有必要的，解决的方法就是（除已存在结构外）定义一种新的文本组织结构，这种组织结构就是超文本。

超文本是一个允许以非顺序的方式在计算机屏幕上浏览文本的高层交互式导航结构。它由节点和链所组成，节点之间的关系用链表示，节点和链构成一个有向图结构。

对于超文本来说，每个节点都与一个文本区域相关，这个区域可能是书中的章，或文章中的节，或是一个Web页面。两个节点A、B被一条有向链接L_{AB}相连接，说明与这两个节点相关联的文本具有某种联系。这样，读者在阅读节点A中的文本时，就可以跳转到相关联的节点B中的文本。

在大多数传统形式中，超文本链接L_{AB}依附在节点A中文本的特殊字符串上。这个字符串被特殊标记，如用其他的颜色或下画线表示，以指示存在的链接。在阅读这些文本的时候，它给用户一种提示。如果用户单击那个字符串，隐藏在其下的链接将启动，即其邻接节点的一个新的文本区域（或页）将被显示在屏幕上。

超文本的导航过程可以理解为遍历一个有向图的过程。图中被链接的节点表示文本节点之间具有某种语义关联。当遍历这个图时，读者便可想象出由超文本设计者所构思的信息流。

对于先前的例子——人类战争的书，人们可能会设计一个由两个不同的网页（此处的网页是指由超文本中所有链的子集形成的相关的元素集）构成的超文本。第一个网页被设计成按年代顺序排列的欧洲局部战争，第二个网页被设计成每个欧洲国家的局部战争。采用这种超文本方法，用户可以根据特定需求来存取信息。

当超文本很大时，用户可能会失去超文本组织结构的路线，其结果是用户进行错误的导航决策，并偏离他的主目标（一般只是查找超文本上少量的信息），这种情况称为用户在网络空间中的迷航。为了避免出现这类问题，要在超文本设计中包含超文本地图，以用来随时指引用户。这个地图最简单的形式是一个有向图，可以显示当前所访问的节点。另外，这个地图还可以包含用户访问的历史路径，用于提醒用户访问过的路径是无效的。

当用户浏览一个超文本时，会局限于由超文本设计者所构建的信息流。因此，设计工作要考虑到它的潜在用户的需要。这表示在真正的超文本开始实施之前要进行需求分析，这种需求分析至关重要，但却往往被忽略。

此外，在超文本导航中，用户可能发现很难确定自己的方位，即使在前面介绍的导航工具如超文本地图存在的情况下，这种困难也依旧存在，原因可能是由于复杂的超文本组织具有太多允许用户前进和后退的链接。为了避免这个问题出现，超文本可以采用一种可被用户在任何时候都快速记下的更为简单的结构，比如说，可以通过分层组织的形式使导航任务更为便利。

超文本结构的定义应该是在域建模（Domain Modeling）阶段，即在需求分析阶段之后完成的。而且经过域建模，用户界面设计应在实施之前完成。只有到那个时候，才能说我们手中有可以应用的合理的超文本结构。然而，在网络中，网页的设计往往没有考虑需求分析、域建模和用户界面设计。因此，网页往往是考虑不周的，并且经常难以给用户提供合适的通过信息检索工具来寻求帮助的超文本结构。在较大的超文本中，用户在他最感兴趣的图中给自己定位是很困难的，为了使这种初始的定位措施更为便利，可以利用基于标引词的检索方式。

超文本为形成万维网（World Wide Web）的HTML（超文本标记语言）和HTTP（超文本传输协议）的构想和设计奠定了基础。

思考题

1. 信息检索模型是怎样产生的？它是如何描述的？
2. 信息检索的经典模型包括哪几种？分别描述其内容及优缺点。
3. 扩展布尔模型从哪几方面对经典布尔模型进行了改进？
4. 比较广义向量空间模型与经典向量空间模型的异同。
5. 基于遗传算法的信息检索方法有哪些优点？
6. 结构化模型与其他检索模型的不同之处表现在哪些方面？它主要包括哪几种模型？

第3章 文本信息存储与检索

【本章提示】 本章对信息检索中的文本信息存储与检索相关的基本知识进行了阐述，重点是顺排文档、倒排文档以及各种文本检索技术，如布尔检索、截词检索、限制检索、加权检索、聚类检索、全文检索等。通过本章的学习，应掌握文本信息存储与检索的原理、技术及方法，了解书目记录的结构和功能，理解顺排文档（表展开法与树展开法）和倒排文档的检索处理过程，并学会灵活运用各种文本信息检索技术。

3.1 引言

在用户需求的驱动下，信息检索始终处于动态演变的过程中。传统的手工检索采用人工匹配的方式，由检索人员对提问标识与文献标识进行比较，并选择文献。而计算机信息检索是由计算机将输入的检索策略与系统中存储的信息特征标识及其逻辑组配关系进行类比、匹配的过程，它将人脑的思维过程显性化。

利用计算机技术自动存储和检索文本信息的历史与计算机本身的发展历史差不多。第一位考虑利用计算机来解决信息检索问题的是罗伯特·菲尔斯勒（Robert Fairthrone），他在20世纪50年代初期就研究出了用于书目信息检索的穿孔卡片设备。在60年代，人们提议发展信息检索的技术、系统和模型，但是由于当时可用的计算机能力不足以完成这些任务，所以大多数研究并未产生新成果。到了60年代末70年代初，研究者们对大量的信息检索问题进行实验，产生了许多先进的基于数学运算的信息检索模型。进入80年代，理论和实验的研究继续深入，人们认识到字符串检索、关键词检索以及关键词频信息检索等方法虽然效率很高，但是却不能检出令人满意的结果。随着计算机网络技术和通信技术的迅速发展和普及，研究者又将视线转回到自然语言处理技术上，并将其作为提高检索性能的一种方式。

无论是手工检索还是计算机检索，信息检索的过程实际上都是一个比较、匹配的过程，其本质是信息用户将自身的信息需求与信息集合进行匹配和选择。信息检索这一概念是基于这样的假设，即包含相关信息的文献或记录已经按照某种有利于检索的顺序组织起来了，因此为了实现有效的信息检索，首先需要对大量无序的信息进行收集、加工和存储，并用特定的标识系统描述信息获取的特征。在检索时，先分析用户信息需求的内容，提取其中包含的概念或属性，并用与信息集合相同的标识系统将其表示出来，形成检索提问。如果检索提问与信息集合中信息的标识相一致，则属于检索"命中"。虽然手工检索和计算机检索的基本原理都是"匹配运算"，但方式方法有所不同。

手工检索是通过人工方式对书本式检索工具中的文献款目进行扫描、匹配和选择。整个检索过程采用手工操作配合人脑判断来进行，所以这种检索操作主要是依靠人脑来实现，匹配和选择的标准是隐性的，取决于检索人员的检索知识、技能及经验。

将计算机应用到信息检索中，检索的本质虽然没有改变，但是信息的表示方法、存储结构和匹配方法有了变化。要用计算机可以识别的代码来表示信息，使用便于计算机快速存取的方式存储信息，匹配的方法也从人工匹配转变为计算机匹配，匹配标准由隐性变为显性。在计算机匹配的过程中，人们需要将检索提问式转换成计算机可以识别的形式，要使用系统中特定的检索指令、检索词和检索策略，由计算机自动对数据库中各文档记录进行查找。当检索标识、检索策略与数据库中的信息特征标识及其逻辑组配关系相一致时，即为命中，然后将命中的结果输出给用户。因此，计算机检索的实质就是由计算机将输入的检索策略与系统中存储的文献特征标识及其逻辑组配关系进行类比、匹配的过程，需要人机协作来完成。

3.2 书目记录

为了有效地检索和使用，必须恰当地组织书目数据。书目记录的创建方便了用户通过网络来进行信息检索。

记录（Record）是作为一个单位来处理的有关数据的集合，它是对某一实体的属性进行描述的结果。Gredley 和 Hopkinson 将书目记录定义为以逻辑方式组织的数据元素的集合，表示一个文献单元。书目数据库中的一个记录就相当于书本式检索刊物中的一个文摘条目或题录，或相当于图书目录中的一个著录款目，这些项目可以揭示文献的形式特征和内容特征。现今，无论是《西文文献著录条例》还是《中国文献编目规则》，均设有以下八大著录项目，包括题名与责任说明项（Title and Statement of Responsibility Area）、版本项（Edition Area）、文献特殊细节项（Material Specific Details Area）、出版发行项（Publication，Distribution，etc.，Area）、载体形态项（Physical Description Area）、丛编项（Series Area）、附注项（Note Area）、标准编号与获得方式项（Standard Number and Terms of Availability Area）。

字段（Field）是记录的下级数据单位，用于描述实体的某一属性。在书目数据库的记录中，字段的划分与文献著录项目的划分相一致，一个字段与一个著录项目相对应。每个字段的具体内容称为字段值或属性值。子字段（Subfield）则是字段的下一级数据单位，因为某些字段的值可能由多个子项构成，需要把这样的字段分成若干个子字段。例如，文献的著者可能有多个，主题词可能不止一个，等等。有时有些子字段还需分成更小的子子字段。

一个记录包含若干个字段，每个字段又可能含有若干个子字段，它们之间存在一种层次关系。

3.2.1 书目记录结构

如果两个或两个以上的组织机构之间希望互换书目信息，以促进信息资源共享，那么就要有统一的标准格式来管理记录的建立和交换过程。可以作为交换数据方式的书目数据格式必须包括三个基本要素：①物理结构，用于交换的数据在计算机存储媒介上的排列代码。这就是数据存放的容器或承载器。虽然其中的数据记录经常变化，但容器保持不变。②内容标识符，用于辨别记录中不同的数据元素的代码。例如，题名、作者、期刊起始日期等。③内容，由不同数据元素说明规则所控制的记录内容要与内容标识符紧密联系。如果记录要适合于另一个机构使用，那么由交换格式中的代码所确定的数据元素必须被定义，不仅包括内容，而且也包括形式。

只要机构记录交换的数据在结构、内容标识符以及数据元素的定义这三个要素上一致，那么在不同的机构之间就可实施有效的书目数据交换。

由美国国会图书馆主编的USMARC、国际图联主编的UNIMARC以及《中国机读目录格式》（CNMARC）都是对机读目录中格式的规定。本章将以CNMARC为例，简要介绍书目记录的一些相关内容。

其记录结构如下：

记录头标	地址目次区	数据字段区	记录分隔符

1. 记录头标

记录头标是间接标识书目实体本身的记录内容，共24位字符。每个记录的头标都包含有ISO 2709定义的关于记录结构的数据和为ISO 2709的特定形式而定义的几项数据元素：记录类型、目录级别、在层级中的位置、记录完整程度以及是完全采用还是部分采用ISBD（《国际标准书目著录》）规则。

2. 地址目次区

地址目次区位于记录头标之后，由一个或多个款目构成，每个款目都包括三部分：3位数字表示的字段号、4位数字表示的数据字段长度、5位数字表示的字段起始字符位置。其具体结构如下：

地址目次区款目1			款目2	其他款目	
字段号	字段长度	起始字符位置		……	字段分隔符

3. 数据字段区

在地址目次区之后，是变长数据字段区，由变长字段和变长字段的特殊形式——定长字段共同构成。数据字段形式有如下两种：

（1）定长字段。00-字段为定长数据字段，也称数据（控制）字段，其结构如下：

数据	字段分隔符

（2）变长字段。从010到999的所有字段均为变长数据字段，其结构如下：

指示符1	指示符21	$	a1	数据	……	字段分隔符

4. 记录分隔符

著录于每个MARC记录最后的专门符号，是该MARC记录结束的标志。

3.2.2 CNMARC数据字段区的构成

在CNMARC书目格式中，记录的字段首先根据其标识符的第一位数字划分成十大功能块（Block）。一个功能块可划分成若干个字段，一个字段又可划分成若干个子字段，而一个子字段通常由数据元素（Data Element）所组成。

1. 功能块

CNMARC 书目格式参照 UNIMARC 书目格式，并结合我国文献编目的实际情况，将数据字段区划分为以下十大功能块：

0--标识块：用于标识记录或出现在编目实体上的号码，如记录标识号、ISBN、ISSN（第 3.5.3 小节会介绍）等，设有 20 个字段。

1--编码信息块：用于描述文献各个方面的定长数据元素（通常是编码数据），设有 27 个字段。

2--著录信息块：用于录入 ISBD 所规定的除附注项和文献标准编号与获得方式项以外的全部著录项目，设有 10 个字段。

3--附注块：用于对著录项目或检索点做进一步的陈述，设有 35 个字段。

4--款目连接块：用于揭示相关记录之间的层次关系、平行关系和时间关系，设有 36 个字段。

5--相关题名块：用于录入作为检索点的该文献的其他题名，设有 18 个字段。

6--主题分析块：用于录入既可以是词语又可以是符号的主题数据，设有 21 个字段。

7--知识责任块：用于录入需要建立检索点的个人、团体等责任者，设有 11 个字段。

8--国际使用块：用于录入国际上一致约定但又不适合在 0-- ~ 7--字段处理的字段，设有 6 个字段。

9--国内使用块：原来 CNMARC 书目格式设有 1 个馆藏信息字段，但《中国机读目录格式使用手册》已将该字段废除。

2. 字段

在 CNMARC 书目格式中，除了 00--字段外，其他字段至少包含一个及以上的子字段。比如 200 字段就含有正题名、一般资料标识、并列题名、其他题名信息、第一责任说明、其他责任说明、分辑名、分辑号等 13 个子字段。在这些字段中，有些字段可以重复，有些字段则不可重复。字段内的子字段也是如此。

在 CNMARC 书目格式中，除了头标区，还规定了以下字段为必备字段和特定类型文献应必备字段。

001 为记录标识号。

100 为通用处理数据。

101 为文献语种（当文献存在语言文字时）。

200 为题名与责任说明项（仅 $a 正题名为必备数据）。

230 为资料特殊细节项：电子资源特征（仅限于电子资源）。

304 为题名与责任说明附注（仅限于电子资源）。

如何取舍其他字段，关键在于转换为机读形式的具体记录。记录的数据内容由编目条例和负责建立记录的书目机构实际执行的规范共同决定，即数据元素的有无不仅由格式的要求确定，还要由实际执行的规范以及国家编目条例来确定。

3. 子字段与数据元素

子字段就是字段内所定义的数据单位。而数据元素是被明确标识的数据最小单元。在可变长字段内，数据元素构成子字段，并用子字段标识符标识；在头标区、目次区和定长子字段内，代码构成的数据元素则由其字符所在的位置标识。

3.2.3　CNMARC 数据字段区的标识系统

根据 CNMARC 数据字段区中所用标识符号的性质，可将其分为两类：标识符（Designator）和分隔符（Separator）。

1. 标识符

标识符又称为内容标识符（Content Designator），是指以识别数据元素或提供有关数据元素附加信息的编码，包括字段标识符（Tag）、字段指示符（Indicator）和子字段标识符（Subfield Identifier）。其中，字段标识符是指用于标识各个字段的一组 3 位数字符号，即字段号，如 001、010、101 等。根据 CNMARC 书目格式的规定，含有“9”的字段标识符（即--9、-9-和 9--字段）均为国内使用字段，因为这是在 UNIMARC 基础上追加的字段（后面的 $9 子字段也是如此）。字段指示符是与变长数据字段连用的两位字符，可以是数字，也可以是符号，用于提供字段内容、记录该字段与其他字段的相互关系或某些数据处理时所需操作的附加信息，如#0、1#、##等。子字段标识符是指由两位字符组成的代码，用来标识变长字段中的不同子字段。子字段标识符中的第一位字符为 ISO 2709 中规定的专用符号“IS1”（ISO 646（1/15 位），文本格式中即为“ $ ”），第二位字符为字母或数字，如 $1、 $a、 $b 等。

2. 分隔符

分隔符根据其功能可分为字段分隔符（Field Separator）和记录分隔符（Record Separator）。其中，字段分隔符是指在每个变长字段的结尾用来分隔字段的控制符，它也用于目次区的结尾。该字符使用 ISO 2709 中规定的专用字符“IS2”（ISO 646（1/14 位），文本格式中即为“ * ”）。记录分隔符是指在每条记录的结尾用来区分记录的控制符。该字符使用 ISO 2709 中规定的专用字符“IS3” （ISO 646（1/13 位），文本格式中即为“%”）。

CNMARC 格式要求在固定的字符位填写特定的代码，它统一了书目数据的格式，给计算机运作带来了极大的便利，也有效解决了以往浪费存储空间、检索途径有限、书目数据不能共享等问题，为信息资源共享奠定了良好的基础。

3.3　顺排文档

顺排文档检索方法的主要思想是根据用户的检索提问集合，对文档中的所有记录逐一进行匹配，文档处理完毕后，返回命中结果。常用的顺排文档检索方法主要有表展开法、逻辑树法等。

3.3.1　表展开法

表展开法是菊池敏典先生于1968 年提出的，其主要思想是采用列表处理方法将逻辑提问式即检索式变换为等价的提问展开表，然后按提问展开表的内容对文档中的每一条记录进行检索。下面将详细介绍利用表展开法对顺排文档进行检索的技术处理和过程。

1. 编辑逻辑提问式

构造提问式，需要正确、全面地反映用户的信息需求，并且还要有一个恰当的、便于计算机处理的表示形式。在通常情况下，在计算机内一个提问式的表达包括两个部分：第一部分是检索词表，用来表达检索词及对它的各种检索要求，如检索词、检索词号、字段号、截断说明、比较条件、权值等；第二部分是逻辑提问式，它由检索词号组成。这两部分之间的连接枢纽就是检索词号。例如，检索2005～2014年间出版的信息检索方面的文献资料，其检索词表见表3-1。

表3-1 检索词表

检索词号	字段号	截断说明	比较条件	检索词
A	650	1	1	信息
B	650	1	1	检索
C	260	3	3	2005
D	260	3	4	2014
…	…	…	…	…

其中，“检索词号”栏表示检索词在提问式中的编号。“字段号”栏用来表示检索词属于哪个字段。在大多数系统中，都用3位数字来表示，如表3-1中650表示关键词字段，而260表示出版年代字段。“截断说明”栏表示检索词截断的类型，通常用代码来表示，如1是指“不截断”，2是指“后截断”，3是指“前后截断”，4是指“前截断”。同理，“比较条件”栏也可用代码来表示，如1是指“等于”，2是指“不等于”，3是指“大于”，4是指“小于”。“检索词”栏表示检索式中的检索项目。

有了检索词表，就可以根据各检索词间应有的逻辑组配关系，用检索词号来构造逻辑提问式。

接下来将详细介绍逻辑提问式的处理细节。

（1）展开表的结构。表展开法是将每个逻辑提问式转换成一个展开表，如果有N个提问式就可作N个展开表。展开表由地址、检索词、检索词号、AFD、NFD、层级值等栏构成，其一般格式如表3-2所示。一个检索词对应表中的一行，而一个展开表最多允许有20行。

表3-2 提问展开表

地址	AFD	NFD	层级值	检索词号	字段号	截断说明	比较条件	权值	有效位	检索词

其中，“地址”栏用来表示检索词地址，通常是按自然数顺序编排。“AFD”栏表示匹配成功时转向地址，表示当文献记录中的标引词与提问式的检索词一致时，下一个应该比较的检索词的地址。“NFD”栏表示匹配不成功时转向地址，表示当文献记录中的标引词与提问式的检索词不一致时，下一个应该比较的检索词的地址。“层级值”栏表示当前检索词在提问式中的层次级别。“权值”栏表示在进行加权检索时，指定的检索词的权值。“有效位”栏表示检索词字符数。

（2）展开表的生成。表展开的算法主要包括两个部分，即“前处理”和“后处理”。具体操作如下。

1）前处理。首先需要逐个扫描逻辑提问式的字符，并依次取出，再进行如下处理：

① 若是检索词号，则将对应检索词的有关内容由检索词表移入展开表内，并记下该词在表中的地址。

② 若是运算符，有如下情况：“+”号，则把提问式中下一个检索词的地址（即表中下一行的地址）置入该“+”号左边检索词所在行的“NFD”栏。若是“*”号，则把提问式中下一检索词的地址（即表中下一行的地址）置入该“*”号左边检索词所在行的“AFD”栏。

③ 若是括号，有如下情况：若是“(”，则将其前一检索词所在行的层级值加 1，放入其后的检索词所在行的“层级值”栏。同时有 N 层左括号时，层级值连续加 N 次。层级的初值为零。若是“)”，则将其前二检索词所在行的层级值减 1，放入其紧前的一个检索词所在行的“层级值”栏，同时有 N 层右括号时，层级值连续减 N 次。

④ 若是“.”，即提问式结束标志，则在其前一检索词（即式中最后一个检索词）所在行的“AFD”栏放入“命中”，“NFD”栏放入“不命中”。

当前处理完毕后，展开表中除第二、三栏中有空白处，其余各栏都已填好。而剩余的空白处留待后处理工作来完成。

2）后处理。后处理是通过比较展开表中“层级值”栏中各行层级值的大小，从展开表的倒数第二项开始，反向填入表中第二、三栏的空白处，直到展开表的第一项处理完为止，最后得到一个完整的展开表。

为了便于介绍，则称表中指针所指行为“当前行”，指针移动到“当前行”之前所指向的行为“上一行”。

① 若当前行的层级值大于上一行的层级值，表示上一行的检索词后有一个右括号，需要针对不同情况进行不同的处理。

若当前行的“NFD”栏（以下简称第三栏）空着，则表示当前行和上一行的检索词之间为“*”运算，应把上一行第三栏内容复制到当前行第三栏。

若当前行“AFD”栏（以下简称第二栏）空着，则表示当前行和上一行的检索词之间为“+”运算，应把上一行第二栏内容复制到当前行的第二栏中。

② 若当前行的层级值等于上一行的层级值，则进行如下处理：

若当前行的第三栏空着，则表示当前行和上一行的检索词之间为“*”运算，应把上一行第三栏内容送入当前行第三栏中。

若当前行第二栏空着，则表示当前行和上一行的检索词之间为“+”运算，应把其后能括住它的右括号或结束号之前的那个检索词所在行的第二栏内容，复制到当前行第二栏中。

③ 若当前行层级值小于上一行层级值，则表示当前行的检索词之后是左括号，此时应将该“(”至与其配对的“)”后出现的第一个“+”号或结束号之间的内容作为一个复合检索项，并进行如下处理：

若当前行第三栏空着，则把当前行下面第一个与其层级值相等行或第一个小于当前行层级值的行的第三栏内容，复制到当前行第三栏。

若当前行第二栏空着，则把当前行的检索词紧后一个复合检索项中的最后一个检索词所在行的第二栏内容，复制到当前行第二栏中。

根据上述规则，对提问式进行后处理，即可得到一个完整的展开表。表3-3即为逻辑提问式（A+B）＊（C+D）＊E的展开表形式。

表3-3　（A+B）＊（C+D）＊E的展开表形式

地址	AFD	NFD	层级值	检索词号	字段号	截断说明	比较条件	权值	有效位	检索词
1	3	2	1	A	（略）					
2	3	不命中	0	B						
3	5	4	1	C						
4	5	不命中	0	D						
5	命中	不命中	0	E						

在把若干逻辑提问式转换为展开表后，可以将这些展开表汇集到一起，构造用户提问档集合，这样就可以更方便地进行顺排文档的检索。

（3）表展开法的应用。表3-4为逻辑提问式（（A+B+C）＊D+E）＊F的展开表生成过程。

表3-4　（（A+B+C）＊D+E）＊F的展开表生成过程

地址	AFD	NFD	层级值	检索词号	字段号	截断说明	比较条件	权值	有效位	检索词
1	4[12]	2[1]	2	A	（略）					
2	4[11]	3[2]	2	B						
3	4[3]	5[10]	1	C						
4	6[9]	5[4]	1	D						
5	6[5]	不命中[8]	0	E						
6	命中[6]	不命中[7]	0	F						

注：填表顺序按1）、2）、3）…进行，填表依据是展开表的前、后处理规则。

使用展开表不仅可以实现“与”“或”逻辑检索运算，而且根据提问式的不同编制方法，还可以完成加权检索、截词检索、逻辑“非”运算等。那么，当逻辑提问式中含有逻辑“非”时，应该怎样处理？最初，菊池敏典是利用比较条件中的“不等于”来实现的，但是这样做有一些弊端。经过多次改进，现在有了一种可以直接在展开表中加入逻辑“非”运算的表展开法。简单来说，对于具有逻辑“非”运算的提问式，其展开表的生成需要遵循三条原则：第一，逻辑“非”先进行逻辑“与”展开；第二，当“非”项为单项时，该项的“AFD”与“NFD”两栏内容互换；第三，当“非”项为多项式时，各项的“AFD”与“NFD”两栏中关于“命中”和“不命中”的内容进行反项转换。

2. 表展开法的检索处理

表展开法检索的基本思想就是从主文档中读出文献记录，并将其与已变换成展开表的提问式进行比较，若满足条件，便将该文献作为答案输出给用户。

主文档中列出了文献的各种相关的属性特征，其中有些是可检项目，而有些却不能作为可检项目。如果直接将主文档记录与提问项进行比较，则必须根据头标区中的信息先取出目录部分，再查阅目录中是否有与提问项相同的字段属性代号，若有，则根据这项目录到数据区中取出此项的内容，然后才能进行真正的匹配运算。由此可见，这样做将会浪费大量的时间，严重影响检索速度。所以，针对这些缺点，研究者们提出了构造检索标识表的办法，具体如下：

（1）从主文档中读入一条文献记录，取出其头标部分，根据头标信息可以计算出该记录含有多少个登录项。

（2）检索目录区，判断各登录项是否属于可检项目。若属于可检项，则将其字段属性代号放入检索标识表的相应栏目中。然后根据地址数据到数据区中取出该检索项目的所有子字段内容，放入检索标识表的"检索词"栏中，而对应项目的长度放入"有效位"栏中。一个可检项目有多少个子字段，在检索标识表中就占多少行。

构建检索标识表，有利于节省计算机检索处理的时间，提高检索速度，是表展开法检索顺利实现的重要一环，它的格式如表 3-5 所示。

表 3-5　检索标识表

字 段 号	有 效 位	检 索 词
650	2	信息
650	2	检索
260	4	2005
260	4	2014
…	…	…

在建好检索标识表后，检索就从文献记录与提问的比较转变为检索标识表与提问展开表的比较。由于计算机内存容量有限，所以当文献量和提问数超出一定范围，在检索时就不能将检索标识表文档和提问展开表文档的所有内容全部放入内存，需要分批进行处理。对于这种情况，比较有效的调度方法就是：

（1）首先，对内存一次可处理的提问数量加以限制，在此假定为 m。

（2）读入 m 个提问展开表，读入主文档的一条文献记录并编制其检索标识表，将此检索标识表与这些展开表逐一比较，若命中，则将该文献记录输出，并标明相匹配的提问式的编号。比较结束后，再读入主文档的第二条记录，进行同样的处理。以此类推，直至主文档结束。至此，则可得到前 m 个提问的检索结果。

（3）对于未经处理的提问展开表，再读入 m 个，重复步骤（2）的处理过程，直到所有的提问展开表处理完毕。其流程如图 3-1 所示。

这样做，对 p 批提问只需要将主文档打开和关闭 p 次，从而提高了检索速度。

3. 表展开法的优缺点分析

由于表展开法的基本思想就是以等价的、更便于计算机处理的提问展开表代替原来的逻辑提问式，所以它具有一些明显的优点。

第一，凡是可不查阅的字段一定不查。即对于用户的具体检索提问，只在检索词本身所在的字段范围（如关键词、题名、著者、年代等）内查找。

第二，凡是可不再查阅的检索词一定不再查。即只要在“AFD”栏中遇到“命中”，或“NFD”栏中遇到“不命中”，就立即停止对于下面检索词的查阅，而不一定非要把提问式中所有的检索词都逐一查阅。

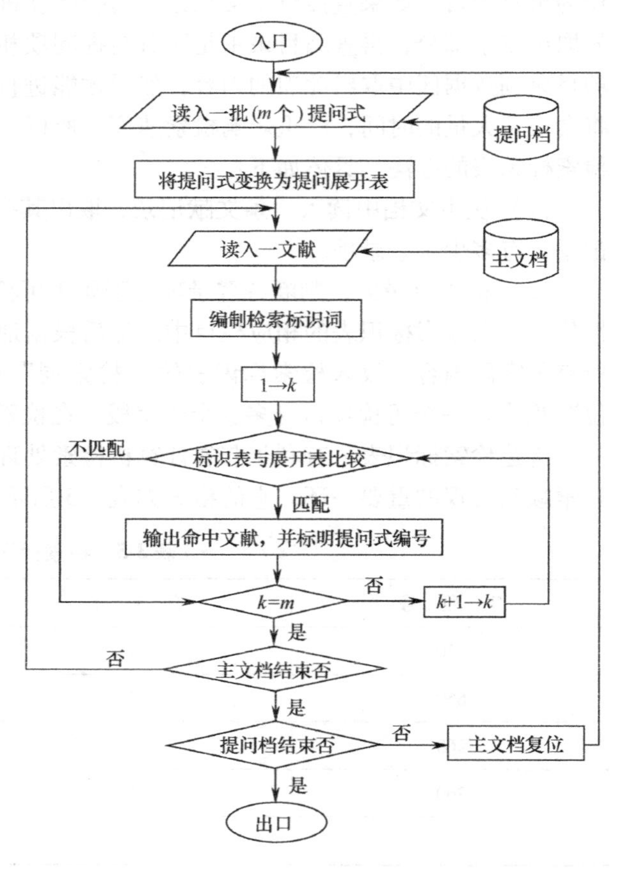

图 3-1　表展开法的检索处理

注：资料来源：赖茂生，王延飞，赵丹群．计算机情报检索．北京：北京大学出版社，1993。

正因为表展开法具备这些优点，才使得其在早期的信息检索自动化系统的研发中得到了研究者们足够的重视，使其应用极为广泛。然而，表展开法并非完美无缺，它也存在一些缺陷。

第一，在某种程度上，表展开法的效率依赖于原逻辑提问式的书写。举个简单的例子，对于逻辑提问式 B ∗ C，假如 B 是高频词（即很多文献都含有检索词 B），而 C 是低频词，那么，提问式 B ∗ C 的展开表检索效率就会大大低于提问式 C ∗ B。因为对于 C ∗ B，如果检索得到 C，则可免去查找匹配检索词 B 的过程。

第二，展开表采用固定长格式，会占用过多的内存空间，而且对一个提问式中的检索提问词数量有限制。

第三，在实际的定题批式检索中，很多提问中常常都含有大量相同的检索词。如果使用表展开法，则每个提问都要与主文档进行匹配处理。也就是说，一批提问中这些相同的检索词，要和同一篇文献重复匹配处理多次，这无疑是一种资源浪费。

针对表展开法的缺点，研究者们进行了许多改进和完善，比如在对表展开法改进的基础上发展起来的“一次扫描”和“广播技术”等检索算法，都大大提高了定题信息检索的效率。如果读者有兴趣，可以查阅相关的检索及数据库技术方面的书籍。

3.3.2　树展开法

树展开法的主要思想是将逻辑提问式转换为树形结构，其中，逻辑树的叶节点是提问式中的提问词，该树非叶节点对应一个逻辑算子。例如，下面三个提问式：

(A + B) ∗ (C + D)

(A + B) ∗ C + D ∗ E ∗ (F + G)

A＊（B＋C＋D）＋E＊－F

它们所对应的逻辑树分别如图 3-2a、图 3-2b 和图 3-2c 所示。

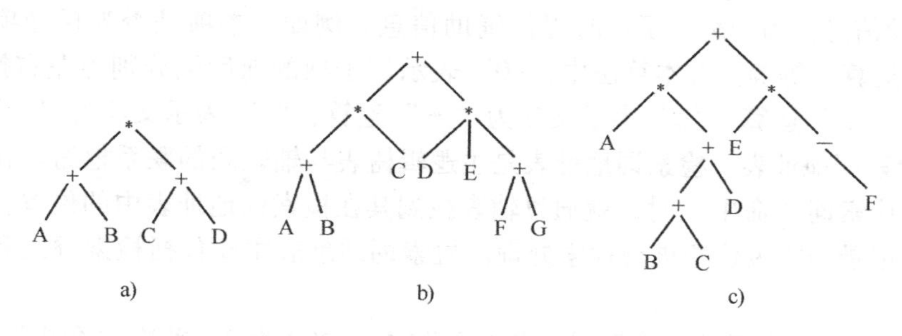

图 3-2　提问式对应的逻辑树示意图

使用树展开法，所有的检索词都要按照有限自动机原理构造成字符树，即辅树，而主树与辅树之间的相关元素用指针链接。树展开法主要可分为三大部分，即逻辑提问式的分解、字符树生成以及检索处理。

1. 分解逻辑提问式

分解逻辑提问式，其主要目标就是构建出可以直接用于检索实现的主逻辑树表、检索词地址表以及检索词位置表。

（1）主逻辑树表。主逻辑树是逻辑提问式的一种树形表达形式，它用层次型的树形结构把算符及算项关联起来。它所对应的主逻辑树表是检索处理的关键环节，其主要内容包括运算种类、子项个数、父项地址、处理标识以及检索处理登记栏，具体说明如下：

1）运算种类：表示提问式中的算符“＋”“＊”“－”等，每个算符有一个或多个子项，但只能有一个父项，没有父项的节点为根节点。

2）子项个数：表示某算符直接下属项的个数。

3）父项地址：表示本项的父项在本表中的地址。例如，提问式 A＋B＊C，“A”和“＊”都指向同一父项“＋”。

4）处理标识：在检索过程中填写，表示该检索项或逻辑组合项是否“命中”。在通常情况下，处理标识初值为 0，当检索“命中”以后，则记为 1。对于“－”运算，则初值为 1，在该词命中后置 0。

5）检索处理：用以记录该项在检索过程中的变化情况。当该项的子项命中后，对该项进行累计处理，当该项的检索要求被满足后，则在“处理标识”栏置 1。

对于主逻辑树表，在检索时，当某一行的处理标识为 1 时，则根据该行的“父项地址”值找到其“父项地址”行进行检索处理，以此类推，直到“树根”行。当“树根”行的处理标识为 1 时，则说明该检索提问式“命中”。

（2）中间工作表。中间工作表用于存储将逻辑提问式转换为逻辑树表的过程中所生成的一些中间数据，包括起始位置、终止位置、父项地址、辅助信息四个字段。因为在生成逻辑树表时需要多次使用这些数据，所以临时建立这个表，一旦主逻辑树表生成完毕，则清除该表。

1）起始位置：因为逻辑提问式是逐层分解的，所以每一层都可能有若干子项，这个起始位置用以表示子项在逻辑提问式中的起始位置。

2）终止位置：表示子项在逻辑提问式中的截止位置。

3）父项地址：本项的父项在逻辑提问式中的地址。

4）辅助信息：为分解该子项时提供辅助信息。例如，本项是否为括号项，本项的父项为何种运算，等等。在本算法中，“0”表示该子项的前后端分别为左右括号，“1”表示父项为“+”运算，“2”表示父项为“*”运算，“3”表示父项为“-”运算。

（3）检索词地址表。检索词地址表是主逻辑树表与辅表间的联系枢纽。在检索过程中，当一个检索词“命中”时，就通过辅表找到其在检索词地址表中的位置，然后再根据地址表中记录的主表位置进行检索处理。检索词地址表主要包括检索登录和主表位置两个字段。

1）检索登录：用于登记检索词“命中”与否。初值为0，首次“命中”后记为1，同时根据所记录的本项在主表中的位置找到主表，进行检索处理。

2）主表位置：表示该检索词在主逻辑树表中的位置。此栏是主表和辅表间的连接点，当辅表中的检索词“命中”后，可以通过辅表的指针在该表中找到主表中的相应位置。

（4）检索词位置表。检索词位置表是在将逻辑提问式转换成逻辑树表的过程中，临时生成的一个中间处理过程表，主要包括检索词种类、起始位置和终止位置三个字段。该表也是提问式与辅表间的纽带，当辅表生成完毕，则清除该表。

1）检索词种类：记录检索词的类别，如标题、著者、关键词、出版年代等。通过种类标识分别构造辅表，在检索时，则可以针对不同类别的检索词来匹配不同的辅表，这有利于提高检索效率。

2）起始位置：表示本行检索词在逻辑提问式中的起始位置。其作用在于构造辅表时，可以快速准确地在提问式中取词。

3）终止位置：表示本行检索词在逻辑提问式中的结束位置。它的作用与起始位置字段的相同。

（5）主逻辑树的生成。生成主逻辑树的算法思想就是采用多次扫描的分层分解构造法，具体如下：①首先分解提问式中最外层“+”运算下的子项，括号内的项暂不分解；②扫描已分解出的子项；（在最外层没有“+”运算的情况下则对整个逻辑式进行）中的“*”运算的运算子项，若该子项为括号括起项，则仍先分解“+”号子项；③最后分解“-”号子项。

表3-6至表3-9为逻辑提问式L＝（Political + Economic + Cultural）* Development * - National + Social * Status 的分解转换过程。每一过程都在表前一栏给出了序号，其中第一步是放置提问号。

表3-6　中间工作表示例

字段	起始位置	终止位置	父项地址	辅助信息
2）→	1	51	1	1
3）→	53	65	1	1
5）→	1 + 1	29 - 1	2	0
6）→	31	41	2	2
7）→	43	51	2	2
9）→	53	58	3	2

（续）

字段	起始位置	终止位置	父项地址	辅助信息
10）→	60	65	3	2
12）→	2	10	4	1
13）→	12	19	4	1
14）→	21	28	4	1
20）→	44	51	6	3

表 3-7　主逻辑树表示例

字段	运算种类	子项个数	父项地址	处理标识	检索处理
4）→	+	2	提问号[1]		
8）→	*	3	1		
11）→	*	2	1		
15）→	+	3	2		
17）→		0	2		
19）→	−	1	2		
22）→		0	3		1
25）→		0	3		
28）→		0	4		
31）→		0	4		
34）→		0	4		
37）→		0	6		

表 3-8　检索词位置表示例

字段	检索词种类	起始位置	终止位置
16）→		31	41
21）→		53	58
24）→		60	65
27）→		2	10
30）→		12	19
33）→		21	28
36）→		44	51

表 3-9　检索词地址表示例

字段	检索登录	主表位置
18）→		5
23）→		7
26）→		8
29）→		9
32）→		10
35）→		11
38）→		12

2. 检索词字符树表

检索词字符树表的构建思想就是将所有检索词构造成有限自动机状态表，该表是一个由字符和状态层次组成的二维表，其结构见表3-10。字符树表的内容根据状态转移函数 $g(n,x)$ 填写，当一个检索词结束就调用函数 output（s）填写地址表指针。

表3-10 检索词字符树表

字符（x） 状态（n）	abc⋯xyz	检索词终极点与检索词地址表指针
0 1 2 ⋮		

注：资料来源：苏新宁. 信息检索理论与技术. 北京：科学技术文献出版社，2004。

为了便于理解，则以检索词簇｛be，fig，box，bean，fisher，boxcar｝为例，它们在检索词地址表中的位置见表3-11。该词簇所对应的字符树结构如图3-3所示，其检索词字符树表则见表3-12。构造字符树表的总体思路为：对每一个检索词都从0状态出发；在0状态下，若遇到该检索词首字母字符位置已登记过时，即 $g(0,x)$ 匹配成功，就顺其走下去；不管在何种状态下，若 $g(n,x)$ 匹配失败，则构造一个新的状态。

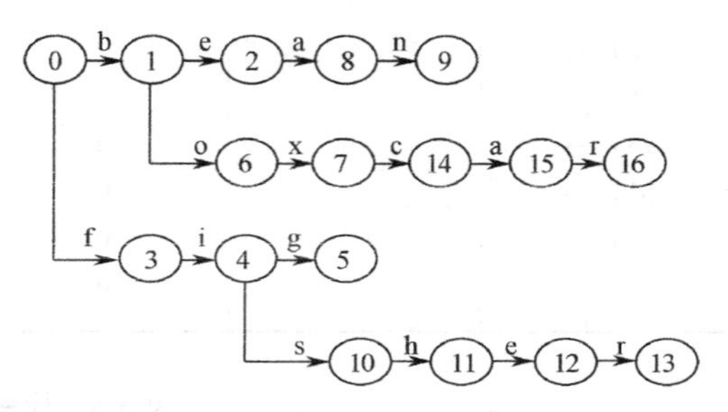

图3-3 检索词字符树结构

表3-11 检索词地址表

检 索 词	地址表中的位置	检 索 词	地址表中的位置
be	5，26	bean	19
fig	8	fisher	7
box	10	boxcar	15

表3-12 检索词字符树表

字符（x） 状态（n）	a⋯e	f⋯h	i⋯l	m⋯o	p⋯r	s，t	u⋯w	x⋯z	地址
0	1	3							
1	2			6					
2	8								5，26
3			4						
4		5				10			
5									8

（续）

状态（n）＼字符（x）	a…e	f…h	i…l	m…o	p…r	s，t	u…w	x…z	地址
6								7	
7	14								10
8				9					
9									19
10		11							
11	12								
12					13				
13									7
14	15								
15					16				
16									15

在实际的信息检索系统中，可以根据不同的检索词类型来构造不同的辅表，如标题、著者、关键词等。

3. 树展开法的检索处理

树展开法的核心在于将逻辑提问式进行转换后得到的三个表，即主逻辑树表、检索词地址表和检索词字符树表。这三个表构成了用户检索提问档，整个检索主要就依赖于这三个表。

检索过程为从文档中读取一条文献记录，将记录中的标引项（主题词、著者等）与相关的检索词字符树进行比较匹配，若匹配成功，则根据检索词地址指针来判断检索词地址表对应的检索登录区。若为“1”，表示该词已命中过，不需要再处理；若为“0”，则将该项置为“1”，并根据本行的“主表位置”字段来修改主逻辑树表。

主逻辑树表的检索处理相对较复杂，原因在于它不仅要处理指针指向的检索词项，而且还要爬行到它的父项进行相关的处理和判断。具体操作如下：

在主逻辑树表中该检索词的“处理标识”栏中置“1”。

根据其父项地址的指针找到父项行，对“检索处理”栏进行加“1”运算。再找到“处理标识”栏，若为“1”，则表示该子项已进行向上爬行处理，可返回进行下一词的处理；若为“0”，则根据“运算种类”进行以下处理。

① 若为“+”运算，则在“处理标识”栏置“1”，再向父项移动。

② 若为“*”运算，则比较“检索处理”与“子项个数”的值，如果相等，则在“处理标识”栏置“1”，再向父项移动；如果不相等，就返回进行下一词的处理。

③ 若为“-”运算，则顺着父项进行注销处理。

当父项指针移动到最顶行时，若该行的“处理标识”栏为“1”，则表示该文献记录满足这一提问，为命中文献，将提问号和文献记录号写入命中文档。值得一提的是，在实际应用中，为了减少重复查询，应该对命中提问采取屏蔽手段，以确保该提问不再被这一记录访问处理。

总的来说，与其他顺排检索算法相比，树展开法在分解逻辑提问式方面的扫描次数可能要多一些，但是由于其判断次数减少了，因此处理速度反而加快了。此外，该算法对提问式的处理需要产生三个表，但其检索处理是一次性的，而且是后台处理的，不像表展开法那样分成前处理和后处理两步，因此，尽管在加工提问式时耗费了一些时间，但却为检索带来了极大便利。

3.4 倒排文档

在实际应用中，倒排文档是最成熟的检索标引技术之一。一般来说，倒排文档的检索按如下步骤进行：①从文献主文档中抽取出可检项目，建立倒排文档。这一工作通常是在系统建立后已经完成，而不是到具体检索时才着手进行。②编辑提问。最常用的方法是把逻辑提问式转换为逆波兰表示，从而形成一条条的检索指令。③检索处理，输出结果。

本节将详细介绍以上三个步骤的处理情况。

3.4.1 倒排文档的建立

可将倒排文档看作主文档的辅助索引。它是将主文档中的可检字段抽出，按照某种顺序重新组织排列而形成的一种文档。不同的字段可以组织成不同的倒排文档，如主题词倒排文档、著者倒排文档等。

倒排文档与顺排文档的主要区别就在于：顺排文档以完整记录作为处理和检索的单元，而倒排文档是以记录中的字段作为处理和检索的单元。倒排文档的组成元素只有文献标识（如著者、主题词、分类号等）、目长（含有该关键词的文献记录数）、记录存取号（所有与该关键词有关的文献记录存取号）。因此，在实施检索时，必须和顺排文档配合使用，先在数据库的倒排文档中查得文献篇数及其记录存取号，再根据存取号从顺排文档中调出文献记录。

那么，如何利用顺排文档来建立倒排文档呢？具体步骤如下：

首先，选择需要进行索引的字段属性，抽出内容，并在其后附上相应记录存取号。其次，对抽出的内容进行排序。最后，对相同内容进行归并，将合并后的内容放入倒排文档的主键字段（如著者、标引词等），统计每一数据的频次作为目长，把每一内容后的记录存取号依次填入记录存取号字段。

举一个简单的例子，假设有这样一个文献集合，共包含以下四篇文献：

001　信息资源管理与知识管理关系研究（标引词：信息资源管理；知识管理）。

002　知识管理与商务智能整合研究（标引词：知识管理；商务智能）。

003　国内外信息资源管理研究综述（标引词：信息资源管理）。

004　基于知识管理的电子资源采购（标引词：知识管理；电子资源采购）。

如果记录分隔符是“.”，则四条简化记录的主文档形式为

001 信息资源管理与知识管理关系研究. 002 知识管理与商务智能整合研究. 003 国内外信息资源管理研究综述. 004 基于知识管理的电子资源采购.

那么，相应的主题词倒排文档的形式为

电子资源采购	1	004
商务智能	1	002
信息资源管理	2	001，003
知识管理	3	001，002，004

在建立倒排文档的过程中，还需要注意两个问题：第一，建立的倒排文档要具备及时更新的功能。因为在实际的数据库建设中，往往会不断地追加数据，所以需要对倒排文档进行及时的更改。第二，由于不同的关键词所对应的记录数相差很大，所以对于只能处理定长字段的数据库或文件系统，需要建立溢出文档来解决不定长问题。

3.4.2　提问式的编辑

在倒排文档的检索中，对逻辑提问式的编辑有各种各样的方法。“逆波兰”表示法是最受推崇的方法之一，也称为福岛法。使用逆波兰表示法，需要先将逻辑提问式转换成相应的逆波兰表示式，再将逆波兰表示式翻译成一组检索指令，然后再进行检索处理。

1. 逆波兰变换

我们书写算术表达式的习惯方式是将运算符放在运算项的中间，如“A * （B + C）”，这种表示方法称为中缀表示法。由于此表示法对算式中算符的执行顺序有严格规定，所以能保证结果的唯一性，但有时却因无法去掉括号，影响书写的简洁性，而且在某种情况下，括号是无法使用的。鉴于此，波兰的著名逻辑学家卢卡西维兹（Jan Lucasiewicz）于1929年提出了两种不用括号的表达式表示方法。第一种是前缀表示法，又称正波兰表示法，是把运算符放在运算项前面的表示法，例如，“（A + B） * C”写成 * + ABC。第二种是后缀表示法，又称逆波兰表示法，是将运算符放在运算项后面的表示法，例如，上例则可写成 AB + C *。逆波兰表达式是一种没有括号且严格遵循“从左至右”运算顺序的表达方法。

要将提问式进行逆波兰变换，首先应在计算机内存里开辟三个工作区：①算子保留栈，主要作用是重新排列运算符，以便确定运算顺序，它是进行逆波兰转换过程中不可或缺的临时堆栈。②结果保留区，用于存放经变换处理后的逆波兰表达式。③检索词表存储区，用于存放提问式中的检索词。此外，还需要给每一个算子赋上一个优先数，以决定它们在处理过程中进入算子保留栈的顺序。表3-13给出了有关算符的优先级。

表3-13　算符优先级对照表

算　子	)	+	*	-	(
优 先 级	1	2	3	4	5/1（外/内）

在进行逆波兰转换时，需要从左至右逐个扫描逻辑提问式的字符，具体规则如下：

① 若是检索词，则将其放入检索词表中，并将相应的词表地址送入结果保留区中。

② 若是运算符“+”或“*”或“-”，则把它与算子保留栈栈项的算符进行优先级比较。若高于栈顶算符的优先级，则将它压入栈内，若相等或低于栈顶算符的优先

级，则取出栈顶算符，转送入结果保留区，然后再与新的栈顶算符比较优先级，以此类推。

③ 若是左括号“（”，应将其无条件压入栈内，进栈后其优先级由原来的5变为1。

④ 若是右括号“)”，则将与其配对的“（”之间的算符按“后进先出”次序依次从算子保留栈中取出，移入结果保留区，并清除这对括号。

⑤ 若是逻辑式结束标志“.”，同时算子保留栈又不为空时，则将栈中的算符依“后进先出”次序全部移入结果保留区中，最后将“.”也移入其中。

例如，提问式（A+B）*（C+D）+E. 的逆波兰转换处理过程、结果以及用到的工作区之间的相互关系如图3-4所示。

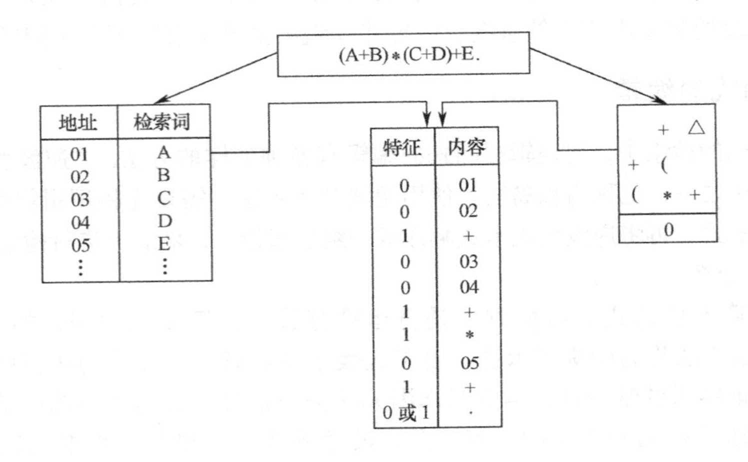

图3-4　逆波兰转换处理示意图

2. 检索指令表的生成

把逻辑提问式转变成逆波兰表示式后，还不能用来对倒排文档进行检索，这一步只是为了便于计算机操作处理。接下来的步骤也很关键，即通过计算机把逆波兰表示式加工或翻译成适当的可用于倒排文档检索的一系列检索指令。

为了将提问的逆波兰表示式翻译成一组检索指令，除了用到原来的结果保留区和检索词表以外，还需要设置一个检索指令表，用来放置检索指令，其结构见表3-14。

表3-14　检索指令表

检索指令操作码（ON）	第一操作数（AD1）	第二操作数（AD2）	第三操作数（AD3）

此外，在倒排文档的检索处理过程中，为了存放含有某个检索词的命中文献的文献号码，以便对其进行逻辑运算以及放置运算的结果，还需要设置一批工作区和相应的工作区管理表。在通常情况下，系统需要在内存中设置七个工作区。一个工作区由若干个文献号的存储单元组成，一个工作区所含单元的数量由系统的大小决定，其原则是不小于倒排文档中任一检索词后可能出现的文献号的个数。

生成检索指令表，要从结果保留区的第一行开始逐行扫描，同时遵循以下处理顺序和规则：

在工作区管理表中，假设“未被占用”的工作区标识为 0，“已占用”则为 1。

① 若是检索词表地址，则从工作区管理表中找出可用的工作区 W_i，将词表地址作为第一操作数 AD1，W_i 作为第三操作数 AD3，执行“输入指令”，并送入检索指令表中。

② 若是算符，则从工作区管理表中取出最近被占用的工作区号码，根据占用的先后次序，分别作为 AD1 和 AD2；再从工作区管理表中找出一个标识为 0 的工作区号码作为 AD3；按照算符做“或”“与”“非”检索指令，并将指令送入检索指令表。同时，由 AD3 所确定的工作区标识置 1，释放 AD1、AD2 所确定的工作区，其标识置 0。

③ 若是结束号“.”，说明已将结果保留区扫描完毕，此时，工作区管理表中有且只有一个工作区被占用。这时将此工作区的号码作为 AD1，最终工作区的号码 W_n 作为 AD3，做“存储指令”，并送入检索指令表中。

④ 执行了“存储指令”后，便做出“终止指令”，并送入检索指令表中。

在此，以提问式（A + B）*（C + D）+ E. 为例，说明其工作区占用情况，如图 3-5 所示。由逆波兰表示形式转换为一组检索指令的过程，见表 3-15。

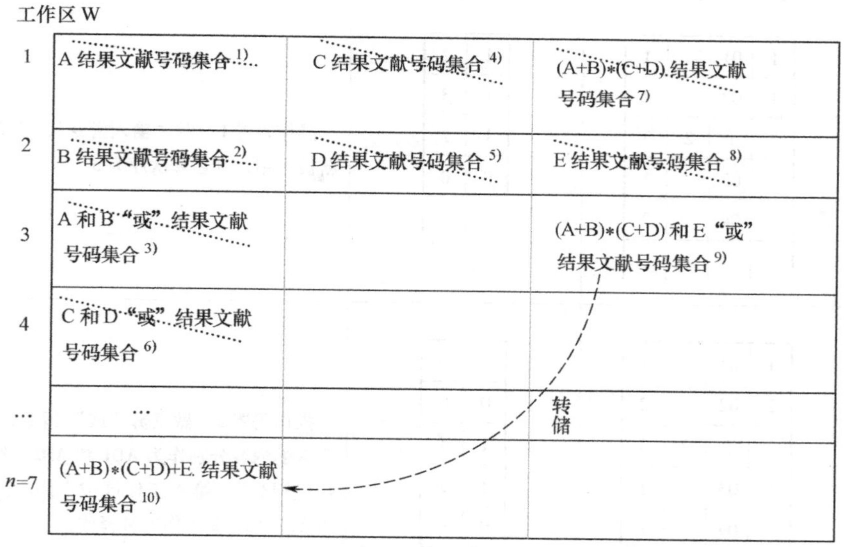

注：1)、2)、3) … 为占用工作区的顺序。

图 3-5　（A + B）*（C + D）+ E. 的工作区占用示例

表 3-15　检索指令表生成过程

步　骤	操作表状态	工作区管理表	说　明
1	1 01 　 1	1 1 0 0	操作码置 1，做“输入指令”，第 1 工作区被占用，其运算次序为 1
2	1 01 　 1 1 02 　 2	1 1 1 2 0 0	操作码置 1，做“输入指令”，第 2 工作区被占用，其运算次序为 2

（续）

步　聚	操作表状态	工作区管理表	说　明
3	1 01 1 1 02 2 3 1 2 3	0 0 0 0 1 1 0 0	操作码置3，做逻辑“或”指令，第1、2工作区的内容分别作为AD1和AD2，结果置于第3工作区。第3工作区被占用，其运算次序为1，第1、2工作区被释放
4	1 01 1 1 02 2 3 1 2 3 1 03 1	1 2 0 0 1 1 0 0	操作码置1，做“输入指令”，第1工作区重新被占用，其运算次序为2
5	1 01 1 1 02 2 3 1 2 3 1 03 1 1 04 2	1 2 1 3 1 1 0 0	操作码置1，做“输入指令”，第2工作区重新被占用，其运算次序为3
6	1 01 1 1 02 2 3 1 2 3 1 03 1 1 04 1 3 1 2 4	0 0 0 0 1 1 1 2 0 0	操作码置3，做逻辑“或”指令，第1、2工作区的内容分别作为AD1和AD2，结果置于第4工作区中，第4工作区被占用，其运算次序为2，第1、2工作区被释放
7	1 01 1 1 02 2 3 1 2 3 1 03 1 1 04 2 3 1 2 4 4 3 4 1	1 1 0 0 0 0 0 0 0 0	操作码置4，做逻辑“与”指令，第3、4工作区的内容分别作为AD1和AD2，结果置于第1工作区中，第1工作区重新被占用，其运算次序为1，第3、4工作区被释放

（续）

<table>
<tr><th>步　聚</th><th>操作表状态</th><th>工作区管理表</th><th>说　明</th></tr>
<tr><td>8</td><td><table><tr><td>1</td><td>01</td><td></td><td>1</td></tr><tr><td>1</td><td>02</td><td></td><td>2</td></tr><tr><td>3</td><td>1</td><td>2</td><td>3</td></tr><tr><td>1</td><td>03</td><td></td><td>1</td></tr><tr><td>1</td><td>04</td><td></td><td>2</td></tr><tr><td>3</td><td>1</td><td>2</td><td>4</td></tr><tr><td>4</td><td>3</td><td>4</td><td>1</td></tr><tr><td>1</td><td>05</td><td></td><td>2</td></tr><tr><td></td><td></td><td></td><td></td></tr></table></td><td><table><tr><td>1</td><td>1</td></tr><tr><td>1</td><td>2</td></tr><tr><td>0</td><td>0</td></tr><tr><td>0</td><td>0</td></tr><tr><td>0</td><td>0</td></tr></table></td><td>操作码置 1，做“输入指令”，第 2 工作区重新被占用，其运算次序为 2</td></tr>
<tr><td>9</td><td><table><tr><td>1</td><td>01</td><td></td><td>1</td></tr><tr><td>1</td><td>02</td><td></td><td>2</td></tr><tr><td>3</td><td>1</td><td>2</td><td>3</td></tr><tr><td>1</td><td>03</td><td></td><td>1</td></tr><tr><td>1</td><td>04</td><td></td><td>2</td></tr><tr><td>3</td><td>1</td><td>2</td><td>4</td></tr><tr><td>4</td><td>3</td><td>4</td><td>1</td></tr><tr><td>1</td><td>05</td><td></td><td>2</td></tr><tr><td>3</td><td>1</td><td>2</td><td>3</td></tr><tr><td></td><td></td><td></td><td></td></tr></table></td><td><table><tr><td>0</td><td>0</td></tr><tr><td>0</td><td>0</td></tr><tr><td>1</td><td>1</td></tr><tr><td>0</td><td>0</td></tr><tr><td>0</td><td>0</td></tr><tr><td></td><td></td></tr></table></td><td>操作码置 3，做逻辑“或”指令，第 1、2 工作区的内容分别作为 AD1 和 AD2，结果置于第 3 工作区中，第 3 工作区被占用，其运算次序为 1，第 1、2 工作区被释放</td></tr>
<tr><td>10</td><td><table><tr><td>1</td><td>01</td><td></td><td>1</td></tr><tr><td>1</td><td>02</td><td></td><td>2</td></tr><tr><td>3</td><td>1</td><td>2</td><td>3</td></tr><tr><td>1</td><td>03</td><td></td><td>1</td></tr><tr><td>1</td><td>04</td><td></td><td>2</td></tr><tr><td>3</td><td>1</td><td>2</td><td>4</td></tr><tr><td>4</td><td>3</td><td>4</td><td>1</td></tr><tr><td>1</td><td>05</td><td></td><td>2</td></tr><tr><td>3</td><td>1</td><td>2</td><td>3</td></tr><tr><td>2</td><td>3</td><td></td><td>7</td></tr><tr><td>0</td><td></td><td></td><td></td></tr></table></td><td><table><tr><td>0</td><td>0</td></tr><tr><td>0</td><td>0</td></tr><tr><td>0</td><td>0</td></tr><tr><td>0</td><td>0</td></tr><tr><td>0</td><td>0</td></tr><tr><td>0</td><td>0</td></tr><tr><td>1</td><td>1</td></tr></table></td><td>操作码置 2，做“存储指令”，第 7 工作区成为最终工作区，被占用，第 3 工作区被释放。做“终止指令”，操作码置 0</td></tr>
</table>

3.4.3 检索处理

在生成检索指令表以后，便开始进行实际的检索处理，整个检索过程主要依赖于检索指令表和检索词表，具体操作如下：

（1）若操作码 ON =1，表示应进行查找和输入操作。按第一操作数 AD1 中的词表地址所代表的检索词检索倒排文档，将获得的文献记录号码放入第三操作数指定的工作区中。

（2）若操作码 ON =2，表示应进行转储操作。将第一操作数 AD1 指定的工作区中的记录号集合存储到第三操作数 AD3 指定的工作区中。

（3）若操作码 ON >2，表示应进行逻辑“或”“与”“非”运算操作。根据操作码代号，将第一操作数 AD1 和第二操作数 AD2 指定的工作区中的文献记录号集合进行相应的逻辑运算，运算结果存放到第三操作数 AD3 指定的工作区中。

（4）若操作码 ON =0，表示该提问式检索结束。应根据第 7 工作区的内容，即命中结果，到主文档中调出命中记录，输出给用户。

倒排文档检索处理的主要流程如图 3-6 所示。

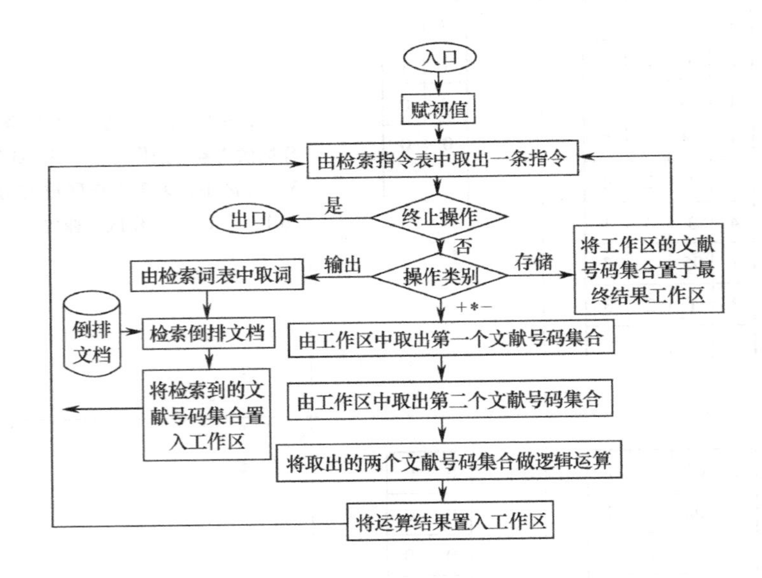

图 3-6 倒排文档检索的主程序框图

注：资料来源：赖茂生，等．计算机情报检索．2 版．北京：北京大学出版社，2006。

综合来看，福岛法提出在内存设置 7 个工作区，只要调度灵活，对于一般提问来说基本上可以满足需要。加之工作区都开辟在内存，可以保证较快的处理速度。但是，利用福岛法，工作区的占用情况完全取决于逆波兰表示式，检索指令的次序也对逆波兰表示式存在依赖性，因此，在确定工作区数量及其大小时，常常出现两方面的问题。第一，由于无法事先明确逻辑提问式的项数和结构，所以也就无法确定在检索中到底需要使用多少个工作区。福岛法提出了要在内存开辟 7 个工作区，然而，在一般情况下总会有 1 ~2 个空着，浪费了内存空间；而在某些特殊情况下，7 个工作区又不够用，需另作处理。第二，由于不能事先明确满足检索词的文献号码集合的大小，所以也就无法确定工作区的大小。在通常情况下，为了使检索能顺利进行，每个工作区都要设计得足以放置倒排文档中任一键后的所有文献号码，这样就浪费了内存空间，甚至可能出现内存紧张的问题，严重时会导致检索无法继续。鉴于此，研究者们也在不断改进、创新，设计出了其他一些可行的倒排文档检索技术，在此不予赘述。

3.5　文本检索技术

3.5.1　布尔检索

布尔检索就是利用布尔代数中的逻辑与、逻辑或、逻辑非等运算符，将检索提问转换成逻辑表达式，计算机根据表达式查找符合限定条件的文献。布尔检索是现代信息检索系统中最常用、最基本的一种方法。许多网络搜索引擎，如百度、AltaVista、Excite 等，都使用了这种检索技术。

1. 布尔逻辑算符及其应用

常用的布尔逻辑算符有三种，分别是逻辑与（AND）、逻辑或（OR）、逻辑非（NOT），用以表达两个检索词之间的逻辑关系。下面分别解释它们各自的含义与用法。

（1）逻辑与——“AND”或 *。检索词 A 与检索词 B 若用“AND”组配，则提问式可写为“A AND B”或者“A * B”。检索时，数据库中同时含有检索词 A 和检索词 B 的文献，才算是命中文献。这种逻辑关系可用图 3-7a 表示。

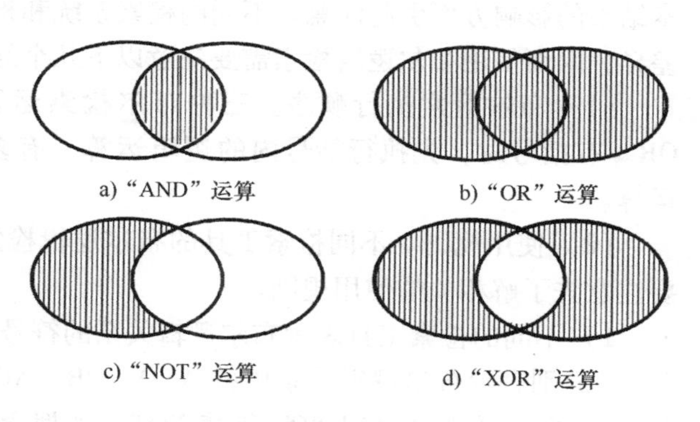

图 3-7　布尔运算的示意图

假设检索词 A 的所有命中文献有 M 篇，检索 B 的所有命中文献有 N 篇，提问式的所有命中文献有 Q 篇。那么，对于提问式 A AND B，如果 A 和 B 无关，则没有命中文献，$Q=0$；若 A 和 B 有一定相关性，则有 $M>Q>0$ 或 $N>Q>0$；若 A 和 B 密切相关，则有 $Q=\max\{M, N\}\geqslant 0$。

逻辑与是一种用于交叉概念或限定关系的组配，使用逻辑与，可以增强检索的专指性，缩小检索范围，有利于提高查准率。

（2）逻辑或——“OR”或 +。检索词 A 和检索词 B 若用“OR”组配，则提问式可写为“A OR B”或者“A + B”。检索时，数据库中的文献凡含有检索词 A 或者检索词 B 或者同时含有检索词 A 和 B 的，均为命中文献。上面的这种“或”关系，可以用图 3-7b 表示。

对于提问式 A OR B，当 A 与 B 有一定相关性时，$Q<M+N$；当 A 与 B 密切相关时，$Q=\max\{M, N\}$；当 A 与 B 不相关时，$Q=M+N$。因此，一般说来有 $M+N\geqslant Q\geqslant \max\{M, N\}$。

逻辑或是用于并列概念的一组组配，使用逻辑或，相当于增加检索词主题的同义词与近义词，可以扩大检索范围，有利于提高查全率。

（3）逻辑非——“NOT”或 -。检索词 A 和检索词 B 若用“NOT”进行逻辑组配，则可写为“A NOT B”或者“A - B”。对于这个提问式，数据库中凡含有检索词 A 而不含检索词 B 的文献，为命中文献。结果可用图 3-7c 表示。

对于提问式 A NOT B，如果 A 与 B 无关，则 $Q=M$；如果 A 与 B 有一定的相关性，则 $Q<M$；如果 A 和 B 密切相关，则当 $M>N$ 时，$Q=M-N$，当 $M<N$ 时，$Q=0$。

逻辑非这种组配是用于从原来的检索范围中排除不需要的概念，或排除影响检索结果的概念。它和逻辑与的作用类似，能够缩小命中文献范围，增加检索的准确性。

除以上三种布尔算符外，还有一种异或逻辑算符 XOR。XOR 是 Exclusive OR 的缩写，因此又常被写为 EOR。严格地讲，XOR 逻辑不属于布尔逻辑，只能说是数理逻辑中的一类，但在信息检索及其他一些应用中，XOR 被划归在布尔类的运算中。

检索词 A 和检索词 B 若用异或 XOR 组配，可写为“A XOR B”或者“A⊕B”。该检索式的检索结果为：含有检索词 A 的文献命中，含有检索词 B 的文献命中，但同时含有 A 和 B 的文献不命中，可以用图 3-7d 表示。

和逻辑或、逻辑与、逻辑非相比，并不是所有的信息检索系统都允许异或运算，而且 XOR 运算可以通过 OR、AND、NOT 等运算来实现，因此在此不予以详细介绍。

2. 使用布尔逻辑算符的注意事项

用布尔逻辑表达检索要求，除要掌握检索课题的相关因素外，还应在布尔算符对检索结果的影响方面引起注意。不同的检索系统和检索工具的布尔逻辑检索技术存在一些差异，因而使用布尔逻辑检索需要注意以下几个问题：

（1）布尔检索执行顺序。三种布尔检索运算符之间的优先顺序为 NOT、AND、OR。有括号时，先执行括号内的逻辑运算。有多层括号时，先执行最内层括号中的运算。

（2）使用规则。不同检索工具的布尔逻辑检索有不同的表现形式，在使用的时候，要注意先了解相关的使用规则。

1）不同的检索工具表示布尔逻辑关系的符号不同。有的检索工具用“&”“|”和“-”分别表示布尔逻辑关系中的 AND、OR、NOT，有的仅用“+”、“-”分别表示 AND、NOT，有的用 ANDNOT 代替 NOT（如搜索引擎 Excite），有的要求运算符必须为大写形式，有的又要求为小写形式，有的则大小写均可。

2）不同检索工具的检索词之间的默认布尔逻辑关系不同。有的检索工具检索词之间的默认关系为 AND，而有的检索工具检索词之间的默认关系为 OR。

3）不同的检索工具支持布尔逻辑的程度不同。有的检索工具完全支持三种运算，有的仅在高级检索中完全支持，在简单检索中部分支持，而有的不支持某种布尔关系。

4）不同检索工具实现布尔逻辑关系的方式不同。有的检索工具使用符号来实现布尔逻辑关系，有的检索工具完全省略了所有的符号和关系，直接用表格和文字来体现不同的布尔关系，如 Excite 和 Lycos 都以“all of the words”来表示布尔关系 AND，以“any of the words”来表示布尔关系 OR，以“none of the words”来表示布尔关系 NOT。

布尔逻辑检索与人们的思维习惯一致，表达清晰，便于用户进行扩检和缩检，而且易于计算机实现，因此，它在各种计算机信息检索系统中得到了广泛使用。但是它无法反映检索词对于检索的重要性，也无法反映概念之间内在的语义联系，因而检索结果不能按照用户定义的重要性排序输出。

3.5.2 截词检索

截词检索又称为词干检索，是利用检索词的词干或不完整的词形查找信息的一种检索技术。这种方法很常用，尤其是在西文检索中使用更加广泛。这是因为西方语言的构词灵活，在词干上加上不同的前缀和后缀，就可派生出很多新词汇，截词检索能有效防止对派生词的漏检。

所谓截词（Truncation），是指检索者将检索词在自己认为合适的地方截断；而截词检索，则是用截断的检索词的一个局部去数据库中进行检索，凡是能与这个词局部中的所有字符（串）相匹配的文献，即为命中文献。

截词的方式有多种。按截断的位置来划分，则有后截断、前截断、中截断三类；按截断的字符数量来划分，则分为有限截断（Limited Truncation）和无限截断（Unlimited Truncation）两类。有限截断是指说明了具体截去字符的数量，而无限截断是指不说明具体截去字符的数量。

截词符号在不同的信息检索系统中表示不同，但功能是相同的。在通常情况下用“*”表示无限截断，用“?”表示有限截断。

1. 后截断检索

后截断是最常用的截词检索技术。将截词符号置放在一个字符串右方，以表示其右的有限或无限个字符不影响该字符串的检索。从检索性质上讲，后截断是前方一致检索。

【例】 coagula*

这是一个无限后截断的例子。词典中存储前7个字符为 coagula 的所有词都满足条件，因此可检出的词汇有 coagula、coagulable、coagulant、coagulase、coagulate、coagulation、coagulative、coagulator……

由此可见，截词检索具有隐含的 OR 运算特性。

【例】 mold??

这是一个两个字符的有限截断检索，该表达式可检出的词汇有 mold、molded、molder 等，但却不能检出下述词汇：moldery、molding、moldman、moldwash。

使用后截断的例子举不胜举。总的来说，后截断主要使用在如下四个方面：①词的单复数，如 apple?，potato??。②年代，如 199?（20 世纪 90 年代），20??（21 世纪）。③作者，如用 Smith* 可检出所有姓 Smith 的作者。④同根词，如用 attract* 可检索出 attract、attractability、attractable、attractant、attracting、attraction、attractive、attractor 等同根词。

应当注意的是，使用后截断有可能检出无关词汇。尤其是在使用无限后截断时，所选词干不能太短，否则将造成大量误检，或是发生溢出，导致检索失败。

2. 前截断检索

与后截断相对，前截断是将截词符号置放在一个字符串左方，以表示其左的有限或无限个字符不影响该字符串的检索。从检索性质上讲，前截断是后方一致检索。

【例】 * meter

这是一个无限前截断的例子，可检出的词汇如下：meter、cubic-meter、macrometer、minimeter、square-meter……，但是检不出 meterage、metering、meterman 等。

在某些情况下，前截断和后截断可以结合使用，这样可以极大地提高检索效果。

【例】 * econom *

这是一个无限前后截断同时使用的例子，可检出下列词汇：economic、economical、economically、economics、economist、economistic、economy、E-economy、macroeconomics、microeconomics、new-economy……

3. 中截断检索

中截断又称为“通用字符法”或“内嵌字截断”或“屏蔽”。这种截断是把截断符置于一个检索词的中间，允许检索词的中间有若干形式的变化。一般地，中截断仅允许有限截断。

英语中有些单词的拼写方式有英式、美式之分，有些词则有某个元音位置上出现单复数不同，如：organization ⟷ organisation，man ⟷ men，woman ⟷ women 等。文献数据库中与之相似的例子是大量存在的。若希望不漏检，使用这种词进行检索时就要用中截断的处理方法。比如，上述词汇在用于检索时可写成：organi? ation，m? n，wom? n。

总之，在计算机信息检索系统中，截词检索方法的应用很广泛，利用截词检索可以减少检索词的输入量，简化检索步骤，扩大检索范围，提高查全率，但也有可能检索出大量的无关资料。不同检索工具有自己的截词规则，检索者在使用时要注意。有的是自动截词，有的是在一定条件下才能截词。而在允许截词的检索工具中，一般是指右截词，部分支持中间截词，前截词较少。有的需要限定截断的字符数量，有的是无限截断。

3.5.3 限制检索

在检索系统中，通常有一些缩小或约束检索结果的方法，称为限制检索。限制检索的方式很多，其中，字段检索应用较广泛，它是限定检索词在数据库记录中出现的字段范围的一种检索方法。

在检索系统中，数据库设置、提供的可检字段通常分为主题字段和非主题字段两大类。主题字段又称基本检索字段，反映文献主题内容特征，提供从主题内容特征查找文献的途径，如题名、关键词和文摘等；非主题字段即辅助检索字段，反映文献的外部特征，提供从文献的外部特征查找文献的途径，如作者、语种、文献类型、出版年代等字段。每个字段都有一个用字母表示的字段代码。例如，EI 数据库的主要字段代码如表 3-16 所示。

检索时，用户可以通过检索命令或菜单选择两种方式，设定检索词在主题字段或者非主题字段的出现情况来实现字段限制检索。

表 3-16　EI 数据库的主要字段代码

字段名称	代码	字段名称	代码
All Fields（所有字段）	ALL	Source Title（来源出版物名称）	ST
Subject/Title/Abstract（主题/标题/摘要）	KY	EI Controlled Term（EI 受控词）	CV
Abstract（摘要）	AB	Uncontrolled Term（自由词）	FL
Author（作者）	AU	Country of Origin（国别）	CO
Author Affiliation（作者单位）	AF	Document Type（文件类型）	DT
Title（标题）	TI	Language（语言）	LA
EI Classification Code（EI 分类号）	CL	ISBN（国际标准图书编号）	BN
CODEN（图书馆所藏文献和书刊的代码）	CN	Discipline（学科）	DI
Conference Information（会议信息）	CF	Publication Year（出版年份）	YR
Conference Code（会议编码）	CC	Publication Date（出版时间）	PD
ISSN（国际刊号）	SN	DOI（数字对象唯一标识符）	DOI
EI Main Heading（EI 主标题词）	MH	Treatment Type（处理类型）	TR
Publisher（出版单位）	PN	Accession Number（编录号）	AN

EI 数据库的字段限制符为 wn，逻辑运算符有三个，即 AND、OR、NOT，大小写均可。逻辑运算符的运算优先级别相同，多项逻辑运算时，逻辑运算顺序为自左向右。逻辑运算顺序可以用括号来改变，当有括号时，系统首先进行括号内的逻辑运算。当逻辑运算和字段限制运算同时存在时，先进行字段限制运算。

检索表达式可由逻辑运算符、字段限制符、截词运算符（*）、词根检索符（$）等构成。

例如，在 EI 中查找“标题”字段中出现 multimedia，并且“摘要”字段出现 archives 的记录，使用检索命令方式可以在检索文本框中输入以下检索式：

multimedia wn TI and archives wn AB

再如，查找“主题/标题/摘要”字段包含检索词 archive（或 archives）或短语 archival memory 的记录，EI 数据库短语检索用双引号或大括号，则检索式为

archive * wn KY or {archival memory} wn KY

不同的检索系统所提供的字段代码和检索符号不尽相同，在实施检索时，如果要使用检索命令方式，应先参阅系统的说明文件，以避免不必要的差错。当然，也可通过菜单选择方式来进行字段检索，这种方式操作起来相对更方便，只需在检索界面的字段列表中选择相应字段即可，无须事先熟悉系统的检索语法。图 3-8 是 EI 数据库的字段检索示例，其用户检索需求为：查找 2000～2014 年间的英文文献，要求摘要（Abstract）字段中含有“information technology”，同时标题（Title）字段含有“database”，文献类型为期刊论文。需要注意的是，如果检索词是短语，为了提高查准率，可以使用“精确查找”方式，即在检索短语的两边加上西文状态下的双引号。

除了字段检索，限制检索的另一种常见形式是“二次检索”，即再次输入不同的检索词，运用布尔逻辑、截词检索等方式，在已有检索结果范围内再进行限制检索。当初步检索结果包含大量的命中信息时，可通过多次的二次检索，逐渐缩小范围，使检索结

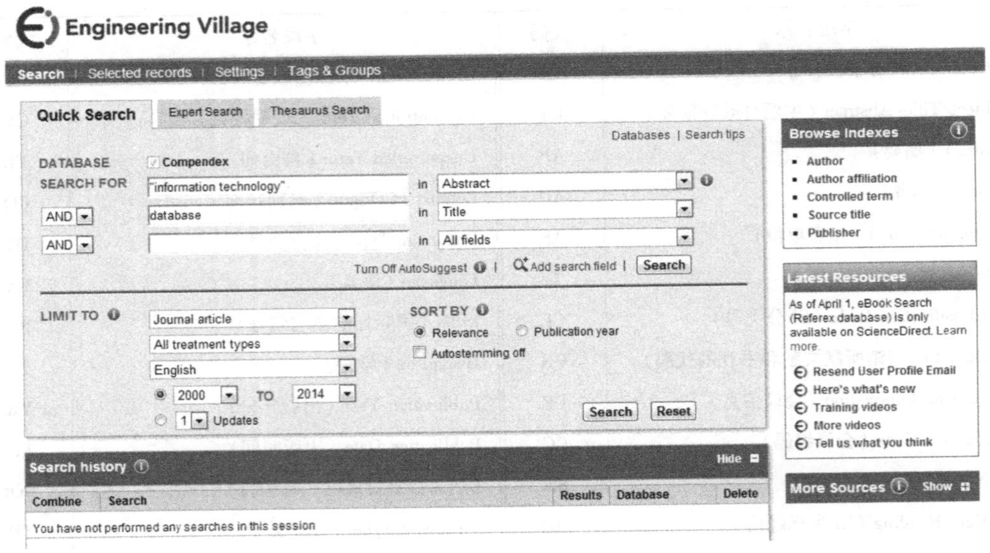

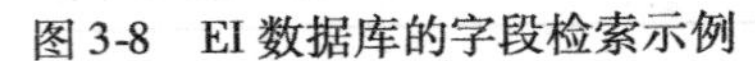

图 3-8　EI 数据库的字段检索示例

果更符合用户的检索目标。二次检索可以极大地提高用户的检索效率，因此，现在很多检索系统都支持这种限制检索方式。

3.5.4　加权检索

不仅可以从定性的方面来表示检索词间的逻辑组配关系，如布尔检索、全文检索等，还可以从定量的方面加以限制和表示，如加权检索。

加权检索也是文献检索的一种基本检索手段。但加权检索的侧重点不在于判定检索词或字符串是否在数据库中存在、与别的检索词或字符串是什么关系，而在于判定检索词或字符串在满足检索逻辑后对文献命中与否的影响程度。

有的检索系统是不提供加权检索的，而那些能提供加权检索的系统，对权的定义、加权方式、权值计算和检索结果的判定等可能有不同的技术规定。下面将介绍几种不同类型的加权检索。

1. 词加权检索

词加权系统（Term Weighting System）是最常见的加权检索系统。

检索者根据对检索需求的理解选定检索词，同时对提问中的每一个检索词（概念）给定一个数值以表示其重要性程度，即权值（Weight）。在检索中，先查找这些检索词在数据库记录中是否存在，然后计算存在检索词的记录所包含的检索词的权值总和，通过与预先给定的阈值（Threshold）进行比较，权值之和达到或超过阈值的记录视为命中记录，命中记录按照权值总和从大到小的排列输出。这种用给检索词加权来表达提问要求的方式，称为词加权提问逻辑。

【例】 以“住房补贴政策”为检索课题，给检索词“住房”“补贴”和“政策”分别赋予权值4、5、3，阈值 $T=5$。检索时，在关键词文本框中输入“住房/4 * 补贴/5 * 政策/3”，单击查询，则依所含关键词的权重检出相应记录，命中文献按权值递减排列如下：

住房，补贴，政策	权值和 $=12\geqslant5$
住房，补贴	权值和 $=9\geqslant5$
补贴，政策	权值和 $=8\geqslant5$
住房，政策	权值和 $=7\geqslant5$
补贴	权值和 $=5\geqslant5$

由此可见，词加权检索可以列出每篇命中文献的重要性等级，依据权值总和的大小，排序输出命中文献。与定性检索一定要用提问式来表达提问要求相比，词加权检索有其优点：①通过加权，明确了各检索词的重要程度，使检索更有针对性。②只需列出检索词，不用写出提问式。

词加权检索也同样存在一些不足之处：①利用词加权检索，检索者根据什么指定检索词的权值和命中文献，是检索结果是否令人满意的关键所在，而这不可避免地带有一定的主观性。②加权是给概念加权，不是给个别的检索词加权。当用同义词等来扩检时，这些词应具有和同一概念词相同的权值。在计算权和时，仅能计算其中一个词的权值。

2. 词频加权检索

词频加权检索是根据检索词在文档记录中出现的频率来决定该词的权值，而不是由检索者来指定检索词的权值。在这一方面，词频加权就消除了人工干预因素。

可以通过不同的方法来用词频决定权值，在介绍方法之前，先假定各符号代表的意义如下：

WEI_{mk}为文献 m 中词 k 的权值。

FRE_{mk}为文献 m 中词 k 的频率。

DOC_{qk}为检索集合 q 中含有词 k 的文献数量（q 是满足一个检索提问的文献子集）。

FRE_{qk}为检索集合 q 中词 k 的频率。

WEI_{sum}（DOC_m）为文献 m 的权值总和。

（1）词频确定权值。用词频确定权值，就是用一个词在一篇文献中的出现次数来表示该词的权值。此方法是基于这样的思想：含有实质内容的、出现频率高的词，比那些出现频率低的词更能代表文献的内容。因此有

$$\mathbf{WEI}_{mk} = \mathbf{FRE}_{mk} \tag{3-1}$$

对于出现 n 个检索词的文献，权值总和为

$$\mathbf{WEI}_{sum}(\mathbf{DOC}_m) = \sum_{k=1}^{n}\mathbf{WEI}_{mk} = \sum_{k=1}^{n}\mathbf{FRE}_{mk} \tag{3-2}$$

（2）词频与平均词频相结合确定权值。词 k 在检索集合 q 中的频率 FRE_{qk}与集合 q 中含有词 k 的文献数量 DOC_{qk}之比，可得出 q 中所有含有 k 的文献中 k 出现的平均次数，即词 k 的平均词频。可将其作为一个系数来进一步完善式(3-2)，因此有

$$\mathbf{WEI}_{mk} = \mathbf{FRE}_{mk} \times \frac{\mathbf{FRE}_{qk}}{\mathbf{DOC}_{qk}} \tag{3-3}$$

对于出现 n 个检索词的命中文献，权值总和为

$$\mathrm{WEI_{sum}}(\mathrm{DOC}_m) = \mathrm{FRE}_{mk} \times \sum_{k=1}^{n} \frac{\mathrm{FRE}_{qk}}{\mathrm{DOC}_{qk}} \tag{3-4}$$

（3）逆文献频率确定权值。如果仅仅依赖词频或平均词频来增加一个系数，则不能区分在每一篇文献都出现的词和只在一些文献中出现的词。在实际检索中会发现，一个词表达内容的有用性程度会随着该词在特定文献中出现频率的增长而提高，随着含有该词的文献数量的增长而下降。因此，Sparck Jones 提出了逆文献频率（Inverse Document Frequency，IDF）加权法，如

$$\mathrm{WEI}_{mk} = \frac{\mathrm{FRE}_{qk}}{\mathrm{DOC}_{qk}} \tag{3-5}$$

对于出现 n 个检索词的命中文献，权值总和为

$$\mathrm{WEI_{sum}}(\mathrm{DOC}_m) = \sum_{k=1}^{n} \frac{\mathrm{FRE}_{qk}}{\mathrm{DOC}_{qk}} \tag{3-6}$$

（4）其他词频加权法。除了以上三种方法外，还有词频与逆文献频率结合法、平均词频与逆文献频率结合法等，在此不再赘述。

3. 加权标引检索

所谓加权标引检索，就是指在对文献进行标引时，根据每个标引词在文献中的重要程度不同，为它们附上不同的权值，检索时则根据检索词的标引权值总和来筛选命中文献记录。具体就是：在进行加权标引时，对反映文献主要内容的标引词给予高权值，对反映文献次要内容的标引词则给予较低权值；在检索时，只需给出检索词和检索阈值，对于那些满足检索阈值的检索结果，则按照其权值之和从大到小依次输出。显然，较之词加权检索，加权标引检索更具科学性，因为它可以避免检出那些以次要内容标引的信息。

在检索中，可以从两方面来设定检索阈值：①给每个检索词指定一个阈值，若某文献中该标引词权重大于阈值，则为命中文献，这样可以避免检出次要内容。②给总的检索结果指定一个阈值，若某文献中与检索词相关的标引词权值之和大于阈值，则为命中文献，这样可以保证命中文献的综合相关度。

然而，加权标引法增大了标引的难度，因为它不但需要一个统一的赋权标准和规则，而且还要求标引者熟悉加权标引的规则，否则就会给检索带来混乱，影响检索速度和质量。因此，在实际的人工标引中尚未见有加权标引系统。但是对于计算机自动标引的系统，则可以有效地采用加权标引技术。例如，对全文数据库，可根据词在文献中的不同位置和出现频率来综合赋予标引词权值。事实上，用计算机进行加权标引，就是把词频加权检索的词频统计过程向前移至标引过程，然后再借助其他技术进行权重分配来实现标引。

3.6 文本聚类检索

3.6.1 聚类检索的概念

直观地讲，“类”是相似事物的集合。聚类是重新组织信息、发现知识和挖掘数据

的重要工具，它能集中内容相同或相关的信息并揭示其相关性，使之有序化并加以控制，提高信息检索的效率，改善检索结果的输出。

文档聚类（Text Clustering）主要是依据著名的聚类假设：同类的文档相似度较大，而不同类的文档相似度较小。聚类由于不需要训练过程，并且不需要预先对文档手工标注类别，因此具有一定的灵活性和较高的自动化处理能力，已经成为对文本信息进行有效组织、摘要和导航的重要手段。

聚类检索是一种基于聚类技术的智能检索。它是在对文献信息进行自动标引的基础上，构造文献信息的形式化表示——文献向量，然后通过一定的聚类方法，计算出文献与文献之间的相似度，并把相似度较高的文献集中在一起，形成一个个的文献类。用户利用这些文献类开展检索，一旦检索到聚类中的某一条信息，则可通过这条信息把聚类中的其他文献信息全部检索出来。

文献信息的聚类检索与分类检索和主题检索不同。分类检索需要有事先定义的分类目录，通常是将文献按学科或按事物性质划分为不同的类目，然后用户按照类目进行检索。主题检索利用自然词汇或规范性词汇作为检索标识，将同一主题内容的文献信息检索出来，是一种特性检索。聚类检索则是按主题方式标引文献，按类的思想组织文献，使主题和分类属性有机融合。聚类检索的出现，为文献检索尤其是计算机化的信息检索开辟了一个新的研究方向。

文档聚类的应用领域十分广阔。它可以作为多文档自动文摘等自然语言处理应用的预处理步骤；可以对搜索引擎返回的结果进行聚类，使用户迅速定位到所需要的信息；可以对用户感兴趣的文档（如用户浏览器 Cache⊖中的网页）聚类，发现用户的兴趣模式并用于信息过滤和信息主动推荐等服务；可以用来改善文本分类的结果。另外，文本聚类还可以应用于数字图书馆服务以及文档集合的自动整理。

3.6.2　文档特征抽取方法

文本自动分类的实现一般是基于统计或机器学习方法的，其中一个最关键的问题是特征抽取。对于未经过加工的特征空间来说，一个中等规模的文档集合也许能形成一个几万维的高维空间。如果文档向量包含的特征数目太多，分类算法的代价将非常高，甚至没有办法工作。只有选择并保留尽可能少且和文档类别概念密切相关的特征项，才能在降低向量空间维数的同时，简化计算，获得理想的分类效果。

假设文档向量中各特征项之间是相互独立的，如何从特征项集合中优选出对分类处理最重要的若干特征项，成为许多研究人员研究与试验的重要课题。在这个过程中，研究人员提出了多种用于特征抽取的评分函数。通过特征评分函数，可以计算出各个特征项的评分值，然后按评分值大小排序，即可选取若干分值最靠前的特征项。

目前，常用的特征评分函数主要有以下几个：

（1）信息收益或信息增量（Information Gain）。信息收益主要是根据特征项在文档中出现与否来计算它为分类预测所贡献的信息比特数。一般它可以定义为某一特征项在文档中出现前后的信息熵之差。

⊖ 高速缓存。

（2）互信息（Mutual Information），在统计学上，互信息用于表征两个变量之间的相关性。

（3）χ^2 统计量（CHI）。与互信息类似，χ^2 统计也是用于表征两个变量之间的相关性。χ^2 统计量的值越高，表明特征和类别之间的相关性越强。

除上述方法外，在特征抽取过程中，还有文档频率法、词汇熵、词实力、交叉熵等不同的特征评价方法。

3.6.3 文献相似度

1. 文档距离与相似系数

可以定义一些用于划分类别的计量指标来度量聚类（或分类）对象之间的接近与相似程度。常用的聚类/分类统计指标主要有距离和相似系数。

（1）距离。对于有 m 个特征属性的文档来说，n 个文档可以视为 m 维空间中的 n 个点，可以用点间距离度量文档间的接近距离。常用 d_{ij} 表示第 i 篇文档与第 j 篇文档间的距离。作为点间距离应满足以下条件：

1）非负性：对于所有的 i，j，恒有 $d_{ij} \geqslant 0$。

2）对称性：对于所有的 i，j，恒有 $d_{ij} = d_{ji}$。

3）满足三角不等式：对于所有的 i，j，k，恒有 $d_{ij} \leqslant d_{ik} + d_{kj}$。

按上述条件可见，两篇文档间的距离在 0 到 $+\infty$ 之间，且距离越小，两篇文档越相似。最常用的距离计算公式是

$$d_{ij}(q) = \sqrt[q]{\sum_{k=1}^{m} |w_{ik} - w_{jk}|^q} \qquad (q > 0)$$

这个公式也叫明氏（Minkowski）距离公式，公式中的 W_{ik}、W_{jk} 分别表示第 i、j 篇文档向量的第 k 个分量的值（下同）。当 q 分别取 1，2 和 $+\infty$ 时，明氏距离分别对应于绝对值距离、欧氏距离和切比雪夫距离，即

$$d_{ij}(1) = \sum_{k=1}^{m} |w_{ik} - w_{jk}| \qquad \text{（绝对值距离）}$$

$$d_{ij}(2) = \sqrt{\sum_{k=1}^{m} |w_{ik} - w_{jk}|^2} \qquad \text{（欧氏距离）}$$

$$d_{ij}(+\infty) = \max\{w_{ik} - w_{jk}\} \qquad \text{（切比雪夫距离）}$$

（2）相似系数。可以用相似系数度量 m 维空间中的两个向量之间的相似程度。设 $\mathrm{Sim}(i, j)$ 表示第 i 个向量与第 j 个向量的相似系数，则应满足：

1）绝对值不大于 1，对于所有的 i，j，恒有 $|\mathrm{Sim}(i, j)| \leqslant 1$。

2）对称性，对于所有的 i，j，恒有 $\mathrm{Sim}(i, j) = \mathrm{Sim}(j, i)$。

两个对象间的相似系数有多种定义形式，常见的有：

1）余弦系数（Cosine Coefficient）：

$$\mathrm{Sim}(i, j) = \frac{\sum_{k=1}^{m} w_{ik} w_{jk}}{\sqrt{\sum_{k=1}^{m} w_{ik}^2} \sqrt{\sum_{k=1}^{m} w_{jk}^2}}$$

2）重叠系数（Overlap Coefficient）：

$$\mathrm{Sim}(i,j)=\frac{\sum_{k=1}^{m} w_{ik}\,w_{jk}}{\min\{\sum_{k=1}^{m} w_{ik},\sum_{k=1}^{m} w_{jk}\}}$$

3）杰卡德系数（Jaccard Coefficient）：

$$\mathrm{Sim}(i,j)=\frac{\sum_{k=1}^{m} w_{ik}\,w_{jk}}{\sum_{k=1}^{m} w_{ik}+\sum_{k=1}^{m} w_{jk}-\sum_{k=1}^{m} w_{ik}\,w_{jk}}$$

在上述测度方式中，“距离”指标属于相异性测度方式，而“相似系数”指标属于相似性测度方式。两种测度方式具有一个共同点：都涉及把两个相比较对象向量的分量值组合起来，但是，怎样组合并无普遍有效的方法。因此，对于具体情况，应做适当选择。

在文本自动分析和处理过程中，文档集合中的任意两篇文档之间的距离或相似系数可以构成 $n\times n$ 的系数矩阵（这里 n 为文档数）。系数矩阵比较全面地反映了各文档间的接近与相似程度，是进行聚类处理和分析所依据的基础。显然，由距离与相似系数的对称性可知，这些系数矩阵也是对称的。

2. 文档类间距离与相似系数

文档类间距离与相似系数主要用于文档的聚类处理中，用于描述两个类之间的关联或相似程度。在实际应用中，有多种定义形式。

设有两个类 G_a 与 G_b，它们分别有 m 和 n 个元素，它们的重心分别为 X_a 与 X_b。又设元素 $g_i\in G_a$，元素 $g_j\in G_b$，这两个元素间的距离记为 d_{ij}，类 G_a 与 G_b 之间的距离记为 $D(a,b)$，则类间距离的不同定义方法分别有：

（1）最短距离法。最短距离法定义两类中最靠近的两个元素间的距离为类间距离，即类 G_a 与 G_b 之间的距离为

$$D_{\mathrm{S}}(a,b)=\min\{d_{ij}\mid g_i\in G_a,\ g_j\in G_b\}$$

（2）最长距离法。最长距离法定义两类中最远的两个元素间的距离为类间距离，即类 G_a 与 G_b 之间的距离为

$$D_{\mathrm{L}}(a,b)=\max\{d_{ij}\mid g_i\in G_a,\ g_j\in G_b\}$$

（3）重心法。重心法定义两类的两个重心间的距离为类间距离，即类 G_a 与 G_b 之间的距离为

$$D_{\mathrm{C}}(a,b)=d_{X_aX_b}$$

（4）类平均法。类平均法将两类中任意两个元素间距离的平均值定义为类间距离，即

$$D_{\mathrm{G}}(a,b)=\sum_{i=1}^{m}\sum_{j=1}^{n} d_{ij}/(mn)\qquad (g_i\in G_a,\ g_j\in G_b)$$

（5）离差平方和法。如果将类直径视为各元素的离差平方和的总和（简称离差平方和），类间距离即为从总类 G_{a+b} 的离差平方和中减去各子类 G_a 与 G_b 的离差平方和。类直径反映了类中各元素间的差异，可定义为类中各元素至类中心的欧式距离之和，即

$$D_a=\sum_{i=1}^{m}(x_i-\overline{x_a})^T(x_i-\overline{x_b})$$

用类直径的定义得到两类 G_a 和 G_b 的直径分别为 D_a 和 D_b，合并后的新类 $G_{a+b}=G_a\cup G_b$，其直径为 D_{a+b}，则可以定义类间距离的平方为

$$D_W^{\,2}(a,\ b)=D_{a+b}-D_a-D_b$$

如果将类直径视为各元素的离差平方和的总和（简称离差平方和），上式定义的类间距离即从总类 G_{a+b} 的离差平方和中减去各子类 G_a 与 G_b 的离差平方和。

可以证明，如果用欧氏距离作为元素间距离，则有

$$D_W^{\,2}(a,\ b)=\frac{mn\,D_C^{\,2}(a,\ b)}{m+n}$$

这表明离差平方和定义的类间距离 $D_W(a,\ b)$ 与重心法定义的类间距离 $D_C(a,\ b)$ 只差一个常数因子，且该因子与两个类的元素个数有关。

上述各种类间距离的定义方法，同样可以运用在“相似系数”指标上，从而实现用“相似系数”的思想来描述和刻画类间的关系。

3. 基于提问式的文献相似度

聚类在信息检索系统中的作用日益增强，特别是把聚类作为一种浏览技术时，给用户带来了很多的方便。而在前面提到的相似度测量方法中，没有考虑到用户的提问式，而仅仅考虑的是文献内在属性间的联系。因此，运用这些方法测量的相似度一般是不会改变的。但是，面对用户各种各样的检索提问式所获得的检索结果，要想获得更高的查准率，在相似度的测量中，Anastasios Tombros 和 van Rijsbergen 提出了基于提问式的文献相似度（Query-sensitive Similarity）的测量方法。即文献的相似度随着提问式的改变而改变。这种方法的提出大大提高了基于聚类的信息检索系统的工作效率。

基于提问式的文献相似度的计算公式如下：

$$\mathrm{Sim}(\boldsymbol{d}_i,\ \boldsymbol{d}_j\mid \boldsymbol{q})=f(\mathrm{Sim}(\boldsymbol{d}_i,\ \boldsymbol{d}_j),\ \mathrm{Sim}(\boldsymbol{d}_i,\ \boldsymbol{d}_j,\ \boldsymbol{q}))\tag{3-7}$$

式中，$\mathrm{Sim}(\boldsymbol{d}_i,\ \boldsymbol{d}_j)$ 是用前面提到的方法计算出的文献相似度；$\mathrm{Sim}(\boldsymbol{d}_i,\ \boldsymbol{d}_j,\ \boldsymbol{q})$ 是 $\boldsymbol{d}_i$，$\boldsymbol{d}_j$ 以及提问式 $\boldsymbol{q}$ 三者之间的相似度。

$$\mathrm{Sim}(\boldsymbol{d}_i,\ \boldsymbol{d}_j,\ \boldsymbol{q})=\frac{\sum_{k=1}^{\max\{m,l\}}c_kq_k}{\sqrt{\sum_{k=1}^{m}c_k^2\left(\sum_{k=1}^{l}q_k^2\right)}}\tag{3-8}$$

式中，$\boldsymbol{q}=(q_1,\ q_2,\ \cdots,\ q_l)$ 代表长度为 l 的提问式向量；$\boldsymbol{d}_i$ 和 $\boldsymbol{d}_j$ 分别代表文献 i 向量和文献 j 向量；$c=\boldsymbol{d}_i\cap\boldsymbol{d}_j=(c_1,\ c_2,\ \cdots,\ c_k,\ \cdots,\ c_m)$ 是长度为 m 的关键词向量，而 $c_k(i=1,\ \cdots,\ m)$ 代表在文献 i 和文献 j 共同出现的关键词，其值 $c_k=(d_{io}+d_{jp})/2$，即此关键词在向量 $\boldsymbol{d}_i$ 和向量 $\boldsymbol{d}_j$ 中权重的均值。

将 $\mathrm{Sim}(d_i,d_j)$ 用前面提到的余弦系数代替，则式（3-7）可转化为以下形式：

$$\mathrm{Sim}(\boldsymbol{d}_i,\ \boldsymbol{d}_j\mid \boldsymbol{q})=\frac{\sum_{k=1}^{n}(d_{ik}d_{jk})}{\sqrt{\sum_{k=1}^{n}d_{ik}^2\sum_{k=1}^{n}d_{jk}^2}}\ \frac{\sum_{k=1}^{\max\{m,l\}}c_kq_k}{\sqrt{\sum_{k=1}^{m}c_k^2\sum_{k=1}^{l}q_k^2}}\tag{3-9}$$

根据式（3-9），可以知道文献的相似度会随着提问式的不同而呈动态变化，文献同提问式之间的共现词语数量越多，文献相似度越高。

对于式（3-9），当两个文献中共现的词语没有在提问式中出现时，$\mathrm{Sim}(\boldsymbol{d}_i, \boldsymbol{d}_j, \boldsymbol{q}) = 0$，则 $\mathrm{Sim}(\boldsymbol{d}_i, \boldsymbol{d}_j \mid \boldsymbol{q}) = 0$。这会导致一些拥有大量共现词语的文献相似度为0，同前面提到的文献相似度的结果出现了差异。

对于式（3-8），它与式（3-9）相同的一点就是当文献同提问式没有共现词语时，值为0。所不同的是，它的计算只考虑到在提问式中也使用到的共现词语，这种方法也可以当作基于提问式的文献相似度测量方法的一种。

两种方法所共有的特点如下：

（1）$0 \leqslant \mathrm{Sim}(\boldsymbol{d}_i, \boldsymbol{d}_j \mid \boldsymbol{q}) \leqslant 1$，$0 \leqslant \mathrm{Sim}(d_j, d_i, \boldsymbol{q}) \leqslant 1$。

（2）$\mathrm{Sim}(\boldsymbol{d}_i, \boldsymbol{d}_j) = 1$，同理 $\mathrm{Sim}(\boldsymbol{d}_j, \boldsymbol{d}_i) = 1$。

（3）对称性：$\mathrm{Sim}(\boldsymbol{d}_i, \boldsymbol{d}_j \mid \boldsymbol{q}) = \mathrm{Sim}(\boldsymbol{d}_j, \boldsymbol{d}_i \mid \boldsymbol{q})$。

3.6.4　文本聚类常用技术

“文本聚类”（Text Clustering），是指完全根据文本文档内容的相关性组织文档集合，将整个集合聚集成若干类，使属于同一类的文档尽量相似，属于不同类的文档差别明显。文本聚类所依据的思想和方法起源于数值分类学的“聚类分析”（Clustering Analysis，又称“簇群分析”）。因为事先没有关于这些文本信息的分类知识或可以使用的分类表，所以文本的聚类特点可以概括为“先有文档后有类”。

文本聚类是一种重要的文本挖掘技术。在文本信息处理系统中，它的应用价值主要体现在三个方面：一是发现与某文档相似的一批文档，从而帮助用户发现相关知识；二是提供一种组织文档集合的方法，它可以将一个文档集合聚集成若干个类；三是可以作为一种文本分类的辅助技术，即使用聚类技术可以生成用于文本自动分类的分类体系表。就目前的应用情况来看，文本聚类大多用于检索系统中对检索结果的后处理（Post Processing），即通过将检索结果集合进行联机实时聚类，从而帮助用户快速去掉自己不需要的文档，同时还可以帮助他们发现单纯使用排序输出检索结果时很难发现的有用文档。

目前，常用的文本聚类方法主要有两类，即基于系统树状图的等级聚类法和基于平面划分的动态聚类法，此外还有启发式聚类法、增量式聚类法等。下面分别进行介绍。

1. 等级聚类法

等级聚类法是文本聚类处理中应用较多的一类方法。它通过建立并逐步更新距离系数矩阵（或相似系数矩阵），找出最接近的两类，并将它们合并，直到全部聚类对象被合并为一类为止。通过此合并过程，可以绘制出聚类操作的树状图，确定类的个数和最后聚成的各个类别。

（1）等级聚类法的主要聚合策略。在具体的文本聚类处理过程中，等级聚类法可以有不同的聚合策略（Fusion Strategy），主要体现在文档经逐次合并后，如何规定一个文档与一个文档类以及两个文档类之间的距离（或相似系数）的定义方法，也即如何计算合并后的新类与固有类之间的距离（或相似系数）。聚合策略决定其后的整个合并过程，不同的聚合策略有不同的聚类结果。

根据前面介绍的几种不同的类间距离定义方法，相应地，等级聚类法的常用聚合策略分别有：

1）最短距离法，采用最短距离法计算类间距离的等级聚合策略。

2）最长距离法，采用最长距离法计算类间距离的等级聚合策略。

3）中间距离法，最短距离法和最长距离法在决定新类与原类的距离时，实际上是在两个距离中分别选取最小或最大值，而中间距离法是在这两者之间取中间值。

4）重心法，采用重心法计算类间距离的等级聚合策略。重心法的聚类处理与以上三种聚合策略基本一致，所不同的是每合并一类，需要重新计算新类的重心及其与各旧有类重心的距离。另外，重心法的距离计算公式考虑到了每类包含元素的个数因素。

5）类平均法，采用类平均法计算类间距离的等级聚合策略。

6）离差平方和法，采用离差平方和法计算类间距离的等级聚合策略。如果聚类正确，同类元素的离差平方和应当较小，而类间的离差平方和应当较大。

（2）各种等级聚类法的统一。采用各种不同聚合策略的等级聚类方法，工作步骤是完全相同的，相互间的差别只是计算类间距离的递推公式不一样。为了便于编制计算机程序进行统一处理，研究人员曾为寻找一个通用的计算公式而展开努力。实际上，兰斯（Lance）和威廉姆斯（Williams）在1967年研究以距离函数度量类间关系时就发现，上述不同聚合策略的距离计算公式完全可以抽象、总结为一个通用公式，并证明各种不同的等级聚类方法都可以从此公式引申出来，且被有效计算。这个通用计算公式为

$$D^2(m,k)=\alpha_i D^2(i,k)+\alpha_j D^2(j,k)+\beta D^2(i,j)+\gamma|D^2(i,k)-D^2(j,k)| \tag{3-10}$$

通用公式中的系数 α_i、α_j、β 和 γ 的取值情况如表3-17所示。

表3-17 常用等级聚类方法的 Lance-Williams 系数

方法 \ 系数	α_i	α_j	β	γ
最短距离法	1/2	1/2	0	−1/2
最长距离法	1/2	1/2	0	1/2
中间距离法	1/2	1/2	−1/4	0
重心法	$n_i/(n_i+n_j)$	$n_j/(n_i+n_j)$	$-n_in_j/(n_i+n_j)^2$	0
类平均法	$n_i/(n_i+n_j)$	$n_j/(n_i+n_j)$	0	0
离差平方和法	$(n_i+n_k)/(n_i+n_j+n_k)$	$(n_j+n_k)/(n_i+n_j+n_k)$	$-n_k/(n_i+n_j+n_k)$	0

注：资料来源：苏新宁．信息检索理论与技术．北京：科学技术文献出版社，2004。

虽然各种聚合策略因上述通用计算公式而得到某种程度上的统一，但在实际聚类处理中，它们的聚类效果是不尽相同的。具体哪种聚合策略更好，也很难判断。不过，从距离角度来说，最短距离法因为将两个类之间的距离定义为各自包含元素之间的最小距离，这使得聚类空间有浓缩趋势；反之，最长距离法将两个类之间的距离定义为各自包含元素之间的最大距离，会使聚类空间有扩张趋势。空间浓缩，表示不容易分辨细小的类，灵敏度较差；空间扩展，表示会将细枝末节呈现出来，这在一定程度上会干扰研究人员的注意力。最短距离法和最长距离法代表了大家普遍接受的聚类属性的两个极端，而其他四种聚合策略是在这两个极端之间寻求某种折中处理。

总之，各种不同聚合策略的等级聚类方法具有以下共同特性：①每一聚类步骤都是将两个文档（或文档类）聚集成一个新类，因此全部聚类过程需要 $n-1$ 次循环。②每次聚类总是选择在当时情况下最相似的两个类进行合并。③在聚类过程中所有的类间关系（相似度）都被考虑到了。因此，在给定了聚类结束条件的情况中，其聚类结果是稳定的。换言之，等级聚类法具有次序独立性，聚类结果不依赖于文档的初始排列或输入次序。④等级聚类算法的时间复杂度是 $O(n^2)$，其中 n 是文档数。当文档数量比较大时，算法的运行速度比较慢。这将会严重限制等级聚类算法的实用性。

2. 动态聚类法

等级聚类法在进行文本聚类时，其聚类策略建立在对聚类文本集合的全面分析与统计的基础之上，要求各文档对象相互独立，彼此之间地位平等。虽然聚类结果一般比较准确，但当文档数量较大时，由于需要进行全面的两两比较，往往导致相关的数据量和操作量十分巨大，有时甚至超过可以承受的范围。

要克服这一缺点，就需要避免全面计算和比较，可以尝试在局部分析的基础上，先做某种较为粗略的划分，然后再按某种最优的准则进行修正，直到聚类结果比较合理为止。基于这样的研究思路，产生了不同于等级聚类的另一类聚类技术——动态聚类。

动态聚类法主要致力于在一个平面层次上分割所有的样本点，通过算法的迭代执行，得到一个较合理的有 k 个类的聚类结果（假设 k 是希望得到的类的数目）。动态聚类法工作流程可用图 3-9 表示。

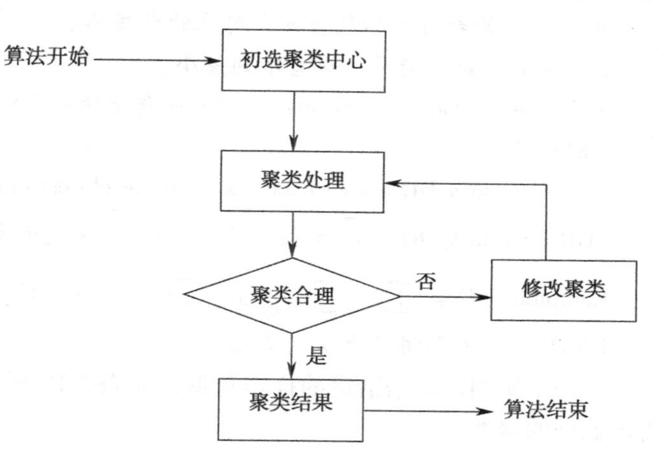

图 3-9　动态聚类法工作流程

注：资料来源：苏新宁．信息检索理论与技术．北京：科学技术文献出版社，2004。

动态聚类法主要基于这样的假设：类的中心可以代表整个类，并且一般由该类包含对象（如文档向量）的平均值来描述。图中的“聚类中心”（或称“凝聚点”）可以认为是类的重心（Centroid）。刚开始时，在参加聚类的文档集合中选若干有代表性的文档作为凝聚点，相当于把这些文档单独成类，然后按照一定的原则（如选择最近的凝聚点）使其他文档向凝聚点聚集，即合并到已有的类中，实现文档的初始聚类处理。之后，再判断初始聚类结果是否合理，如果不合理，就进行修改，然后再次聚类，直到对聚类结果满意为止。

在这样的聚类处理过程中，各文档仅限于与“凝聚点”进行比较，这种局部分析策略使聚类处理的工作量大大减少，因此，算法的执行时间与问题规模（即文档数量）呈线性时间复杂度的关系，可以在较短的时间完成。在这一点上，与采用全局性策略的等级聚类法相比，动态聚类法具有明显的优越性。

动态聚类的基本算法思想可以用如下步骤来描述：

（1）确定聚类个数 k，从文档集合中选择最初的 k 个文档作为凝聚点，每个凝聚点文档自成一类。

（2）按照距离最近原则，将剩余 $n-k$ 个文档逐个并入最近凝聚点所代表的类。每并入一篇文档，就重新计算一次该类的重心，并用此重心代替原来的凝聚点。

（3）以最后形成的每个凝聚点代表一类，将全部 n 篇文档重新聚类，逐个并入最近的凝聚点所属的类。与步骤（2）相同，每并入一个文档后，就重新计算一次重心，并以此重心代替原凝聚点。文档集合被重新聚类后，如果与原来的聚类结果不同，就重复步骤（3）；否则，就表示聚类处理完成。

上述动态聚类算法思路简单明了，聚类速度快。但是，算法一开始就要求确定聚类个数 k 及相应的初始凝聚点，这不仅影响聚类的最后结果，也使整个聚类过程带有很大的不确定性。如果参数 k 选取得不合适，或者选取的凝聚点分布不均匀，没有代表性，都将会延缓聚类进程，影响聚类效果。因此动态聚类法有两个关键问题需要得到较好的解决：一是如何确定并调整聚类参数 k；二是如何选取合适的初始凝聚中心。

下面简要介绍动态聚类中的一种经典算法：k-means 算法，也被称为 k-平均算法或 k-均值算法。它是一种使用最为广泛的聚类算法，其相似度根据一个簇中对象的平均值来计算。k-means 算法描述如下：

输入：簇的数目 k 和包含 n 个对象的数据库。

输出：k 个簇，使平方误差准则最小。

assign initial value for means;　　/＊任意选择 k 个对象作为初始的簇中心；＊/

REPEAT

FOR $j=1$ to n DO assign each　X_j　to the closest clusters;

FOR $i=1$ to k DO　$\overline{x_i} = |C_i| \sum_{x \in C_i} x$　　/＊更新簇平均值＊/

Compute　$E = \sum_{i=1}^{k} \sum_{x \in C_i} |x - \overline{x_i}|^2$　　/＊计算准则函数 E＊/

UNTIL　E 不再明显地发生变化。

举一个实例，根据给定的样本数据，如表 3-18 所示，通过 k-means 算法进行迭代，得出数据的聚类。

表 3-18　k-means 算法实例的样本数据

序号	属性 1	属性 2	序号	属性 1	属性 2
1	1	1	5	4	3
2	2	1	6	5	3
3	1	2	7	4	4
4	2	2	8	5	4

注：资料来源：韩家炜，Kamber M.，裴健．数据挖掘：概念与技术．北京：机械工业出版社，2012。

根据所给的数据，通过对其实施 k-means（设 $n=8$，$k=2$），其主要执行步骤如下：

1）第一次迭代：假定随机选择的两个对象，如序号 1 和序号 3 当作初始点，分别找到距离两点最近的对象，并产生两个簇｛1，2｝和｛3，4，5，6，7，8｝。

对于产生的簇分别计算平均值，得到平均值点。

对于 {1，2}，平均值点为（1.5，1）（这里的平均值是简单相加再除以2）。

对于 {3，4，5，6，7，8}，平均值点为（3.5，3）。

2）第二次迭代：通过平均值，调整对象所在的簇，重新聚类，即将所有点按距离平均值点（1.5，1）、（3.5，1）最近的原则重新分配。得到两个新的簇：{1，2，3，4} 和 {5，6，7，8}。重新计算簇平均值点，得到新的平均值点为（1.5，1.5）和（4.5，3.5）。

3）第三次迭代：将所有点按距离平均值点（1.5，1.5）和（4.5，3.5）最近的原则重新分配，调整对象，簇仍然为 {1，2，3，4} 和 {5，6，7，8}，发现没有出现重新分配，而且准则函数收敛，程序结束。

最后得出聚类的结果，如表3-19所示。

表3-19　k-means 算法实例的聚类结果

迭代次数	平均值（簇1）	平均值（簇2）	产生的新簇	新平均值（簇1）	新平均值（簇2）
1	（1，1）	（1，2）	{1，2}，{3，4，5，6，7，8}	（1.5，1）	（3.5，3）
2	（1.5，1）	（3.5，3）	{1，2，3，4}，{5，6，7，8}	（1.5，1.5）	（4.5，3.5）
3	（1.5，1.5）	（4.5，3.5）	{1，2，3，4}，{5，6，7，8}	（1.5，1.5）	（4.5，3.5）

注：资料来源：韩家炜，Kamber M.，裴健．数据挖掘：概念与技术．北京：机械工业出版社，2012。

3．基于密度的方法

基于样本之间的距离的聚类方法只能发现球状的簇，基于密度的方法（Density-based Clustering Methods）可用来过滤“噪声”孤立点数据，以发现任意形状的簇。其主要思想是只要临近区域的密度（样本的数目）超过某个阈值则继续聚类。即对于给定簇中的每个样本，在一个给定范围的区域中必须至少包含某个数目的样本。基于密度的方法主要包括基于高密度连接区域的 DBSCAN 聚类方法、通过对象排序识别聚类结构的 OPTICS 聚类方法、基于密度分布函数的 DENCLUE 聚类方法。其缺点是：要求用户对初值的设定，而不同的初值会影响聚类的质量；不能处理高维度的数据。

DBSCAN（Density-based Spatial Clustering of Applications with Noise，带有噪声的基于密度的空间聚类算法）是一个比较有代表性的基于密度的聚类算法。与等级聚类法和动态聚类法不同，它将簇定义为密度相连的点的最大集合，能够把具有足够高密度的区域划分为簇，并可在有“噪声”的空间数据库中发现任意形状的聚类。DBSCAN 算法描述如下：

输入：包含 n 个对象的数据库，半径 ε，最少数目 MinPts。
输出：所有生成的簇，达到密度要求。
REPEAT
从数据库中抽取一个未处理过的点；
IF　抽出的点是核心点　THEN 找出所有从该点密度可达的对象，形成一个簇
ELSE　抽出的点是边缘点（非核心对象），跳出本次循环，寻找下一点；
REPEAT
UNTIL　所有点都被处理。

举一个实例，根据给定的样本事物数据库（见表3-20），实施DBSCAN算法。设$n=12$，用户输入$\varepsilon=1$，MinPts=4。

表3-20　DBSCAN算法实例的样本事物数据库

序号	属性1	属性2	序号	属性1	属性2
1	1	0	7	4	1
2	4	0	8	5	1
3	0	1	9	0	2
4	1	1	10	1	2
5	2	1	11	4	2
6	3	1	12	1	3

注：资料来源：韩家炜，Kamber M.，裴健．数据挖掘：概念与技术．北京：机械工业出版社，2012。

算法执行过程见表3-21。

第1步，在数据库中选择一点1，由于在以它为圆心、以1为半径的圆内包含2个点（小于4），因此它不是核心点，选择下一个点。

第2步，在数据库中选择一点2，由于在以它为圆心、以1为半径的圆内包含2个点，因此它不是核心点，选择下一个点。

第3步，在数据库中选择一点3，由于在以它为圆心、以1为半径的圆内包含3个点，因此它不是核心点，选择下一个点。

第4步，在数据库中选择一点4，由于在以它为圆心、以1为半径的圆内包含5个点，因此它是核心点，寻找从它出发可达的点（直接可达4个，间接可达3个），聚出的新类是{1，3，4，5，9，10，12}，选择下一个点。

第5步，在数据库中选择一点5，已经在簇1中，选择下一个点。

表3-21　DBSCAN算法执行过程

步骤	选择的点	在ε中点的个数	通过计算可达点而找到的新簇
1	1	2	无
2	2	2	无
3	3	3	无
4	4	5	簇C_1：{1，3，4，5，9，10，12}
5	5	3	已在一个簇C_1中
6	6	3	无
7	7	5	簇C_2：{2，6，7，8，11}
8	8	2	已在一个簇C_2中
9	9	3	已在一个簇C_1中
10	10	4	已在一个簇C_1中
11	11	2	已在一个簇C_2中
12	12	2	已在一个簇C_1中

注：资料来源：韩家炜，Kamber M.，裴健．数据挖掘：概念与技术．北京：机械工业出版社，2012。

第6步，在数据库中选择一点6，由于在以它为圆心、以1为半径的圆内包含3个点，因此它不是核心点，选择下一个点。

第7步，在数据库中选择一点7，由于在以它为圆心、以1为半径的圆内包含5个点，因此它是核心点，寻找从它出发可达的点，聚出的新类为{2，6，7，8，11}，选择下一个点。

第8步，在数据库中选择一点8，已经在簇2中，选择下一个点。

第9步，在数据库中选择一点9，已经在簇1中，选择下一个点。

第10步，在数据库中选择一点10，已经在簇1中，选择下一个点。

第11步，在数据库中选择一点11，已经在簇2中，选择下一个点。

第12步，选择12点，已经在簇1中，由于这已经是最后一点，所有点都已处理，程序终止。

得到的聚类结果为{1，3，4，5，9，10，12}，{2，6，7，8，11}。

4. 基于网格的方法

基于网格的方法（Grid-based Clustering Methods）首先将数据空间划分成有限个单元（Cell）的网格结构，所有的处理都是以单个的单元为对象的。其突出的优点就是处理速度快，通常与目标数据库中记录的个数无关，而只与数据空间的单元有关。代表算法有：基于网格的多分辨率方法、在网格单元中收集统计信息的STING算法、综合了基于密度和基于网格方法的聚类算法、对于大型数据库中的高维数据的聚类非常有效的CLIQUE算法、通过小波变换来转换原始的特征空间能很好地处理高维数据和大数据集的数据表格的WAVE-CLUSTER算法。

5. 基于模型的方法

基于模型的方法（Model-based Clustering Methods）首先是基于这样一个假定：目标数据集是由一系列的概率分布所决定的。那么，可以在空间中寻找诸如密度分布函数这样的模型来实现聚类。统计的方案和神经网络的方案是两种比较流行的尝试方向。

SOM（Self Organizing Map，自组织地图）是芬兰赫尔辛基大学神经网络专家Kohonen教授在1981年提出的一种基于神经网络模型的聚类方法，它模拟大脑神经系统自组织特征映射的功能，在训练中能无监督地进行自组织学习。生物神经系统进化的过程是空间上相邻的神经元功能慢慢演变、相近的过程，相应地，SOM的训练过程，就是将领域上相邻但在n维欧氏空间并不相邻的权值向量$\boldsymbol{w}_j$，调整到在欧氏空间也相邻。即权值向量集{$\boldsymbol{w}_j/j=1, 2, \cdots, l$，$l$为输出神经元个数}是对训练样本集中所有样本的描述，权值$\boldsymbol{w}_j$逐渐向样本集中的某些样本靠近，而单个权值向量可看作以它为获胜神经元（Winner Node）的所有样本的聚类中心。

神经元之间的距离可以用欧几里得距离、位置向量之间距离、曼哈顿（Manhattan）距离等来表示。SOM的优点为：可以实时学习，具有稳定性，无须外界给出评价函数，能够识别向量空间中最有意义的特征，抗噪声能力强。不足之处为：当网络的连接过多、节点数目庞大时，其计算量大；需要较长的学习时间；网络连接权向量初值的选取对网络收敛性影响很大。

6. 启发式聚类法

启发式聚类法（Heuristic Clustering Methods）中最典型的是单遍（Single-pass）法。

这种方法按照一定的次序，将第一篇文献作为聚类依据，将其余文献按次序依次对其进行相似性比较。如果相似性达到系统设定的要求，即将其归入该类，并重新计算其类心（Centroid），作为其他文献的匹配依据；如未达到系统要求的阈值，则直接将该文献作为新类的聚类依据，所有文献均依次按这一方式聚类。单遍法的计算复杂性是 $O(n_k)$，其中 k 为类的数量，其计算开销远低于传统的聚类算法。其不足主要有二：一是，这一方法具有明显的次序依赖，对于同一聚类对象按不同的次序聚类，会出现不同的聚类结果。但在检索排序的基础上聚类，由于最重要的资源排列在前，理论上这一方法会具有较强的适应性。二是，容易出现类目分布不均衡的问题，往往会出现集中形成某些大类的倾向。

7. 增量式聚类法

由于数据库中的数据通常是不断变化的，原来创建的模型或模式可能与新的数据不匹配。获得针对更新后数据库的新模型或新模式通常有两种解决方法：一是重新运行聚类法；二是增量式聚类法。前者的代价往往很大，因此，如何设计增量式聚类法是一个重要的研究课题。

增量式聚类法（Incremental Clustering Methods）是针对大数据集，利用已取得的聚类结果，对新增的数据进行逐个或逐批次聚类，增量地更新聚类结果，而不是对每次更新后的整个数据集进行再聚类。增量式聚类是一个实用性很强的策略，也是现有的各种聚类算法中用于海量动态数据的聚类策略，如基于 DBSCAN 的批量增量聚类法、基于相对密度的增量式聚类法、基于距离的增量式聚类法、增量式 CURE 聚类法、增量式 K-Medoids 聚类法、基于密度的增量式网格聚类法等。

下面介绍一种基于动态聚类法 k-means 的批量增量式聚类法。该法的主要思想是，先将定期收集到的一批新增数据进行 k-means 聚类，然后将此聚类结果依据距离的约束融入原有聚类结果中。

该法的主要过程可以描述如下：

第一步：将 k-means 算法对原有数据聚类得到的 k 个中心点作为初始中心点，对某一阶段得到的一批新增数据进行聚类，假设生成了 Q 个类。同时得到 d_1 的值，也就是两个类合并的临界距离。

第二步：将整个新增数据的聚类结果融入原有聚类结果中。根据新增数据的各类中心点与原有各类中心点距离的比较，对原有聚类结果可能产生四种情况的影响，如图 3-10 所示。

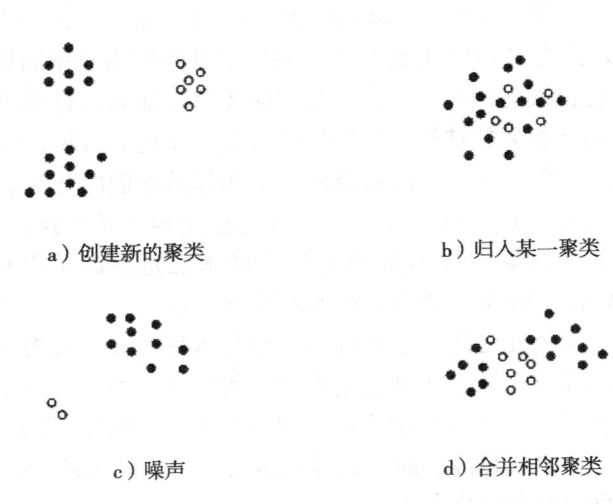

图 3-10　新增数据对原有聚类结果的影响

依次计算新增数据的各个类的中心点与原有各个类的中心点的距离，设为 $d_{ij}(i \leqslant Q, j \leqslant k)$。新增的某个类的中心点与原有各个类的中心点的最小距离设为 $mind_i$，$mind_i = \min\{d_{i1}, d_{i2}, \cdots, d_{ik}\}$。

（1）创建新的聚类。如果某个类的 $mind_i > d_1$，但此类中的对象个数大于某一阈值 ε，则将此类看成是一个新的类，以后用于新的决策，如图3-10a所示。

（2）归入某一聚类。如果某个类的 $mind_i < d_1$，则将这个新增数据中的类归入原有某一聚类中，并重新计算类的中心点，如图3-10b所示。

（3）噪声。如果某个类的 $mind_i > d_1$，并且此类中的对象个数小于某一阈值 ε（ε 的大小由用户给定，如 $\varepsilon = 2$，则类中对象的个数小于或等于2时，不产生新的类），则将此类看成是噪声，它可能是由于某一条件的突然改变造成的，如图3-10c所示。

（4）合并相邻聚类。将新增数据的各个类处理完一遍之后，原有聚类中有变化的类的中心点都重新计算了，计算各类中心点之间的距离，如果最小距离小于 d_1，则将相应的两个类合并，然后重新计算类间距离。如此循环，直至类间距离都不小于 d_1，如图3-10d所示。

3.7 全文检索

全文检索是一种检索文献正文而不是内容特征或外表特征的检索技术，通俗地讲，就是将存储于数据库里的整本书或整篇文献中的任意信息查找出来的检索。运用此技术可以增强选词的灵活性，部分地解决布尔逻辑解决不了的问题，从而提高检索水平和筛选能力。

除了一般的逻辑“与”“或”“非”运算，全文检索的逻辑运算主要以检索词在原始记录中的位置运算最为常见。可以认为，全文检索是一种可以不依赖叙词表而直接使用自然语言的检索方法，增大了用户选词的自由度。就全文检索的运算方式而言，不同的检索系统有不同的规定，其差别主要是两点：规定的运算符不同；运算符的职能和使用范围不同。本节将以美国DIALOG检索系统使用的运算符为例介绍全文检索。

3.7.1 全文检索的技术指标

实际上，全文检索就是对全文编制索引，以保证能够对全文实现快速检索。当然，不对全文进行任何加工处理，也可以实现全文检索，但是只能从头至尾逐字匹配，检索速度极低。一般来说，在全文检索系统中，检索速度和存储空间存在互逆关系。也就是说，要实现快速检索，就需要细致而复杂的索引，这必将会导致索引的巨大膨胀。因此，评价一个全文检索系统，除了要考虑查准率和查全率外，还有两个指标不容忽视，即索引膨胀系数和检索速度。

1. 索引膨胀系数

实现全文检索的关键是文档的索引，即如何将源文档中所有基本元素的信息以适当的形式记录到索引库中。通常认为，就全文而言，索引内容越细致，膨胀就越大，检索速度也越快。但事实并非如此，针对检索算法科学、巧妙地编制索引，不仅能得到较小的索引，同时还能保证检索速度。因此，研究索引的膨胀系数和索引的编制是很有意义的。

索引的膨胀系数是指针对全文所建的索引文件的大小与全文数据库的大小之比，其公式如下：

$$索引膨胀系数 = \frac{索引文件的大小}{全文数据库的大小}$$

索引膨胀系数由索引的结构决定，为了满足全文检索的各种匹配需要，全文索引需要以最小的标引单位作为索引关键字，中文一般为单汉字，西文则是单词。例如，较为完全的全文索引结构如下：

单汉字（主键字）	记录号	段落号	位置号

这样的索引结构将会造成很大的索引膨胀系数，而且在检索时，需要比较匹配的项目繁多，降低检索速度。那么，该如何改进呢？第一，可以考虑去掉“段落号”字段，再将“位置号”进行全文统一编排，这样既节省了存储空间，也减少了检索运算比较；第二，可以使用固定字数循环编号，例如，每到 512 个字就重新从 1 开始编号，这样能缩小索引，而且误检率也低。

在实际的检索系统中，为了节省空间，通常把索引建成倒排结构。对于这种索引结构，只要对检索算法进行优化，就能提高其检索速度。索引倒排结构如下：

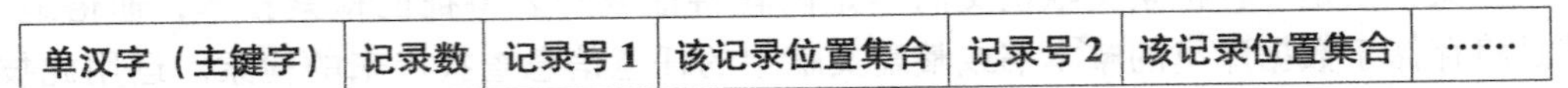

单汉字（主键字）	记录数	记录号 1	该记录位置集合	记录号 2	该记录位置集合	……

值得一提的是，有的全文检索系统的索引除了构建以单汉字为主键的索引之外，还增加了高频词段的索引，减少了匹配次数，保证了检索速度。也有的学者用二进制位来构建索引，即用二进制位顺序位置来表示该字是否存在，如存在则用 1 表示，不存在则用 0 表示，这种方法可以极大地压缩索引空间，而且采用二进制位的匹配运算，也能显著提高检索速度。

2. 检索速度

检索速度或者说响应时间是提高工作效率的保障，指的是从提交检索课题到查出资料结果所需的时间。检索速度主要取决于匹配算法，而匹配算法又与索引结构密切相关。一个优秀的全文检索算法，在百兆字节级的数据库中，检索速度应该能够控制在一两秒内，否则，不能算是好的全文检索算法。检索匹配算法通常是根据索引结构来设计的。例如，没有索引的全文检索算法，虽然其索引膨胀系数为零，但是检索时只能是从头到尾逐字进行比较匹配，特别费时。

对于具有记录号和位置号的索引，在检索时，应该尽量减少比较匹配次数，以提高检索速度。如果在单字索引的基础上，再构建高频词段的索引，那么，在检索时，高频词就不再需要进行单汉字的匹配比较，如此检索速度将大大提高，但是索引膨胀系数也会增大。

对于利用二进制位构建的索引，由于其记录号和位置号的数值都与相应的二进制位对应，匹配运算完全采用二进制位的“与”运算，因此，只需用特定的解析算法，就能得到全部命中文献记录号集合。这种匹配算法速度非常快，但会受到数据库规模和数据复杂性的限制。

除了查全率、查准率、索引膨胀系数和检索速度外，还有诸如收录范围、更新速度、界面友好性、输出形式、系统安全性和稳定性、平台通用性等，也都是衡量全文检索系统优劣的重要指标。

3.7.2 邻接检索

邻接检索又叫词位置检索。在这种检索方式中，常用到的位置算符有（W）与（nW）、（N）与（nN），以及（X）与（nX）三类。

1.（W）算符与（nW）算符

（W）算符是“With”的缩写，表示所连接的检索词A与检索词B之间除可以有一个空格或一个标点符号或一个连接号外，不得夹有任何其他单词或字母，而且其词序不能颠倒。换言之，采用（W）算符连接后的多元词，已成为一个固定的词组。（W）算符的严密性较强。

（nW）算符是从（W）算符引申出来的，它与（W）的唯一区别是：允许在连接的两个词之间最多夹入 n 个其他单元词。由于（nW）只强调了允许插入的单元词个数，而没有限定这些插入词的具体范围，因此其严密性比（W）略差一些。

【例】 body（W）language，可检出…use of body language in…。

step（1W）step，可检出…step by step…，…step-by-step…，…step and step…等。

根据实际的检索需要，也可在一个检索式中连续使用（W）和（nW）算符，如：small（W）scale（2W）projects。

2.（N）算符和（nN）算符

（N）算符是“Near”的缩写，表示所连接的检索词A与检索词B必须紧密相连，其间不允许插入任何其他单词或字母，但词序可以颠倒。而（nN）算符表示在两个检索词之间最多可以插入 n 个单词，且这两个检索词的词序可颠倒。

【例】 damage（N）compensation，可检出 damage compensation 和 compensation damage 这两个词组。

【例】 econom??（2N）recovery，可检出…economic recovery…，…recovery of the economy…，…recovery from economic troubles…等。

由此可见，与（W）和（nW）相比，使用（N）和（nN）更灵活些。

根据检索要求，在同一检索式中也可连续使用（N）算符。但要注意，当采用（N）连接两个以上的单元词时，系统将从左到右按序进行运算、查找。例如，若检索式为A（N）B（N）C，则系统将首先执行A（N）B，当再执行第二个（N）算符时，C只能出现在AB（BA）的前面或后面，而不可能出现在A与B之间，即检索结果为ABC、BAC、CAB，或者CBA。

3.（X）算符与（nX）算符

（X）算符表示所连接的检索词完全一致，并以指定的顺序相邻，且中间不允许插入任何其他单词或字母。它常用来限定两个相同且必须相邻的词。

（nX）算符与（X）算符的唯一区别是两检索词之间最多可以插入 n 个单元词。

【例】 pooh（X）pooh，可以检出 pooh-pooh 的标引词。

more（1X）more，可以检出 more and more 的标引词。

3.7.3 同句检索

一般来说，使用词位置检索能使检索结果更为准确，但同时也可能会丢失一些与检索提问相关的却不满足词位置条件的文献，使得查全率降低。实际上，从语言的使用风格与技巧来看，同一概念、同一思想可以有很多不同的表达形式。因此在某些情况下，如希望查全率高些，则可以考虑放宽词位置检索要求，改用同句检索。

同句检索用到的位置算符为（S），是“Sentence”的缩写，表示在此算符两侧的检索词必须在用一自然句中出现，其先后顺序不受限制。

【例】teaching（S）cultural，可以检索出题名为 Cultural background knowledge and English teaching 的文献。

3.7.4 同字段检索

对同句检索条件进一步放宽，可以使用同字段检索的方法。进行同字段检索的位置运算符有（F）和（L）两种。

1. （F）算符

（F）算符是“Field”的缩写，表示在此算符两侧的检索词必须同时出现在数据库记录的同一个字段中，如篇名字段、文摘字段等，但两词的词序和中间插入的词数不限。

【例】economic（F）policy/DE，TI，表示 economic 和 policy 两个词必须同时出现在叙词字段或标题字段内。

2. （L）算符

（L）算符是“Link”的缩写，表示在此算符两侧的检索词应同在叙词（DE）字段中出现，并且存在词表规定的等级关系。因此，该算符只适用于有正式词表且词表中的词具有从属关系的数据库（或文档）。

【例】Railroads（L）traffic control，表示 traffic control 是 Railroads 的下一级主题词。

3.7.5 同记录检索

同记录检索即检索词出现在同一记录中的检索，目前中文全文检索主要属于该级检索。记录级全文检索等同于布尔逻辑检索的“与”运算，其运算符为（C）。

【例】information（C）retrieval，该检索就相当于布尔逻辑运算式：information and retrieval。

除了上述几种情况，还有（NOT）位置算符，如（NOTW）、（NOTN）、（NOTL）、（NOTS）、（NOTF）等，表示相连的两词不能以 W、N、L、S、F 位置相连，此位置算符不常用。

关于全文检索，最后要补充说明的是，各种位置算符既可以单独用于一个检索式，也可以混合用于一个检索式，它们都隐含有 AND 功能。对两个词相对位置的要求，按（W）、（*n*W）、（N）、（*n*N）、（S）、（F）、（C）的顺序，严密性依次递减，于是检出文献也依次增多，相应地，误检率便会越来越高。此外，在使用位置算符时，需要注意以下两点：

第一，布尔逻辑算符和位置算符的运算顺序问题。在检索式中可能同时含有布尔逻辑算符和位置算符，这就涉及这两类算符的运算顺序。先执行布尔运算的做法叫“二次检索”，它在磁盘倒排文档中只需保留一个词所在的文献号，可以节省大量存储空间，但它将布尔运算选出的命中文献记录逐一调入内存进行扫描，将会大大增加检索时间。先执行全文检索，后执行布尔运算，这时全文检索是布尔逻辑 AND 的高级别直接替代，因此检索速度较快，但却以大量存储检索词位置信息为代价，需要足够大的存储空间。

第二，由于不同的位置算符对两个词相对位置的要求不同，在同一个复合词中若有两种以上的位置算符，应把要求严格的放在前面，以提高查准率，节省查找时间。

综上所述，全文检索已经给用户提供了很强的检索手段，能使用户根据需要做任何词位置关系的检索选择。但是全文检索的能力仍然是有限的。从逻辑形式上看，它仅仅是更高级的布尔系统，还有着布尔逻辑本身固有的缺陷，如只考虑检索词的出现与不出现，以及是否同时出现，而不考虑词与词之间的语义关系以及不同检索词揭示文献内容的能力和重要性程度等。因此，如何更好地解决语词的切分以及语义理解、句法理解等问题，提高全文检索系统的性能，甚至实现具有学习、分析、理解、推理机制的智能化检索，是未来全文检索发展的主要趋势。

思考题

1. 简述书目记录的结构。
2. 从原理、方法等方面比较顺排文档检索和倒排文档检索的不同之处。
3. 简述用表展开法处理逻辑提问式 A ＊ B + C ＊ (D + E ＊ (F+G)) + H 的过程。
4. 简述用树展开法处理逻辑提问式 L= computer ＊ (information + document + book) ＊ retrieval + search ＊ - manual 的过程。
5. 简述用福岛法处理逻辑提问式 A + B ＊ (C+D) + E 的过程。
6. 比较文中几种文本信息检索方法，分析各自的优缺点，试讨论如何优化检索策略，并举例说明。
7. 简述文本聚类的常用技术。

第4章　多媒体信息存储与检索

【本章提示】　本章主要介绍了多媒体的含义和多媒体技术的特征、多媒体数据模型、多媒体数据压缩标准以及基于内容的多媒体信息检索的主要技术。通过本章的学习，应了解多媒体的含义、多媒体数据建模方法，掌握各种多媒体数据的压缩标准，理解基于内容的多媒体信息检索原理。

4.1　引言

随着信息时代的到来，以及信息多元化程度的加深，人们不再满足于单一的文本交流。多媒体技术的出现，使得信息的表达方式更生动、更容易被人们所理解，因此它迅速成为信息存在的主要方式。

多媒体信息系统最重要的特征是它必须能支持各种各样的数据。多媒体系统必须能够存储、检索、传送和表示具有不同特性的数据，如文本、图像（静止的和动态的）、图表和声音等。正是由于这个原因，多媒体系统的开发就比传统信息系统要复杂得多。传统的信息系统只处理简单的数据类型，如字符串型数据和整型数据。然而，多媒体系统的基本数据模型、查询语言和检索存储的机制必须能够支持具有复杂数据结构的多媒体对象。

传统的信息检索系统只处理文本和非结构化的数据，信息是以离散的形式（如字符、数字等）存储在关系数据库中，并以结构化查询语言（SQL）或超链接来进行查询检索；而多媒体数据是连续的、形式多样的、海量的信息，并且多媒体数据（如图像、视频）在不同的人眼中可能有不同的理解，要把所有不同的解释都用关键字（文本或数字）来表示，显然是不可能的。另外，关键字不能有效地表示视频数据的时序特征，也不支持语义关系，因此需要开发出一种新的检索技术来检索多媒体数据。为了适应这一需求，人们提出了基于内容的多媒体信息检索思想。

基于内容的多媒体信息检索是指根据媒体和媒体对象的内容及上下文联系，在大规模多媒体数据库中进行检索。它的研究目标是提供在没有人类参与的情况下，能自动识别或理解图像重要特征的算法。目前，基于内容的多媒体信息检索的主要工作集中在识别和描述图像的颜色、纹理、形状和空间关系上，对于视频数据还有视频分割、关键帧提取、场景变换探测以及故事情节重构等问题。

本章在介绍多媒体技术的基本概念之后，重点介绍了多媒体的数据模型。在多媒体信息检索系统中，为了保证快速正确的检索，多媒体对象的表示和存储方式是尤为重要的。数据建模既要体现出多媒体数据的特性，又要保证在这种数据上各种操作的灵活可靠。

此外，多媒体信息检索系统最主要的目标就是根据用户需求有效地进行检索，不仅要像传统数据库管理系统中那样利用数据的属性，而且还要利用多媒体对象的内容。

4.2　多媒体技术概述

4.2.1　多媒体的概念

1. 媒体的含义

“媒体”一词的含义很多，但在计算机领域中主要有两层含义：一是指信息的物理载体，如磁盘、磁带、光盘等；二是指信息的表现或传播形式，如声音、文字、图像、动画等。根据国际电信联盟（International Telecommunication Union，ITU）电信标准部推出的ITU-TI. 374建议的定义，可以将媒体划分为以下五类：

（1）感觉媒体。这是指能直接作用于人的听觉、视觉、嗅觉、味觉和触觉等感觉器官，使人直接产生感觉的一类媒体，例如声音、图像、文字、气味、味道和物体的质地、形状、温度等。

（2）表示媒体。这是指为了能更有效地加工、处理和传输感觉媒体而人为研究、构造出来的一类媒体。例如，商品的条码、电报码、计算机中使用的文本编码和各种图像编码等都属于表示媒体。常见的表示媒体可概括为对声音、文字、图形、图像、动画、视频等信息的数字化编码表示。简言之，表示媒体就是感觉媒体的数字化代码。

（3）表现媒体。这是指感觉媒体和用于通信的电信号之间的转换媒体，又分为：①输入表现媒体，如键盘、鼠标、光笔、话筒、扫描仪、摄像机等；②输出表现媒体，如显示器、音响 、打印机、绘图仪等。

（4）存储媒体。这是指用于存放表示媒体以便计算机进行加工、处理和调用的物理实体。常用的存储媒体有磁盘、磁带、光盘等。

（5）传输媒体。这是指用于通信的信息载体，用来将表示媒体从一处传输到另一处，如电话线、电缆、光纤、电磁波、红外线等。

2. 多媒体的含义

在人们的日常谈论中，多媒体的“媒体”常常泛指“感觉媒体”，但多媒体技术所处理的“媒体”主要是指“表示媒体”，而“多”表明信息表示媒体的多样化。实际上，所谓“多媒体”并非指多媒体信息本身，而是指处理与应用它的一整套技术。“多媒体”常常作为“多媒体技术”的同义语。

现在的多媒体技术往往与计算机联系在一起，是指利用计算机技术把各种信息媒体综合一体化，使它们建立起逻辑联系，并进行加工处理的技术。所谓加工处理主要是指对这些媒体的录入，对信息进行压缩和解压缩、存储、显示、传输等。因此，多媒体不是“混媒体”。尽管包含的媒体元素很多，但并非机械地将它们拼凑在一起。

多媒体集文字、声音、影像和动画于一体，形成一种更自然、更人性化的人机交互方式，从而将计算机技术从人要适应计算机向计算机要适应人的方向发展。特别是随着计算机硬件和软件功能的不断提高，客观上为多媒体技术的实现奠定了基础。

4.2.2　多媒体技术的关键特征

多媒体技术的出现，为现代社会的信息传播和交流提供了新的方式。多媒体技术主要体现出综合处理多种媒体信息的特点，包括信息载体的多样性、集成性、交互性、实时性和互补性，这五个特性缺一不可。其中，多样性、实时性和互补性是基础，集成性是手段、方式或形式，交互性是核心或灵魂。

1. 多样性

多样性是指多媒体技术中信息媒体种类的多维化。例如，不仅有简单的文字、数值，而且有与空间相关联的图形、图像，有与时间相关联的音频信息，还有与时间和空间同时相关联的视频信息等。

众所周知，在人们的日常生活中，人类对于信息的接收和产生主要通过听、视、触、嗅和味五种感觉，借助于这些多感觉形式的信息交流，人类能够得心应手地处理各种信息。然而，计算机还远远达不到这种水平。多媒体技术就是要提高计算机的信息处理能力，使其不仅能够处理文字和数值，还可以处理包括声音、图形、图像、视频等在内的多种信息，把计算机处理的信息多样化或多维化。

多媒体技术的多样性不仅仅是指输入，而且还指输出及处理的多样化。输入和输出并不一定都是一样的。对于应用而言，前者称为获取（Capture），后者称为表现（Presentation）。如果两者完全一样，只能称为记录和重放，这只是录音机、录像机的作用，显然，这是远远不够的。如果能够对其进行变换、组合和加工，即人们常说的“创作”（Authoring），就可以大大丰富信息的表现能力并增强其表现的效果。目前，对输出的研究主要集中在视觉和听觉两个方面，而触觉、味觉和嗅觉信息还有待于在虚拟现实系统中进一步研究。

2. 集成性

集成性是指将不同的媒体信息有机地组合在一起，形成一个完整的整体。虽然媒体信息完全可以从多个不同的渠道输入输出，但各类信息的获取、存储、组织、管理，以及它们的表现和合成是统一的。

过去，由于受到技术因素的限制，信息空间常常不完整，例如，仅有静态图像而无动态视频，或仅有声音而无图像等，这些都会制约信息空间中信息的组织，限制信息的有效使用。从这个意义上讲，集成性是多媒体技术在系统层面上的一次飞跃。它绝非将信息简单地堆砌在一起，而是在更高的层次上对它们进行重新组合和调整。

除此之外，集成性还包括各类多媒体设备的集成和软件系统的集成。因此，在多媒体系统中，集成性使得系统的综合效应得到明显提升。

3. 交互性

交互性是指用户可以介入到各种媒体加工、处理的过程中，从而可以更加有效地控制和应用各种媒体信息。例如，在播放一段音频时，用户可以快进、倒退或改变播放速度等。多媒体的交互性为用户提供了更加有效地控制和使用信息的手段，可以增加用户对信息的注意力和理解。多媒体技术在多维化信息空间中的这种交互性，是人们在获取和使用信息的过程中变被动为主动的最为重要的特性。

这一点可以解释为什么电视节目既有声音又有图像，却不能称为多媒体技术——因为观众只能被动地观看电视节目，不能控制或改变它。如果把电视技术所具有的图像、声音、文字并茂的信息传播能力与计算机结合起来，产生交互能力，从而形成全新的信息传播方式，这就构成了多媒体系统。

4. 实时性

实时性是指多媒体系统的响应在时间上具有连续性、持续性、同步性和高效性，系统运行具有良好的时序性，系统在处理信息时有着严格的时序要求和很高的速度要求。如果不能保证实时性，那么对媒体信息的加工和处理就不具备任何应用的价值。

多媒体系统所处理的信息中，许多媒体都与时间有着密切的关系，例如，动态图像中的视频和音频对时间都有着很强的依赖关系。在加工、存储和展示这些基于时间的媒体信息时，需要考虑媒体的时间特性，保证在时间限制内完成需要的操作。

一个最明显的例子是，在播放音频和视频时，应该保证一定的速率从而使得声音和图像都是连续的，不能出现任何停顿的现象。

多媒体技术的实时性对多媒体数据的存取速度、解压缩速度以及最后的播放速度等都提出了非常高的要求。

5. 互补性

互补性是指人类与计算机充分发挥各自的长处，共同构成人机共生的合理解决方案。随着多媒体技术的发展，计算机能做的事情越来越多，人的负担也会逐步减轻，但人和计算机不会相互取代。在多媒体计算机系统中，人与计算机有明确的分工。有些事情适合计算机去完成，而另一些事情由人去完成效果更好。例如，计算机可以快速地对数据库中的大量图像进行基本特征匹配，但若要它去理解具体图像的实际含义则比较困难，将其所查到的图像交给用户去观察理解才更加现实，这种分工随着技术的不断发展将发生变化。

互补性强调的是以人为本、人机合作，人在多媒体系统中的作用不容忽视，系统越复杂，人在系统中的作用将越明显。

4.2.3　多媒体技术的主要研究内容

多媒体技术是一门涉及多个学科、多种技术的综合性应用技术。近年来，多媒体技术在办公系统、计算机辅助设计（CAD）、计算机辅助制造（CAM）、医学等领域的应用快速增长，多媒体信息系统被广泛地认为是信息管理中最有前途的领域之一。

多媒体技术的研究内容包括：多媒体数据处理技术，如多媒体数据模型、多媒体数据压缩、多媒体数据存储与检索技术等；多媒体数据传输技术，如多媒体网络技术、多媒体视频点播技术等；多媒体专用设备技术，如多媒体专用芯片技术、多媒体专用输入/输出技术等。本章内容将只对多媒体数据处理技术做介绍。

4.3　多媒体数据模型

4.3.1　多媒体数据模型概述

1. 多媒体数据模型的概念

数据模型是数据库系统中的术语，用来表示实体以及实体间的联系。数据库的数据模型由三部分组成：数据库的数据结构、数据库操作集合和完整性规则集合。其中，最重要的部分是能够反映数据库逻辑结构的数据结构，因为数据模型的作用就是能清晰地表示数据库的逻辑结构，以便用户更有效地存取数据。最著名的数据模型有层次模型、网状模型、关系模型，以及面向对象的数据模型。

然而，在传统的数据库管理系统中，对多媒体数据的描述却不是一件简单的事情。这是由于传统的数据库管理系统把目标主要集中在支持结构化的通用数据上，而多媒体数据与通用数据存在着本质上的不同，多媒体数据内容所包含的信息通常无法编码为结构化的数据。因此，需要特定的方法来识别和表示多媒体数据的内容特征和语义结构。

多媒体数据模型的基本任务应该是：能够表示各种不同媒体数据的构造及其属性特征；同时能够指出不同媒体数据之间的相互关系，包括相互之间的信息语义关系，以及媒体特性之间的关系，主要是时空特性关系。

在多媒体信息检索系统的框架下，如何进行多媒体数据模型的构建工作呢？必须要注意两方面的问题：第一，数据模型应该根据用户能够指定的、存储于系统的数据来定义。数据模型应该能够把常规数据类型和多媒体类型进行整合，而且应该提供对这种数据进行分析、检索和查询的方法。第二，系统应该为多媒体数据的内部表示提供一个模型，这个模型的定义对于有效的查询处理来说是至关重要的。

2. 多媒体数据模型的体系结构

一个完整的多媒体数据模型应该是，对多媒体信息系统的信息和数据的内容、不同媒体对象或由它们合成的复合对象的表现、内容与表现之间的映射/对应关系进行组织结构上的抽象概括和规范描述的一个整体。

如果以层次的观点看待多媒体应用及其数据模型，可以划分出以下三个层次（如图 4-1 所示）：

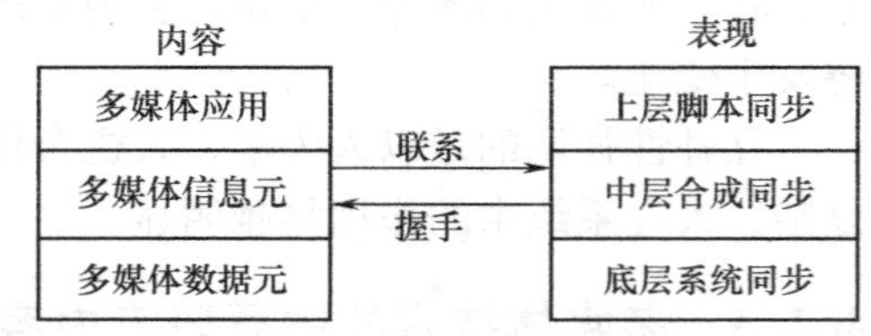

图 4-1　多媒体数据模型的体系结构

注：资料来源：张维明．多媒体信息系统．北京：电子工业出版社，2002。

（1）多媒体应用级：从应用的整体结构和组织考虑模型的构建。对应地，从表现的角度来看，系统对用户的表现通常通过"脚本/剧本"（Script）的编排来解决，这是上层同步问题。

（2）多媒体信息元级：信息元是具有了一定语义的组成应用的信息子块，通常由一个或多个单媒体数据元合成而得。从表现上看，信息元内各元素的时空编排是中层同步问题，即时空合成问题。

（3）多媒体数据元级：是指经多媒体输入设备输入的数字化/矢量化/符号化/点阵化了的各种单媒体数据的进一步格式化。其对应的是最底层的同步问题，由系统内部完成。

总之，多个数据元组成信息元，多个信息元组成应用中的信息集合。多媒体数据模型中的两大关键问题就是数据元如何合成信息元与信息元如何组织成应用的信息集合。

3. 多媒体数据模型的种类

多媒体数据模型的分类没有定则。基于不同结构、不同层次，可以将其分为超媒体模型、时基媒体模型、基于媒体内容模型、文献模型和信息元模型等。基于模型的性质，又可以将其分为表现模型和同步模型。基于不同的建模方法，则可将其分为 NF^2 数据模型、面向对象数据模型和对象-关系模型等。

下面就几种常用的多媒体数据模型进行简单介绍。

（1）NF^2 数据模型。在传统的数据库关系模型中，每个关系的每个属性值都必须是不可再分的最小数据单位，这一要求称为第一范式（1NF）。为了满足多媒体数据在关系表中统一地表现和处理的要求，就不得不打破关系数据库中关于范式的要求，允许表中再有表，这就是 NF^2（Non First Normal Form）方法。

NF^2 数据模型是在关系模型的基础上通过更一般的扩展，提高了关系数据库处理多媒体数据的能力。它的主要手段是在关系数据库中引入抽象数据类型，使得用户能够定义和表示多媒体信息对象。例如，给人员关系中增加人员的照片，就要在关系的相应地方增加描述这些照片的属性，在处理时给出显示这些照片的方法和位置。这种数据模型还是建立在关系数据库的基础之上的，因而可以继承关系数据库的许多成果和方法，比较易于实现。目前，对大多数关系数据库来说，利用标准的扩展字段都可以解决多媒体数据的表示和处理等问题。

这种方法的缺点是：局限性大，建模能力不够强；在定义抽象数据类型，反映多媒体数据各成分间的空间关系、时间关系和媒体对象的处理方法方面仍有困难；难以对特殊媒体进行基于内容的查询；特殊媒体对象的存储效率较低。

（2）面向对象数据模型。随着近年来面向对象技术理论和技术的发展，面向对象方法在数据库领域也日益显示出其强大的生命力。面向对象模型对复杂对象的描述能力正好满足了多媒体数据库在建模方面的要求。面向对象的数据模型，以客观自然的方法来描述现实世界中的各种实体及实体间的联系，对象对应现实世界中的实体，可代表一种基本的数据类型，也可代表复杂结构的数据类型。面向对象系统的数据抽象、功能抽象与消息传送的特点使对象在系统中具有独立性、良好的封闭性、扩充性和共享性，能够支持抽象数据类型，适宜于各类媒体数据存取操作的实现。

用面向对象的方法对多媒体数据库进行建模，对多媒体数据的管理具有显而易见的好处。“封装”允许多媒体类型通过一个公共的界面进行访问和操纵，因此即使系统发生演变，媒体的操纵仍能保持一致；“继承”能够有效地减少媒体数据的冗余存储，同时也是聚集分层和特性传播的基本方法；对象类与实例的概念可以有效地维护多媒体数据的语义信息，也为聚集抽象提供一种可行的方案；复合对象根据复合引用的语义，对象间的引用只是被引用对象的标志符放在引用对象的属性中，从而实现共享引用、依赖引用和独立引用，为多媒体数据的关系表示提供一种很好的机制。

（3）对象-关系模型。对象机制对多媒体数据具有良好的建模能力，而关系模型因其成熟、坚实的理论基础得到了广泛的应用。因此，对传统的关系数据库加以扩展，增加面向对象特性，把面向对象技术与关系数据库相结合，建立对象-关系数据模型，是现阶段实现多媒体数据库系统的有效途径。

对象-关系模型对多媒体数据库的支持主要体现在以下几个方面：

1）支持大型数据对象。多媒体数据对象的特点之一就是存储空间较大，对象-关系模型可以做到提高大型对象应用的性能，同时尽量减少大型对象对系统资源的占用。

2）对象-关系型数据库系统允许客户定义新的数据类型和操作。当与大型对象结合时，用户定义类型（UDT）和用户定义函数（UDF）工具能使客户表示具有自己内部结构的复杂的多媒体数据。

3）对象-关系模型依靠活性数据来保护数据完整性、处理异常条件、恢复遗失数据和审计、跟踪、维护数据库的变化。其活性数据分约束和触发器两类：约束是一些系统自动执行的声明性语句；触发器是一些自动操作，当探测到一定的事件或条件时，这些操作就会被自动激活。

因而，大型对象、用户定义类型和函数、约束和触发器构成了对象-关系型数据库系统的基础，即对象的底层结构。

目前，在传统的文本检索条件下，对于多媒体数据外部特征（也称“内容无关元数据”）的检索可以通过人工标引处理形成文本数据库来实现。这种检索并没有与各种媒体的内容建立起实质的联系，而这恰恰是多媒体信息系统的基本功能要求。如何使系统能够直接从各种媒体中获取信息线索，并将这些线索用于数据库中的检索操作，帮助用户从数据库中检索出合适的多媒体信息对象，这就是基于内容检索的主要研究内容。要实现对媒体基于内容的检索，多媒体系统首先必须能够从媒体数据中分析、提取出可供检索的内容特征，并将这些内容特征进行结构化表示。这种媒体的结构化模型称为基于内容的数据模型。下面就分别对图像、音频和视频的数据模型进行一一阐述。

4.3.2 图像的数据模型

图像可模型化为图像和图像对象，图像可以包含许多图像对象，并对图像对象的解释是领域相关的。

图像数据模型可分为如图 4-2 所示的三个层次：语义表现层、逻辑表现层和物理表现层。

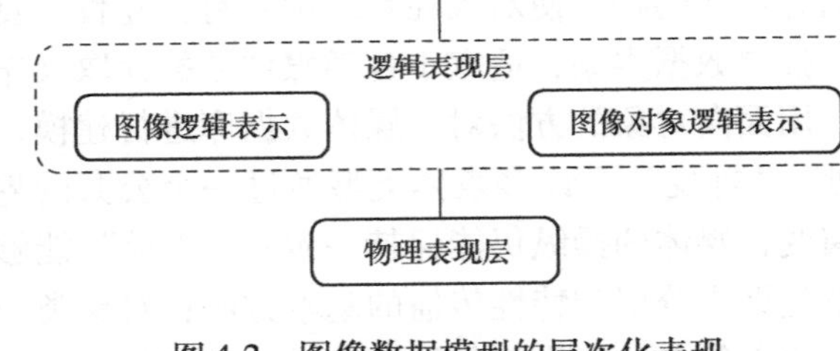

图 4-2 图像数据模型的层次化表现

注：资料来源：张维明. 多媒体信息系统. 北京：电子工业出版社，2002。

1. 物理表现层

物理表现层提供原始图像数据，即图像的物理表示及物理特性。物理特性和领域无关，可直接从物理表现中抽取或预先抽取存于计算机中。图像的物理层特征主要包括颜色、纹理、轮廓等视觉信息。

（1）颜色特征。

1）颜色直方图。假设一幅图像 I，其颜色（或灰度）由 L 级组成，每一种颜色（灰度）值为 C_i（$i=1$，2，…，n）。在整幅图像中，具有 C_i 值的像素个数为 h_i，则一组像素的统计值 h_1，h_2，…，h_n 就称为该图像的颜色直方图，用 H（h_1，h_2，…，h_n）表示。直方图特征描述了图像颜色（或灰度）的统计特性，反映了图像颜色的统计分布和基本色调，但是直方图不包含位置特征，因此不同的图像有可能具有相同的直方图特征。

2）颜色对（Color Pair）特征。颜色直方图只能反映整幅图像的颜色特征，不能反映空间特性。因此，采用颜色对的方法来模型化具有一定对象位置和明显的对象边界的图像。

所谓颜色对，就是将一幅图像分成若干小块，对相邻的两个小块，计算它们各自的直方图的灰度平均值，如果两个平均值之间的欧几里得距离（Euclidean Distance）大于某一阈值，则认为这两个小块构成颜色对。这种特征模型能够反映颜色分布的空间特征。

3）主色调特征。主色调能够代表一幅图像的基本概貌，如蓝色主色调往往是与大海和蓝天的图像相关的，如果用户想要查找大海的照片，则可以指定蓝色作为主色调。很多图像包含两种以上的主色调，但几种主色调的重要程度可能不同。

（2）纹理特征。纹理是图像中一个重要而又难以描述的特性。很多图像在局部区域内可能呈现出不规则性，而在整体上表现出某种规律性，习惯上把图像中这种局部不规则的而宏观有规律的特性称为纹理。简单地说，纹理是颜色（或灰度）在空间以一定的形式变化而产生的图案模式。纹理特别适合于描述山脉、水纹、树、砖瓦、纤维等图像。纹理是图像媒体的一条重要信息线索。

1）纹理特征分析。一般来说，纹理具有统计特性、结构特性，或两者兼有。常用的纹理分析方法有两种，即统计方法和结构方法。

统计方法主要用于分析像木纹、沙地、草坪等细致而不规则的物体，是根据图像像素间灰度的统计性质对纹理规定出特征、特征与参数间的关系。

结构方法适用于像布料的印刷图案或砖瓦等一类元素组成的纹理及其排列比较规则的图案，根据纹理基元及其排列规则来描述纹理的结构及特征、特征与参数间的关系。

2）纹理特征描述。纹理的主要特征有粗糙度、方向性和对比度。从某个角度来看，纹理粗糙度和图像上灰度原（Gray Original）的空间尺寸有关。灰度原的尺寸大，说明纹理粗糙；灰度原的尺寸小，说明纹理精细。

（3）轮廓特征。轮廓特征也称形状特征。一般将从图像中提取的目标边缘称为轮廓。轮廓可以用来区分所描述的对象与其他对象。轮廓特征可以支持图像示例检索，用户可以画出目标图像的形状，然后与图像信息的形状库进行匹配，检索出合适的图像。然而，取图像的轮廓线是一项困难的任务，一般的图像分割和边缘检测提取很难得到理想的结果。目前较好的方法是采用图像的自动分割方法结合识别目标的前景和背景模型来得到比较精确的轮廓。由于用户的勾画只是对整个图像目标的大体描述，因此用整个轮廓线来作为匹配特征并不合适，必须用一些轮廓的简化特征作为检索的依据。一般以轮廓的中心为基准，计算中心到边界点的最长轴和最短轴、长轴与短轴之比、周长与面积之比、拐点等作为轮廓检索的特征。事实上，要识别目标的轮廓是很困难的，在有些情况下，也直接采用轮廓追踪方法进行轮廓检索。

2. 逻辑表现层

逻辑表现层包括图像逻辑属性和图像对象逻辑属性。用于描述一个集成实体图像性质的属性称为图像逻辑属性，如一幅图像中包含的对象数、对象间的空间关系等。用于描述图像中的对象集合性质的属性称为图像对象逻辑属性，如每个对象的最小边界矩形、对象的空间位置等。

逻辑表现又分为两个子类，即逻辑属性和逻辑结构。逻辑属性可以看成简单属性，而逻辑结构可看成复杂属性。

为了更好地了解图像的逻辑表现，下面介绍几个图像逻辑结构的概念。

（1）最小边界矩形（MBR）：完全框起整个给定对象的最小矩形。

（2）空间关系的扫描线表示：水平扫描线和垂直扫描线交叉的图像对象的扫描线状态。

（3）空间有向图（SOG）：一种完全相连的权重图，用于计算两个图像的空间相似性。

（4）θR-串：仅通过一条径向扫描线来表示图像的变化，其轴点位于图像中心，由径向扫描线绕轴点按顺序扫描时交叉到每个图像对象的点而生成。它也用于计算两个图像的空间相似性。

（5）2D-串：表示图像对象沿 x、y 轴的投影。2D-串由（u，v）表示，其中 u、v 是图像对象在 x、y 轴上的投影。

3. 语义表现层

图像的语义表现层是用于描述图像所表明的高层领域的概念，通常包含图像的主题、作者的创作意图、个人的印象等，具有很大的不确定性。语义特征主要通过用户从图像本身进行认知，需要人工去捕捉，主观感受因素较强，常常会因人而异。对于图像语义特征的提取和描述，可以加工成知识库，提供智能检索服务。

4.3.3 音频的数据模型

音频信息也可以采用文本处理的方法，选择主题词、关键词对音频内容加以人工标引，揭示音频的主题内容及特征。例如对于一首歌曲，歌词就是它的内容描述。但这些仍属于传统文本处理的范畴，它与基于音频内容的特征处理完全不同。所谓基于音频内容的特征处理方法，就是针对音频信息的物理样本、基本属性等进行分析处理，通过数学与统计学方法来获得音频信息物理、听觉、语义等不同层次（或级别）上的特征，并揭示特征之间的相互关系。

为了满足音频管理和检索的需要，基于内容的音频数据模型需要提取音频的低层特征来表现音频低层内容。音频的特征与其提取方法有密切的关系，其中，短时时域处理方法由于直观、简单，在实际中得到了广泛的应用。

下面就介绍几个通过短时处理技术得到的比较常用而且重要的特征。

1. 音调

音调主要由基音频率决定，同时与声音强度有关，是音频信号的一个重要参数。由发音源整体振动产生的声音称为“基音”，是最容易被人耳听到的音。其他部分振动产生的音，称为“泛音”。一般来说，语音的基音频率在500Hz以下，而音乐的基音频率比较高，且不同的音乐其基音频率也不同，一般在500～4000Hz之间。其他环境声的基音频率差别较大，比如噪声的基音频率可以认为是0Hz，喇叭声的基音频率在600 000Hz左右。音调在音频处理中有着重要的作用。

2. 响度

响度也称音强，是最常用的感知特征，与短时能量有关。响度的作用在于利用它可以判断音频信号是有声的还是无声的，从而准确找出音频有声段的起点和终点。此外，响度的变化还反映了声音节奏和周期性等信息。

3. 过零率

两个相邻取样值有不同符号（由正到负或由负到正）时，便出现“过零"现象。单位时间过零的次数称为过零率。过零率应用极广，尤其在语音识别方面。过零率高的区段对应于清音或无声区，此时噪声相对较高；过零率低的区段对应于浊音。可见，过零率是区别清音与浊音、有声与无声的重要标志。

4. 亮度

亮度与基音频率有关，是反映音色的重要属性之一。它较好地反映了声音的高频特征，所以是分析音频信号高频部分的重要参数。比如将手指放于嘴边说话时就减小了其亮度。

5. 带宽

带宽是数字信号处理的一个概念，指的是取样信号的频率值范围。带宽在音频处理上有重要的意义。对于语音信号来说，它的频率范围约为20～4000Hz，故语音通信系统的带宽为4000Hz。而音乐的带宽要高一些，一般为20 000Hz。

4.3.4　视频的数据模型

视频就是一组连续的静态图像按照时间的顺序连续更换形成的动画、影像等。简单地说，视频数据是连续的图像序列。在对视频进行分类和检索之前，必须了解视频的数据结构。视频数据可用故事单元、场景、镜头、帧来描述，如图4-3所示。对于视频文件来说，也可以利用与处理图像和音频相同的方法，进行视频外部特征信息的文本著录，以实现简单的初级检索。然而，与图像、音频一样，只有对基于视频内容本身进行处理才能获得更有效的检索。

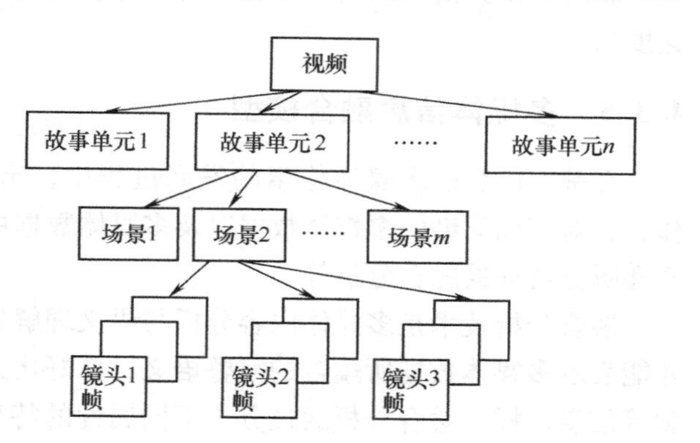

图4-3　视频的分层结构描述

注：资料来源：张维明. 多媒体信息系统. 北京：电子工业出版社，2002。

下面就对视频信息的数据结构进行自底向上的逐层解析。

1. 帧

帧（Frame）是组成视频的最小视觉单位，是一幅静态的图像，将时间上连续的帧序列合成到一起便形成动态视频。对于帧的描述可以采用图像的描述方法，因此，对帧的检索可以采用类似图像的检索方法来进行。

2. 镜头

镜头（Shot）是由一系列帧组成的，它描绘的是一个事件或一组摄像机的连续运动。在拍摄视频时，根据剧情的需要，一个镜头可以采用多种摄像机运动方式进行处理。由于摄像机操作而引起的镜头运动主要有摇镜头、推拉镜头、跟踪等几种形式。

摇镜头也称摇摄，是指当摄像机机位不动，借助于三脚架上的活动底盘或拍摄者自身做支点，变动摄像机光学镜头轴线的拍摄方法。这种方法模拟人类观察物体时头部和眼睛水平或垂直摇动所观看到的情景。如果摄像机镜头从远处开始，逐渐推近到拍摄对象，这种运动方式称为“推”；反之，如果从近处开始，逐渐地拍摄成全景，这种运动方式称为“拉”；如果镜头随拍摄对象的移动而移动，则称为跟踪拍摄。

在一段视频序列中，从一个镜头到另一个镜头的转换称镜头切换。根据两个镜头之间的衔接方式，镜头切换主要有突变和渐变两种。突变是指一个镜头与另一个镜头之间没有过渡，由一个镜头瞬间直接转换到另一个镜头。渐变是指一个镜头到另一个镜头渐渐过渡，没有明显的镜头跳跃。渐变包括淡入、淡出、溶化、翻页、扫换等。

3. 场景

场景（Scene）由一系列有相似性质的镜头组成，这些镜头针对的是同一环境下的同一批对象，但每个镜头的拍摄角度和拍摄方法不同。场景具有一定的语义，从叙事的观点来看，场景是在相同的地点拍摄的，因而具有相同的主题内容。

可以选取能够代表视频内容的关键帧作为对镜头和场景的摘要，这些关键帧具有概括性和总结性，便于用户检索时快速定位。

4. 故事单元

故事单元（Story Unit）也称视频幕（Act），是将多个场景进行组织，共同构成一个有意义的故事情节。如果把帧、镜头和场景分别对应文本信息中的字、词和句子，那么故事单元就好比文本信息中的段落。

总之，视频信息的组织是复杂的，对它进行处理时要求计算机的存储容量大、运算速度快。

4.3.5 多媒体信息融合模型

在基于内容的多媒体检索的发展过程中，出现了很多与跨媒体检索相似的研究工作，针对不同类型的多媒体数据以及多媒体数据中不同属性的底层特征进行分析，如视觉和听觉特征的融合分析等。

融合分析技术是多媒体内容分析与语义理解的热点，这是因为只有不同特征的融合才能表示多媒体数据所蕴含的完整语义，就好比人的大脑要并行地接收和处理听觉和视觉等信息一样。融合分析通过分析不同属性的特征，以理解特征所表达的语义，针对不同属性的底层内容特征，采用概率模型、线性模型、用户交互等方法综合理解特征所蕴含的语义。

融合分析技术面临两个难题：一是特征选取的差异性在很大程度上影响融合的效果；二是不同类型的多媒体特征之间存在关联信息。多媒体关联挖掘的方法主要包括：

1. 相似度传递

通常可以将多媒体数据关系划分为媒体内部和媒体之间两种。例如，从 Web 页面下载了文本和图像两种类型的多媒体数据，文本和文本之间的相似度，以及图像与图像之间的相似度都称为媒体内部的相似度，而文本和图像之间的数据关系称为媒体之间的相关性。媒体内部的相似度可以通过媒体之间的相关性进行传递和互补，以达到提高语义理解准确率的目的。例如，以 Web 文本和图像之间的相关性为桥梁，用 Web 文本之间的相似度来修正 Web 图像之间的相似度，就可以应用于图像的检索和聚类。

2. 基于图模型的关联挖掘

使用图模型表达数据及数据之间的相互关系，可以很好地将数据集结构化，并有效地发现数据之间潜在的关系，图像检索、Web 数据挖掘等多个领域的工作都证明了图模型中数据表达的有效性。将不同类型的多媒体数据以及数据之间的相互关系用层次图来表示，通过对层次图中的连接结构和数据关系进行挖掘，可以实现多媒体检索。

4.4 多媒体数据压缩技术

4.4.1 数据压缩技术概述

1. 多媒体数据压缩的必要性和可能性

多媒体数据的数据量非常巨大，例如，一幅 640 像素 ×480 像素的 24 位真彩色图像，它的数据量约为 7.37MB，若要达到每秒 25 帧的动态显示要求，每秒所需的数据量为 184MB。若按此计算，一张容量为 700MB 的 VCD（视频压缩碟片）仅能播放约 4s 的视频文件。可见，多媒体文件巨大的数据量，如果不对它进行压缩，计算机是无法存储与处理的。通过对多媒体数据进行压缩，可以大幅度减少多媒体数据的数据量，从而减少所需要的存储容量，提高输入、输出及处理的速度。

所谓数据压缩，就是以一定的质量损失为容限，按照某种方法从给定的信源中推出简化的数据表述。它通过减少信号空间的量，使信号能安排到给定的消息集或样本集中。

从信息论的观点看，描述信源的数据是信息量和信息冗余量之和，去掉冗余不会减少信息量，经过处理仍可原样恢复数据，但若数据的信息量减少，数据则不能完全恢复，不过在允许的范围内损失部分信息量，数据可以近似地恢复。多媒体数据之所以能够被压缩就是因为原始的多媒体数据中存在着很大的冗余。

一般来说，多媒体数据中存在的数据冗余类型主要有以下几种：

(1) 空间冗余。在大多数图像中都存在这种冗余。在同一幅图像中，规则物体和规则背景的表面物理特性具有相关性，这些相关性的光成像结果在数字化图像中就表现为数据冗余。例如，一幅表面色彩均匀、光强及饱和度完全相同的积木块图像，其数据表达就具有很大的冗余。

(2) 时间冗余。在视频和音频中经常包含这种冗余。视频中，如果相邻的两帧图像存在较大的相关性，则反映为时间冗余。音频信息也存在这种连续和渐变的特征，因此同样有时间冗余。

(3) 结构冗余。有些图像存在着很强的纹理结构，如草席图像等，这种在结构上存在的冗余，称为结构冗余。

(4) 视觉冗余。人类的视觉系统对于图像场的注意是非均匀的，人眼对于图像场的任何变化并不是都能感知的。例如，当计算机的图像存储采用的灰度等级远远大于人类视觉所能分辨的能力时，就会出现视觉冗余。

(5) 听觉冗余。人耳对不同频率的声音的敏感性是不同的，并不能察觉所有频率的变化，对某些频率不必特别关注，因此存在听觉冗余。

(6) 知识冗余。许多图像与某些基础知识的理解有密切的关联，例如，人脸的图像有固定的结构，这类规律性的结构可由先验知识和背景知识得到，此类冗余称为知识冗余。

由此可见，通过对多媒体数据进行压缩，减少的仅仅是这些冗余信息，并不会减少它们的信息量。

2. 多媒体数据压缩的基本要求

对多媒体数据进行压缩处理需要两个过程。一个是编码过程，即将原始数据经过编码进行压缩，以便于存储和传输；另一个是解码过程，对编码后的数据进行解码，还原为可以使用的数据。对数据进行压缩处理一般具有以下基本要求：

（1）可还原。对多媒体数据进行压缩的目的是减少数据量，便于存储、传输及处理。压缩后的数据必须能通过一定的方法还原，即解压缩，简称解压。不具有还原性的压缩是毫无意义的。

（2）压缩比高。压缩比是指压缩前的数据与压缩后数据的比值。虽然从信息处理的角度看，压缩比越高越好，然而在通常情况下，压缩比越高，信息损耗也就越大。

（3）重现质量好。重现质量是指压缩数据经解压还原后反映原始数据中原始信息的程度。无损压缩是指数据经压缩后再被解压还原后没有任何信息损耗，这是数据压缩的最理想状态。无损压缩没有任何失真，重现精度最高，但无损压缩的问题是压缩后数据量的减少不明显。除了在医疗图像、卫星数据等有特殊要求的处理中应用之外，大多数多媒体应用采用有损压缩的方法。

（4）计算成本低。不同的压缩方法，对计算机的性能要求差别很大。从节约成本的角度看，希望压缩与解压缩时所需的费用越小越好。

（5）实时性好。实时性好是指解压缩所需的时间越短越好。这里只强调解压缩速度，而不强调压缩速度的原因是，在许多多媒体应用中，数据压缩往往只需一次，而解压缩的过程却可能需要进行若干次。在这种情况下，解压缩的速度便显得格外重要，如果解压缩不能满足一定的实时性要求，就会使得解压跟不上数据处理的需要。例如，把一部60min的电影压缩到只读光盘（CD-ROM）上，压缩时间多达十几个小时也许都可以接受，而播放时只能60min播完，否则观众将无法接受。

3. 多媒体数据压缩方法的分类

（1）按照压缩方法是否产生失真分类。根据解码后数据与原始数据是否完全一致进行分类，压缩方法可分为有失真编码和无失真编码两大类。有失真编码压缩了熵，会减少信息量，而损失的信息是不能再恢复的，因此这种压缩法是不可逆的。无失真编码去掉或减少数据中的冗余，但这些冗余值是可以重新插入到数据中的，因此冗余压缩是可逆的过程。

（2）按照压缩方法的原理分类。根据编码原理进行分类，大致有预测编码、变换编码、统计编码、分析-合成编码、混合编码和其他一些编码方法。其中，统计编码是无失真的编码，其他编码方法基本上都是有失真的编码。

1）预测编码（Predictive Coding）。根据离散信号之间存在着一定关联性的特点，利用前面的一个或多个信号对下一个信号进行预测，然后对实际值与预测值的差（即预测误差）进行编码。如果预测比较准确，那么误差就会很小。这样在同等精度的条件下，就可以用比较少的数据量进行编码，达到压缩数据的目的。

2）变换编码（Transform Coding）。先对信号进行某种函数变换，如将时域信号变换成频域信号，然后再对变换后的信号进行编码。由于通过函数变换，信号在新的变换域中更加独立、有序、易于识别，因而便于进行压缩处理。

3）统计编码（Statistics Coding）。它也称为熵编码，它根据信息熵原理，让出现概率高的信源符号用短的码字表达，让出现概率低的信源符号用长的码字表达。最常见的统计编码有霍夫曼编码、行程编码以及算术编码等。统计编码属于无损压缩编码的一种。

4）分析-合成编码。其基本思想是通过对原始数据的分析，将其分解成一系列更适合于表示的“基元”或从中提取出若干具有更本质意义的参数，编码仅对这些基本单元或特征参数进行。而译码时借助于一定的规则或模型，按照一定的算法将这些基元或参数再“综合”成原始数据的一个逼近。该方法主要包括矢量量化编码（Vector Quantization Coding）、小波变换编码（Wavelet Transform Coding）、模型编码（Structure Coding）、子带编码（Subband Coding）等。

5）混合编码。这即综合两种以上的编码方法，这些编码方法必须针对不同的冗余进行压缩，使总体压缩性能得到加强。

4.4.2　图像压缩的标准

1. JPEG 2000压缩标准

国际标准化组织（ISO）和国际电工委员会（IEC）联合成立了一个联合图像专家组（Joint Photographic Experts Group，JPEG），经过五年艰苦而细致的工作，于1991年3月提出了ISO CDIO918号建议草案——多灰度静止图像的数字压缩编码，该草案经批准成为ISO 10918标准，即通常所说的JPEG标准。

JPEG标准是一个适用于彩色和单色多灰度的静止数字图像的压缩技术标准，非常适用于那些不太复杂或一般取自真实景象的图像的压缩。它使用离散余弦变换、矢量量化编码、行程和霍夫曼编码等技术，是一种混合编码标准。它的性能依赖于图像的复杂性，对一般图像将以20:1或25:1为比率进行压缩，无损模式的压缩比率常采用2:1。对于非真实图像，如卡通图像，应用JPEG效果并不理想。

随着多媒体应用领域的快速增长，传统的JPEG压缩技术已无法满足人们对多媒体图像资料的处理要求。从1998年开始，专家们开始为下一代JPEG格式出谋划策。直到2000年3月，具有更高压缩率以及更多新功能的JPEG 2000标准终于出台，其正式名称为ISO 15444。

JPEG 2000的核心算法采用以离散小波变换算法为主的多解析编码方式。该算法对于时域或频域的考察都采取局部的方式，所以对于非平稳过程也十分有效。子波在信号分析中对高频成分采用由粗到细渐进的时空域上的取样间隔，所以能够像自动调焦一样看清远近不同的景物，并放大任意细节，是构造图像多分辨率的有力工具。

JPEG 2000的编码算法一经确定，许多著名的图形图像公司立即在其开发的新产品中融合了这种技术标准。此外，各种网页浏览器也纷纷推出了集成JPEG 2000的新版浏览器。

JPEG 2000标准将JPEG标准和JBIG标准（面向二值图像）统一起来，既支持高压缩比，也支持低压缩比，是一种面向各种图像的通用编码标准。

2. JPEG 2000的基本结构

JPEG 2000编码器如图4-4a所示。首先对源图像数据进行变换，再对变换的系数进行量化，然后在形成代码流（Codestream）或者叫作位流（Bitstream）之前进行熵编码。

解码器与编码器正好相反，如图4-4b所示。首先对代码流进行熵解码，然后进行逆量化和逆变换，最后进行图像的重构。

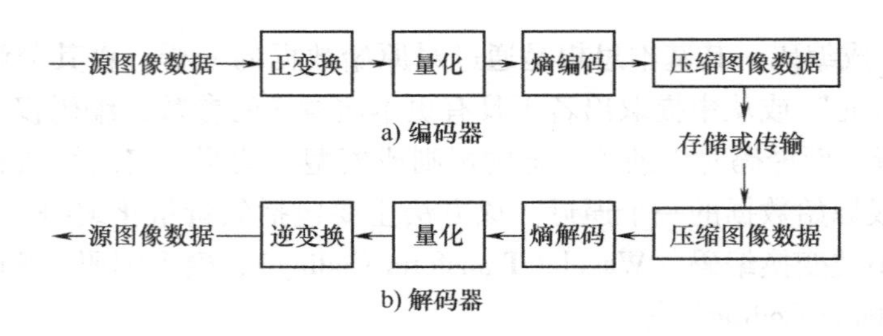

图4-4　JPEG 2000的基本结构

注：资料来源：林福宗．多媒体技术基础．北京：清华大学出版社，2002。

JPEG 2000标准是以图像块作为单元进行处理的，这就意味着在图像数据进入编码器之前要对它进行分块。图像分块处理时，对图像块的大小没有限制，图像的变换、量化和熵编码等所有的处理都是以图像块为单元。这样做有两个明显的好处，一是可以降低对存储器的要求，二是便于抽出一幅图像中的部分图像。

3．JPEG 2000的特点

（1）压缩比高。JPEG 2000的压缩比不但比JPEG高20%～40%，而且压缩后的图像品质更好，图像显得更加细腻平滑。

（2）支持无损压缩。JPEG 2000既支持有损压缩，也支持无损压缩。无损压缩的实现保证了原始数据不丢失，使得在保存一些非常重要或需要保留详细细节的图像时，无须将图像再转换成其他格式，使用非常方便。

（3）支持渐进式传输。所谓渐进式传输，就是先传输图像轮廓数据，然后再逐步传输其他数据，不断提高图像质量，也就是不断地向图像中插入像素以逐步提高图像的分辨率。在Web页面上，这种由朦胧到清晰的图像传输方式有利于节约带宽，有助于用户快速地浏览网页上的图片。

（4）可自定义“感兴趣区域”。JPEG 2000一个非常实用的特征是ROI（Region of Interest），即感兴趣区域。在实际应用中，可以对一幅图像中感兴趣的部分采用低压缩比，以获得较好的图像效果，而对其他部分采用高压缩比以节省存储空间。这样，既可保证重要信息不丢失，又有效地压缩了数据量，实现了真正的“交互式”压缩。

（5）可以描述多种色彩模式。JPEG 2000在颜色处理上具有更优秀的内涵。它不仅可以描述RGB模式[一]的图像数据，还可用单一的文件格式，描述另外一种色彩模式，比如最佳的打印模式CMYK模式[二]。此外，JPEG 2000对ICC[三]、sRGB[四]等多种色彩模式都有很好的兼容性。

[一] RGB模式是工业界的一种颜色标准，RGB即代表红（Red）、绿（Green）、蓝（Blue）三个通道的颜色。

[二] CMYK模式是彩色印刷时采用的一种套色模式。C即Cyan，为青色；M即Magenta，为品红色；Y即Yellow，为黄色；K即Key Plate，为定位套版色。

[三] International Color Consortium，国际色彩印刷协会的简称，这里是指由国际色彩印刷协会建立的一组色彩工业标准。

[四] Standard Red Green Blue的简称，是由微软联合爱普生、惠普等开发的通用色彩标准。

（6）图像处理简单。用户可以自由地缩放、平移、剪切图像，以得到所需要的分辨率与细节。

总之，JPEG 2000是一个可以满足互联网、彩色传真、印刷、扫描、数字摄影、遥感、移动通信应用、医用影像、数字图书库和电子商务等各类应用需求的标准。

4.4.3　音频压缩的标准

1. 音频压缩编码的基本方法

音频信号包括电话质量的语音信号、调幅广播质量的音频信号和高保真立体声信号。其中，语音信号的频率范围是300～3400Hz，调幅广播信号的频率范围是50～7000Hz；高保真音频信号的频率范围是10～20 000Hz。随着对信号自然度要求的增加，即随着对音质要求的增加，信号的频率范围逐渐增加，导致描述这些信号所需的数据量增多，多媒体音频压缩技术便成为处理、传输这些数据的关键。

音频信号的压缩方法有多种，根据压缩数据时是否产生信号失真，分为有损压缩和无损压缩两大类。无损压缩法包括不引入任何数据失真的各种熵编码；有损压缩法又可分为波形编码、参数编码和同时利用这两种技术的混合编码方法。

波形编码利用取样和量化过程来表示音频信号的波形，使编码后的音频信号与原始信号的波形匹配。它主要根据人耳的听觉特性进行量化，以达到压缩数据的目的。波形编码的特点是适应性强，音频质量好，在较高码率的条件下可以获得高质量的音频信号，适合于高质量的音频信号，也适合于高保真语音和音乐信号，但波形编码压缩比不大。

参数编码把音频信号表示成某种模型的输出，利用特征提取的方法抽取必要的模型参数和激励信号的信息，并对这些信息编码，最后在输出端合成原始信号。其目的是重建音频，保持原始音频的特性。参数编码的压缩率很大，但计算量大，保真度不高，适合于语音信号的编码。

混合编码介于波形编码和参数编码之间，集中了这两种方法的优点，可以在较低的码率上得到较高的音质。

对于音频质量的评定分为客观评定和主观评定。客观评定是通过测量某些指标（如信噪比）来评价解码音频的质量。客观评定虽然方法简单，但与人对音频的感知不完全一致。因此，人们常常使用主观评定法来评价音频的质量。其中，应用比较广泛的是主观意见打分（Mean Opinion Score，MOS）法。这种方法把音频质量分为5级，分别用数字5、4、3、2、1代表优、良、中、差、劣。当得到满分5分时，表示感觉音频信息无失真；4分时，表示刚察觉失真但并不讨厌；3分时，表示察觉失真且稍微令人讨厌；2分时，表示虽然讨厌但还不令人反感；1分时，表示极其令人讨厌且十分反感。

2. 电话质量的语音压缩标准

电话质量语音信号压缩编码的第一个标准是国际电信联盟（ITU）于1972年制定的，代号为G.711。该标准采用脉冲编码调制（PCM）算法，速率为64Kbit/s。1984年，ITU颁布了使用自适应差分脉冲编码调制（ADPCM）算法的压缩标准G.721。1992年，ITU制定了基于短延时码激励线性预测（LD-CELP）编码的G.728标准，该标准速率为16Kbit/s，其质量与32Kbit/s的G.721标准基本相当。

随着数字移动通信的发展，人们对于低速语音编码有了更迫切的要求。1988 年欧洲数字移动特别工作组（GSM）制定了采用长时线性预测规则码激励（RPE-LTP）的标准 GSM，速率为 13Kbit/s。1989 年美国公布了数字移动通信标准 CTIA，采用矢量和激励线性预测（VSELP）技术，速率为 8Kbit/s。这些语音压缩标准的特点是压缩比较高，语音质量较好，且计算量也不是很大。

更低数据速率的语音压缩技术主要应用于保密语音通信，美国国家安全局（NSA）分别于 1982 年和 1989 年制定了基于线性预测编码（LPC）速率为 2.4Kbit/s 的编码方案和基于码激励线性预测（CELP）速率为 4.8Kbit/s 的编码方案。

表 4-1 不仅列出了各个压缩编码标准的名称，还分别列出了各个标准的 MOS 评分。

表 4-1　电话质量语音的编码标准

标准代号	G.711	G.721	G.728	GSM	CTIA	NSA	NSA
制定时间	1972 年	1984 年	1992 年	1988 年	1989 年	1982 年	1989 年
采用算法	PCM	ADPCM	LD-CELP	RPE-LTP	VSELP	CELP	LPC
速率（Kbit/s）	64	32	16	13	8	4.8	2.4
MOS 评分	4.3	4.1	4.0	3.7	3.8	3.2	2.5

注：资料来源：潘卫东，黄金国．多媒体技术基础及应用．南京：东南大学出版社，2003。

3. 调幅广播质量的音频压缩标准

调幅广播质量音频信号所在的频率范围是 50 ~ 7000Hz。当采用 16 000Hz 的取样频率和 14bit 的量化位数，信号数据速率为 224Kbit/s。ITU 在 1988 年制定了 G.722 标准，可将信号速率压缩至 64Kbit/s。

G.722 标准的原理如图 4-5 所示。该标准采用基于子带自适应差分脉冲编码调制（SB-ADPCM）方法，将输入的音频信号经滤波器分成高子带信号和低子带信号两个部分，然后分别进行 ADPCM 编码，再进入混合器混合形成输出码流。同时，G.722 标准还可以提供数据插入的功能（最高插入速率达 16Kbit/s）。

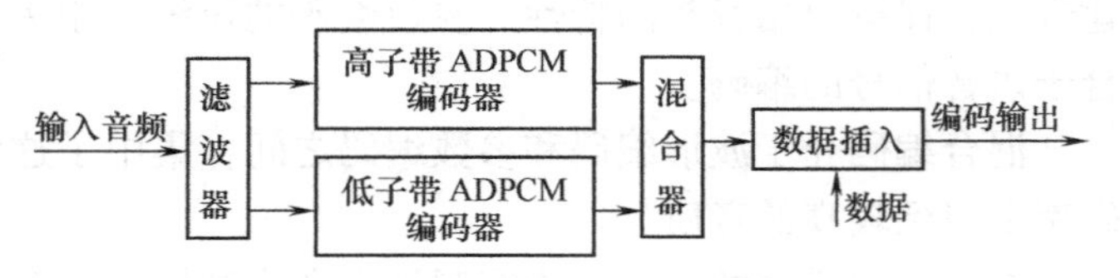

图 4-5　G.722 标准的原理流程图

注：资料来源：潘卫东，黄金国．多媒体技术基础及应用．南京：东南大学出版社，2003。

4. 高保真立体声音频压缩标准

高保真立体声音频信号的频率范围为 50 ~ 20 000Hz。当采用 44 100Hz 的抽样频率和 16bit 的量化位数，信号数据频率为 705Kbit/s。目前，国际上比较成熟的高保真立体声音频压缩标准为“MPEG 音频”。“MPEG 音频”是国际标准动态图像编码 MPEG 中的一部分。

MPEG 音频编码器的基本结构如图 4-6 所示。其功能是处理数字音频信号，并形成存储所需的位流。滤波器组完成从时域到频域的变换。心理声学模型的基本依据是听觉系统中存在一个听觉阈值电平，低于这个电平的声音信号就听不到，听觉阈值的大小随声音频率而改变，且因人而异。大多数人的听觉系统对 16 ~ 2000Hz 的声音最敏感。比特或噪声分配则根据滤波器组的输出样本和心理声学模型输出的信号掩蔽比来调节，以便同时满足数据传输率和掩蔽的要求。位流格式编码器将滤波器组的量化输出、比特分配或噪声分配以及其他所需的边信息编码，以高效的方式按一定的格式对这些信息进行编码。

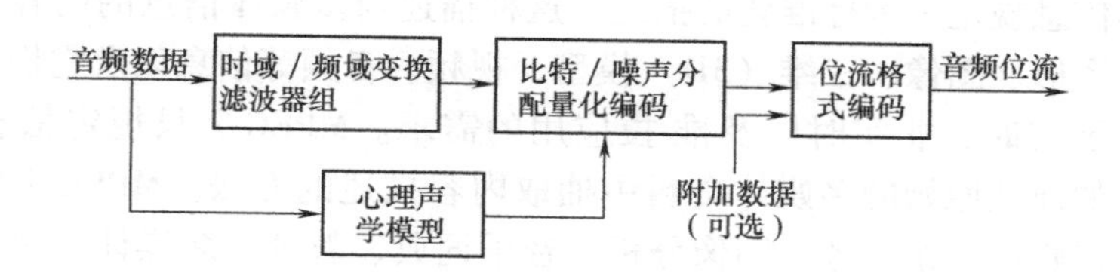

图 4-6　MPEG 音频编码器的基本结构

注：资料来源：刘毓敏. 数字视音频技术与应用. 北京：电子工业出版社，2003。

4.4.4　视频压缩的标准

视频压缩的一个重要标准是 MPEG，即运动图像专家组（Moving Picture Expert Group）制定的标准。该专家组成立于 1988 年，在国际标准化组织和国际电工委员会的管辖之下。该组织现已公布的 MPEG 标准如下：

（1）MPEG-1（ISO/IEC 1117），1993 年 8 月公布。其全称为“适于约 1. 5Mbit/s 以下数字存储媒体的运动图像及伴音的编码”。所谓数字存储媒体（DSM），是指常见的数字存储设备，如 CD-ROM、DAT⊖、硬盘、可写光盘等。该标准也适于远程通信，如综合业务数字网、局域网等。MPEG-1 标准包括 MPEG 系统（ISO/IEC 11172-1）、MPEG 视频（ISO/IEC 11172-2）、MPEG 音频（ISO/IEC 11172-3）和测试验证（ISO/IEC 11172-4）四大部分内容。

（2）MPEG-2（ISO/IEC 13818），1994 年 11 月公布。其全称为“运动图像及其伴音通用编码”。它适用于多媒体计算机、多媒体数据库、多媒体通信、常规电视数字化、高清晰度电视（HDTV）及交互式电视（ITV）等领域。MPEG-2 标准包括 MPEG 系统、MPEG 视频、MPEG 音频和一致性四大部分内容，它克服并解决了 MPEG-1 标准不能满足的日益增长的多媒体技术、数字电视技术、多媒体分辨率和传输率等方面的技术要求的缺陷。

（3）MPEG-4（ISO/IEC 14496），1999 年 1 月公布版本 1（V1. 0），同年 12 月公布版本 2（V2. 0）。该标准的初衷主要是面向电视会议、可视电话等超低码率的压缩编码需求，在制定过程中，MPEG 组织深刻感受到人们对媒体信息，特别是对视频信息的需求已由播放型转向基于内容的访问、检索和操作。MPEG-4 与 MPEG-1、MPEG-2 有很大差异：它为多媒体数据压缩编码提供了更为广阔的平台；它定义的是一种格式、一种框架，而非具体算法；它希望建立一种更自由的通信与开发环境。于是 MPEG-4 的新目标为支持多种多媒体的应用，特别是多媒体信息基于内容的访问和检索，可根据不同的应用需求，现场配置解码器。编码系统也是开放的，可随时加入新的有效的算法模块。该

⊖　数字录音带。

标准适用于多媒体 Internet、视频会议和视频电话、交互式视频游戏、多媒体邮件、基于网络的数据服务、光盘等交互式存储媒体、远程紧急事件系统、远程视频监控及无线多媒体通信等。

（4）MPEG-7，于2000年11月公布。其全称为“多媒体内容描述接口”。它为各种类型的多媒体信息规定一种标准化的描述，这种描述与多媒体信息的内容一起，支持对用户感兴趣的图形、图像、三维（3D）模型、视频、音频等信息以及它们的组合的快速有效查询，满足实时、非实时以及推-拉应用的需求。MPEG-7 只规定信息内容描述格式，而不规定如何从原始的多媒体资料中抽取内容描述的方法。MPEG-7 的应用领域有数字图书馆、多媒体目录服务、图像分析、音乐词典、教育、多媒体编辑、多媒体业务引导等。

此外，国际电信联盟推出的 H. 261、H. 263 也是目前视频流传输中最为重要的编解码标准。

4.5 基于内容的多媒体信息检索技术

4.5.1 基于内容的多媒体信息检索原理

1. 基于文本的多媒体信息检索的局限性

目前，常用的多媒体信息检索方法是基于文本的多媒体信息检索（Text-based Retrieval，TBR）方法。该方法是针对多媒体的物理及内容特征，抽取出关键词进行著录或标引，建立类似于文本文献信息检索系统的索引数据库。这样，多媒体信息检索实际上就转化成为对多媒体信息进行描述的关键词检索。常用的抽取关键词的字段有文件名或目录名、多媒体标题、多媒体周围文本信息或解说文字等。

基于文本的多媒体信息检索方法的主要优点是技术简单，标引和检索方便。它的实质就是文本检索，只是检索结果和输出形式不同而已，因此它的应用与实施方式简单，实现成本也比较低。

然而，这种检索方式的应用是有局限性的。首先，它不能真正反映信息的内容。这种检索采用文本来表达多媒体的内容，检索对象的不一致决定了在这种信息传递过程中必定会有大量信息的丢失，这样就不可能完全反映信息的内容。其次，多媒体信息是一种抽象程度很大、随意性很强的信息，缺乏一般意义上的规范性，对同样的信息不同的人会有不同的理解，这样便会使得在用文字描述多媒体信息时，不可能做出一个非常准确而完整的描述。

2. 基于内容的多媒体信息检索的特点及应用

所谓基于内容检索（Content-based Retrieval，CBR），就是从多媒体数据中提取出特定的信息线索，然后根据这些线索从大量存储在数据库的媒体中进行查找，检索出具有相似特征的媒体数据。

如前所述，用特定的关键词来赋予多媒体数据全部语义特征是非常困难的，因为这与个人的经验、知识和对媒体信息的理解程度密切相关，况且也并不是所有对象的所有特征都能用字符描述出来的。基于内容检索就是要从媒体中直接提取媒体的语义线索，根据这些语义线索进行检索。这就把检索过程与语义的提取直接联系到了一起，使得检索过程更加有效且适应性更强。

基于内容的多媒体信息检索方法是一种新型的检索技术，它融合了图像理解、模式识别、计算机视觉等技术，直接根据媒体对象的内容特征或根据对其描述的各种特征进行检索，从数据库中查找到具有指定特征或含有特定内容的多媒体信息。从技术上讲，基于内容的多媒体信息检索具有如下特点：①直接从媒体内容中提取特征线索；②基于内容检索是一种近似匹配，与传统信息检索的精确匹配方法有明显的不同；③特征提取和索引建立可由计算机自动实现，避免了人工描述的主观性，也大大减少了工作量；④整个过程是一个逐步筛选和不断求精的过程。

基于内容检索技术的应用领域非常广泛，本质上这种技术将对多媒体的处理和管理深入到了媒体这一级，使得用户可以更自由地操纵和处理各种多媒体信息。早期对罪犯面貌特征的识别和管理、指纹的识别和管理、全文信息检索等都是基于内容检索的一些尝试，现在这种技术将扩展到任何的媒体和更广泛的领域。例如，用户可以检索影片数据库中的某一镜头或情节，检索电子图书馆中的各种媒体文献，寻找想要的某个报纸上的新闻报道或图片，在多媒体数据库中快速检索所要的某个人的信息、产品的形状或风景区的景观等。此外，对卫星地球资源照片的查找和分析、医学图像的存储和检索等都需要基于内容检索技术的支持。

基于内容的检索技术属于多媒体的集成综合技术，它涉及多媒体数据的表示方法和数据模型、有效和可靠的查询算法、智能灵活的检索界面等多方面的内容，自 20 世纪 90 年代初一经提出，便始终是国内外信息检索研究的热点之一。

3. 基于内容的多媒体信息检索系统的体系结构

一个基于内容的多媒体信息检索系统一般由四部分组成：接收多媒体对象的数据插入子系统、面向用户的多媒体信息查询子系统、对多媒体进行特征提取的多媒体处理子系统，以及存储各种多媒体数据及其相应特征的多媒体数据库。同时，它还需要相应的知识辅助模块，以对特定知识领域起到支撑作用。其体系结构如图 4-7 所示。

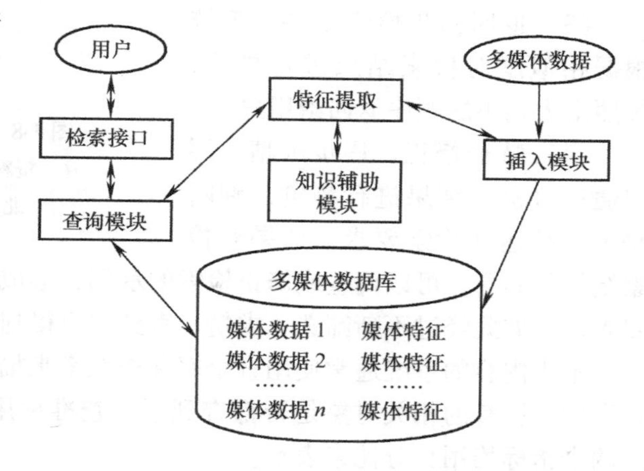

图 4-7　基于内容的多媒体信息检索系统的体系结构
注：资料来源：张维明．多媒体信息系统．北京：电子工业出版社，2002。

（1）数据插入子系统。该子系统的任务是将多媒体输入到系统之中，采用全自动或半自动（即需用户部分干预）的方式对媒体进行分割或节段化，标识出需要的对象或内容关键点，以便有针对性地对目标进行特征提取。

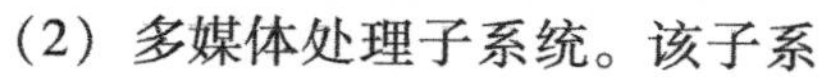

（2）多媒体处理子系统。该子系统的任务是对用户或系统标明的媒体对象进行特征提取处理。特征提取可以由人给出一些描述特征的关键字，也可以通过媒体处理程序提取一些其所关心的媒体特征。提取的特征可以是全局性的，如整幅图像或视频镜头的颜色分布；也可以针对某个内部的对象，如图像中的子区域、视频中的运动对象等。在提取特征时，往往需要知识处理模块的辅助，由知识库提供有关的领域知识。

(3) 多媒体数据库。多媒体数据库包括媒体数据和媒体特征两部分。媒体数据包含图像、视频、音频、文本等各种媒体信息。媒体特征包含该媒体对应的用户输入的特征和预处理自动提取的特征。数据库通过组织与媒体类型相匹配的索引来达到快速搜索的目的。

(4) 多媒体信息查询子系统。该子系统向用户提供检索接口，便于用户进行人机交互。同时，它支持对整幅图像或视频镜头等的检索，也允许针对其中的子对象以及任意组合形式进行检索。检索返回的结果按相似程度进行排列，如有必要可以进一步查询。

4. 基于内容的多媒体信息检索的流程和指标

基于内容的多媒体信息检索流程如图 4-8 所示。

(1) 用户查询需求说明。用户通过系统提供的检索界面输入查询示例或对检索的特征进行描述，系统自动地对示例进行特征提取，或是对特征描述形成规范的查询语句，最后转换成具体的用于检索的一系列参数。

(2) 相似性匹配。系统按照一定的算法，将上一步提取出来的特征与多媒体数据库中的数据进行相似性匹配。

(3) 返回初步检索结果。系统根据相似度对检索结果进行排序，按照由大到小的顺序返回给用户。

(4) 特征修正、逐步求精。用户通过对检索结果进行浏览，判断是否已经达到检索要求，如果对检索结果不满意，可以调整或修正检索的示例，形成一个新的查询提交给系统，进行进一步查询。如此经过不断筛选、求精，直到用户得到满意的结果为止。

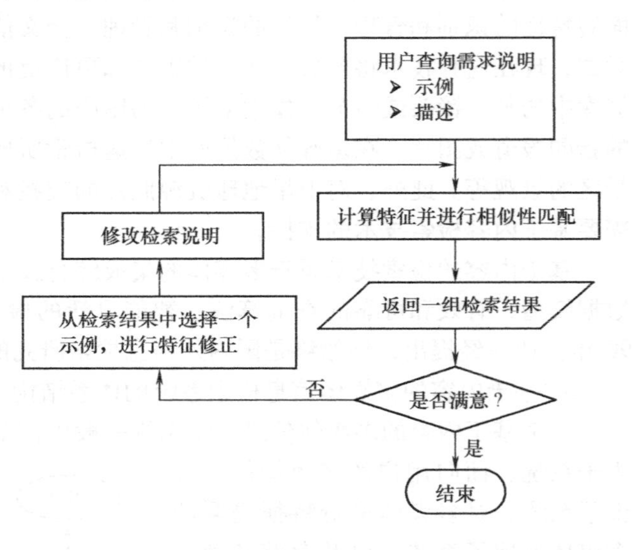

图 4-8 基于内容的多媒体信息检索流程

注：资料来源：苏新宁. 信息检索理论与技术. 北京：科学技术文献出版社，2004。

基于内容的系统通常使用查全率和查准率来描述检索结果的误差。查全率用来衡量数据库中所有的相关对象是否都查到了，查准率用来衡量查到的对象是否都是正确的，这两个指标均用百分比来表示。

4.5.2 基于内容的图像检索

1. 基于内容的图像检索的类型

由于图像存在着颜色、形状和纹理等方面的特征，因此基于内容的图像检索也可以分为颜色检索、形状检索、纹理检索、草图检索和对象检索等多种类型。

(1) 颜色检索。颜色具有一定的稳定性，因此在许多情况下，颜色是描述一幅图像最简便而有效的特征。例如，在检索某一景物图像时，指定图像中的主要颜色的大致比例后，即可检索出与该颜色分布类似的图像。

对颜色进行检索主要从图像颜色分布、相互关系、组成出发，主要是利用颜色空间直方图进行匹配。常见的颜色坐标空间有R、G、B（红、绿、蓝），H、S、V（色调Hue、饱和度Saturation、亮度Value）等，它们反映出图像中的颜色和出现这种颜色的概率之间的关系。根据颜色数据进行查询时，数据库中的图像和被查询图像之间的距离可用加权欧几里得距离表示，距离值即可表示图像之间的差别程度，距离值小表明相似度大。采用基于颜色分布的匹配将获得视觉效果上接近被检索实体的查询结果。常用的方法有互补颜色空间直方图、直方图交叉法、直方图距离比较法、二次距离算法等。

（2）形状检索。形状是刻画物体的本质特征之一。很多查询可能并不针对图像的颜色，因为同一物体可能有各种不同的颜色，但其形状总是相似的。一个封闭的形状具有许多特征，如形状的拐点、形状的重心、各阶矩（形状所包含的面积与周长的平方比、长短轴比等）。对于图形，其特征还包括其矩阵表示及矢量特征、骨架特征等。

基于形状的检索一般有两种方法：一是基于轮廓线的检索，这种方法首先对图像进行边缘提取，得到目标轮廓线，然后针对这种轮廓线进行形状特征检索；二是直接针对特定形状的图形进行的检索，这种检索可以利用封闭图形的形状特征或直接针对图形寻找适当的矢量特征进行检索。

（3）纹理检索。纹理也是刻画物体的重要特征。颜色相同、形状一样的图像，其纹理特征可能各异。图像的纹理特征在局部区域内可能没有规律，但在整体上却往往呈现出一定的规律性，这也正是基于内容检索的一条主要线索。纹理特征主要由纹理的均匀度、对比度和方向的特征量表示。均匀度反映纹理的尺寸，对比度反映纹理的清晰度，方向反映实体是否有规则的方向性。

纹理特征的匹配算法根据具体特征的不同而不同，一般采用马氏距离（Mahalanobis）计算纹理间的相似性是比较有效的。

（4）草图检索。草图特征是由原始图像实体的边界映射而成。根据草图进行查询时，通常用手画出图像的大致边界，然后利用相似性原则查询出数据库中具有相似边界的图像。

（5）对象检索。对象检索是基于对象特征的检索，即对图像中所包含的静态子对象进行查询，检索条件可以利用综合颜色、纹理、形状特征、逻辑特征及客观属性等。对象有两类：一类是以区域为问题的出发点，将整个图像作为对象，对其内容特征进行描述；另一类是以子对象为问题的出发点，对图像所包含的子对象特征进行描述。

对象检索首先要对图像进行预处理，将原始像素信息分割成一些颜色和纹理在空间上连贯分布的区域，计算出每个区域的颜色、纹理和空间特征。这与颜色检索和纹理检索不同。颜色检索和纹理检索用于检索与图像全局相似的图像，是针对全局特征的，不需要对图像进行分割。而对象检索用于检索图像对象或其子对象，是针对局部特征的，因此除了对图像要做预处理外，还需要进行图像分割，在难度和复杂度上，比颜色检索和纹理检索更进一步。

2. 研究性的基于内容的图像检索系统

Netra是美国加州大学圣巴巴拉分校的亚历山大数字图书馆工程研制的一个原型系

统，已在该校的亚历山大数字图书馆（Alexandria Digital Library，ADL）项目中得到进一步完善。它完全基于Java语言环境，利用分割后的图像区域中的颜色、纹理、形状和空间关系从数据库中检索相似的区域。Netra系统主要研究基于Gabor过滤器的纹理分析、基于神经网络的图像词典构造和基于边缘流的区域分割。

Photobook是由美国麻省理工学院媒体实验室研究开发的一个试验系统，它提供了一系列浏览和搜索图像的工具。最初的Photobook包含了FourEyes（直译为“四眼”），它是一个计算机辅助的人工图像标注和分组工具。Minka和Picard等人提出了“模型族”（Society of Model）方法，将用户的反馈融入交互式学习方法。试验表明，这种方法在交互式图像标注中是非常有效的。

MARS多媒体分析和检索系统是由美国伊利诺伊大学的Y. Rui等人研究开发的。MARS的最大特色是提供了功能强大的联机相关反馈机制和相关反馈框架结构。MARS所关注的并不是寻找一个“最佳”的特征表示方式，而是考虑如何将各种视觉特征组织起来并使之动态地适应不同的应用和不同的用户。

VisualSEEK是哥伦比亚大学研究开发的一个图像检索系统。在VisualSEEK中通过颜色集的背投过程可以自动将图像中显著的颜色区域抽取出来，从而实现了基于颜色区域的视觉特征和空间布局的查询方式。VisualSEEK的研究人员还研究开发出一个支持动作查询的视觉搜索引擎VideoQ以及基于Web的图像元搜索引擎MataSEEK。

Blobworld是加州大学伯克利分校数字图书馆项目中的一部分。Blobworld的不同之处在于支持“同构区域”（即BlobWorld中的blob）的分割、表示和查询。实际查询时，用户可以指定只针对图像中的某个blob发出查询。

3. 商业性的基于内容的图像检索系统

商用系统的出现意味着基于内容的图像分析与检索技术开始从实验室的研究阶段走向实用阶段。

（1）IBM的QBIC是第一个走向商用化的图像检索系统。目前QBIC的技术已经应用到IBM的商用产品中，如DB2数据库“Image Extender”模块。QBIC的系统框架和技术对后来的图像检索系统产生了深远的影响。QBIC支持基于图例、视觉特征以及关键词等查询方式，实现了用颜色直方图、颜色布局、纹理和特殊混合色四种特征表示方式。

（2）VIR Image Emage是由Virage公司开发的图像搜索引擎，其特征分为通用特征和领域相关的特征。通用特征包括全局颜色、颜色布局、纹理和结构以及它们的任意组合。VIR Zmage Emage还提供了一个图像管理的开放框架，开发者可以向框架中添加与领域相关的特征处理模块。在Oracle和Informix数据库产品中应用了VIR的技术，AltaVista图像搜索引擎也使用了VIR Zmage Emage的技术。此外，VIR Zmage Emage还被扩展到视频管理中。

（3）RetrievalWare是由Excalibur技术公司开发的，它使用了颜色、形状、纹理、亮度、颜色布局等作为查询特征。同时，它支持这些特征的组合查询，并可以由用户来指定各自的权重。RetrievalWare技术已经部分应用到Yahoo的Image Surfer图像搜索引擎中。

4.5.3 基于内容的音频检索

1. 基于内容的音频检索的类型

基于内容的音频检索是指通过音频特征分析，对不同音频数据赋予不同的语义，使具有相同语义的音频在听觉上保持相似。根据音频信息的特征，音频可以分语音、音乐和其他声响，因此，基于内容的音频检索也可以相应地划分为基于语音的检索、基于音乐的检索和基于一般音频的检索三类。

（1）基于语音的检索。语音信息是人类信息交流的特有形式，基于语音的检索是利用语音识别与处理技术来进行的。其方法主要有以下几种：

1）利用语音识别技术进行检索：把语音信息转换为文本，然后再利用传统的文本检索方法进行检索。虽然这种方法在实际应用中还存在着识别率不高等种种问题，但是，由于音频信息检索只要求能够检索到包含检索词的音频数据，而不要求文章的完整准确，因此利用语音识别技术进行音频信息检索仍是一种非常有效的方法。

2）基于子词单元进行检索：当语音识别系统处理通用语音资料时，其识别专用词汇的性能会差一些，因此，一种改进的方法是将词汇单元利用其子词进行索引。当执行检索时，检索词首先被分解为子词单元，然后将这些子词单元与音频数据库中预先计算好的特征进行匹配。

3）基于关键词进行检索：这种检索的工作方式模拟人类的听觉系统——认为话语中的重要信息、关键信息在用户述说时往往受到强调，而丢掉一些次要的话语信息并不妨碍用户意愿的理解。利用自动语音识别系统识别或标记出长段录音或音轨中反映人们感兴趣的事件，这些描述或说明事件的词语可以用于检索。

4）基于说话人辨认进行语音分割和检索：这种技术只是简单地辨别出说话人语音的差别，而不是识别他说的是什么内容。该技术适用于处理会议录音等某些特定的环境，通过检测音频信息的声音轨迹中说话人的变化，从而将不同的说话人分割出来，并建立相应的索引，以供检索匹配。

（2）基于音乐的检索。基于音乐的检索是利用音乐的音符和旋律等音乐特性来检索音乐信息的。我们常常遇到这种苦恼：只记得曲调，却忘了歌名、歌词，看着海量的MP3[㊀]却找不到想听的歌曲。基于音乐的检索可以解决这个问题。

音乐的旋律就是由一系列能反映音乐主题的音符组成，能够充分显示音乐的内容特征。音乐检索中常用旋律的表达方式是绝对音高序列和相对音高序列。

绝对音高序列包含了旋律的准确音高，其优点是可以对音乐旋律进行十分精确的检索，但不足之处是要求检索者非常准确地把握此旋律的音高，否则将会导致检索失败。这种方式对于乐感稍差或音乐知识并不丰富的一般检索者来说是比较困难的。

相对音高序列相对于绝对音高序列对旋律轮廓的不足上有所改善，它将序列的后一个音高同前一个音高进行比较，分别用“U”“D”“R”三个参数来表示音高的升高、降低和相同这三种情况。但相对音高序列的旋律表达方式也只能反映音符的音高特征，而没有反映音长和音强特征，虽然在实际应用中一般可以达到不错的效果，但随着数据

㊀ 一种常用的数字音频压缩格式，这里是指采用这种格式的音频文件。

库中音乐数目的增加，单纯采用音高检索的查准率会大大下降，因此需要加入音长、音强特征来更加准确地表达旋律。

（3）基于一般音频的检索。一般音频的检索是以波形声音为对象的检索，诸如掌声、雨声、鸟叫声等都可以用声学特征来进行检索。这种方法一般分三个步骤：首先通过对音频信号的短时特征曲线做统计和形态分析来将音频信号进行粗分类（如环境声音和静音等）；然后对环境声音进一步提取时频特征并将其细分（如掌声、雨声、鸟叫声等）；最后与用户提供的样本音频片段进行匹配，将相似的音频片段检索出来。有时为了提高速度，可以先使用过零率等比较简单的特征进行匹配。

2. 研究性的基于内容的音频检索系统

（1）美国普林斯顿大学音乐信息检索工具。该项研究支持多种音频分析方法，其音频信息分析的基础是对短时特征向量的计算。它首先把数字音频信号分割成一个个的小段进行处理，这样得到的数字信号特征会相对稳定；然后再对每一小段信号进行频谱分析。基于这种分析，计算出关于这种特征的向量分量，所有这些分量合在一起形成一个描述这一小段数字信号的向量。同样，作为检索提问音频文件也可以在进行分割以后表示为一组特征向量。通过计算两组特征向量之间的相似度来确定其匹配程度。

（2）新加坡国立大学的研究。该项研究首先要求积累一定规模的音频文件样本库，并且要经过自动处理，形成特征向量。其次，样本库中的音频文件都要经过人工标注，即每个文件都要归入一类，如男声、女声或语音、音乐等。在进行检索之前，则需要把数据库中的所有音频文件进行量化处理，得到相应的参照直方图。检索时，对检索提问也进行相应的处理，得到提问直方图。检索过程就是计算提问直方图和参照直方图之间的距离的过程。检索结果按照相关程度由大到小的排序排列（即距离由小到大的顺序排列）。

（3）中国科学院声学所的研究。2006 年，中国科学院声学所的研究成果——“嵌入式语音识别系统”在国际音乐处理学术界举办的最高赛事（MIREX）中获得哼唱检索评测的第一名。中国科学院声学所中科信利语音实验室基于内容的音乐信息检索是指由用户输入一段音乐，然后根据用户的输入，在音乐数据库中搜索与之相似的曲目。无论是用户哼唱或是弹奏的一段乐曲，还是播放的一段音乐录音，系统都可以帮助用户轻松地找到该音乐片段。

该系统不仅可以应用于网络多媒体的搜索，还可以使人们在练歌房等场合寻找歌曲更加方便。它还能代替会议活动的速录，据此技术生成“听写机”，将音频通过听写机转化成对应的文字，这样处理检索文件将更加方便。另外，它还可用于教育，可以测试语言发音、音调、节拍、音量等的标准程度。

4.5.4 基于内容的视频检索

1. 基于内容的视频检索的类型

传统的视频检索是基于关键词描述的检索，这种检索需要手工标注，描述能力有限、主观性强，且检索单位常常局限于较大的视频片断，对于小的视频片段只能依靠快进、快退等手段进行人工查找。基于内容的视频检索既能向用户提供基于颜色、纹理、形状及运动特征等视觉信息的检索，又能提供基于高级语义信息的检索，具有在镜头、场景、情节等不同层次上进行检索的功能，能满足用户基于例子和特征描述的检索要求。

（1）基于关键帧的检索。将视频序列分割成各个不同的镜头，对每个镜头提取一组关键帧作为代表，这样就可以利用图像检索的方法实现基于关键帧的检索。

关键帧实际上就是代表了视频序列内容的一些静态图像。从每帧图像中，可得到诸如颜色、纹理、形状、空间关系等特征信息，因此，基于关键帧的检索与图像检索并没有本质上的区别。

（2）基于运动特征的检索。由于关键帧的提取丢失了运动信息，因此，基于关键帧的检索并不能全面满足视频检索的要求。基于运动特征的视频检索就是利用视频单元的运动特性，检索出包含相似运动特性的视频场景或镜头。按照视频中运动信息的类型不同，这种检索可以分为基于全局运动特征的检索和基于局部运动特征的检索。

其中，全局运动主要由摄像机运动产生，而局部运动是指视频节目中的内容信息，如体育比赛中，运动员的移动、姿势或运动器件（如球）的运动情况。因此，基于局部运动特征的检索是这类检索的重点。

（3）基于视频语义特征的检索。目前，实现完全自动地提取视频中的语义特征还有很大的难度，因此，基于语义特征的检索研究还比较薄弱。与此相关的问题主要集中在镜头聚类、视频摘要、视频序列中的文字检测等方面。

2. 基于内容的视频检索系统

（1）视频存储及检索系统（VideoSTAR）。该系统采用通用视频数据框架模型，试图建立一个独立于不同数据存储系统的通用框架。系统提供了一套处理视频数据冗余、提高一致性和完整性的方法，支持视频数据及元数据的再利用。该系统使用一个专门的视频查询工具实现查询，采用基于注释的索引和基于领域知识的索引，能提供基于语义的查询，且已在图书馆和影视编辑领域进行了实验和应用。

（2）视频对象数据库系统（OVID）。该系统是依照视频对象数据模型建立的原型系统，体现了面向对象技术在视频数据库中的应用。其核心概念是视频对象，并建立了一种专用的视频对象查询语言 VideoSQL，该语言可从视频对象集合中检索满足条件的对象，并且支持基于区间包含关系的继承。

（3）代数视频系统（Algebraic Video System）。该系统是依照代数视频模型建立起的原型系统，从视频数据中抽取视频属性信息并支持基于内容的存取和播放。该系统建立在 VuSystem 和语义文件系统（Semantic File System，SFS）两个子系统之上。前者提供了一个记录、处理及播放视频的环境，利用 C ++ 类集合进行视频流同步、视频窗口显示及视频流处理；后者是一个存储子系统，实现视频数据的基于内容的存取及代数视频文件的索引和检索。

（4）COBRA（Content-based Video Retrieval）系统。该系统强调对时空关系的模型化及对情节的查询，主要由视频数据模型和查询语言两部分组成。为解决从低层特征到高层概念的映射问题，系统在层次模型的基础上建立了 COBRA 视频数据模型。为了加强基于特征和基于注释这两种检索方式的联系，系统可在对情节和对象的描述中不断积累领域知识，把一个情节形式化为对象交互的时空来描述，使获得高层次概念更加容易，并能使查询更接近用户思维。

4.5.5 多媒体融合检索

1. 多媒体融合检索概述

研究表明：由视觉传递的信息能被理解83%，由听觉传递的信息能被理解11%，由触觉传递的信息能被理解3%，其余方式不到4%。从记忆驻留效果来看，以谈话方式传递的信息，2小时后能记住70%，72小时后能记住10%；以观看方式传递的信息，2小时后能记住72%，72小时后记住20%；而以视听并举的方式传递的信息，2小时后还能记住85%，72小时后能记住65%。[㊀]可见，正是由于视觉和听觉之间的相互影响，才对记忆效果产生了关键作用，这就是所谓的“感觉相乘”效应。

而如上所述，传统的多媒体处理技术只针对单一媒体信息进行处理，但多媒体信息并不仅仅是文本、图像、音频和视频等媒体信息的简单组合，而是多种媒体信息的交互和融合。如果仅针对单一媒体信息进行检索，通常难以取得让用户满意的结果。这是因为多媒体的信息内容非常丰富，仅利用单一媒体所获取的信息是有限的，仅利用单一媒体特征进行描述会导致多媒体信息分析与检索的不确定性，多媒体内容分析所需要的信息不能全部由媒体数据的物理特征获得。

多媒体融合是解决这些问题的一种思路，它组合了从多媒体数据流中提取的多种特征信息以及与媒体相关的各种信息，以实现比单一媒体特征更精确的处理和更明确的推理判断。由于采用了多种媒体信息，使得对多媒体信息的特性描述更加直接、有效、准确，从而提高了检索效率与质量。

多媒体融合检索通常都是以单一媒体的检索技术为基础的，并由此通过扩展、辅助、修正和交叉等方式，实现对每一种媒体的检索功能。多媒体融合检索的优势主要有两个方面：一是检索精度更高；二是通过提取包含不同媒体的语义特征来实现更深层次的检索。目前，实现视频和音频相结合的多媒体融合检索技术主要有三种：多媒体信息特征融合技术、多媒体信息交叉索引技术以及多媒体信息结果融合技术。

2. 多媒体融合检索的类型

（1）文本与图像信息融合检索。基于文本的检索和基于内容的检索是图像检索的两种基本思路。基于文本的检索可以揭示图像的语义信息，但容易受到人为因素的影响，人工标注的成本较高，而且无法完全提取图像的物理特征。基于内容的检索可以实现自动化，但难以建立从底层语义到高层语义的联系，从而影响了检索的准确性。两种方法各有利弊，若能将两者结合起来，则可以取长补短，提高图像检索的性能。

文本与图像融合检索的关键问题，是融合基于文本的图像分类器和基于视觉特征的图像分类器。前者依赖信息检索的经典TFI * DF模型，通过TFI * DF可以得到图像的关键词特征向量；后者称为OF * IIF方法，通过OF * IIF可以表示某个图像对象在图片中的权重，得到图像的视觉特征向量。对于某个图像来说，基于TFI * DF模型和基于OF * IIF模型，可以分别得到两个特征向量，结合这两个特征向量可以得到融合文本和视觉特征的表示向量，并将它作为结合文本与视觉特征的图像分类器。

（2）文本与音频信息融合检索。音频信息中的语音内容包含了大量的信息，例如，

㊀ 张鸿．多媒体信息的融合分析与综合检索．北京：科学出版社，2011。

对话、广播甚至视频信息中的音频信息都可以与文本相结合，建立关键词索引，以提高检索的效率和效果。语音识别技术即其中的关键技术之一，它可将音频信息中的部分语义信息转化为文本，实现音频信息的文本索引。语音识别一般分为两个阶段：学习和识别。前者的主要任务是建立识别基本单元的声学模型和语言模型；后者的主要任务是将输入的目标语音的特征参数与模型进行比较，以便得到识别结果。语音识别的常用方法包括模板匹配法和人工神经网络法，前者是语音识别中常用的一种相似度计算方法，将语音或单词作为识别单元，通常适用于词汇表较小的场合，后者主要由神经元、网络拓扑和学习方法组成。目前，语音识别技术在算法模型、自适用性等方面还有待完善，但它为音频与文本的融合检索提供了一条重要的途径。如果将音频中的语音部分文本化，就可以将复杂的音频索引问题转化为传统的文本索引，查全率和查准率都有较好的保障。

（3）文本与视频信息融合检索。事实上，视频流是非常丰富的多媒体数据，它自身就融合了音频信息、图像信息和文本信息。因此，它与其他媒体信息的融合检索是非常自然的。在视频流中，文本信息是其重要组成部分，它对视频内容具有很强的描述作用，尤其是对视频的高层语义分析来说更有意义。文本信息可以是来自视频帧中的字幕信息，也可以是直接从视频的图像帧中提取的文字信息。在噪声较低的情况下，文本信息还可以通过对伴随视频的音频信号进行语音识别来获得。从视频流中提取文本信息主要包括字幕提取、视频摘要等方法。

（4）万维网多媒体信息检索。万维网多媒体信息检索与传统的多媒体信息检索的区别在于，在后者中，网络只是一个平台，被检索的信息放在一起，没有被分散，也很少变化，更没有重复的信息；而在前者中，多媒体信息是嵌入到Web文档或作为独立对象出现在Internet上，且每天都会更新和删除，这些多媒体信息是杂乱分布在网络上的。目前已有不少网络搜索引擎提供多媒体信息检索入口，如同文本可以通过链接方式组织起来称为“超文本”一样，图像、视频和音频等多媒体信息也可以链接方式组织起来，称为“超媒体（Hypermedia）”。一个万维网多媒体信息检索系统通常包括三个部分：信息搜集、结构化多媒体信息存储以及多媒体信息检索。

3. 多媒体融合检索系统举例

（1）WebSEEK系统。WebSEEK系统是美国哥伦比亚大学开发的一个WWW图像检索系统，它本身也是一个独立的WWW可视化信息编目工具。目前，WebSEEK主要提供两种检索方式：目录浏览与特征检索。WebSEEK的主题目录按照字顺分为20多个大类，包括动物、建筑、艺术、天文、猫、名人、狗、食物、恐怖、幽默、电影、音乐、自然、运动、交通和旅行等，用户可以进行目录浏览。WebSEEK还提供了视觉特征检索方式，可以检索视频、彩图、灰度图、图形，或者选择所有途径进行组合检索。WebSEEK在文本与图像融合检索方面的特色是，它能够有机结合文本和视觉特征来提供对图像/视频的查询和分类。它提供了基于内容检索的入口，它能够分析网页中的文字，辅助描述网络中的图片内容，对系统自动收集的各类图片加上文本描述，建立可供高效检索的网络图像库。WebSEEK还使用了全新的算法自动对任意图像/视频进行语义层次的主题分类。

（2）iFind系统。iFind系统由微软研究院开发，是一个典型的文本和图像信息融合检索系统。该系统最突出的特点是运用了相关反馈机制。iFind 系统的基本原理为：在语义层建立语义网络，以实现语义相关反馈；而在低层采用基于特征的相关反馈。当图像库中不存在任何语义信息时，系统将退化为基于视觉特征的相关反馈检索系统。随着用户的不断查询和反馈，该系统将会学习到越来越多的语义。

（3）Informedia 系统。Informedia 是将文本与音频信息融合检索领域的先驱，Informedia 数字视频库项目是美国卡内基梅隆大学在美国国家卫生基金会（NSF）、美国国防部先进研究项目局（DARPA）、NASA 的资助下开展的一个研究项目，其研究对象是多媒体数据库的建立和使用，该库包含大量的视频、音频、文本和图像等数据。Informedia 的主要特点是将文本技术和语音技术结合到基于内容的音频检索技术中，以支持全面、自动的视频信息检索。它率先将语音识别技术应用于视频检索，通过语音识别技术产生与视频相关联的词语，并辅助视频分段，提取有意义的视频帧和词语来生成视频摘要，并用于视频的检索与浏览。

Informedia 的一个重要方向是新闻检索，通过对播音员的面孔识别和语音识别分析出常用词语，自动分割有固定模式的新闻单元。通过语音识别将播音员播报的新闻内容转化为新闻的文字脚本，然后利用文本概要技术，提取其中的重要内容（如关键词），并以此来建立新闻内容索引。

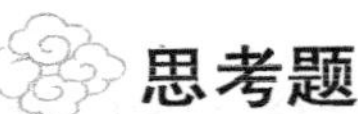

思考题

1. 多媒体技术的关键特征有哪些？
2. 什么是多媒体数据模型？它的种类有哪些？
3. 图像数据模型的三个表现层次是什么？它们分别代表什么含义？
4. 通过短时处理技术得到的常用且重要音频特征指标有哪些？
5. 简述视频信息的数据结构。
6. 多媒体数据压缩的基本要求是什么？
7. 基于内容的多媒体信息检索流程是什么？
8. 基于内容的图像检索主要有哪些类型？
9. 基于内容的音频检索主要有哪些类型？
10. 基于内容的视频检索主要有哪些类型？
11. 简述多媒体融合检索的概念与类型。

第 5 章　Web 信息存储与检索

【本章提示】　本章对 Web 信息存储与检索的基本知识进行了阐述，重点是 Web 信息组织、Web 元数据以及搜索引擎。通过本章的学习，应掌握标记语言、超文本传输协议的基本概念和应用领域，常见的 Web 元数据格式以及搜索引擎的基本原理等。

5.1　引言

WWW 是 World Wide Web 的简称，又常简称为 Web。Web 是 Internet 提供的服务功能之一，使用户可以通过浏览器在 Internet 上运行一种软件协议——通常是超文本传输协议（HTTP），从而方便地访问网络上的文本、图像、多媒体文件，而不需使用令人费解且难以操作的机器指令。Web 的出现使 Internet 再也不是计算机专家和高级科技人员的“专利”，它使 Internet 真正走进千家万户。尽管 Web 的历史仅有二十余年，但发展速度惊人，以致很多人误将 Web 视为 Internet 的代名词。

Internet 上除提供 Web 服务外，还有 E-mail、Telent、FTP、NetNews（网络新闻组）、BBS（论坛与公告栏）等功能。

目前 Internet 上 Web 信息资源的检索方法主要有三种基本形式：基于超文本/超媒体的信息浏览、基于目录的信息查询和基于搜索引擎的信息检索。

1. 基于超文本/超媒体的信息浏览

浏览是追踪由其他网络用户创建的超文本链接踪迹的过程。通过超文本/超媒体链接来浏览 Internet 上感兴趣的信息，称为基于超文本/超媒体浏览的信息获取方法。利用浏览方式进行检索时，用户从一个超文本/超媒体文档入手，沿着嵌在其中的、用户感兴趣的超链接去搜索信息。超文本链接是指向网络的另一个文件、图像或其他对象的指针。构成链接的词都是文件的标题或描述文件内容或外表特征的关键词语。单击该链接，就能检索到所需文件。凭借它的这一特性，网络浏览变得既容易又直观。

基于超文本/超媒体的浏览方式使用户能够灵活、方便地查找信息，但却有一个十分明显的缺陷，即用户的信息检索在很大程度上取决于超文本文档所提供的超链接，搜索的结果带有偶然性和片面性。在搜索的过程中也经常遇到线索中断及偏离用户感兴趣的主题的情况，从而降低了搜索的效率和效果。随着 Internet 上服务器和信息数量的指数增长，通过超链接的方式搜索信息越来越无法满足人们的需要。为充分发挥 Internet 的潜力，提高信息检索的效率，需要其他更有效的检索方法。

2. 基于目录的信息查询

基于目录的信息查询就是针对网站目录的信息查询方式。网站目录是从结构出发，采取等级结构形式，将信息进行人工分类，以目录的形式组织和表现。当用户单击超文本链接时，会沿着该等级结构从泛指类走向专指类，直到该等级结构分支的最底层，用户可以得到一个文件的标题列表。这样的网站目录曾经有 Yahoo!、LookSmart、搜狐（Sohu）等。

3. 基于搜索引擎的信息检索

搜索引擎没有网站目录那样的等级结构，不提供上下层次关系，只能用具体的关键词或词组检索。如果说网站目录类似书中的目次，搜索引擎则更像索引。更确切地说，它们是数百万按倒排索引结构组织的网页的全文索引。用户输入一个提问式，搜索引擎就开始搜索整个索引，并用各种各样的算法来发现并计算关键词与文件之间的关联程度，被认为最“相关”的文件首先出现在结果列表中。

Web 是 Internet 中发展最快、信息存储和信息检索量最大的资源。了解了 Web 信息检索的基本方式之后，为了更好地检索信息，需要了解 Web 的信息组织形式。

5.2 Web 信息组织

5.2.1 超文本

1. 超文本概述

超文本（Hyper Text）一般是指那些包含有指向其他文档的链接的文本。它是对信息的一种组织方式，是对普通菜单的一种改进。它将菜单集成于文本之中，因此可以看作一种集成化的菜单系统。用户直接看到的是文本信息，在浏览文本信息时，用户随时可以选中其中的超链接，通过超链接跳转到其他的文本信息。由于在文本中包含了与其他文本的链接，所以超链接最大的特点是无序性，并且一个文本可以包括多个超链接。

传统的文本信息是一种线性的结构，一般只能顺序地对其进行存取和阅读，文件和文件夹之间也不能随意跳转。即便是树状的层次结构文件系统，文件与文件之间也具有从属关系。它有一个主干，从主干往下有一级一级的分支，不是所有的文件之间都可以相互跳转。

现实世界中事物之间的关系是相互交错、十分复杂的，人的思维方式也是跳跃式的，具有联想的功能。超文本模拟人的这种联想式的思维方式来组织文件。这样，文件与文件之间，同一文件中的不同部分之间均可以进行跳跃转移。超文本既可以认为是一种非线性阅读和书写的文件组织方法，也可以认为是一种依赖计算机的思维和交流的工具。这种结构实际上就是一种网状的结构，跳转点就是一个“链接”点，通常称为超文本链。

对作者来说，超文本是新一代的字处理系统，使用它可以方便地实现模块移动、查询、替换、校对、提纲描述、浏览和对电子文献进行标记。对读者来说，超文本是一种新的数据库检索系统，使用它可以使一篇文献适用于多种目的。读者可以从不同角度、以不同方式进行查询、检索，使操作更灵活、更方便。从计算机技术角度看，超文本是一种数据库方法，它提供了一种新的直接接触数据源的途径。它是一种表示系统，一种集非结构化和结构化的文献资料、操作和进程于一体的语义学网络。

超文本是一种接口形式，最突出、最独特的属性就是机器支持下的“跟踪参考”，这种属性是由超文本节点间的“链接”赋予的。这种“链接”即“超级链接”或“超链接”，也简称为“超链”。超链具有如下特点：①可链接参考文本及自身；②可链接一篇文献及其评述和标引；③可链接同一篇文献的两个连接章节；④可链接表格、图形、图像、声音及视频等多媒体信息。

超文本思想的提出可以追溯到20世纪中叶。1945年，美国的Vannenar Bush构想了一种称为Memex的设备：“是否能创造一种阅读设备，使人们在阅读过程中能够根据自己的思维和兴趣选择阅读”，这可以说是最早的超文本构思。然而其后20年内，超文本技术并没有引起人们的特别关注。直到20世纪60年代中期，特别是进入90年代以后，Internet的发展与普及，才使得超文本技术得到了广泛的应用。

1967年，计算机科学家Ted Nelson提出了超文本这一概念，并设计了一个超文本系统（Xanadu）。1968年，斯坦福研究所的D. Engelbart根据Bush提出的Memex试验，建立了一个具有超文本特征的NLS（Online System），该系统将文件中相关信息进行链接，实现非线性查找。到了20世纪90年代，由于Web技术的诞生和发展，超文本技术的特点逐渐得到了充分展示。

从原理上讲，超文本结构在印刷型文献中早已存在，只是人们在阅读文献时并没有从中感觉到带来多少方便，因此它并没有引起人们的注意与重视。例如，文本中的目录、脚注、页注、文末注明的参考文献等与文本本身存在着某种文献信息网系，这种文献信息网系可视为是“手工超文本”。计算机检索技术的发展为超文本的应用提供了实现基础，人们在计算机上能够像阅读顺序文本信息一样方便自如地阅读复杂的超文本结构信息。可以肯定，如果没有计算机和网络，超文本技术将很难得到人们的重视，取得目前这样的成就。

可以认为，超文本技术既是一种信息单元的组织和检索技术，也是一种软件设计技术。它利用计算机技术、通信技术、知识表达技术、多媒体技术等，将包含文字、图像、声音、视频等的电子信息按其相互之间的关联性和可能出现的连续性进行非线性编排，使得只要两个信息单元之间存在着直接或间接的关联，就可以从其一顺着关系链到达另一个信息单元。

作为一种新型信息检索技术，超文本技术与全文检索和布尔逻辑检索相比，具有以下几个特点：

（1）非线性的组织结构。超文本组织除了存放源文献、文献摘要或题录信息等这类被检索对象，还标记有与其他信息单元相链接的超链。对于非超文本检索系统，它所存储的信息都是呈线性存放的，检索结果也只能顺序浏览。而超文本系统由于在文本的信息单元之间增加了关联链，可实现相关信息单元之间的“跳跃式”阅读，包括同一文本内部、文献之间，甚至是远程计算机上的信息。

（2）以信息单元为检索对象。在非超文本检索系统中，检索对象以文献（记录）为基本单位，用户的检索结果一般是整篇源信息或指向源信息的线索。而超文本检索系统，是把一个完整的篇章信息分割成一个个信息单元，信息单元之间根据关联关系建立链接，这样使得原本独立的信息单元组成了一个复杂而又贯通的信息网络。用户从网中任意点出发都可以检索到与其相关的信息单元，有些结果（信息单元）可能是用户事先没有想到的，由于与用户感兴趣的链接点有关联，这些信息也会关联出现，从而帮助用户调整检索策略、补充检索内容。

(3) 体现了信息层次关系。非超文本检索系统中的信息都处在同一个平面上，所有信息都没有属分关系，没有上下层次之分。超文本组织的信息单元通过超链关联，使信息单元具有关联关系，表现出层次结构，使检索过程中的相关信息一目了然。用户可以通过信息单元间的层次关系、信息单元之间的路径或间隔节点数来判断检索结果与查找主题的相关程度。

(4) 交互更加友好。超文本检索采取人机对话的方式，系统对用户的透明度相当高。用户可以很方便地根据检索结果单击其中的超链，调出新的相关信息，使用户很容易把握自己的检索进程和检索结果。而且，超文本浏览器使用户可以很方便地回顾检索历史，另选超链对象，获得新的检索结果。超文本检索的友好界面使信息检索过程、检索策略以及检索操作不再是检索专家的“专利”，人人都可以借助超文本检索进行信息检索。

(5) 信息内容丰富多样。超文本检索对象包括文本信息、多媒体信息等。超文本结构中的关联信息有文字、图像、声音、动画等多种形式，使其检索的对象与结果更加具体、生动、形象，富有表现力。因此，也有人将超文本技术称为“超媒体技术”。超文本节点本身可以是图像或动画，指向的信息可以是对图像进行解释的文本信息，也可以指向一个图像、动画或其他视频信息。

(6) 避免了检索语言的复杂性。非超文本检索系统需要用户自己选择检索词和构造检索表达式，这可能会出现由于用户对系统标引体系缺乏了解，同样的检索需求对于不同的用户来说，得到完全不同的检索结果。而超文本系统采用的非线性组织结构，显式地向用户提供检索对象的原貌和相互关系，检索者无须使用固化的检索语言，更不必为检索式语法是否规范、检索词与标引系统是否一致而担心，彻底摆脱了由检索语言的复杂性带来的麻烦。特别是在尚不熟悉的领域里检索，用户可以沿着超链“顺藤摸瓜”地找到自己需要的信息。

2. 超文本的功能

超文本的主要功能在于对信息的表示、信息的组织、信息的浏览以及信息的检索等。这些功能的实现主要取决于超文本的组织结构。超文本在文本中定义了大量超链使其变成了非线性结构。

信息的表示是指通过超文本结构把图形或文本、知识概念、组织结构以及知识概念间的关系表示出来。从信息表示的角度出发，超文本结构表现为层次结构和交叉链接结构。

超文本的层次结构提供了自然、清晰的数据组织，信息的隶属关系明确，是实现文档组织和浏览导航的最佳结构。目前，许多组织机构的网站介绍、检索系统和各类软件的联机帮助文档几乎都采用层次型的超文本结构。交叉链接结构体现了文本中信息间的关联关系，可以自由地建立知识单元之间的联系，使人们可以实现直接跳跃式阅读。该结构也是最初超文本结构的实现思想。

浏览与检索型的超文本强调信息间的充分关联，注重信息的分级和聚类，为用户选择信息源提供导航和检索范围，以保证在浏览时快速选准目标，检索时有效缩小检索范围。表现这两种类型的超文本结构主要为层次-交叉结构和簇网结构。

层次结构难以体现灵活的信息关联性，而交叉链接结构又显得杂乱，容易引起迷航。采用两者的结合可以实现互补，有利于进行快速和相关性浏览。簇网结构提供了一种分层网络结构，便于缩小搜索范围和获得较高的查全率。

3. 超文本的结构

1988年，Campbell和Goodman提出了超文本体系结构的三层模型理论：数据库层；超文本抽象机层；用户接口层。虽然目前的超文本系统在它们的内部结构中没有完全遵照这种模型，但是三层模型仍然是超文本系统的基本体系结构。

（1）数据库层。数据库层是三层模型的最低层，它涉及所有的有关信息存储的问题。实际上，这一层并不构成超文本系统的特殊性。它以庞大的数据库作为基础，而且由于在超文本系统中的信息量大，因此需要存储的信息量也大。一般要用到大容量存储器，或把信息存放在经过网络可以访问的远程服务器上，但不管信息如何存放，必须要保证信息块的快速存取。

此外，数据库层还必须解决传统数据库中也必须要解决的问题，例如信息的多用户访问、信息的安全保密措施、信息的备份等。对信息的存取控制也可以放到超文本抽象机层去确定。就数据库而论，超文本的节点和链，只不过是数据对象，它们构成一次仅能由一个用户修改的信息单位并占有较多的存储空间，在数据库层实现时，要考虑如何能更有效地管理存储空间和提供更快的响应速度。

（2）超文本抽象机层。超文本抽象机层是三层模型的中间层，位于数据库层和用户接口层之间。在这一层中要确定超文本系统的节点和链的基本特性及它们之间的自然联系。另外，应知道节点的其他属性，例如节点的“物主”属性指明该节点的创建者、谁有权修改它等。

另外，虽然超文本系统还没有统一的标准，但不同的超文本系统之间有必要相互传送信息，这就需要确定信息转换的标准格式。超文本抽象机层是实现超文本输入、输出格式标准化的最理想层次。因为数据库存储格式过分依赖于机器，而用户界面各超文本系统之间差别很大，难以统一。超文本的格式转换不是一件容易的事，它不但存在非ASCII[⊖]信息转换问题，也存在节点之间连接关系的转换问题。实际上，可以把超文本系统中的超文本抽象机层理解为超文本的概念模式，它提供了对下层数据库的透明性和上层用户界面层的标准性。

（3）用户接口层。用户接口层也称表示层或用户界面层，是三层模型中的最高层，直接影响着超文本系统的成功。它应该具有简明、直观、生动、灵活、方便等特点。

用户接口涉及在超文本抽象机层中信息的表示，主要包括用户可以使用的命令、如何展示超文本抽象机层信息、是否要用总体图来表示信息的组织，以便及时指出用户当前所处的位置等。

超文本系统的用户界面大都支持标准的窗口与节点一一对应，目前较好的接口风格主要有以下几种：

1）菜单选择方式。这是较传统的人机接口方式，一般通过光标或移动鼠标，对菜单中所列项进行逐级选择。但是如果菜单级太多，容易迷失方向。

2）命令交互方式。这一般提供给应用开发人员使用，对初学者来说不易掌握，往

⊖ American Standard Code for Information Interchange的简写，即美国标准信息交换代码。

往容易打错命令导致出错。

3）图示引导方式。这种方式是超文本系统的一种特色，它将超文本抽象机层中节点和链构成的网络用图显示出来，这种显示图又称导航图，可以分层。它的作用是帮助用户浏览系统并随时查看现在何处、当前节点在网络中的位置及其周围环境，防止用户迷失方向。图示的另一种引导方式是根据某一种特定需求，构造一个导游图。把为了完成这一种特定需求的各种操作，以导游图方式标出一个有向图，用户按此图前进，最终完成任务。

4. 动态超文本生成技术

超文本中信息节点通常在创建超文本文件时预设链接标记，以保证浏览时的跳跃阅读。然而，对于大容量的文本信息或已建立好的全文数据库创建超链，不但工作量巨大，而且对以后全文中发生变化的链接（锚点）进行修改也极其困难，因此这种预制链接锚点的做法在全文检索系统中是不现实的。而动态的自动生成全文信息中的链接锚点就是对全文检索技术的补充。

（1）动态生成文本链接锚点。所谓动态生成文本链接锚点，是指在检索过程中，系统自动为检索结果（文本）建立链接锚点，使检索者在阅读检索结果时，能够通过链接锚点实现跳跃式阅读。因此，锚点生成强调“动态”才更有实际意义。锚点的动态生成应体现在两个方面：一是即时性，即只对检索结果临时生成链接锚点；二是可变性，即随着锚点词库中内容的增加，文本中即时生成的链接锚点也将相应增多。

实现上述目标，应当把研究的重点放在锚点词库的构建和链接锚点自动生成算法两个方面。

1）全文数据库与锚点词库。每一篇文献都存在许多知识点，这些知识点往往不在全文中详细说明，如在一个有关“社区卫生服务为主题的全文数据库”中可能会出现这些名词，如“零差率”“基本药品目录”“收支两条线”“医保预付”等，读者在阅读全文遇到这类词时，若对它们不完全了解或不理解时，就会希望能够即时获得详细解释信息。当然，读者可以停下来查阅工具书或有关资料来进行理解，但这样做会影响阅读效果，增加阅读时间。因此，在全文数据库检索系统中解决这类问题成为新型检索系统的新研究方向。

全文数据库存放的是文献全文信息，如何在全文中动态设置链接锚点，主要是解决锚点源的问题。可以将一些重要的知识点建立知识库（锚点词库），在输出检索结果时，将这些知识点创建为锚点，与锚点词库的相关信息建立链接，获得即时阅读详细知识的途径。锚点词库由三个字段组成：知识词、图文标记、详细说明。如果知识词的说明信息是文字，则说明信息放置在“详细说明”字段中；若知识词的说明信息为图形，则“图文标记”字段为真，“详细说明”字段存放的是该图形文件的文件名。全文与锚点词库的关系结构如图 5-1 所示。

2）全文链接锚点的自动生成。图 5-1 中锚点词与词库的链接关系是在检索结果得到后自动创建的，也就是说是在检索结果的输出过程中通过程序来实现的。锚点的具体生成步骤如下：

- 将锚点知识词典中知识词字段的内容装入内存，形成有序数组。
- 用检索的结果信息去匹配知识词字段数组，匹配算法采用正向最长的原则。

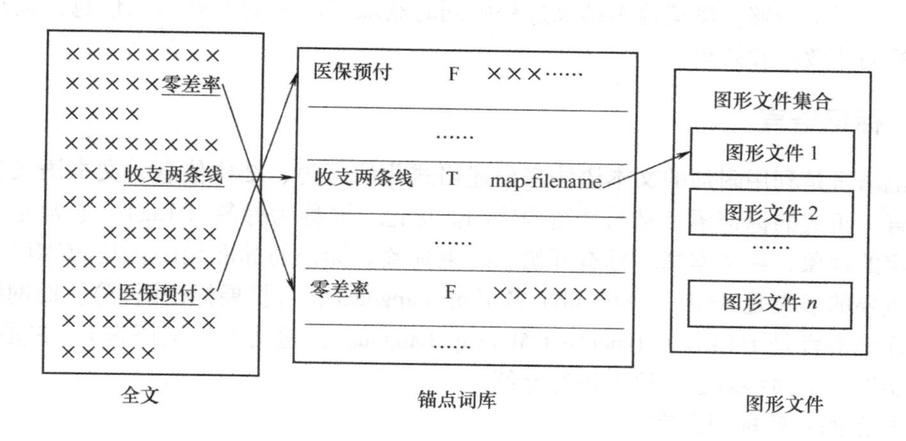

图 5-1　全文与锚点词库的关系结构

- 匹配成功将其词段标记成超链锚点，并以统一资源定位符（URL）的方式保存，点击即调用执行。
- 每处理完一段文本，即将该文本连同标记好的锚点同时输出。

这样生成的全文信息使用户能够及时获得一些专用名词（锚点词）的知识，给阅读提供极大的方便。

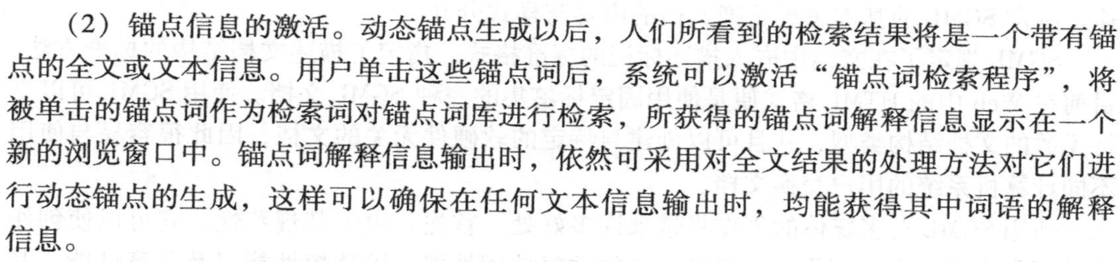

（2）锚点信息的激活。动态锚点生成以后，人们所看到的检索结果将是一个带有锚点的全文或文本信息。用户单击这些锚点词后，系统可以激活“锚点词检索程序”，将被单击的锚点词作为检索词对锚点词库进行检索，所获得的锚点词解释信息显示在一个新的浏览窗口中。锚点词解释信息输出时，依然可采用对全文结果的处理方法对它们进行动态锚点的生成，这样可以确保在任何文本信息输出时，均能获得其中词语的解释信息。

（3）锚点词的全文检索。在阅读检索出的全文信息时，有时读者要求能够直接、快速地阅读包含某些关键词的段落。这种要求在常规的全文检索系统和超文本检索中极少见到，但这一方式确实能大大提高阅读效率和阅读的针对性。在自动生成锚点的过程中又得到了一个副产品（文本中所含锚点词集合），可以通过在阅读界面设计一个窗口（锚点词列表窗口），用于列出全文中出现的锚点词。通过单击锚点词列表窗口中的词汇，光标可直接跳跃到全文中第一个拥有该词的段落，光标所在段落即为当前阅读段落，然后还可以顺序阅读出现在其他位置上的该锚点词段落，这有点类似于 Word 软件中的“查找”命令。

锚点词列表窗口中信息的产生是在对检索结果创建锚点时记录下来的，不必专门处理。为了扩大锚点词窗口中的信息量，可针对不同的数据库增加一些关键词。例如，在历史类全文库中增加重要的地名、人名、年代等。这样可为用户在阅读过程中，增加全文搜索点。有时，用户甚至可根据列表词汇来确定该文献是否是自己所需要的检索结果。

在全文检索系统中嵌入超文本技术是信息检索领域中的一个新课题，对网络环境下的检索系统更加具有意义。它的应用将改变全文检索系统中只能顺序阅读检索结果文本的状况，保证了能够在浏览检索结果过程中同时获取资料中的专有知识信息，提高了检索系统的阅读效率和效果。

5.2.2 标记语言

标记语言是利用附加的文本语法来描述格式化的行为、结构信息、文本语义和属性等的语言。正式的标记语言是高度结构化的。标记，又称为标签（Tag），通常是为了消除不确定的现象，在文本两端标有开始和结束标签。标记的标准元语言是 SGML。SGML 的一个重要的子集是 XML（eXtensible Markup Language，可扩展标记语言）。而网络中最流行的标记语言是 HTML（HyperText Markup Language，超文本标记语言），它是 SGML 的一个实例。下面将对这些语言进行介绍。

1. 规范的一般标记语言

SGML（Standard Generalized Markup Language，标准通用标记语言）是 1986 年出版发布的一个信息管理方面的国际标准（ISO 8879）。它是 ISO/ANSI[㊀]/ECMA[㊁]的一个标准，是一种用来注释文本文档、提供文档片断的类型信息的规范。该标准定义独立于平台和应用的文本文档的格式、索引和链接信息，为用户提供一种类似于语法的机制，用来定义文档的结构和指示文档结构的标签。其中，Markup 的含义是指插入到文档中的标记。标记分为两种：一种用来描述文档显示的样式；另一种用来描述文档中文字的用途。制定 SGML 的基本思想是把文档的内容与样式分开。

SGML 规定了在文档中嵌入描述标记的标准格式，指定了描述文档结构的标准方法，目前在 Web 中的 HTML 格式便是使用固定标签集的一种 SGML 文档。使用 SGML 可以支持无数的文档结构类型，并且可以创建与特定的软硬件无关的文档，因此很容易与使用不同计算机系统的用户交换文档。

使用 SGML 对多媒体的创作将带来许多好处。首先，由于其规范性，它可以使创作人员更集中于内容的创作，可提高作品的重复使用性能、可移植性能以及共享性能。其次，由于 SGML 的独立性，它在许多场合都有用武之地。同 XML 相比，其定义的功能很强大，缺点是它不适用于 Web 数据描述，而且软件价格非常昂贵。

SGML 是用于标记文本的一种元语言，由 Goldfard 领导的小组在 IBM 早期工作的基础上开发出来，它定义了基于标签的标记语言的规则。每个 SGML 的实例都包含了对文献结构的描述，称为文献类型定义（Document Type Definition，DTD）。因此，SGML 文献可定义为对文献结构的描述，用描述结构的标签标记文本。

DTD 常用于描述和命名组成文献的部分，以及明确这些部分之间是如何相互关联的。定义部分可以通过 SGML 的 DTD 来具体说明，其他部分如元素的语义和属性、应用相关的约定等，在 SGML 中不是形式化地表示。然而，也可以用形式化的注释来表示，这就意味着用于标记 SGML 文献的所有规则只是定义的一部分，而那些能够用 SGML 语法表达的部分可以用 DTD 来表示。DTD 不定义标签的语义（即意义、表示和行为）及其预期的使用，但有些语义可以包含在注释中，嵌入到 DTD，而将更完整的信息放在独

㊀ 美国国家标准学会。

㊁ 欧洲计算机制造联合会。

立的记录中。这些额外的记录（Documentation）主要描述元素、逻辑数据、属性以及有关这些数据的信息。例如，在不同的应用中，两个标签可以用相同的名称，但其语义不同。

标签用尖括号指示，即<标签名称>，用于表示文献中一段（例如文本的一个引用）的开始和结束。而尾标签是在标签名前加一斜线来区别的，如</标签名称>。例如，标签</作者>能够用来识别“作者姓名”元素，它以斜体的形式出现，并与人物传略相关联。标签的属性在元素的开始部分就已经明确说明了，即在尖括号内和名字标签之后，用语法“属性名=值（attname=Value）”来说明。

SGML文献的实例往往与DTD相关，以便多种数据操作工具能够知道标签正确与否和文献的组织结构。因为SGML把内容同格式区分开来，不存在以格式化的形式输出数据的标准方法，所以经常在SGML文献中加入指明如何编排文献的格式。基于这个目的，人们设计了输出规范标准，如文献样式语义规范语言（Document Style Semantic Specification Language，DSSSL）和格式化输出规范实例（Formatted Output Specification Instance，FOSI）。这两个标准都定义了把样式信息和SGML文献实例联系起来的机制，成为定义SGML系统的组成部分。

SGML的一个重要用途是用于文本编码创新（Text Encoding Initiative，TEI）项目。TEI是1987年开始的一个合作项目，由几个美国人文科学协会和语言学协会承担，主要目的是为学术研究以及工业电子文本的准备和交换制定指导方针。除此之外，TEI还通过SGML DTD来生成几种文献格式，其中用得最多的格式是TEI Lite。TEI Lite DTD既可以单独使用，也可以与TEI DTD文件的全集结合使用。

2. 超文本标记语言

HTML是SGML的一个实例。HTML产生于1992年，经过不断的发展，到2008年已经发展到HTML5.0版本。目前，它在许多方面得到了扩展与完善，如数学公式的表达等。许多Web文献都是以HTML格式存储和传输的。HTML作为一种简单的语言也适合于超文本、多媒体以及小而简单的文献的显示。

HTML是基于SGML的，尽管有一个HTML DTD，但大多数的HTML实例都不直接引用它。HTML的标签继承了所有SGML的约定和格式化方式。

HTML文献还可以嵌入其他媒体，如不同格式的图像或声音。此外，HTML还包括了用于不同的应用和目的的元数据字段。如果把程序（如Java Script）插入到HTML页中，就被称为动态HTML或DHTML。HTML不应当同微软公司开发的用于存取和操作HTML文献的应用程序编程接口（Application Programming Interface，API）相混淆。

由于HTML并没有固定文献的表现形式，所以研究人员在1997年提出了层叠样式表（Cascade Style Sheets，CSS）。CSS为作家、艺术家和出版商在Web的HTML页面中制作出具有美感的可视化效果提供了一种有效的方法。样式表（Style Sheets）可以一个接一个地使用（称为层叠），以定义HTML页面中不同元素的表现样式，从而把有关表达的信息和文献的内容区分开来，其结果是能简化Web页的实现，提高Web页的存取速度，从而快速、简单地访问Web。然而，当前的浏览器对CSS的支持仍然不是很充分。另一个缺点是两种样式表既不一致也不完整，因而样式的效果特别是颜色方面不是很理想。CSS希望能够在作者的期望和关注表达问题的读者期望之间达到平衡。虽然如此，但它仍不能明确由谁或者在什么情况下作者和读者应该确定表现样式。

HTML的发展既向上兼容，又向下兼容，因此人们应该能够用老的浏览器观看新的网页。HTML5.0的优点主要在于可以进行跨平台的使用。一款HTML5.0的游戏，可以很轻易地移植到UC的开放平台、Opera的游戏中心、Facebook应用平台，甚至可以通过封装技术发放到App Store或Google Play上，因此它的跨平台性非常强大。

传统的HTML应用常常采用标签的固定的小型集合，遵从单一的SGML规范。确定标签的小型集合允许用户将语言说明从文献中区分开来，以便更容易地构建应用。但是，这些优点是以在几个重要方面有严格限制为代价的，特别是HTML：

- 不允许用户详细说明标签及其属性以便用参数表示数据，或从语义上限制数据。
- 不支持需要表达数据库模式或面向对象型层次的嵌套结构规范。
- 不支持那种需要检查数据重要结构的有效性的语言规范。

HTML语言是一种简单的标记型语言，用于生成超文本文件。确切地说，HTML并不是程序语言，而只是被放置在文本周围和内部的一组编码，使它通过浏览器以某种方式显示出来，并被赋予一些特定的属性，如能与另一个文件链接等。HTML适合表现广泛应用的信息，如新闻（News）、邮件（Mail）、文件和超媒体等信息资源。

3. 可扩展的标记语言

XML是SGML简化的一个子集。也就是说，XML不是一种标记语言，同HTML一样是一种元语言，能够以与SGML相同的方式包含标记语言。XML的语义标记既能够让人读懂，又能够让机器识别。因此，XML使得开发和使用新的特殊的标签变得更加简单，并能够进行网上数据的自动创建、语法分析和处理，还使应用能够实现与JavaScript或其他程序接口的功能。

XML不像HTML那样有很多局限，但它有更加严格的语法，这在处理阶段显得尤为重要。在XML中，尾标签不能省略。它区分大小写，所以img和IMG是两个不同的标签（而在HTML中不区分）。此外，所有的属性值必须用引号括起来，因此在不知道标签含义的情况下对XML做语法上的分析也是比较容易的。是否使用DTD是可选的，如果没有DTD，则在语法分析时获得标签的信息。与SGML相比，XML有少量语法上的区别。

XML允许任何用户定义新的标签和更复杂的结构，例如，采用与SGML相同规则的无限嵌套，并且可以对数据的有效性进行检查。XML是SGML的一个说明档，排除了执行中的许多困难，因而它在很大程度上类似于SGML。如前所述，XML排除了DTD存在的必要条件，这就能够直接从数据中进行语法分析。在应用文献中排除DTD显得尤为重要，这对软件的功能也产生了很大的影响。在标签名之间语义模糊不清的情况下，目标之一就是设置一个名称空间（Name Space），以使利用有规则可循。

可扩展样式表单语言（eXtensible Style Sheet Language，XSL）相当于XML的层叠样式表（CSS）。XSL用来转换高度结构化、数据密集型的XML文献和设置XML文献的样式。例如，用XSL可以自动提取一篇文献的目录。XSL的语法是用XML定义的。除了可以向一篇文献中增加样式以外，XSL还可以将XML格式下的文献转换成HTML和CSS格式，这有点像Word字处理软件中的宏。

XML的另一个扩展是可扩展链接语言（eXtensible Linking Language，XLL）。XLL定

义了不同类型的内部链和外部链。任何数据类型都可以作为链源，输出的链可以定义在不可修改的文献中。而被链接的对象可以嵌在文献里，也可以在不改变当前应用的情况下生成一个新的上下文，如在新窗口中显示对象。

XML最新的使用包括：①数学标记语言（Mathematical Markup Language，MathML），定义两组标签，一组用来表达数学公式，另一组用来说明公式的意义；②同步多媒体集成语言（Synchronized Multimedia Integration Language，SMIL），是在Web环境下，对多媒体表示进行调度的说明性语言，可以指定不同对象的位置和激活时间；③资源描述框架（Resource Description Framework，RDF），XML的元数据信息由RDF给出。

XML集指明了可分析的层次对象模型在HTML的发展中扮演着越来越重要的角色。下一代HTML应该以一套XML标签集合为基础，与数学、同步多媒体和向量图一起使用（可以用如前所述的基于XML的语言）。也就是说，重点将放在结构化数据和数据建模上，而不是表达和版面设计问题。

XML是将结构数据（如工作表中的数据）加入文本文件（遵循标准原则，可由多种应用程序读取）的一种方法。设计者通过创建自己的自定义标记，可以在应用程序之间以及组织之间使用数据的定义、传输、有效性验证和说明。

XML标记描述了文本文件中的数据（例如，文件中的特定文本字符串可能被描述为“客户名”）。与HTML不同，XML标记不指定格式或数据在屏幕上的显示形式。XML数据的格式规则通常保存在样式表中，当将其应用于XML文件时，可正确地设置数据格式。若要应用样式表，可将引用该样式表的命令写入XML文件。XML样式表的标准被称为XSL。

5.2.3 超文本传输协议

1. 超文本传输协议概述

Internet上有很多Web服务器，客户端与Web服务器的交互是通过超文本传输协议（Hypertext Transfer Protocol，HTTP）来完成的。HTTP是将文档从主机或服务器传送到浏览器或者个人用户的方法。它是互联网上应用最为广泛的一种网络传输协议。所有的WWW文件都必须遵守这个标准。设计HTTP最初的目的是提供一种发布和接收HTML页面的方法。

HTTP的发展是万维网联盟和Internet工作小组合作的结果，在一系列的RFC[㊀]发布中确定了最终版本，其中最著名的是RFC 2616。

HTTP是一个用于在客户端和服务器间请求和应答的协议。一个HTTP的客户端，诸如一个Web浏览器，通过建立一个到远程主机特殊端口（默认端口为80）的连接，初始化一个请求。一个HTTP服务器通过监听特殊端口等待客户端发送一个请求序列，就像“GET / HTTP/1.1”（用来请求网页服务器的默认页面）有选择地接收像E-mail一样的MIME[㊁]消息。此消息中包含了大量用来描述请求各个方面的信息头序列，响应一个选

㊀ Request for Comments的简称，是一系列以编号排定的文件。文件收集了有关互联网的信息，以及UNIX和互联网社区的软件文件。

㊁ Multipurpose Internet Mail Extensions的简写，即多用途互联网邮件扩展类型。

择的保留数据主体。接收到一个请求序列后（如果要的话，还有消息），服务器会发回一个应答消息，诸如“200 OK”，同时发回一个它自己的消息，此消息的主体可能是被请求的文件、错误消息或者其他一些信息。

HTTP 不同于其他基于 TCP 的协议，诸如 FTP。在 HTTP 中，一旦一个特殊的请求（或者请求的相关序列）完成，连接通常被中断。这个设计对于当前页面有规则地连接到另一台服务器页面的万维网来说，HTTP 是完美的。这些方法中的大部分包括了对“cookies”[⊖]的使用。

HTTP 是为分布式超媒体信息系统设计的一个协议。它是无状态、面向对象的协议。HTTP 一般用于名字服务器和分布式对象管理。由于 HTTP 1.0 能够满足 WWW 系统客户与服务器通信的需要，从而成为 WWW 发布信息的主要协议。

有一个 HTTP 的安全版本称为 HTTPS，HTTPS 支持任何的加密算法，只要此加密算法能被页面双方所理解。

2. 超文本传输协议的特点

（1）客户/服务器模式。HTTP 支持浏览器与服务器间的通信，使它们相互传送数据。服务器可以为分布在世界各地的许多浏览器服务。HTTP 定义的事务处理由以下四步组成：① 浏览器与服务器建立连接；② 浏览器向服务器提出请求；③ 如果请求被接受，则服务器送回应答，在应答中包括状态码和所要的文件；④ 浏览器与服务器断开连接。

（2）简单——HTTP 能简单、有效地处理大量请求。在浏览器与服务器连接后，浏览器必须传送的信息只是请求方法和路径。HTTP 规范说明了定义的几种请求方法，实际上常用的只是其中的三种：GET、HEAD、POST。每种方法规定的浏览器与服务器联系的类型都不同。正是因为 HTTP 简单，所以 HTTP 服务器程序规模小而且简单。这样做的直接效果是经由 HTTP 的通信速度很快。与其他协议相比，时间开销小得多。

（3）灵活——HTTP 允许传输任意类型的数据对象。Content-Type 标识正在传输的数据类型。如果把数据看成是装在“罐”里的东西，那么 Content-Type 是贴在罐上的标签，它告诉人们里面装的是什么。

（4）无连接——HTTP 是一个无连接协议。它的含义是限制每次连接只处理一个请求。浏览器与服务器连接后提交一个请求，在浏览器接到应答后马上断开连接。使用这种无连接协议，在没有请求提出时，服务器不会在那里空闲，服务器更不会在完成一个请求后还抓着原来的请求不放。使用无连接协议就好像写信，一旦写好信发出去就没事了。对方回信有了新信息，再写另一封信。而保持连接协议与打电话相似，即双方轮番说话后才挂断，对话期间电话线一直被占用。对于无连接协议而言，服务器一方实现起来比较容易，又能充分利用网上的资源。

（5）无状态——HTTP 是无状态的协议。这既是它的优点也是缺点。一方面，由于没有状态，协议对事务处理没有记忆能力。如果后续事务处理需要前面处理的有关信息，那么这些信息必须在协议外面保存。缺少状态意味着所需要的前面的信息必须重现，势必导致每次连接要传送较多的信息。另一方面，也正是由于缺少状态使得 HTTP

⊖ 某些网站为了辨别用户身份、进行时域（session）跟踪而储存在用户本地终端上的数据（通常经过加密）。

累赘少，运行速度高，服务器应答较快。

（6）元信息——HTTP 1.0 对所有事务处理都加了头。也就是说，在主要数据前加上一块信息，称为元信息，即信息的信息。它使服务器能够提供正在传送数据的有关信息，例如，传送对象是哪种类型，是用哪种语言书写的等。人们还可以利用元信息进行有条件的请求，或者报告一次事务处理是否成功等。HTTP 中有两种提供元信息的方法：一是当服务器回答客户请求时，服务器把元信息作为回答的一部分；二是客户一方随着请求把元信息一同送给服务器，帮助服务器满足客户的请求。当然这些信息块是可选项。从功能上分，HTTP 支持四类元信息，即一般信息头、请求头、应答头和实体头。

3. 客户与服务器间的信息交换

服务器运行时一直在端口（端口号一般是 80）倾听，等待连接的出现。打开一个连接就像拿起电话拨某人的电话号码一样。从技术上讲，就是客户打开一个套接字（Socket），并把它约束在一个端口上。套接字是一个能进行网络输入输出的特殊文件类型。从浏览器的观点来看，打开一个套接字就是建立一个虚拟文件，做完这些事就是打开一次连接。当在文件上写完数据后，就把数据经由网络向外传送。打开连接后，浏览器把请求数据行送到服务器驻留的端口上，完成“提出请求”动作。HTTP 1.0 版本的请求由数行构成，其中第一行是请求，它包括方法、URL 和协议版本号。其余行依次是一般信息头、请求头和实体头。由于这时已经与 HTTP 服务器建立了连接，故在第一行中的 URL 不再包括协议名、主机名和端口号。请求中的方法描述的是在指定资源上应该执行的动作。

HTTP 定义了七种请求方法，其中常用的有 GET、HEAD 和 POST。

（1）GET。GET 方法的目的是取回由 URL 指定的资源。它主要用于把由链指定的对象取回。若对象是文件，则 GET 取的是文件内容；若对象是程序或描述，则 GET 取的该程序执行的结果，或该描述的输出；若对象是数据库查询，则 GET 取的是这次查询结果。例如，在浏览器上用户选定一个链，则浏览器就用 GET 方法取回该文件。通过加上查询条件，GET 也可以用来指定一个查询，例如，GET /cgi-bin/wais. pl? key1 + key2，其中 key1 和 key2 是查找 WAIS 数据库的关键字。查询结果是满足查询条件的数据集合。此外，发送 HTML FORM 内容也使用 GET 方法。如果从 FORM 发出的内容较多，最好使用 POST 方法。

（2）HEAD。HEAD 方法要求服务器查找某对象的元信息而不是对象本身，例如，浏览器想知道对象的大小、对象的最后一次修改时间等。由于不必传输对象本身，所以这类请求执行很快。

（3）POST。从客户向服务器传送数据，要求服务器和 CGI[㊀] 程序做进一步处理时会用到 POST 方法。POST 主要用在发送 HTML FORM 内容，让 CGI 程序处理。这时 FORM 内容的 URL 编码随请求一起送出。在请求头中还应给出 Content-Type 和 Content-Length。服务器根据内容的类型和长度信息，动态地分配空间，并取到 FORM 的内容。请求头是要告诉服务器怎样解释本次请求。它们主要有浏览器可以接受的数据类型、压缩方法和语言等。服务器应答是对浏览器请求的回答。

㊀ Common Gateway Interface，即公共网关接口。

5.2.4 超文本浏览器

Web Browser，也称网络浏览器或网页浏览器，简称浏览器。浏览器是显示网页伺服器或档案系统内的 HTML 文件，并让用户与这些文件互动的一种软件。个人计算机上常见的网页浏览器包括微软的 Internet Explorer（IE）、Mozilla 的 Firefox、Opera 和 Safari 等。浏览器是最经常使用的客户端程序。

网页浏览器主要通过 HTTP 连接网页伺服器而取得网页，HTTP 允许网页浏览器送交资料到网页伺服器并且获取网页。目前最常用的 HTTP 是 HTTP/1.1，这个协议在 RFC 2616 中被完整定义。HTTP/1.1 有一套 Internet Explorer并不完全支持的标准，然而许多其他的网页浏览器完全支持这些标准。

网页的位置以 URL 指示，这是网页的地址，如以“http:”开头的便是通过 HTTP 协议登录。很多浏览器同时支持其他类型的 URL 及协议，例如，“ftp:”代表 FTP，“gopher:”代表Gopher，“https:”代表 HTTPS（以 SSL㊀加密的 HTTP）。

网页通常使用 HTML 文件格式，并在 HTTP 协议内以 MIME 内容形式来定义。大部分浏览器均支持许多 HTML 以外的文件格式，例如 JPEG、PNG㊁和 GIF㊂图像格式，它们还可以利用外挂程式来支持更多的文件类型。在 HTTP 内容类型和 URL 协议结合下，网页设计者便可以把图像、动画、视频、声音和流媒体包含在网页中，或让人们通过网页获得它们。

早期的网页浏览器只支持简易版本的 HTML。专属软件的浏览器迅速发展导致非标准的 HTML 代码的产生。这导致了浏览器的兼容性问题。现代的浏览器（Firefox、Opera 和 Safari）支持标准的 HTML 和 XHTML（从 HTML4.01 版本开始）。它们显示出来的网页效果都一样。Internet Explorer 仍未完全支持 HTML4.01 及 XHTML1.x。现在许多网站都是使用所见即所得的 HTML 编辑软件来建构的，这些软件包括 Macromedia Dreamweaver 和 Microsoft Frontpage 等。它们通常预设产生非标准 HTML；这妨碍了万维网联盟制定统一标准，尤其是 XHTML 和 CSS。

有些浏览器还载入了一些附加组件，如 Usenet、IRC（互联网中继聊天）和电子邮件。支持的协议包括 NNTP（网络新闻传输协议）、SMTP（简单邮件传输协议）、IMAP（交互邮件访问协议）和 POP（邮局协议）。

5.3 Web 元数据

5.3.1 Web 元数据概述

1. 概念

元数据（Metadata）是关于数据的组织、数据域及其关系的信息。简言之，元数据

㊀ Secure Sockets Layers，安全套接层，一种安全协议，在传输层对网络连接进行加密。

㊁ Portable Network Graphic Format，即可移植网络图形格式。

㊂ Graphics Interchange Format，即图像互换格式。

就是“关于数据的数据”。元数据为各种形态的数字化信息单元和资源集合提供规范、一般性的描述。例如，在数据库管理系统中，模式中包含一些元数据，如关系名、关系的字段和属性、属性域等。对于文档来说，元数据就是描述文档的属性。从信息检索的角度看，元数据可以说就是电子目录，用于编目、描述收藏资料的内容和特性，从而支持信息的检索。

元数据的种类非常多。根据元数据的应用范围，它们可以分为一般性元数据、专业性元数据、Web元数据和多媒体元数据四种类型。本节主要介绍Web元数据。

在Web中，元数据有多种用途，例如用于编目、内容等级（例如防止儿童浏览一些不健康的文档）、知识产权、数字签名（鉴别）、权限等级和电子商务等。

随着Web中数据的增加，交换和存取的网络资源变得越来越丰富，而且有各种不同的用途，这样就需要一种元数据来对广泛的Web资源进行描述。RDF就是这样一种元数据，它用XML作为交换语法，提供应用之间的互操作性。这种框架对Web资源进行描述，方便信息的自动处理。它是一种通用的元数据，不针对特定的应用和专业领域。它由节点及其属性/值的描述组成。节点可以是任何Web资源，包括统一资源标识符（Uniform Resource Identifier，URI）和URL；属性表示节点的性质，其值可以是文本串或其他节点，如Web资源或者元数据例。

2. 元数据的作用

元数据具有描述、定位、搜寻、评估、选择等多种功能，可以连贯而有效地描述、管理、编目网络资源，以便用户更方便地找到资源，并找到更多的相关资源。其作用主要表现在：

（1）定位和检索。借助于元数据，人们可以准确地检索和确认所需要的资源。可以说，这种作用是推动元数据发展最重要的力量。

（2）著录和描述。为了实现高的查全率和查准率，需要对网络资源的数据单元进行详细、全面的著录和描述。描述数据单元的元数据叫作元数据元素（Metadata Element），包括内容、载体、位置、获取方式、制作与利用方法等多个方面。

（3）资源的管理。利用元数据全面地描述网络资源，不仅有利于检索，同时也有利于实现对资源有效、安全的管理。这些元数据元素包括权利管理（Rights/Privacy Management）、数字签名（Digital Signature）、资源评鉴（Seal of Approval/Rating）、存取管理（Access Management）、支付审计（Payment and Accounting）等方面的信息。

（4）资源的保护与长期保存。利用元数据全面地描述网络资源，不仅有利于现实的管理和查询，还有助于网络资源长期的历史保护。这些元数据元素包括详细的格式信息、制作信息、保护条件、转换方式、保存责任等。

鉴于元数据的这些作用，如果对于网络上所有资源（网站、网页、文档、服务）都用相同的元数据元素进行描述，对每个网络资源都形成一条由这些元数据元素组成的元数据记录，将这些元数据记录集中管理起来，那么将在很大程度上较好地解决网络资源的可检索性、可管理性和可交换性等问题。因此，很多国家、地区和行业都在致力于元数据标准的制定与完善。对于网络资源，有关的元数据类型有Dublin Core、IAFA模板、CDF、Web Collections等，其中影响最为深远、使用最为广泛的是国际标准都柏林核心元素集（Dubin Core Elements Set）。

5.3.2 DC 元数据集

DC（Dublin Core）元数据由 OCLC[㊀]首倡于 1994 年。其维护机构为 DCMI（Dublin Core Metadata Initiative，都柏林核心元数据倡议）。DC 元数据规范最基本的内容是包含 15 个元素的元数据元素集合，用以描述资源对象的语义信息，目前已成为 IETF[㊁] RFC2413、ISO 15836、CEN/CWA[㊂] 13874、Z39.85 等国际标准和澳大利亚、丹麦、芬兰、英国等国的国家标准。这 15 个元素见表 5-1。

表 5-1　都柏林核心元数据集

元数据元素	标　识	定　义	解　释
题名（Title）	Title	赋予资源的名称	资源名一般是指资源对象正式公开的名称
创建者（Creator）	Creator	创建资源内容的主要责任者	创建者的实例包括个人、组织或某项服务。一般而言，用创建者的名称来标识这一条目
主题（Subject）	Subject and Keywords	资源内容的主题描述	如果要描述特定资源的某一主题，一般采用关键词、关键字短语或分类号，最好主题和关键词从受控词表或规范的分类体系中取值
描述（Description）	Description	资源内容的说明	描述可以包括但不限于以下内容：文摘、目录、对以图形来揭示内容的资源而言的文字说明，或者一个有关资源内容的自由文本描述
出版者（Publisher）	Publisher	使资源成为可以获得并可用的责任者	出版者的实例包括个体、组织或服务。一般而言，应该用出版者的名称来标识这一条目
其他责任者（Contributor）	Contributor	对资源的内容做出贡献的其他实体	其他责任者的实例可包括个人、组织或某项服务。一般而言，用其他责任者的名字来标识这一条目
日期（Date）	Date	与资源生命周期中的一个事件相关的时间	一般而言，日期应与资源的创建或出版日期相关。建议采用的日期格式应符合 ISO 8601 [W3CDTF] 规范，并使用 YYYY-MM-DD 的格式
类型（Type）	Resource Type	资源内容的特征或类型	资源类型包括描述资源内容的一般范畴、功能、种属或聚类层次的术语。建议采用来自于受控词表中的值（例如 DCMI 类型词汇表 [DCMITYPE]）。要描述资源的物理或数字化表现形式，应使用“格式（FORMAT）”元素

㊀ 联机计算机图书馆中心，总部设在美国的俄亥俄州，是世界上最大的提供文献信息服务的机构之一。
㊁ 国际互联网工程任务组，是一个公开性质的大型民间国际团体。
㊂ CEN 为欧洲标准委员会的简写，CEN 发布的文件包括 CWA（工作协议）等。

（续）

元数据元素	标识	定义	解释
格式（Format）	Format	资源的物理或数字表现形式	一般而言，格式可能包括资源的媒体类型或资源的大小，格式元素可以用来决定展示或操作资源所需的软硬件或其他相应设备，例如，大小包括资源所占的存储空间及持续时间。建议采用来自于受控词表中的值（例如用“Internet媒体类型［MIME］”列表中的词定义计算机媒体格式）
标识符（Identifier）	Resource Identifier	在特定范围内给予资源的一个明确的标识	建议对资源的标识采用符合某一正式标识体系的字符串及数字组合。例如正式的标识体系包括URI（包含URL）、数字对象唯一标识符（DOI）和ISBN
来源（Source）	Source	对当前资源来源的参照	当前资源可能部分或全部源自该元素所标识的资源，建议对这一资源的标识采用一个符合正式标识系统的字符串及数字组合
语种（Language）	Language	描述资源知识内容的语种	建议本元素的值采用RFC 3066，该标准与ISO 639一起定义了由两个或三个英文字母组成的主标签和可选的子标签来标识语种。例如，用“en”或“eng”表示English，“en-GB”表示英国英语
关联（Relation）	Relation	对相关资源的参照	建议最好使用符合规范标识体系的字符串或数字来标识所要参照的资源
覆盖范围（Coverage）	Coverage	资源内容所涉及的外延与覆盖范围	覆盖范围一般包括空间位置（一个地名或地理坐标）、时间区间（一个时间标签，日期或一个日期范围）或者行政辖区的范围（比如指定的一个行政实体）。推荐覆盖范围最好是取自于一个受控词表（例如地理名称叙词表［TGN］），并应尽可能地使用由数字表示的坐标或日期区间来描述地名与时间段
权限（Rights）	Rights Management	有关资源本身所有的或被赋予的权限信息	一般而言，权限元素应包括一个对资源的权限声明，或者是对提供这一信息的服务的参照。权限一般包括知识产权（IPR）、版权或其他各种各样的产权。如果没有权限元素的标注，不可以对与资源相关的上述或其他权利的情况做出任何假定

注：资料来源：都柏林核心元数据. http：//dc. library. sh. cn/1-1. htm，2008-8-27。

都柏林核心元数据集中的15个元素都是可选择、可重复和可扩展的。也就是说，不同国家、地区、行业的文件类型在应用时可以根据需要挑选其中的部分和全部元数据元素，也可以增加其他必要的元数据元素。目前，世界上有很多国家、地区和部门都将都柏林核心元数据集作为一项基础标准。

在网络环境下，都柏林核心元数据以其简单、灵活、具有语义互操作性和可扩展性等优点，在网络信息资源的描述和著录中表现出强劲的势头。在此必须明确以下几点：

（1）著录的对象。都柏林核心元数据的著录对象是网络资源或数字资源，它的设计原则具有可扩展性、可选择性、可重复性和可修饰性的特征，有利于揭示各种类型的数字资源的内容和其他特征。

（2）数据的形式。都柏林核心元数据包括15个元素，它在应用中是可选择、可重复和可扩充的。限定词与元素之间的关系是不确定的，限定词使用非常灵活，结构较为简单、灵巧。

（3）著录的主体。都柏林核心元数据著录简单明了、语义明确，它使创建者和信息提供者可以无须经过培训就能自己进行资源描述。

（4）著录的详细程度。都柏林核心元数据的著录相对比较简单，只有15个元数据元素，在信息描述过程中，可以任意选用也可以重复使用，顺序可以任意编排，还可以根据具体情况进行某些补充。

（5）标识的方法。都柏林核心元数据直接采用单词或词组的形式作为标识，表达直观，语义明确。

5.3.3 其他常用的元数据格式

常见的元数据格式主要有七种，其中：①DC元数据，适用于网络资源；②CDWA（Categories for the Description of Works of Art），适用于艺术品；③VRA（Visual Resource Association，美国视觉资源协会）制定的视觉资源核心类目（Core Categories for Visual Resources），适用于艺术、建筑、史前古器物、民间文化等艺术类可视化资料；④FGDC（Federal Geographic Data Committee），称为地理空间元数据内容标准，适应于地理空间信息；⑤GILS（Government Information Locator Service），即政府信息定位服务，适用于政府公用信息资源；⑥EAD（Encode Archival Description），即编码档案描述，适用于档案和手稿资源，包括文本和电子文档、可视材料和声音记录；⑦TEI（Text Encoding Initiative），适用于对电子形式全文的编码和描述。

在诸多元数据中最热门的当属DC元数据。而在Internet信息资源的组织中，除了DC元数据外，还有其他一系列的数据规范值得关注。例如IAFA模板（Internet Anonymous FTP Archives Templates，Internet匿名FTP文件库模板）、Web Collections（网站集合）、CDF（Channel Definition Format，频道定义格式）等。

IAFA模板是1995年由IETF下的匿名FTP档案工作组开发出的一种目录结构，可以为网络上常驻网站，尤其是匿名FTP网站提供描述和获取途径。IAFA模板支持WHOIS[㊀] ++协议，因此又称IAFA/WHOIS ++模板。记录数据由网站管理者维护，随信

㊀ 域名查询协议，读作Who is，用来查询域名及所有者信息。

息源分散在各处，可以同时用于机检与用户阅读，允许查询用户、搜索引擎直接下载或通过 ROBOT 自动套录。IAFA 模板采用类似于 RFC-822-电子邮件式头标属性/值相对应的简单记录结构，不考虑特定领域对数据描述的特殊需要，更重视通用性。模板中包括对文档类型、摘要性题名、信息源维护者、其他文档的引用情况、新闻讨论组中对该信息源的自由文本描述、语种及编程语言、文档所采用的字符集等 27 个方面的描述。其中各著录项由允许字段检索的一些详细描述层次构成，层次的详简由数据提供者自行把握。信息描述倾向于针对独立的文档而不是文档间的关系，因此对等级或集中结构的文档在表达性上有所欠缺。此外，由于 IAFA 模板中包含对数据簇的考虑，因此可以在一定程度上避免记录冗余和记录中的非规范性。

Web Collections，它是试图利用 XML 应用环境建立元数据框架的一个较早的规范。Web Collections 采用了与 HTML 相似的样式风格，其数据可以紧紧地嵌入到 HTML 文档之中，便于用户使用。Web Collections 中引入了一种表示元数据层次结构的方法，一个 Collections（集合）关联了一系列的字段名和值，这些字段的描述被定义在配置文件当中。Web Collections 允许使用 Author（作者）、Lastmod（最后一次改动时间）、Title（题名）、maxDownloadSize（最大可下载范围）等属性来描述 Web 页面。Web Collections 还允许将一组 Web Collections 作为属性嵌套入其他的 Web Collections 中，以描述更复杂的关系。这种方式将揭示并增强文件之间的关系，使得用户、浏览器以及搜索引擎能够更加深入地理解文献的内容属性。

CDF 对 Web Collections 进行了补充，它是计算机应用 Web 技术的频道框架。它将 XML 嵌入 HTML，使 HTML 从一种 Web 页面描述语言扩展为一个应用于频道站点的 Web 站点描述语言。CDF 借助于 HTML 语法来对其频道内容进行描述，在一对 <CHANNEL> </CHANNEL> 的频道内容中，包括了多个 <ITEM> 元素，每个 <ITEM> 元素描述了一个 HTML 页面的最后修改日期、标题、摘要以及作者等情况，浏览者进入到该频道后，这些元数据就会展现出来。

元数据对网上丰富的数字图像及其他资源的描述既有一定的格式，又具有灵活性，它很好地解决了网络信息资源的发现、控制和管理问题，随着其研究和应用的进一步深入，网络信息资源的组织、管理、共享必将更为便捷、有效。

5.4 搜索引擎

5.4.1 搜索引擎的概念与基本功能

随着互联网的迅速发展，网上信息也以惊人的速度增长，为了快速地检索网上信息，人们开发研制了一种信息检索工具，即搜索引擎。搜索引擎实际上就是对 WWW 站点资源和其他网络资源进行标引并提供检索服务的服务器或网站，是一个基于互联网的信息搜集、组织和用户查询的平台。从用户的角度看，这种软件系统提供一个网页界面，让用户通过浏览器提交检索提问式，然后迅速返回一个和用户输入内容可能相关的信息列表。

搜索引擎的基本功能当然是它的检索功能。搜索引擎的检索实际就是一种数据库检索，因此，搜索引擎与一般的数据库检索系统有共同之处，能提供一般数据库所具备的多数基本检索功能，如布尔逻辑检索、截词检索、词组检索、字段检索、位置检索等一般检索功能。而且，随着信息技术的发展，搜索引擎又具备了一些高级检索功能，如加权检索、自然语言检索、多语种检索、区分大小写的检索、相关信息反馈、模糊检索和概念检索等。

1. 一般检索功能

并不是每一种搜索引擎都能提供所有的一般检索功能，而且每一种检索功能在不同的搜索引擎中的表现也不完全相同。总体来看，几乎所有的搜索引擎都支持布尔逻辑检索和词组检索这两项功能；位置检索功能仅有少数搜索引擎支持；截词检索和字段检索受支持的程度因不同的搜索引擎而不同。

（1）布尔逻辑（Boolean Logic）检索。布尔逻辑检索在搜索引擎中的使用相当广泛，但该功能的表现并不相同。

首先是受支持的程度不同。“完全支持”全部三种运算的搜索引擎有 Yahoo!、Ask 等；而“部分支持”，就是只支持 AND、OR 和 NOT 运算中的一种或两种。

其次是提供运算的方式不同。网络信息检索工具一般采用命令驱动方式，即直接用布尔算符（AND、OR、NOT）进行逻辑运算，或者以符号代替布尔运算符，如用“+”表示关系 AND，“-”表示关系 NOT，默认值为关系 OR。Yahoo! 用“-”表示关系 NOT。大多数搜索引擎在高级检索也提供了部分功能项替代布尔运算符或符号进行逻辑运算。

（2）词组检索（Phrase Search）。词组检索是将一个词组（通常用双引号“”括起）当作一个独立运算单元，进行严格匹配，使得检索结果只包含用双引号括起的词组。例如，检索式“信息管理”，则检索结果不会有“信息资源管理”。这也是一般数据库检索中常用的方法。

由于词组检索不仅规定了检索式中各个具体的检索词及其相互之间的逻辑关系，而且规定了检索词之间的临近位置关系，因此词组检索实际上体现了临近位置运算（Near 运算）的功能。几乎所有的搜索引擎都支持词组检索，并且都采用双引号（“”）来表示词组或在菜单中进行选择。

（3）截词检索（Truncation Search）。截词检索是指用词干做检索词来查找含有该词干的全部检索词的记录，检索提问式中的截词符号表示检索词中的可变部分，词干加上由截词符号所代表的任何变化形式构成的词都是合法的检索词。例如，检索式 librari * 将检索出包括 librarian、librarianship、libraries 等词汇的结果。截词检索是一种扩大检索范围的手段，是一般数据库检索中常用的方法。在一般的数据库检索中，截词检索的类型常有左截断、右截断和中间截断三种。但目前多数搜索引擎只提供右截断，而且搜索引擎中的截词符通常采用星号 * 。例如，Lycos、Yahoo! 以及 OpenText 等是自动截词；NorthernLight 用通配符“ * ”表示无限截词，而“%”表示有限截词。

在部分中文搜索领域，搜索引擎中使用截词检索相当于让搜索引擎填空的功能。例如，输入“以 * 治国”，就可以检索出包含“以正治国”“以德治国”等词语的网页。

（4）字段检索（Fields Search）。用户可以把查询 Web 信息资源时的范围限制在标题（Title:）、主机名（Host:）、域名（Domain:）、链入（Inlink:）、链出（Outlink:）、

URL（Site:）等。由于这些字段限制功能限定了检索词在数据库记录中出现的区域，因此可以控制检索结果的相关性，提高检索效果。AltaVista、Yahoo!、AllTheWeb、Excite等均支持字段检索。

2. 高级检索功能

除上述几种常见的检索功能外，搜索引擎还提供了一些高级检索功能。

（1）加权检索。“搜索引擎中，最先支持加权（Term Weighting）检索的是Excite，它起初用符号‘∧’表示给某个检索词指定了权值。”[㊀]现在搜索引擎约定俗成的加权方法是，如果要求检索词必须出现在检索结果中，则在该检索词前加“+”；如果要求检索词不能出现在检索结果中，则在该检索词前加“-”。而且“+”“-”与检索词之间不能留有空格。用户在实际使用带有加权检索符号的检索提问式时会发现，检索过程中未加符号的检索词的作用被削弱。

（2）自然语言检索。自然语言检索（Natural Language Search）是指用户在检索时可以输入同一般口语一样的、用自然语言表达的检索提问式。例如，可用“Where is Beijing?”或“What is koala's size?”这样的自然语句表达式充当检索提问式。搜索引擎在接收到用户的自然语言提问式后，首先依据禁用词表判断剔除提问式中没有实质主题意义的词汇，如各种代词、副词、介词、请求词、提问词等，然后将与剩余词汇相关的同义词或近义词排序列出并进行检索，最后将检索结果按照相关度高低顺序排列。自然语言检索的出现，使得检索式的组成不再依赖于专门的检索语言，检索变得简单而直接，尤其适合非专业检索者的使用。Ask网站就是回答用户提问的自然语言搜索引擎的代表。

（3）多语种检索。它是指系统为检索者提供多个语言种类的检索环境，检索者可以根据自己的需要指定语言种类并进行检索。多语种检索有两种情况：一种是检索词为不同语种，检索结果也为不同语种，检索过程中没有翻译步骤；另一种是检索词为同一语种，而检索结果为不同语种。多语种检索功能便于不同国家的检索者检索不同语种的网络信息资源。

（4）区分大小写的检索。区分大小写（Case-sensitive）的检索主要针对含有地名、人名等专有名词的检索词。在区分大小写的情况下，大写检索词被作为专有名词看待（如Rose代表姓氏），而小写检索词被视为普通词（如rose则表示玫瑰）。在不区分大小写的情况下，则无法区分该检索词属于专有名词还是普通词，从而影响了检索结果的准确性。大部分英文搜索引擎不区分单词的大小写问题。

（5）相关信息反馈。在检索过程中，人们经常会发现某个结果非常符合自己的需要，希望能进一步检索到类似的结果，此时就可以借助搜索引擎的相关信息反馈功能。Yahoo!的“Also try”检索就是利用相关信息反馈（Relevance Feedback）使人们得到更多的检索结果。

“相关信息反馈检索的基本原理是搜索引擎将用户所选定的结果网页中包含的关键词找出，通过它们在这个网页中出现的频率和位置等来计算各自在这个网页中的相关度，然后选出那些在该网页中最重要的词汇（相关度最高的词汇）用来调整下一步检索

㊀ 孙建军，成颖，等. 信息检索技术. 北京：科学出版社，2004：427—462。

的提问。”[⊖]但是由于词汇的选择主要考虑词汇出现的频率和位置，没有考虑用户对各个词汇重要性的主观判断，所以检索结果并不一定非常合适。

(6) 模糊检索。模糊检索（Fuzzy Search）允许检索提问式同检索结果之间存在一定的差异，这种差异来源于用户在输入检索提问式时的错误，如打错或漏输字母等，还有一种差异由不同国家的词汇拼写形式不同造成，如“center”和“centre”。利用模糊检索，可以让用户得到正确词汇或其他变形形式带来的检索结果。目前，搜索引擎还停留在纠正输入错误的模糊检索阶段。

(7) 概念检索。概念检索（Concept Search），是指用户输入某检索词后，不仅可以得到由这个具体词汇带来的检索结果，还能得到与该词属于同一概念范畴的词汇的检索结果。例如，检索“荷花”时能找出包含“莲花”“水华”“芙蓉”“玉环”等任一词汇的结果。从这种意义来看，概念检索考虑了同义词、狭义词和广义词的使用，实现了受控检索语言的一部分功能。利用概念检索可扩大检索范围，避免漏检。有些搜索引擎在概念检索方面取得了明显的成就，例如早期的 Excite 是一个基于概念的搜索引擎，它在搜索时不仅搜索用户输入的关键词，还将关键词按字意进行自动扩展和加以限定，并且“智能性”地推断用户要查找的相关内容并进行搜索，而不止是简单的关键词匹配。

5.4.2 搜索引擎的结构与原理

图 5-2 表示了搜索引擎的组成与工作流程的关系。

搜索引擎是一个集多种技术于一体的综合性网络应用系统，包括网络技术、数据库技术、自动标引技术、检索技术、自动分类技术、机器学习人工智能技术等。虽然它们表现为各种不同的形式，但基本上由收集器、索引器、检索器和用户接口四部分组成。

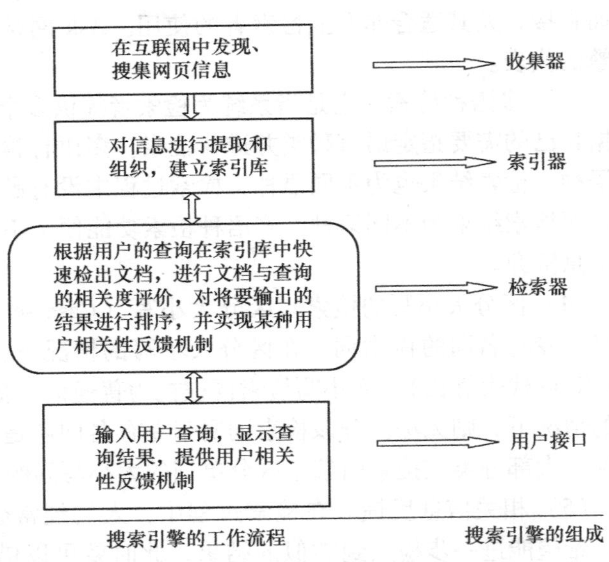

图 5-2 搜索引擎的组成与工作流程的关系

注：根据王曰芬等的《网络信息资源检索与利用》（南京：东南大学出版社，2003）改编。

1. 收集器

搜索引擎是工作在某个数据集合上的程序，是一个软件系统。它所操作的数据不仅包括内容不可预测的用户查询，还要包括在数量上动态变化的海量网页，这些网页需要系统自己去采集，而收集器就负责信息的采集工作。搜索引擎的信息采集机制按照人工程度划分，可分为人工采集和自动采集；按照信息时新性，可分为定期搜集和增量搜集两种。

⊖ 田志兵，王志坚，谈春梅．科技情报检索．北京：清华大学出版社，2004：105。

（1）人工采集和自动采集。人工采集是由专门的信息采集人员跟踪、选择有用的Web站点或页面，对站点的内容和性质进行规范化分析的分类标引，并组建索引数据库。而自动采集是利用能够自动跟踪、收集并标引网页的ROBOT软件，自动访问WWW，并沿着WWW超文本链，在整个WWW上搜寻页面，建立、维护、更新索引数据库。由于网络信息资源众多，每天都有新的信息出现，人工采集的速度有限。自动采集采用一种叫ROBOT的网络自动跟踪程序来完成信息采集。它能够自动搜索、采集和标引网络上众多的站点和页面，从而保障了对网络信息资源跟踪与检索的有效性和及时性。虽然人工采集的速度不及自动采集，但它是基于专业性的资源选择和分析标引，因此可以保证所采集的资源质量和标引质量。利用人工采集的搜索引擎具有查准率高、查全率低、搜索范围较小的特点；而自动采集搜索引擎虽然获得的信息量大、信息更新及时而且不需要人工干预，但它返回的信息过多，掺杂着很多无关信息，需要用户从结果中甄选。目前，大多数搜索引擎将人工和自动方式相结合进行网络信息资源的采集。

（2）定期搜集和增量搜集。在面对大量的用户查询时，如果每出现一个查询，系统就到网上采集一次成千上万的网页并逐个分析处理，这不可能满足搜索引擎的响应时间要求，而且还会因重复抓取而降低系统效益。因此，大规模的搜索引擎都会预先搜集好一批网页。在维护这些网页时可以考虑定期搜集和增量搜集两种方式。

定期搜集是指每隔一定的时间就重新搜集一次，而且每次的搜集都替换掉上一次的全部内容。由于每次都是全部重新搜集，对于规模比较大的搜索引擎来说，每次搜集通常都会花费几周的时间，而且因为这样做开销比较大，通常两次搜集所间隔的时间相对来说会比较长。这种做法的好处是系统实现比较简单，缺点主要是网页“时新性”较低，重复搜集会带来额外的带宽消耗。

增量搜集是指在开始时搜集一批网页，以后只搜集新出现的和在上次搜集后有所改变的网页，并检查自从上次搜集之后已经不再存在的网页，将其从库中删除。因为除新闻性网站外，许多网页内容的变化频率并不是很高，这样做每次搜集的网页量不会很大，可以经常启动搜集过程。这样的系统优点是网页时新性比较高，主要缺点是搜集和标引的过程都比较复杂。

2. 索引器

索引器的功能是理解收集器所搜索的信息，从中抽取出索引项，用于表示文档以及生成文档库的索引表，使检索者能够快速地检索到所需信息。“建立索引需要进行以下处理：① 信息语词切分和语词词法分析；② 进行词性标注及相关的自然语言处理；③ 建立检索项索引。㊀”

索引表一般使用某种形式的倒排表，倒排表中的每项包含一组指针，指向它出现的网页，即由索引项查找相应的文档。索引表也可能要记录索引项在文档中出现的位置，以便检索器计算索引项之间的相邻或邻近关系。

收集器搜集网页有定期搜集和增量搜集两种形式，相应的索引数据库的更新也有重建式和累积式两种方式。重建式就是每次搜集之后将原有的索引数据库全部重新更新；累积式只是对新出现或发生变化的网页进行索引并增加到数据库中，同时删除已经不存

㊀ 符绍宏，雷菊霞，饶伟红，因特网信息资源检索与利用．北京：清华大学出版社，2000：27—48。

在的网页的索引。Excite 和 WebCrawler 采用重建式，而 Lycos 采用累积式。

搜索引擎的有效性在很大程度上取决于索引数据库的质量。索引数据的规模越大，与用户检索请求相关的信息出现的概率就越高，检索结果越多，查全率也就越高。同时，索引数据库的更新周期也决定了信息查全率：周期越长，查全率越低；反之，查全率越高。

3. 检索器

搜索引擎的检索器负责根据用户的检索请求，从索引数据库中快速查找相匹配的网页，并将结果按顺序以 Web 方式呈现给用户。检索器常用的信息检索模型有集合理论模型、代数模型、概率模型和混合模型四种。

搜索引擎的检索结果集通常过于庞大，用户无法全部浏览，如何精简检索结果，如何将最重要的结果首先返回给用户就显得非常重要。因此，需要按文件的相关程度排列检索结果，并将最相关的文件排在最前面。目前，搜索引擎确定相关性时基本上都采用基于 Web 文档内容的方法，即考虑用户所提出的检索项在文档中出现的情况，主要有概率方法、位置方法、摘要方法、分类或聚类方法等。概率方法判断文件相关性的指标是关键词在文中出现的频率，关键词出现的频率越高，该文件的相关性就越高。位置方法判断文件相关性的指标是关键词在文中出现的位置，关键词出现得越靠前，文件的相关性越高。摘要方法是指搜索引擎自动地为每个文件生成一份摘要，让检索者自己判断结果的相关性。分类或聚类方法是指搜索引擎采用分类或聚类技术，自动把查询结果归入不同的类别。此外，基于超链的相关度排序方法已经在一些搜索引擎中得到了使用，如能见度方法。一个网页的能见度是指该网页入口超链接的数目。页面之间的超链接反映了页面间的引用关系，一个网页被其他网页引用得越多，该网页的流行程度就越高、价值也越高。特别地，一个网页被越重要的网页引用，则该网页的重要程度也越高。最后，由于人们访问较多的页面一般应该包含比较多的信息，或者有其他吸引人的地方，因此，搜索引擎可以记录它所搜索到的页面被访问的频率，按频率高低排序。这种方法适用于一般的搜索用户，由于大部分搜索引擎的用户都不是专业人员，所以这种方法也比较适合一般检索器使用。

4. 用户接口

用户接口接受检索者提交的查询请求（包括查询内容及逻辑关系），搜索引擎根据检索者所输入的关键词在其索引中查找，并寻找相应的 Web 地址。用户接口的主要目的是方便用户使用搜索引擎，高效率、多方式地从搜索引擎中得到有效、及时的信息。用户接口的设计和实现使用人机交互的理论和方法，以充分适用人类的思维习惯。用户输入接口可以分为简单接口和复杂接口两种。简单接口只能提供用户输入查询串的文本框；复杂接口可以让用户对查询进行限制，如逻辑运算（AND、OR、NOT）、相近关系（NEAR）、域名范围、出现位置（如标题、内容）、信息时间、长度等。

目录导航式搜索引擎还提供另外一种查询接口，用户可以在网页上直接点击树状目录，一层一层地点击查看下去，直到找到用户需求的相关类目录下的网站信息。

5.4.3 搜索引擎的类型

按信息搜集方法和服务提供方式的不同，搜索引擎可以分为三大类。

1. 目录式搜索引擎

目录式搜索引擎是以人工方式或半自动方式收集信息，编辑人员访问某个Web站点之后，人工形成摘要，并根据站点的内容和性质将其归为一个事先确定好的分类框架中。许多目录还接受用户提交的网站描述，得到认可后归入合适的类别。经过处理的Web信息资源按照主题分类，并以层次树状形式进行组织，从树的根节点逐层向下列出从一般到特殊的分类和各级子类，而叶节点包含指向信息资源的链接。目录的Web覆盖率低，但通常用户可以得到更相关的结果。

目录的用户界面基本上都是分级结构，首页提供最基本的几个大类，用户可以一级一级地向下访问，直至找到自己需要的信息。用户完全可以不用进行关键词查询，仅靠分类目录就可以找到所需信息。该类搜索引擎的优点是信息准确，层次、结构清晰，导航质量高；缺点是需要人工介入，维护量大，搜索范围较小，更新不及时，查询交叉目录时容易遗漏。Yahoo！曾经是目录式搜索引擎的典型代表。目前发展较好的还有Galaxy、VLIB以及ODP等。

对于目录式搜索引擎来说，分类体系是关键，现在较为流行的有主题分类法、学科分类法、图书分类法以及分面组配法。主题分类法以特定事物为中心，以词语为标记，按照字顺排序，通过参照系统揭示主题词间的关系。学科分类法根据学科性质组织信息资源，按照字顺排列，学科体系性强。图书分类法借鉴传统的图书分类法，体系科学，广为了解，版本更新及时，有现成的机读版本可用，被网上的虚拟图书馆广泛采用，典型的分类法包括《杜威十进分类法》（DDC）、《国际十进分类法》（UDC）、《中国图书馆图书分类法》等。分面组配法通过分类标准中的若干特征值进行组配表达信息，专指度高，但是维护工作量大，不适合易变的情况，使用较少。

2. 索引式搜索引擎

索引式搜索引擎又称为机器人搜索引擎或关键词搜索引擎。它实际上是一个WWW网站，与普通网站不同的是，它的主要资源是索引数据库。索引数据库的信息资源以WWW资源为主，还包括电子邮件地址、FTP、Gopher等。索引式搜索引擎主要使用一个叫“网络机器人”（ROBOT）或“网络蜘蛛”（Spider）的自动跟踪索引软件，自动分析网页上的超链接，依靠超链接和HTML代码分析获取网页信息内容，并采用自动搜索、自动标引等事先设计好的规则和方式来建立和维护索引数据库。它以Web形式提供给用户一个检索界面，供用户输入检索词或逻辑组配的检索式，其后台的检索代理软件代替用户在索引数据库中查找出与检索提问匹配的记录，并将检索结果反馈给用户。国外有代表性的索引式搜索引擎是Google、Yandex、Bing等，国内如百度、搜狗等。

索引式搜索引擎具有庞大的全文索引数据库，其优点是信息量大，更新速度快，不需要人工干预；缺点是缺乏清晰的层次结构，返回信息过多，有许多重复和无用的信息，需要用户从结果中进行筛选。

3. 元搜索引擎

元搜索引擎是一种调用其他搜索引擎的引擎。它将多个搜索引擎集成在一起，并提供一个统一的检索界面。在接受用户查询时，同时在其他多个引擎上进行搜索，经过聚合、去重之后将结果返回给用户。这类搜索引擎一般都没有自己的网络机器人及数据库，它们的搜索结果是通过调用、控制和优化其他多个独立搜索引擎的搜索结果并以统一的格式在同一界面集中显示。这类搜索引擎的优点是省时，不用就同一问题一次次地访问所选定的搜索引擎。其检索的是多个数据库，检索的综合性、全面性也有所提高。

元搜索引擎按照其复杂性程度可以分为简单元搜索引擎和复杂元搜索引擎。前者提供一个搜索引擎的列表，用户可以选择想用的搜索引擎。后者的检索机制较为繁杂，需要经过引擎选择、查询转发和结果合并等过程。

元搜索引擎按照其表现形式又可以分为桌面型元搜索引擎和基于 Web 的元搜索引擎。前者以程序的方式提供给用户，在用户机器上运行。例如，飓风搜索通整合了近百个各类搜索引擎，包含简体中文、繁体中文、软件、音乐 MP3、股票、新闻、购物搜索、购书搜索等，完全兼容及嵌入 IE，符合浏览和搜索习惯，搜索结果可以单个或全部分类保存。后者以 Web 方式为用户提供元搜索服务。

元搜索引擎按工作模式又可分为并行处理式和串行处理式两大类。前者将用户的查询请求同时转送给它调用链接的多个独立型搜索引擎进行查询处理。后者将用户的查询请求依次转送给它调用链接的每一个独立型搜索引擎进行查询处理。著名的英文元搜索引擎有 InfoSpace、Dogpile、Vivisimo 等，中文元搜索引擎近几年有一些新的产品出现，但都属于短平快型，能持续发展的很少，不少已经关闭或者转型。

近几年，出现了一些新型搜索引擎，按照搜索引擎的应用领域和应用技术，例如：

（1）智能搜索引擎。智能搜索引擎是结合了人工智能技术的新一代搜索引擎，采用的是基于自然语言的检索形式。“它以一定的知识库技术为基础，具有很高的自然语言能力与知识处理能力，能够分析和理解用户以自然形式出现的知识或概念的查询提问，从而突破了传统搜索引擎要求利用较精确的关键词进行检索的局限，实现了自然语言的检索，表现出很强的智能化与个性化特色。”[1]智能搜索引擎把信息检索从基于关键词层面提高到了基于知识（或概念）层面，如 www. ask. com，它近几年在世界的排名跻身前五。Ask 搜索引擎原名 AskJeeves，成立于 1996 年，是一家老牌的搜索服务网站，最初以自然语言搜索作为特色，现已演变成一种新型的问答式服务的搜索引擎模式。

智能搜索引擎的网络蜘蛛能自动完成在线信息的索引，再通过启发式学习采取最有效的搜索策略，选择最佳时机获取从因特网上自动收集、整理的信息。智能搜索引擎能通过观察用户的行为，了解用户的兴趣爱好，能站在用户的角度，主动获得相关信息。还可以不断地训练学习，增长智能，通过用户对返回信息的评价，调整自己的行为。智能搜索引擎还能对搜索结果进行合理的解释，可以在任何特定的时候（如用户最关心的信息发生某种变化的时候）利用各种方法与用户取得联系，如电子邮件、电话、传真、寻呼机、移动电话等。还能根据用户特定时刻的位置信息，选择恰当的方法与用户通信。

（2）行业搜索引擎。行业搜索引擎侧重于某个领域，如中搜。中搜的“行业中国”是一个开放的合作经营平台，“新一代商人社区”是将搜索引擎技术与电子商务完美结合的产物，也是中搜基于行业搜索技术和合作经营的理念，与合作伙伴共同构筑的专业

---

[1] 王林廷. 浅析智能搜索引擎技术及其在数字图书馆个性化服务中的应用. 高校图书情报论坛，2006（1）：27—30。

化、领域化和个性化的行业信息搜索平台。目前中搜拥有两大业务平台：为网民提供自主定制个性化网页的中搜个人门户和为企业提供开放式网络经营平台的中搜行业中国网站。

思考题

1. Web 信息检索的基本方式是什么？
2. 超链接有什么特点？
3. 超文本检索的特点是什么？
4. 超文本的体系结构是什么？
5. 什么是超文本传输协议？
6. 什么是元数据？
7. 元数据的作用有哪些？
8. 简述都柏林核心元数据。
9. 什么是搜索引擎？
10. 搜索引擎具有哪些高级搜索功能？
11. 简述搜索引擎的信息采集机制。
12. 检索器常用的信息检索模型是什么？
13. 用户输入接口有哪几种？

第 6 章　并行与分布式信息检索

【本章提示】　本章介绍的并行信息检索和分布式信息检索是信息检索理论与方法的提高内容。在学习本章之前，应掌握前面章节介绍的有关信息检索的基础理论与方法。通过本章的学习，应掌握并行信息检索原理和分布式信息检索模式，理解分布式检索中的数据集选择方法和异构数据库跨库检索技术，对本章的其他内容应有一般性了解。

6.1　引言

并行信息检索主要依赖计算机并行处理技术。并行处理是指把计算任务划分成更小的子任务，然后用多个处理器处理同一个任务的不同子任务，各处理器采用并行工作方式。并行的计算方法可以大大缩减解决问题所需的整体时间。只要问题可以被继续分解成更小的部分，并且这些部分可以并行地运行，那么就可以通过增加系统处理器以减少运行时间。

随着因特网的发展，网络信息资源的数量迅速增长，网络信息检索系统的检索速度越来越引起人们的重视，人们对信息检索系统的运行速度和高效性提出了更高的要求。在因特网大容量的信息检索中，传统的顺序技术会遇到检索速度下降的困难，而并行信息检索能够突破顺序检索的局限，大大加快检索的处理速度。因此，并行检索技术是提高信息检索系统的响应时间的一种有效途径。

网络环境中传统的搜索引擎采用集中式（Centralized）的检索系统与检索方法，这种搜索引擎都有自己的数据集，用户利用它进行信息搜索时也只限于在它自己的数据集范围内进行搜索。虽然有些搜索引擎提供其他搜索引擎的链接，但这并不能解决用户同时对网络上多种分布式信息的检索和利用问题。集中式检索系统有着很多局限性：其一，网络信息量呈指数增长，集中式的检索方法不能适应信息急剧增长的需要；其二，虽然目前的搜索引擎都在努力地增加对网络信息的覆盖率，但要想覆盖整个网络上的信息在目前几乎是不可能的；其三，检索系统之间通常没有分工协作，各自独立搜索和处理信息，这造成了大量的重复工作和严重的带宽浪费，有时甚至能造成网络阻塞。为了适应网络规模的日益扩大，有必要采用分布式处理技术解决网络中大量信息的检索问题。

6.2　并行信息检索

随着信息检索系统的日益增多以及数据库规模的不断扩大，采用传统的顺序处理方式实现信息检索，越来越难以满足用户对检索响应时间及检索效率的要求。为此，20 世纪 80 年代初，人们开始研究信息检索的并行处理——并行信息检索，并逐渐将其重视起来。

6.2.1　并行信息检索的原理

并行检索主要依赖并行处理技术，即把计算机任务划分成更小的部分，然后用多个处理器并行执行子任务，每个处理器处理同一个问题的不同部分。信息检索系统可以采取任务并行、数据并行及混合方式的策略。并行信息检索把信息搜索过程建立在神经网络上或是利用并行算法对数据进行分割。

1. 多个查询之间的并行处理

一个最自然的想法就是利用 MIMD（下一小节将详细介绍）结构对多个查询的处理并行化，即每个处理器处理不同的查询，每个查询的处理之间相互独立，最多只对共享内存中的部分代码或者公有数据实行共享。这种方法也称为任务级的并行检索，它可以同时处理多个查询请求，从而提高检索的吞吐量。图 6-1 显示了三个不同的查询在三个处理器上的并行处理过程。

每个查询通过代理（也可同时运行多个代理程序，每个代理分别处理一个查询）发送到不同搜索程序（每个处理器上运行一个搜索程序）上去执行，每个搜索程序的结果通过代理返回到不同查询的发起者。

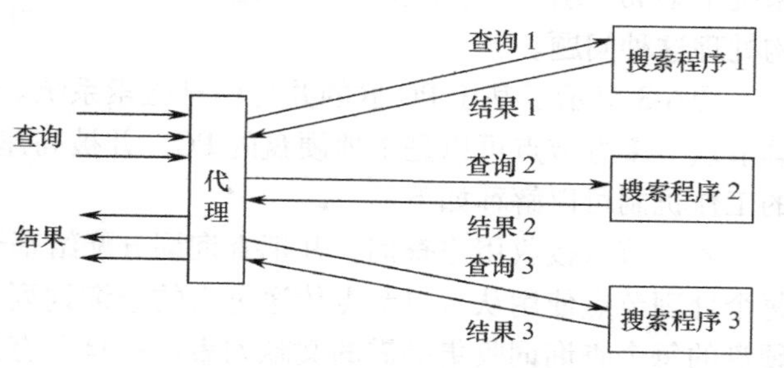

图 6-1　查询间的并行处理过程

注：资料来源：张敏，耿骞. 并行信息检索及其控制过程. 情报科学，2004（8）：986。

如果 MIMD 由多台具有自身处理器和磁盘的计算机组成，每台机器执行自己的搜索程序，并且只访问本地的磁盘，则没有硬件资源访问冲突问题。但如果多个搜索程序访问的是相同的磁盘资源，则可能存在磁盘存取冲突问题。这时可以通过增加磁盘或采用类似 RAID（独立冗余磁盘阵列）的方法来减少冲突，但这时会相应加大硬件设备的开销。另外一些可能的方法包括复制访问频繁的数据到不同磁盘以降低访问冲突，将数据分割到多个磁盘等。

查询间并行化策略是从一般检索升级到并行检索的最简单方法。简单地说，就是将检索系统复制多份（数据可以复制也可以不复制），每份分别处理不同的查询请求。当然，这种升级硬件资源消耗比较高，而且，简单地堆积硬件资源并不一定就可以提高信息检索的效率，必须考虑硬件资源的访问冲突，设计合理的软件结构和访问策略，才能提高信息检索的总体性能。

2. 单个查询内部的并行处理

这是对单个查询的计算量进行分割，分成多个子任务，并分配到多个处理器的搜索进程上去执行。这种检索也称为进程级并行检索。将单个查询分成多个子任务的方法通常有两种：一种称为数据集分割，它是事先将数据集分割成多个子集合，用同一查询式分别查询多个子集合数据，然后将每个子集合上的结果合并成最终结果；另一种称为查询项分割，它是将查询分解成多个子查询（如将一个多关键词查询分成多个单关键词查询），对每个子查询分别查询数据集，得到部分结果，并将部分结果合并成最终结果。

图 6-2 给出了一张单个查询内部并行处理的示意图。查询发送给代理程序，代理程序将一个查询划分成多个子查询，每个子查询分别发送给一个搜索进程进行处理，各进程返回的子结果在代理上进行综合，得到最后的总结果并返回给用户。

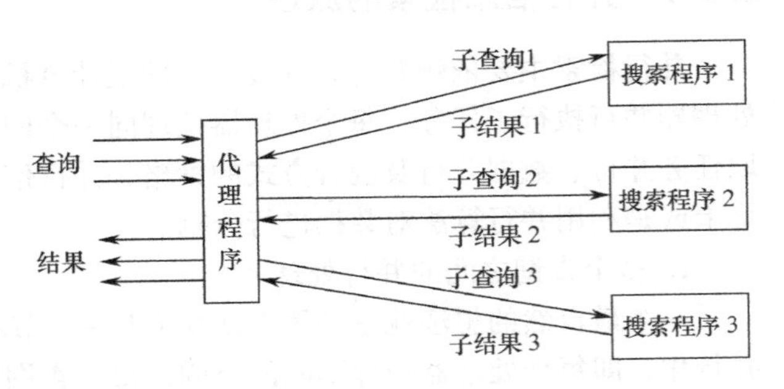

图 6-2　查询内部的并行处理过程

注：资料来源：王斌，张刚，孙健．大规模分布式并行信息检索技术．信息技术快极，2005（2）。（中国科学院计算技术研究所内部刊物）

在进行查询之间的并行时，信息检索系统中的数据结构通常不需要改变。而对于单个查询内部的并行处理，则需要对原有串行信息检索的数据结构进行相应的改变。在信息检索系统中通常采用“倒排表”索引结构处理这种问题。

图 6-3 显示了基于 PC 群的并行信息检索系统。信息检索系统包括入口节点和多方处理节点。多方节点可以是本地硬盘的 PC，并被高速网络所连接。并行信息检索系统模型的工作机制可以解释如下：

入口节点接收用户查询，并把查询词分配给基于聚类信息的处理节点（包括自身）。每个处理节点使用从入口节点传送过来的查询词列表访问部分倒排表，并且为来自本地硬盘的每个查询词收集必需的文献列表。一旦所有的必要文献都被收集，就会把它们传送给入口节点。入口节点收集来自多个处理节点（包括自身）的文献列表，执行信息检索操作，比如 AND/OR，并根据它们的权值来排序。最后，把排好序的文献列表作为检索结果返回给用户。

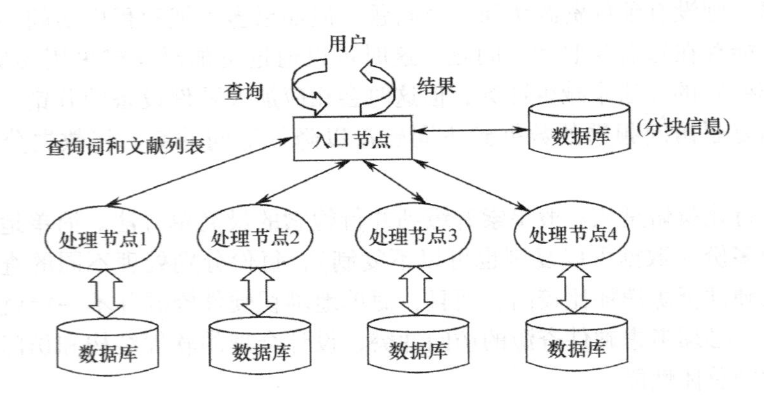

图 6-3　并行信息检索系统

注：资料来源：Sang-Hwa Chung，Hyuk-Chul Kwon，Kwang Ryel Ryu，Han-Kook Jang，Jin-Hyuk Kim，Cham-Ah Choi. Parallel Information Retrieval on an SCI-Based PC-NOW. http：//ipdps. cc. gatech. edu/2000/pc-now/18000081. pdf。

6.2.2　并行检索的体系结构

将并行性引入计算机体系结构有多种方法，由于并行处理的实现方式高度依赖所用的体系结构，故需考虑采用什么样的方法。美国的弗林（Flynn）于 1966 年提出一种对并行体系结构分类的简单而常用的方法。尽管这种分类方法没有考虑到输入输出及指令设置，但它还是最流行的并行结构分类。它利用指令流和数据流的多倍性将计算机系统分为四类：SISD（单指令流单数据流）、SIMD（单指令流多数据流）、MISD（多指令流单数据流）和MIMD（多指令流多数据流）。SISD对应于传统的顺序处理体系结构；MISD用n个处理器来操作一个数据流，每个处理器都执行自己的指令流，这样多项操作就在一个数据项目上运行。MISD通常认为是不存在的，至少不多见。因此，并行结构实际上只有两类：SIMD和MIMD。

SIMD结构是用同一指令并行操作不同的数据，因而是一种并行数据计算。SIMD结构的算法既可建立在标识档结构之上，也可建立在倒排档结构之上。它的指令需要传递给结构中的n个处理器。使用这种结构的系统通常拥有大量的并行计算机，而这些计算机上都有相对简单的处理器，控制所有同步处理操作的控制单元。处理器之间可能共享存储器，也可能每个处理器都有自己的本地存储器。这种结构在信息检索的并行计算中占据主要地位。SIMD系统以阵列处理机和流水向量处理机为代表，这类系统的例子有CYBER 205、CRAY-1、ILLIAC Ⅳ和MPP等，而用于信息检索的SIMD机器的例子有联结机（CM）和分布式阵列处理机（DAP）等。

与MIMD体系相比，SIMD体系的应用领域较窄，且SIMD计算机也不如MIMD计算机普遍。典型的SIMD系统是Thinking Machines CM-2。CM-2使用分离的前端主机来为后端的并行处理元素提供用户界面。前端主机控制后端数据的加载以及卸载，并且执行连续的程序指令，例如条件和循环语句。并行宏指令从前端发送到后端微控制器，微控制器控制后端处理元素集合的并发操作。CM-2既支持基于标识档的信息检索算法，也支持基于倒排档的信息检索算法。

MIMD的结构比SIMD复杂，其中处理器之间是独立的，对不同的数据执行不同的指令。MIMD是目前并行引擎所使用的主要结构。该结构通常还包括共享的存储器或者一个通信网络。MIMD系统是对各自的数据项完成独立的操作功能。用于信息检索的这类系统，例如由英国INMOS公司网网节点Transputer（单片计算机）组成的网络，它由大量低成本、高性能的微处理机组成，每个微处理机带有局部存储器且能与其他同样的处理机通信。MIMD模型的实现有许多方法，而采取的方法取决于处理机间相互通信、数据存储所选择的拓扑结构和处理手段。

MIMD的体系结构如图6-4所示。

在图6-4中，MIMD并行体系结构主要由多个具有自己的控制单元、处理单元和局部内存的多个处理器组成，多个处理器之间通过共享内存或者通信网络相连接（图中以粗黑线表示）。MIMD可以处理互相独立的多个任务或者协同执行同一个任务。MIMD体系结构中，如果处理器之间交互通信频繁，则称为紧耦合（Tightly Coupled）系统；反之，则称为松耦合（Loosely Coupled）系统。

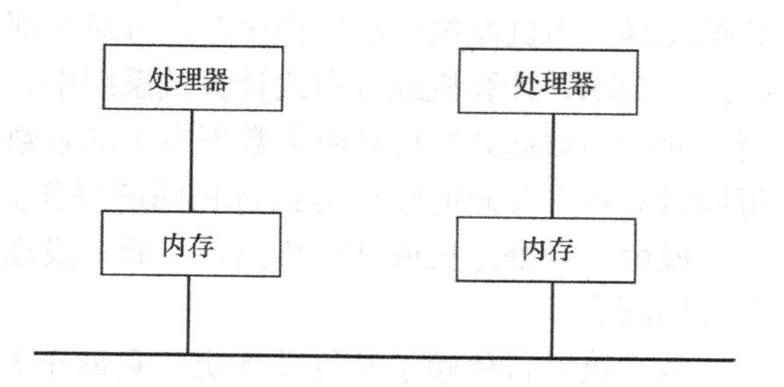

图6-4　MIMD的体系结构

注：资料来源：Ducan R，燕莉. 并行计算机体系结构综述. 计算机工程与科学，1991（4）。

MIMD并行体系结构在并行程度和采用的解决问题的方法方面非常灵活。检索系统利用MIMD计算机的一个最简单的方式就是采用多任务处理模式。并行计算机中每个处理器运行一个分离的、独立的搜索引擎。搜索引擎并不协同处理单个查询，但它可能共享代码库、文件系统缓冲或共享内存中的数据。用户提交给搜索引擎的查询由一个中介器进行处理，这个中介器从终端用户那里接收检索查询，而后将这些查询分发给各个搜索引擎。随着系统中处理器的增加，运行的搜索引擎也越来越多，因此可以并行处理更多的检索查询，系统的吞吐量也由此得到了提高，但单个查询的速度并没有改变。

尽管这一方法比较简单，但它需要对系统的硬件资源进行权衡，尤其是随着处理器的增加，磁盘和输入/输出（I/O）通道的数量也要增加。除非整个检索索引都已存在于主存中，否则运行在不同处理器上的检索进程可能会占用I/O和争夺硬件资源。因此，磁盘瓶颈将影响检索性能并抵消处理器增加所带来的吞吐量增益。

除了在计算机中增加更多的磁盘外，系统管理员还要将索引数据合理地分配给各个磁盘。只要存在两个查询进程对同一磁盘上索引数据的访问，那么就必定会存在磁盘的争夺。对每个磁盘上的索引进行复制会解决磁盘争夺问题，但这会增加存储开销和更新的复杂性。一种解决方法就是由系统管理员根据文献内容对磁盘上的索引数据进行分割和复制，即对访问较多的索引数据进行复制，而不经常访问的索引数据则随机分割。另一种方法是安装一个磁盘阵列，由操作系统自己进行分割。通过将索引分割并存储在多个磁盘上，磁盘阵列可以提供低延迟和高吞吐量的磁盘访问。为了加速查询反应时间，该算法把一个简单的查询分割成多个子任务，然后在多个处理器之间进行分配。在这种构造中，代理和检索处理过程并行运行，互相合作来完成同一个查询。其中系统中的高层次处理过程为代理从终端用户那里接收一个查询，分发给各个处理过程；然后每个处理过程完成查询工作的一部分，并且把中间结果返回给代理；最后代理把中间结果联合成最终的结果返回给用户。

6.2.3 并行检索技术

1. 并行检索策略

按照并行性的一般含义，可以将并行技术大致分为数据并行和功能并行（或称控制并行），二者都依赖于并行硬件体系结构。在SIMD计算机系统中，并行性一般只体现为数据并行，即计算机内包含一组处理单元（PE），每一个处理单元存储一个（或多个）数据元素。当机器执行顺序程序时，可对全部或部分的内部处理单元所存的数据同时操作。在MIMD计算机或分布式计算机系统中，既可以采用数据并行，也可以实现功能并行。此时的数据并行可理解为数据库中的各数据集分存于多台处理机或计算机中，它们可同时对各自存储的数据集执行相同的操作。功能并行是将一个程序划分为若干个段，每一段由一台处理机或计算机执行，而多段程序并行执行需考虑段间同步、通信等许多复杂问题。

数据级并行依赖于并行处理机，它属于SIMD系统内的并行。并行处理机的特点是重复设置许多个同样的处理单元，按照一定的方式相互连接，在统一的控制部件作用下，各自对分配来的数据并行地完成同一指令所规定的操作。控制部件实际上是一台高性能的单处理机，它执行控制指令和只适于串行处理的操作指令，而把适于并行处理的指令“播送”给所有的处理单元，但仅有那些处于“活动”状态的处理单元才并行地对各自的数据进行同一操作。为了实现快速有效的数据处理，数据应在各处理单元之间合理分配与存储，使各处理单元主要对自身存储器内的数据进行运算。

实现并行信息检索，需设计或选择并行处理计算机及整个硬件环境。目前的数据级并行检索一般都选用已有的并行处理机系统，通常的要求是适应面较广、易编程，且柔性较好。例如，CM 就可用于数值并行计算、自由文本并行查找、文献检索和人工智能等场合，且便于用户使用。为实现信息的快速检索，必须以特定的机器为基础，精心设计文档数据结构，优化分配文档数据，以确保各处理单元能够有效地并行，处理单元间的数据交换尽可能地少。

关于信息检索的功能并行问题，由于其并行性主要表现于多个任务或多个程序段之间，并行执行时可能存在着数据交换或控制依赖，因而解决起来较为复杂。但是随着计算机并行技术的进一步发展，计算机程序的控制并行问题将得到逐步解决。而信息检索的数据并行和功能并行有机地结合，将使并行信息检索的研究进入一个新阶段。

2. 并行检索的软件技术

并行软件可分成并行系统软件和并行应用软件两大类。并行系统软件主要是指并行编译系统和并行操作系统；并行应用软件主要是指各种软件工具和应用软件包。在软件中所牵涉到的程序并行性主要是指程序的相关性和网络互连两方面。

（1）程序的相关性。程序的相关性主要分为数据相关、控制相关和资源相关三类。数据相关说明的是语句之间的有序关系，主要有流相关、反相关、输出相关、I/O 相关和求知相关等。这种关系在程序运行前就可以通过分析程序确定下来。数据相关是一种偏序关系，在程序中并不是每一对语句的成员都是相关联的。可以通过分析程序的数据相关，把程序中一些不存在相关性的指令并行地执行，以提高程序运行的速度。控制相关指的是语句执行次序在运行前不能确定的情况。它一般是由转移指令引起的，只有在程序执行到一定的语句时才能判断出语句的相关性。控制相关常使正在开发的并行性中止。为了开发更多的并行性，必须用编译技术克服控制相关。资源相关则与系统进行的工作无关，而与并行事件利用整数部件、浮点部件、寄存器和存储区等共享资源时发生的冲突有关。软件的并行性主要是由程序的控制相关和数据相关性决定的。在开发并行性时，往往把程序划分成许多的程序段——颗粒。颗粒的规模也称为粒度，它是衡量软件进程所含计算量的尺度，一般用细、中、粗来描述。划分的粒度越细，各子系统间的通信时延也越低，并行性就越高，但系统开销也越大。因此，在进行程序组合优化的时候应该选择适当的粒度，并且把通信时延尽可能放在程序段中进行，还可以通过软硬件适配和编译优化的手段来提高程序的并行度。

（2）网络互连。将计算机子系统互连在一起或构造多处理机或多计算机时，可使用静态或动态拓扑结构的网络。静态网络由点一点直接相连而成，这种连接方式在程序执行过程中不会改变，常用来实现集中式系统的子系统之间或分布式系统的多个计算节点之间的固定连接。动态网络是用开关通道实现的，它可动态地改变结构，使之与用户程序中的通信要求匹配。动态网络包括总线、交叉开关和多级网络，常用于共享存储型多处理机中。在网络上的消息传递主要通过寻径来实现。常见的寻径方式有存储转发寻径和虫蚀寻径等。在存储转发网络中以长度固定的包作为信息流的基本单位，每个节点有一个包缓冲区，包从源节点经过一系列中间节点到达目的节点。存储转发网络的时延与源和目的之间的距离（段数）成正比。而在新型的计算机系统中采用虫蚀寻径，把包进一步分成一些固定长度的片，与节点相连的硬件寻径器中有片缓冲区。消息从源传送到目的节点要经过一系列寻径器。同一个包中所有的片以流水方式顺序传送，不同的包可交替地传送。但不同包的片不能交叉，以免被送到错误的目的地。虫蚀寻径的时延几乎与源和目的之间的距离无关。在寻径中产生的死锁问题可以由虚拟通道来解决。虚拟通道是两个节点间的逻辑链，它由源节点的片缓冲区、节点间的物理通道以及接收节点的片缓冲区组成。物理通道由所有的虚拟通道分时地共享。虚拟通道虽然可以避免死锁，但可能会使每个请求可用的有效通道频宽降低。因此，在确定虚拟通道数目时，需要对网络吞吐量和通信时延折中考虑。

3. 并行检索的硬件技术

在硬件技术方面主要从处理机、存储器和流水线三个方面来实现并行。

（1）处理机。主要的处理机系列包括 CISC、RISC、超标量、VLIW、超流水线、向量以及符号处理机。

（2）存储器。存储设备按容量和存取时间从低到高可分为寄存器、高速缓存、主存储器、磁盘设备和磁带机五个层次。较低层存储设备与较高层的相比，存取速度较快、容量较小、每字节成本较高、带宽较宽、传输单位较小。

（3）流水线。流水线技术主要有指令流水线技术和运算流水线技术两种。

指令流水线技术的主要目的是要提高计算机的运行效率和吞吐率。它主要通过设置预取指令缓冲区、设置多功能部件、进行内部数据定向、采取适当的指令调度策略来实现。指令调度的策略主要有静态和动态两种：静态调度是基于软件的，主要由编译器完成；动态调度是基于硬件的，主要是通过硬件技术进行。

运算流水线主要有单功能流水线和多功能流水线两种。其中多功能流水线又可分为静态流水线和动态流水线。静态流水线技术只用来实现确定的功能，而动态流水线可以在不同的时间重新组合，实现不同的功能，它除进行流水线连接外，还允许前馈和反馈连接，因此也称为非线性流水线。这些前馈和反馈连接使得进入流水线的相继事件的调度变得较为复杂。由于这些连接，流水线不一定从最后一段输出。根据不同的数据流动模式，人们可以用同一条流水线求得不同功能的值。

6.2.4 并行检索中的索引文档处理

1. 倒排表索引结构

信息检索的主要技术是顺排检索和倒排检索，当需要在大容量的文本信息中检索时，这样的顺序技术就会遇到困难。并行信息检索能够改变传统的顺序实现计算机信息检索的状况，在顺排检索和倒排检索中引入并行技术能够大大加快检索处理速度。

在并行处理的机器上进行检索要考虑到搜索算法对并行处理能力的影响。一些主要的并行技术包括任务分配、负载平衡、树排序。任务分配技术通过均衡任务的分工，保证并行系统在降低处理器的闲置时间和减少系统不必要的开销之间达到平衡。任务分配技术则运用在并行窗口搜索算法和分布式树搜索算法上。在并行系统中，如果一个处理器在其他处理器之前完成了工作，那它就会闲置下来，负载均衡技术用来激活闲置的处理器。在搜索模型为树的搜索空间上搜索，采用的是从左到右访问子节点的深度优先搜索法，但如果要找的信息处于树的右边，则需要搜索大量的节点。树排序技术就是采用一种算法来对搜索空间进行重新排序，从而加快查找速度。

并行检索为实现大容量文本信息的存储与快速检索提供了一条有效的途径，它一改以往顺序实现计算机信息检索的状况，在检索系统的信息规模较大时，也能满足用户的检索响应要求。目前的大型搜索引擎中一般都采用并行检索技术，以提高检索的响应速度。

在信息检索系统中通常采用一种称为倒排表（Inverted File）的索引结构，可以直接从关键词映射到所在文档。一个典型的倒排表部分结构如图6-5所示。

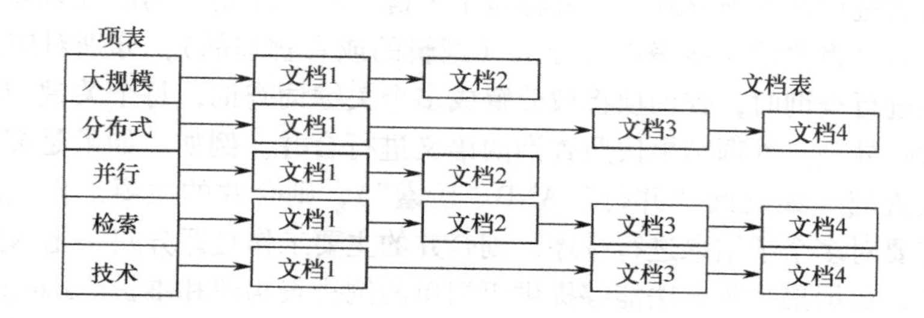

图6-5 倒排表结构示意图

注：资料来源：王斌，张刚，孙健. 大规模分布式并行信息检索技术. 信息技术快报，2005（2）。

在图6-5中，左边的多个查询项组成项表，每个项指针链出的是其所在文档的相关信息，每个项所在的所有文档信息称为这个项对应的文档表。以图6-5为例，数据集分割就是将不同的文档分配给不同处理器进行处理（如文档1和文档2分配给1号处理器，文档3和文档4分配给2号处理器），而查询项分割是将不同的关键词分配给不同的处理器进行处理（如关键词“大规模”和“分布式”分配给1号处理器，关键词“并行”“检索”和“技术”分配给2号处理器来处理）。

2. 基于倒排表的分割处理

并行检索策略采用数据集分割和查询项分割时，采用倒排表索引结构的检索系统需要在原始倒排表基础上进行多种转换。

使用倒排表进行数据集分割有两种实现方法：物理倒排表分割方法和逻辑倒排表分割方法。这两者的数据集都在物理上分成多个子集合。仍以图6-5为例，假设系统有2个处理机，则可以将所有文档划分成2个子集合（如将文档1和文档2划入一个子集合，而文档3和文档4划入另一个子集合）。当输入一个查询“并行AND检索”，系统的2个处理机将分别在2个子集合中寻找匹配结果。

物理倒排表分割和逻辑倒排表分割的不同之处在于，前者不仅将数据集分割，而且将倒排索引表也同时进行分割，每个数据子集拥有自己独立的索引倒排结构。对于逻辑倒排表分割，倒排索引表物理上并不进行分割，而是增加一个处理机分配表，整张倒排索引表则被多个处理器共享。

物理倒排表分割后，每个子集合具有自己独立的倒排表结构，因此可以供不同的处理器单独调用，相对比较灵活。但是，由于独立的倒排表没有全局的统计信息（在进行检索时通常需要全局的统计信息来计算文档和查询的匹配相似度），因此对每个子集进行检索时必须要有另外的处理来获得全局信息。方法通常有两种：一种是采用复制的方法，将全局信息复制多份分配到每个独立的索引倒排表上去；另一种是在每个子集合检索时分两步走，第一步获取全局信息表，第二步进行检索。前一种方法比较耗费空间，对索引表的更新也比较复杂；后一种方法需要较大的通信开销。总的来说，逻辑倒排表分割方法的通信开销很小，因此总体性能会高于物理倒排表分割，但是必须要对普通倒排表增加额外的数据结构来进行转换。而物理分割方法的灵活性比较强，每个文档子集可以单独检索。通过物理分割的方法，很容易将非并行的信息检索系统转换为并行的检索系统。

使用倒排表进行查询项分割时，要将每个关键词项分配到不同的处理器上去。对于倒排表来说，就是将关键词项表进行分割（逻辑的或者物理的），分别对应到不同的处理器上去。在进行查询时，查询项将被分解成多个关键词查询，每个关键词对应不同的处理器分别进行处理，处理结果按照查询的语义进行合并。例如，如果是多个关键词进行布尔表达式查询（如查询“并行”AND“检索”），则合并的主要工作是进行布尔操作。如果是需要对多个子结果进行排序，则合并的主要工作是评分归一化并排序。

相对而言，数据集分割方法能够提供更简单的倒排表构建和维护。Jeong 和 Omiecinski 通过实验对这两种方法进行了比较：假设每个处理器都有自己的 I/O 通道和磁盘，当关键词出现在文档和查询中的分布呈偏态分布（Skewed）时，采用数据集分割的方法性能较好；而当关键词在查询中呈均匀（Uniform）分布时，查询项分割方法更优越。

除了倒排表以外，信息检索中常用的其他数据结构（如签名文件 Signature File、后缀队列 Suffix Array 等）在应用到并行检索时也需要进行改变。另外，当检索系统使用其他并行结构（如 SIMD）时，也需要对数据结构做相应改变。

3. SIMD 机器上的倒排检索

SIMD 机器也称并行处理机或阵列处理机（Array Processor），是由大量相同的和互连的 PE 对分配来的数据并行执行同一指令所规定的操作，即所谓的向量数据处理。为此，由主文档建立倒排索引可利用 CU（控制部件）执行建库程序而完成。这就要求把该索引表数据合理地预分配到各个 PE 的局部存储器中（对采用分布式存储器的组成方法），或按一定规律合理分配到各个存储体中（对采用集中式共享存储器的组成方式），从而构成分布存储的倒排索引，以及主文档的集中存放。对提问编辑与变换后形成的检索指令表，因其中某些广义检索指令基本上属于向量类指令（如“输入”指令），故需“播送”给各个 PE，由它们并行地执行该指令规定的操作，而对其中的标量指令由 CU 自己执行。至于提问的编辑变换和主文档查找，只能在 SC（管理处理机）的协调之下，由 CU 串行处理，而难以并行执行。

由上可知，由于受到阵列处理机结构限制，倒排检索中可并行运算较少，且仅是细粒度的数据并行，更多的还是标量运算。如果考察并行处理机软件，其高级语言编译程序仅需在建立倒排索引和执行检索指令这两个环节上不同于原来的顺序语言编译，而操作系统功能并无明显不同，因为并行性存在于指令内部。上述无论是向量化编译还是资源管理，均由 SC 来承担。至于并行算法，因与机器结构紧密关联，故只要将有限的一些运算转化为向量运算即可。

4. MIMD 机器上的倒排检索

MIMD 机器即多处理机系统，它既可以是多台处理机共享一个主存的紧耦合多处理机，也可以是不共享同一主存的松耦合多处理机，能够实现作业、任务、指令、数组各级全面并行。在此硬件环境下，倒排索引及主文档可以分割存放，如倒排索引分放在内存各部分，主文档分放在并行辅存中，以便在检索时由各台处理机同时查找数据。对于共享主存的场合，必须解决好倒排索引数据在各存储器模块体中的定位与分配，以降低多台处理机同时访问一个存储体时的冲突概率。对于不共享主存的情形，应确保在每个处理机所带的局部存储器内存放各自常用的倒排索引，以免因分配不合理导致查不到的现象。检索时，可对多个提问式同时处理，具体地讲，可在同一时间由每台处理机完成若干个提问式处理，即各自进行提问式变换、广义检索指令执行和主文档查找，而 p 台处理机合起来完成一批提问检索。

综上所述，此时的倒排检索属于粗粒度的并行处理，且多台处理机各自任务基本独立，执行时不必相互等待。然而，文档数据的分割与分配将直接影响后面的检索处理的可并行性。同时，提问集的分配合理与否对于不共享主存的场合将可能关系到检索的成败，还有任务调度和处理机间的同步等，这些问题都需采用适当的并行算法由统一的多处理机操作系统来解决。

5. 并行顺排检索

传统的信息检索大多采用倒排方法，而较少采用顺排检索，其主要原因是顺排检索速度较慢。然而，并行硬件环境的开发使顺排文档检索呈现出较大潜力。鉴于顺排检索的特点，顺排检索的并行化宜于在 MIMD 计算机上实现。假若由 p 台处理机构成多处理机系统，处理由 n 个提问构成的批量提问检索，则相应有两种处理方案。

第一种方案，将顺排文档分散存放在共享或不共享的存储器中。检索时，先将 p 个提问依次读入 p 台处理机，各自变换为提问展开表，再将整个顺排文档中每篇文献读入该 p 台处理机，分别编制检索标识表，并比较标识表和展开表，从而得到前 p 个提问的检索处理结果。接着读入 $p+1\sim 2p$ 个提问，重复上述过程，直至所有提问处理完毕。

第二种方案，将 n 个提问同时读入每一台处理机中，p 台处理机各自将每个提问展开，再将与其有逻辑联系的存储体或物理连接的局部存储器中的每篇文献编制成检索标识表，经重复变换和比较，每台处理机获得部分检索结果，最后将 p 组结果组合起来。

在上述方案中，p 台处理机通过并行读取、变换和比较来实现顺排检索。与处理倒排检索有些类似，其并行任务是粗粒度、相互独立和功能相同的。同样，有关顺排文档的划分、提问集的分解、处理机间的少量通信及系统整体状态的管理，只要通过运行并行算法和并行操作系统即可完成。

总之，并行处理作为一种满足大规模计算需求的有效手段，已应用于天气预报、航空动力学计算、遥感、实时仿真和人工智能等领域。在信息检索领域，为提高处理能力，也引入了并行处理技术。在传统的串行检索方式中，合理地组织系统的文档数据，设计优化的检索软件，以及选用高速的宿主机，无疑都能缩短响应时间。然而，当文档数据库尤其是包含全文的数据库达到一定规模时，便无法满足用户的响应时间要求。而采用并行信息检索，则为有效加快检索速度提供了新的途径。由计算能力较强的并行处理机实现全文数据库检索，表现出四个方面的优势：改进响应时间、适应大规模数据库、提高超级算法性能、降低查找成本。目前并行处理技术在信息检索中的应用已取得明显效果，有的应用系统已接近商用。

6.3 分布式信息检索方法

随着计算机技术从单机处理到C/S双层结构的发展之后，计算机应用体系结构正在经历从C/S双层结构到分布式的多层结构方向发展。这种分布式的多层结构是在C/S结构和分布式技术的基础上，将业务逻辑从客户端分离出来移到一个或多个中间层，通过对中间层的有效组织和管理，采用负载平衡、动态伸缩和标准接口等技术，将客户机与服务器高效地组合在一起。目前，这种分布式的多层结构已经广泛地应用在数据库系统的研究与开发中。

6.3.1 分布式信息检索的原理

分布式信息检索主要是指在分布式的环境中，利用分布式计算和移动代理等技术从大量的、异构的信息资源中检索出对用户有用的信息的过程。这里的分布式环境指的是信息资源在物理上分布于各地，小到一个办公系统之内，大到跨越一个国家。这些分布式的信息资源在逻辑上是一个整体，从而构成一个分布式检索系统。但是，不同的信息资源具有不同的数据库结构，即分布式的信息资源具有异构性的特点。

一个简单的分布式信息检索系统由多个数据集服务器（Collection Servers）和一个或多个代理处理器（Broker）两部分组成。在有一个代理处理器的检索系统中，用户向Broker提交检索提问式，Broker将会用这一检索提问式检索数据集服务器的子集完成信息的查找。子集中的每个信息库服务器反馈给Broker一个按相关度由大到小排列的信息列表。最后，Broker对所有的结果列表进行整合形成新的信息列表反馈给用户。但是，由一个代理服务器进行分布式的检索系统，有很多局限性：①一个代理服务器难以管理大量的信息库服务器；②系统的可扩展性差；③软件的移植性、互操作性、重用性及安全性差。

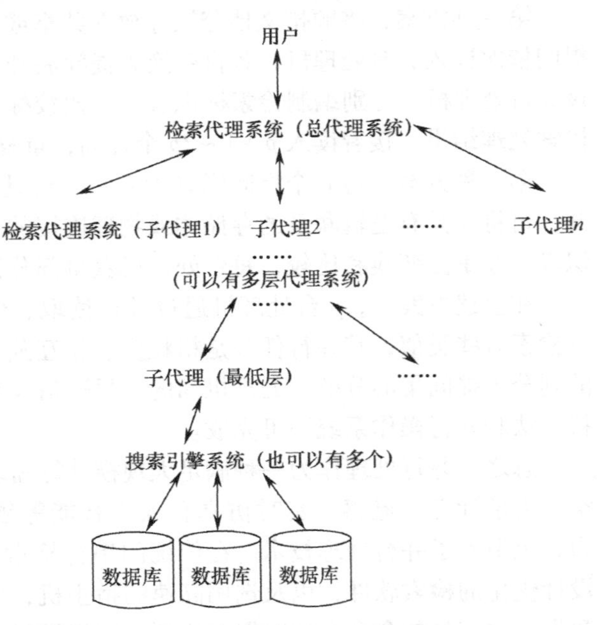

图6-6 基于代理的分布式检索系统

注：资料来源：苏新宁. 信息检索理论与技术. 北京：科学技术文献出版社，2004。

由于一个代理服务器组成的分布式检索系统存在着局限性，目前大多数分布式信息检索系统都是由多个代理服务器组成多级代理的分布式信息检索系统。多级代理的分布式信息检索系统由一个总代理和若干个分代理组成。工作原理如图6-6所示，在一个分布式的检索系统中有一个总代理系统和多个分代理（或称子代理）系统，每个子代理系统还可以有它的子代理，最低一层的代理系统有一个或多个搜索引擎来对最底层的数据库进行检索。整个分布式系统是一个树状结构。

6.3.2　分布式检索处理技术

由于不同的信息资源具有不同的数据库结构，因此在分布式环境下对于异构数据库的检索和访问并不是想象的那么简单。解决分布式信息检索的技术很多，如用于分布式数据库设计与实现的分布式对象组件模型（DCOM）和公共对象请求代理构架（CORBA），用于解决分布式环境中数据库之间异构问题的Z39.50协议、P2P网络[㊀]结构技术等。而代理技术同样也可实现分布式信息的检索，通常分布式环境下代理技术的检索功能包括：

- 从用户或代理服务器那里接收提问。
- 把接收的提问翻译成检索软件可识别的语言（检索提问表达式）。
- 确定哪些信息资源包含与提问式最相关的信息。
- 利用提问式对确定的资源进行检索。
- 收集相应的检索结果。
- 对检索结果进行整理。
- 把整理的结果提供给用户。

从代理技术的功能上看，在一个分布式信息检索系统中，希望能提供多个代理，目前在分布式信息检索中常用的代理技术是移动代理技术（又称智能代理技术）。移动代理（Mobil Agent）是网络计算技术的一种，是指使用代理通信协议进行信息交换，以实现问题的自动解决的一种软件程序。智能代理可以在用户没有明确具体要求的情况下，根据用户需要代替用户进行各种复杂的工作，如信息查询、筛选、谈判、管理等，并能推测用户的意图，自主制定、调整和执行工作计划。移动代理动态地分布于远端主机并可以在不同主机上进行移动，因此，移动代理可以完成代理的上述多项功能，是目前分布式信息检索中常用的技术手段。

6.3.3　分布式信息检索模式

分布式信息检索的一般处理模式是由检索代理程序将检索任务提交给网络上的多个主机，由这些主机上的检索程序分别独立检索并将检索结果返回，检索代理程序将其整理后显示给用户。但由于采用的技术不同，分布式信息检索也具有多种不同的模式，通过这些模式，可以全面了解分布式信息检索的各种处理过程。

1. 基于元搜索引擎的分布式信息检索

网上最常用的信息检索工具是搜索引擎，搜索引擎大多采用的是集中方式抓取信息，它们努力遍历整个互联网，对遍历到的文档生成全文索引供用户检索。然而任何一个搜索引擎索引都不可能覆盖全部互联网，据统计，目前最好的搜索引擎也只索引了约1/3的Web页面。检索机制、范围、算法等的不同，导致在不同搜索引擎中的查询结果

㊀ Peer to Peer，简称P2P，即对等网络。网上各台计算机有相同的功能，无主从之分。

相差很大。因此，要想获得一个比较全面、准确的结果，就必须反复调用多个搜索引擎，这无疑增加了用户的负担。元搜索引擎的出现在一定程度上解决了这些问题。元搜索引擎被称为搜索引擎的搜索引擎，它自己并不收集网站或网页信息，通常也没有自己的资源库和 ROBOT。当用户查询一个关键词时，它把用户的查询请求转换成其他搜索引擎能够接受的命令格式，并行地访问多个搜索引擎来查询这个关键词，然后将返回的结果进行合并、排序等处理后，作为自己的结果返回给用户。严格地讲，元搜索引擎只是一个搜索代理程序，不能被认为是一个真正独立的搜索引擎。

从检索机制的角度看，元搜索引擎可以看成是一种分布式信息检索系统，由于其检索覆盖面广、系统复杂度不高等优点，使得该项技术得到了快速发展。

2. 基于 Z39.50 的分布式信息检索

Z39.50 协议在 1988 年出台时的初衷是为检索书目信息而提出的 OSI㊀应用层协议，以满足从网上查找和索取 USMARC 格式的书目记录。它通过建立一个逻辑上的国家编目数据库结构，来达到支持编目的共享，同时它对终端用户又是透明的，解决了异种书目数据库之间分布式跨库检索问题。该协议经过十几年来的不断完善更新，其应用领域已不再局限于书目数据库，现已扩展到全文数据、文摘、索引、校园信息、新闻服务、财务经营新闻、医学和科技信息、图像等多种信息类型。

根据 ANSI/NISO Z39.50—1995（ISO 23950）的定义，该协议是计算机系统之间相互联系的一系列标准，它独立于任何特定类型的信息或特定类型的数据库系统。这个标准指定了管理客户和服务器之间信息交换的格式和过程，使用户可以透明地检索远程数据库信息，选择符合要求的记录，获取部分或全部的相关记录。

Z39.50 协议在 C/S 模型中是面向连接的，它建立在数据库搜索的抽象视图上，并假设服务器存储了一组带有可搜索索引的数据库，服务器和客户机之间的交互通过会话实现。其工作的简单过程如下：

首先客户机和服务器建立连接，然后客户机向服务器提交一个“查询”请求；服务器接收请求后，通过后台查询过程，产生一个结果集合，结果集合将会保存在服务器上，并根据用户的要求实例化或仅提供集合记录指针，同时允许多个并发的查询集合进行合并；最后关闭连接。

基于 Z39.50 的分布式信息检索系统以 Z39.50 服务器为基础，主要通过 Z39.50 客户端软件来实现分布式。Z39.50 客户端软件具有以下功能：①允许通过多个检索点进行检索。②能将用户的检索请求转换成以 BER㊁编码表示的逆波兰表达式格式。③允许用户同时选择多个 Z39.50 服务器，并向它们发送检索请求。④能将多个服务器返回的结果转换成客户端的内部表示，并以各种视图呈现给用户。⑤允许用户对结果集进行打印、显示详细内容等各种处理。

Z39.50 作为一个分布式环境下计算机系统之间进行通信的标准协议，实现了异构机型、异种操作平台的异质数据源之间的相互操作，大大降低了异种数据库之间查询的复

㊀ Open System Interconnection 的缩写，即开放式系统互联。国际标准化组织制定了 OSI 模型。这个模型把网络通信的工作分为七层，其中一层为应用层。

㊁ Basic Encoding Rules 的简写，即基本编码规则。

杂程度。

3. 基于XML的分布式信息检索

XML是由万维网联盟（W3C）创建的一组规范，它是一种在Web环境下使用的新标记语言，克服了HTML在数据传送协议、传送格式和数据表示格式等方面的弊端，适合在Web环境下组织和交换信息。XML是SGML的一个子集，从本质上讲它是一种元标记语言。XML允许用户根据自己特定的需要制定一套相应的标记符号，即DTD。通过定义DTD，可以控制XML文档中使用的标记符号、它们应该按什么次序出现、哪些标记符号可以出现在其他标记符号中、哪些标记符号有属性等。借助于XML和DTD，同一个行业内的信息组织可以在一定范围内实现分布式信息检索。

基于XML的分布式信息检索的基本思路是，每个对外提供数据检索服务的信息组织，都可根据所属行业和数据的性质，选定某个已成为标准或被共同遵守的DTD作为与外界进行数据交换的格式，然后针对自身数据库的特点编制检索程序，检索出的记录按选定的DTD生成XML文档，并以XML HTTP协议格式返回给用户。同时，信息组织还需提供一个客户端检索代理程序，该代理程序除了能从本服务器数据库中检索数据外，还可从选定的多个其他数据库中进行检索，并将从多处返回的结果进行整理、排序，显示给用户。

这种模式的一般工作过程是，用户打开某个信息网站，进入检索代理程序，输入检索条件并提交检索请求，代理程序根据用户提供的条件生成一个符合指定DTD的XML格式的检索请求文档，并将此文档通过XML HTTP发送到遵循相同DTD的多个信息网站。各个信息网站的检索程序接到代理程序传来的XML格式的检索请求文档，通过XML文档对象模型（Document Object Model，DOM）文档对象解析出检索条件，并将检索条件形成SQL语句，创建ADODB对象来连接后台数据库，执行SQL语句选出符合条件的记录，将检索结果用XML文档返回。客户端代理程序接收各个信息网站返回的XML检索结果文档，并借助于XML DOM文档对象，对检索结果进行取舍、排序，最后借助于事先定义好的CSS文档或XSL文档在同一个窗口中分页显示全部检索结果。

4. 基于Web服务的分布式信息检索

Web服务是一种可独立的、模块化的Web应用，它允许在Web站点上放置可编程的元素，能进行基于Web的分布式计算和处理。Web服务主要通过WWW来描述、发布、定位以及调用，其体系结构描述了三个角色（服务提供者、服务请求者、服务代理者）以及三个操作（发布、查找、绑定）。某个Web服务在Internet上发布后，其他应用程序就可以发现和调用它。调用Web服务类似于Web的组件编程，开发人员通过调用Web服务的编程接口，可将Web服务集成到他们的应用程序中。位于服务器端的Web服务具有从数据库中检索数据的功能，同时还具有自描述功能，能够向用户提供调用参数、返回参数、端口地址等接口信息，以方便用户调用。因此，可以利用Web服务来实现分布式信息检索。

（1）Web服务标准。Web服务使用HTTP和XML等标准的互联网协议，同时它还需要在现有的Web技术基础上，通过制定新的协议和标准来实现。与Web服务密切相关的三大新技术标准分别是SOAP（Simple Object Access Protocol，简单对象访问协议）、

UDDI（Universal Description，Discovery and Integration，统一描述、发现和集成）、WSDL（Web Services Description Language，Web 服务描述语言）。

UDDI 是一套基于 Web 的、分布式的、为 Web 服务提供信息注册的实现的标准规范，同时也包含一组使网络用户能将自身提供的 Web 服务注册，并能够被其他用户发现的访问协议。该规范提供了一套注册和定位 Web 服务的方法，便于用户描述和注册他们的 Web 服务，同时发现其他用户提供的 Web 服务并与之集成。简言之，UDDI 标准定义了一个 Web 服务发布与发现的方法。有了 UDDI，就可以建立一个全球化的、与平台无关的、开放式的架构，使得网络用户能发现彼此、定义如何通过 Internet 进行交互、使用一个全球性的商务注册中心来共享信息。

WSDL 是一种描述 Web 服务的 XML 语言，它定义了描述 Web 服务接口规范的标准格式。WSDL 文件中的描述信息包括数据类型定义、服务所支持的操作、输入/输出信息格式、网络地址以及协议绑定等。用 WSDL 书写的 WSDL 文档可用来描述 Web 服务的功能、调用地址、调用参数、返回参数等，它和 Web 服务一起被发布到 UDDI 注册中心。

SOAP 是一种在分布式的环境中交换信息的简单协议，也是一种基于 XML 的不依赖传输协议的表示层协议。它定义了消息传输的信封（Envelope）格式，提供了数据编码的基准，并提供代表远程过程调用（RPC）的一系列规则，用于在 Web 上传输、交换 XML 数据。客户应用程序正是通过 SOAP 协议来访问 Internet 上的 Web 服务的。

（2）基于 Web 服务的分布式信息检索。这种检索的基本思路是，以 Web 服务的形式存在的服务器端检索程序负责从各自的数据库中检索数据；具有代理功能的客户端应用程序（可以是专用客户端或网关型客户端）负责向多个 Web 服务同时发出调用命令，并接收返回结果。

该检索模式的一般工作过程为，用户输入检索条件之后，客户端程序先通过 UDDI 注册中心即时查询到一批相关的 Web 服务（也可以事先查询一批相关的 Web 服务，固定显示在客户端程序中让用户选择），经用户选择后，再自动读取相应的 WSDL 文档并进行分析，根据检索条件分别形成相应的 SOAP 消息请求，然后发送到相应的端口地址，调用这些 Web 服务。各个 Web 服务在各自的站点分别执行，并将检索结果以 SOAP 消息响应的形式返回给调用它的客户端程序。客户端程序接收上述多个检索结果，进行分类、排序、合并等操作，并按某种事先预定的方式显示给用户。

5. 基于 Agent 的分布式信息检索

Agent（通常译为“代理”）是一类在特定环境下能感知环境并能自治地运行以代表其设计者或使用者实现一系列目标的计算实体或程序（Softbot），它能随环境的变化自我调整，在变化的环境中仍能保持与环境一致。每一个 Agent 都是具有特定完整功能的、独立的、高度智能化的个体。它掌握一定的知识，有自己的目标和解决问题的能力。

一般来说，Agent 具有以下特性：

（1）自治性。Agent 能够在没有人或其他外界因素干预的情况下运行。

（2）协作性。对于某些任务，仅靠单个 Agent 很难完成，这时需要通过多个 Agent 的协调与合作才能完成。Agent 可以与其他 Agent 或人进行交互。用户和 Agent 之间的合作可以描述为一份协议的协定过程。用户定义其期望的操作，Agent 说明其能力并给出结果。这可以视作双向交谈：一方向另一方提问，保证双方对随后的工作达成一致。在面向 Agent 的系统中，交互的双方处于对等的地位。Agent 之间的交互通过 Agent 交换知识信念及计划的机制来协同工作，解决由单个 Agent 很难完成的大型任务。

（3）反应能力。Agent 可以感知环境并及时做出反应。它们通过触发规则或执行预定义的计划，更新 Agent 的事实库，并发送消息给环境中的其他 Agent。

（4）主动性。Agent 可以主动采取行动实现目标。它们可以根据目标和意图进行推理，并据此规划以后的行为。

（5）适应性。Agent 可以适应环境的变化。

分布式检索系统中的 Agent 处于用户和网络信息资源之间，充当中间人或代理的工作，能根据用户的要求在网上搜索信息资源，按照一定的规则进行过滤，并以一定的优先方式提供给用户。由于单个 Agent 的任务功能过于集中，容易造成数据的过于集中且不利于多任务的并发执行，因此依靠多 Agent 合作的方法，是完成分布式检索的主要策略。

一个基于三层 Agent 的个性化信息检索系统包括用户 Agent、用户代理 Agent 和信息检索 Agent。

第一层是用户 Agent，位于用户机上，每个用户对应一个用户 Agent，实现用户与系统之间的交互。它对用户输入的查询要求进行处理并提交给用户代理 Agent，然后将信息检索 Agent 返回的结果呈现给用户，由用户对结果进行反馈评价，并对用户的反馈结果进行学习，动态地修改和完善用户的个性化需求模式，再将这种模式传递给用户代理 Agent。

第二层是用户代理 Agent，位于系统的服务器上，它主要的功能是实现与用户 Agent 和信息检索 Agent 的交互。用户进行检索时，用户代理 Agent 接受用户 Agent 传来的兴趣特征矢量，选择信息检索 Agent 进行检索，并参照用户的个性化模式对检索到的信息进行匹配过滤处理，使得过滤后的信息满足用户的个性化需求。

第三层是信息检索 Agent，与用户代理 Agent 位于同一个服务器上。信息检索 Agent 可以是面向特定主题的元搜索引擎，其主要功能是对用户的查询信息进行处理，将其转化成各搜索引擎的处理格式，选择合适的搜索引擎进行检索，并将所有搜索到的结果进行整合，然后推送给用户代理 Agent。

6. 基于移动 Agent 的分布式信息检索

移动 Agent 除了具有 Agent 的基本属性以外，移动性是其最重要的特点，它可以从一台机器通过网络移动到另外一台机器上运行，并根据需要克隆或生成子 Agent，子 Agent 具有同父 Agent 相同的性质。移动 Agent 主要特点是：

（1）移动性能。移动 Agent 可以在异构网络和分布式计算机环境中自主、自动地迁移，携带信息或寻找适当的信息资源，进行就地的信息处理，代理用户完成信息传递、网页查询、数据和知识发现、信息变换等多种任务。

（2）异构和异步性能。移动 Agent 可以支持异构计算机软件、硬件环境，能进行异步通信和计算。

（3）降低网络通信费用。传送大量的原始信息不但费时还容易阻塞网络，如果将 Agent 移动到信息存储的地方，进行局部搜索和选择后，将选中的信息通过网络传送给用户，会大大减少远程计算机网络的连接费用。

（4）分布和并行性。移动 Agent 提供了一个独特的分布计算体系结构，为完成某项任务，用户可以创建多个 Agent，将它们同时在相同或不同的节点上运行，可将单一节点的负荷分散到网络的多个节点上，使小系统具有处理大规模、复杂问题的能力。

（5）智能化路由。移动 Agent 具有根据目标、网络通信能力和服务器负载等因素，动态地规划下一步操作的能力。智能化路由能很好地优化网络和计算资源，实现负载均衡，提高问题的求解速度，避免对资源的盲目访问。

采用移动 Agent 技术进行信息检索时，查询请求通过客户机或源主机的用户查询界面发起，源主机接受用户的查询请求，完成查询任务分解工作和进行查询调度，并实现查询结果的整合，最后将查询结果传送给用户查询界面。其具体步骤如下：①用户通过用户界面提交检索请求；②源主机根据该检索请求进行任务分解，或从本地检索数据，或创建一个移动 Agent，并将检索任务交给移动 Agent；③移动 Agent 根据路由规划迁移路径，迁移到目的主机 1 上；④该移动 Agent 按检索目标执行相应的程序代码，检索目的主机 1 的数据库，并把符合要求的结果传给源主机；⑤按照规划好的路径，移动 Agent 移动到下一站点目的主机 2；⑥移动 Agent 在目的主机 2 上也执行相应的程序，检索该主机的数据库，将符合要求的结果，根据 Agent 通信的方式，以消息机制传送给源主机的用户界面 Agent；⑦依次下去，直到检索完规划路径中的所有目的主机后，移动 Agent 迁移回到源主机并返回数据（在远程主机完成检索的同时，远程主机和源主机之间的网络连接可以断开，各主机也可以同时进行自己的任务），⑧在完成所有任务的检索之后，源主机根据用户的查询要求进行查询结果的过滤和整合，最后将符合用户要求的结果传给客户端用户，并由用户界面显示结果。

6.3.4 分布式检索中的数据集选择

由于信息资源的海量性，对于一个信息需求，在制定检索策略时，不可能在每一个信息资源中进行检索，但又必须保证所选择的信息资源能够搜索到适合的信息，这时就要用到数据集选择（Collection Selection）。它就是指怎样选择最合适的信息资源库的子集，并保证这些子集可能包含与提问式相关的文献的数量最多。

对于数据集选择，最简单的方法是用户自己选择信息资源库（例如对选中的信息库资源做一个清单）。但是，在实践中，用户对于信息资源的利用知识是有限的，因而他们选择的信息资源的质量通常不会太高。所以，分布式信息检索要求检索系统能够根据提问式自动地选择数据集资源，并且保证这些数据集资源中含有与提问式相关的文献最多。

在分布式信息检索的数据集选择方法中，将提问式在每个数据集中进行检索的效果是最好的。但是，这样做的成本很高，还可能致使响应时间过长、增加用户的负担。因而对数据集进行选择的目标是尽可能降低数据子集的数量，保证检索的效率。

元搜索引擎是比较有代表性的分布式信息检索模式，在这种分布式检索中，根据描述信息的不同内容和利用方式，将数据集选择方法分为五类：朴素法、粗略法、定性的方法、定量的方法、基于学习的方法。

1. 朴素法

朴素法（Naive Approaches）是一种简单的数据集选择方法，它不用判断成员搜索引擎对检索的有用性和有效性，直接将用户的查询请求发送给所有的成员搜索引擎进行检索。最早的WATERS和Dienst以及后来的MetaCrawler和NCSTRL都采用这种方法。这种方法的优点是比较容易实现，不需要对成员搜索引擎进行评价，特别适合应用在成员搜索引擎数目很少的情况，但是不加判断地调用所有成员搜索引擎进行搜索显然不是很科学。如果元搜索引擎包含的成员搜索引擎数目较多，那么将查询送到每个成员搜索引擎的策略就不是很合理了，因为在这种情况下，大多数的成员搜索引擎对于查询贡献不大，这将给元搜索引擎带来大量不必要的通信资源和其本身资源的浪费，会严重影响元搜索引擎系统的性能。

2. 粗略法

粗略法（Rough Approaches）是一种为每一个成员搜索引擎提供描述信息的数据集选择方法。在这类方法中，每一个搜索引擎的描述信息通常是以固定格式人工添加的。当用户提出一个查询式时，系统会将查询式与每个成员搜索引擎的描述信息进行匹配运算，并决定该搜索引擎的相关度。之后按照得出的各搜索引擎的相关度将它们进行降序排列，再由用户从排序列表中依次选择进行查询。

ALIWEB和WAIS都是使用这种方法的代表，但是它们也并不完全一样，WAIS可以同时查询多个搜索引擎，而ALIWEB每次只能查询一个，检索效率显然不如WAIS。以这类方法实现数据集选择的还有Search Broker系统，它给每个搜索引擎手工添加了一到两个限定词，用以说明该搜索引擎收录内容的主题和范围。当用户进行检索时，查询式被分成主题和普通两个部分。主题部分用来选择搜索引擎，而普通部分用来从选择的搜索引擎中检索相关的文档。

对搜索引擎内容和主题的描述是否全面和准确，对此类方法的使用效果影响很大。而对于Search Broker系统，用户对主题范围的区分能力也直接影响最终检索结果。这种方法相比朴素法来说准确性等各个方面都有优势，但是也有其缺点，主要就是该方法采用人工方式来添加各个搜索引擎的描述信息，这些描述信息主要包括搜索引擎的主题和内容的描述，所以会包含很多的主观因素，会影响最终检索结果，特别是在分析含有多个主题的搜索引擎时，这种影响更为明显。而且，如果仅仅以这些简短的描述信息为依据来选择成员搜索引擎，那么丢失潜在的有用文档的情况就很难避免，因此，这类方法最适合那些包含大量专门性搜索引擎的元搜索引擎。

3. 定性的方法

定性的方法（Qualitative Approaches）是元搜索引擎系统设计中常用的一种数据集选择算法。在这种方法中，有的采用很粗略的信息来代表每个数据集的内容。通常，这种数据集代表中描述一个搜索引擎的信息很少，仅有几个关键字或几个句子，它只能提供数据集最基本的描述，但是这样也有一个好处，那就是数据集描述信息相对来说比较容易获取和更新，而且占用很少的存储空间，文档中单元词的频次信息计算也非常简单。不过这种方法的缺点也很明显，那就是过于简短的信息描述很难充分、全面地反映数据集的内容，往往会遗漏潜在有用的数据集。采用这种方法来进行数据集选择的代表有D-WISE系统。在该系统中，通过成员搜索引擎包含的文档总数和查询式中单元词在该搜索引擎中的出现次数之间的一定计算，得到一个反映该搜索引擎相关程度的排序得分（Ranking Score），然后依据这个得分来进行数据集的选择。一般来说，得分越高，搜索引擎中含有更多与查询式相关的文档可能性就越大。但是，它也存在两个问题。首先，这个得分很难让普通用户理解。仅仅通过观察一个搜索引擎的得分，用户很难判断在该搜索引擎中会含有多少潜在有用的文档。其次，这种方法没有考虑用户所需的结果数量对搜索引擎重要程度的影响，因此它的准确性还值得怀疑。

定性的方法中还有一种算法是采用详细的信息来描述数据集代表。一个数据集的详细代表涉及在此数据集里每一个文件中出现的每一个术语。因此，如果处理得当，使用详细代表的数据集选择方法可以探测到每一个潜在有用的文件。使用详细代表的方法通常在数据集代表中为每个术语保存一个或多个统计信息。

4. 定量的方法

相对于定性的方法，定量的方法（Quantitative Approaches）评价数据集与查询之间的相似程度要更加具体和明确。定量的方法比定性的方法要复杂得多，但是往往可以为用户提供更多的有用信息。用定量的方法衡量成员搜索引擎数据集有用性的一个标准是“成员搜索引擎数据集中对于每个查询的潜在有用文档数量”。通过这一标准，除了能够了解哪个搜索引擎是最有用的，还可以知道每个搜索引擎的有用程度。了解一个搜索引擎的有用程度对用户决定如何选择是非常重要的，而这是定性的方法所无法做到的。

如果一个得分很高的搜索引擎仅仅含有很少的潜在有用文档，就必然会因为处理过多的无用结果而使系统开销很大，元搜索引擎系统就可能放弃检索这个搜索引擎。而这种基于数值信息的判断在定性的方法中也是无法实现的。

定量衡量成员搜索引擎有用性的另一个标准是，一个成员搜索引擎数据集中与给定查询最为相似的文档的全局相似度。一方面，该标准表明了能够从一个成员搜索引擎数据集中可以得到的最好结果是什么。另一方面，对于给定的查询，该标准可以用来对成员搜索引擎数据集进行最优化的排序，进而从所有成员搜索引擎数据集中检索到最相似的前若干篇文档。

5. 基于学习的方法

基于学习的方法（Learning-based Approaches）也是现有搜索引擎系统中常用的一种数据集选择方法。这种方法根据以往的查询经验来预测数据集对于新查询的有用程度。可以使用静态学习方法、动态学习方法和混合学习方法来获取查询经验。

静态学习方法使用训练查询，对于每个成员搜索引擎有关训练查询的检索经验，可以在成员搜索引擎选择程序投入使用前得到。这种方法计算简单，但不能适应成员搜索引擎内容和查询的更新。MRDD（Modeling Relevant Document Distribution）方法是一种静态学习方法。在学习过程中，它使用一组训练查询集，把每个训练查询发给每个搜索引擎。在每个搜索引擎返回的针对给定查询的检索结果中，可以得到所有的相关文档并生成一个表示查询结果分布的向量。当获得训练查询集在所有搜索引擎中的查询结果分布向量后，将所有的训练查询进行比较，假设得出 k 个相似的训练查询。接下来，对每个成员搜索引擎的数据集 D，得出查询 q 与 D 的 k 个最相似查询的 k 元平均相关文档分布向量。最后，使用平均分布向量来选择成员搜索引擎进行查询及获取文档。

动态学习方法使用真正的用户查询，而不是训练查询，检索经验可以被逐步积累并持续更新。这种方法的优点是随着检索次数的增加，检索经验也相应增加积累和更新。

其缺点是需要较长的时间才能收集到对成员搜索引擎选择算法有用的信息，同时由于用户的反馈不是一个很严密的过程，很容易对搜索引擎的选择产生误导。

SavvySearch 系统是使用动态学习方法的一个代表。在该系统中，对于一个给定的查询式，成员搜索引擎的得分是通过分析该查询式中单元词在过去检索中获取的经验计算出来的。

混合学习方法是静态学习方法和动态学习方法相结合的方法。它通过训练查询得到初始经验，通过真实查询不断更新知识。但其静态学习中训练查询的选择和相关文档的确定主要由人工完成，其动态学习有些简单，用户反馈信息使用较少。

ProFusion 是一个使用混合学习方法的元搜索引擎。在 ProFusion 中，13 个预先设置的类别被用于学习过程。每一个类别都有一组反映该类别主题的术语。对每一个类别来说，一组训练查询将用来做静态学习。使用这些类别以及专门的训练查询，是为了掌握不同的成员搜索引擎对于不同类别查询的响应情况。训练完成以后，每个数据集对于每个类别都有一个信任因数。当元搜索引擎收到用户查询 q 时，q 被首先对应到一个或多个类别。如果与类别 C 相关的一组术语中至少有一个术语出现在 q 中，q 便被对应到该类别。然后，各数据集按照所对应的类别中的信任因数之和来排序。一个数据集对于 q 的信任因数之和为该数据库对于 q 的评分。在 ProFusion 中，具备最大评分值的 3 个数据库将用来进行对查询的检索。ProFusion 采用了一种混合学习方法，将静态学习和动态学习结合了起来，这样做的结果解决了一些与单一使用静态引擎方法或动态引擎方法相关的问题。

总体来说，基于学习的方法优点是成员搜索引擎描述信息的存储空间，以及对这些信息维护的难易度适中，而且通过学习的方法可以不断提高性能。但是缺点也很明显，首先对于查询式中新出现的单元词或仅仅使用过几次的单元词，该方法的检索效果不是特别理想。此外，仅仅使用查询式中单元词所对应的权值来判断搜索引擎的相关度，这显然表明所提供的信息不够充分。

6. 数据集选择方法的比较

对于这五类常见的数据集选择方法，可以用准确性、可扩展性以及可维护性三个基本指标进行比较。

（1）准确性。准确性是指通过计算元搜索引擎中，成员搜索引擎所含的潜在有用文档数量来判断该搜索引擎相关性的准确程度。朴素法由于没有任何计算，其准确性自然最差。粗略法与朴素法相比，其准确性有一定的提高，但是由于描述信息比较简略，因此没有定性的方法准确。虽然 SavvySearch 系统采用的是基于学习的方法，但从某种角度来看应该也是一种定性的方法，因为它为每个成员搜索引擎计算的得分并不能直接反映该搜索引擎所含的潜在有用文档数量，只是 SavvySearch 系统增加了根据经验进行学习的功能。虽然定量的方法提供的数据对用户具有极大的参考价值，但是由于目前缺乏对该方法与其他选择方法之间的比较研究，还无法准确评估其准确性。

（2）可扩展性。从上面对各类选择方法的阐述中可以看出，基本上各类方法都会生成成员搜索引擎的描述信息，只不过描述信息的多少有所不同，而选择方法的可扩展性就是通过计算描述信息的多少来衡量的。如果描述信息占用的空间越大，则该选择方法的可扩展性就越差。所以为了提高一种选择方法的可扩展性，应该在保持准确性的前提下尽量缩小描述信息的存储空间。很明显，在各类方法中，朴素法具有最高的可扩展性，因为它并不保存任何成员搜索引擎的描述信息；粗略法由于为每个搜索引擎生成的描述信息非常少，且与搜索引擎的规模没有关系，也具有很好的可扩展性。而后面几种更严格的选择方法对一个搜索引擎描述信息的大小直接与该搜索引擎中不同单元词的个数有关。

(3) 可维护性。任何一种方法的实现都必须考虑它的可维护性。可维护性是指一种数据集选择方法对成员搜索引擎描述信息的获取及更新的难易程度。朴素法不需要收集和维护任何描述信息，而粗略法由于描述信息是由手工添加的，与搜索引擎中的个别文档无关，因此它们都几乎不需要维护工作。定性的方法和定量的方法都需要建立和维护一些成员搜索引擎的描述信息，其可维护性完全取决于所需描述信息的多少。对于 SavvySearch 使用的基于学习的方法，既不用计算初始数据集描述信息，也不用为搜索引擎更新而修改描述信息，只是在检索的过程中修改相应的描述信息，因此也具有较好的可维护性。但是这类方法存在一种特殊情况，即如果元搜索引擎中成员搜索引擎的内容是不变的，则基于学习的选择方法的可维护性会变得比其他选择方法更差。

6.4 异构数据库检索

随着计算机应用技术的不断推广和深入，数据库系统已经成为信息处理的重要工具。大量的数据采用数据库管理系统（Data Base Management System，DBMS）进行组织管理，为数据的查询、分析提供了有效的途径和手段，大大提高了工作的效率和质量。但由于历史的原因，各数据库系统厂家没有制定统一的数据标准，它们都按照自己的模式设计和开发了不同的数据库管理系统。而现在使用的数据库系统大多是建立在不同的网络、硬件平台、操作系统之上的，从而形成了异构、分布式的特点。这使得用户为了查找数据资料需要通过不同的入口多次检索，因此带来了很大的不便。

6.4.1 异构数据库的特点

异构数据库是指结构相异的数据库，这里的异构有两个层次的含义：系统一级的异构和语义一级的异构。系统一级的异构主要是指数据库运行环境的不同和各数据库管理系统的不同，如关系数据库系统、对象数据库系统、网状数据库系统等。语义一级的异构主要表现为模式的不同。模式是指用数据定义语言（Data Definition Language，DDL）精确定义数据模型的程序，模式反映了对现实模型化后建立的数据表示。

自从数据库尤其是关系数据库产品问世以来，异构数据库之间实现互操作及数据共享的问题就一直被人们所关注。在互联网这样一个动态的环境中，总有新的数据库不断加入，同时又经常有一些数据源从可用的数据库中删除。而现行的大多数应用程序是建立在这些分离的数据库基础之上的，因此应用程序间难以实现互相的协同。如此种种，严重地阻碍了人们对数据库资源，特别是建立在网络上的各种异构数据库资源的共享。为此，实现各个异构数据库之间的互操作，使异构数据得到充分共享已成为亟待解决的问题。

针对上述问题，要实现网络环境下的信息共享，就必须联合各个异构数据库组成异构数据库系统，即集成多个数据库系统，实现不同数据库之间的数据信息资源合并和共享。显然，每个数据库系统在加入异构数据库集成系统之前本身就已存在，拥有自己的DBMS。异构数据库系统是指多个异构数据库在逻辑上的集合，可以实现数据的共享和透明访问。用户在访问这些异构的数据库时，如同访问了一个集中式数据库，不必关心各个局部数据库在硬件、操作系统、通信方式、DBMS和语义上的差异。异构数据库的各个组成部分具有自身的自制性，在实现数据共享的同时，不影响各部分自身的应用特性、完整性控制和安全性控制。异构数据库系统中的各个异构数据库具有如下特点：

1. 异构性

异构数据库的异构性主要体现在以下几个方面：

（1）计算机体系结构的异构。各个异构数据库分别运行在大型机、小型机、工作站、PC或嵌入式系统中。

（2）计算机操作系统的异构。各个异构数据库所使用的计算机操作系统可以是Linux、UNIX、Windows 2000等。

（3）DBMS本身的异构。例如关系数据库系统、模式型数据库系统、层次型数据库系统、网络型数据库系统、面向对象型数据库系统、函数型数据库系统等。这种异构实质上可以分为以下三个方面：

1）结构的区别。根据不同的方法论，DBMS采用不同的数据类型和数据结构，反映在物理上的存储方法也可能不同。

2）规则的不同。不同的数据模型造成了不同的规则，不同的规则又直接影响数据库功能的实现。一个DBMS因此可以是适应型的或是被动型的。

3）查询语言的不同。不同的数据模型，必然要造成不同的数据类型，所采用的数据操作机制也不同。即使支持相同的标准，不同的DBMS采用的查询语言也有所区别。

（4）语义的异构。语义的异构是由于数据库的使用人员对数据的定义、作用以及描述的多义理解而造成的。由此可能形成的异构情况有：

1）命名的异构。由于不同的应用需求及方法论，对相同的现实世界实体及其属性采用不同的命名方法，造成命名的冲突。

2）数据存储种类的异构。相同或相似的现实世界数据，存在着表达的多样性，因此表现在不同数据库系统中的存储方式也不同，这些不同可以是数据类型、范围、精度以及组成部分的异构。因此，在一个数据库中采用整型表达的数据，在另外一个数据库中则可能采用字符串表示，而在第三个数据库中变为某种对象的一个属性。

3）关系表达的异构。因为不同的环境及需求，现实世界中两个事务之间的关系可以从多方面理解，由此而造成在数据库中关系表达的异构。这种异构与该数据库系统采用的数据模型密不可分，最可能出现的情况就是数据的分割和组合以及关系连接的不同。

4）数据遗漏及冲突。不同的应用对数据对象的不同侧面要求也不同，很可能在某些领域内必需的数据在另外一个环境中可以忽略，或者实际上就是另外一种数据，所以数据的遗漏和冲突在所难免。

2. 分布性

组成异构数据库系统的各个异构数据库分布在不同的位置，系统通过通信网络建立各个异构数据库之间的连接。系统的数据保存在各个异构数据库之中，这些数据可以以各种不同的方式保存，没有严格的逻辑要求。用户在使用过程中不必关心数据的逻辑分布如何，也不必关心数据物理位置的分布细节和数据副本是否一致，以及局部场地上的数据库支持哪种数据类型。用户书写应用程序时不用考虑数据的分布，分布的实现完全由系统来完成。

3. 独立性

异构数据库的独立性主要是指数据的独立性，包括数据的逻辑独立性和数据的物理独立性。数据的逻辑独立性是指用户程序与数据的全局逻辑结构和数据的存储结构无关，用户不必关心数据的具体存放位置，用户使用数据逻辑时如同使用一个集中的数据库一样。数据的物理独立性是指异构数据库系统中的各个异构数据库的数据不是集中存储在一台计算机上，而是分布在不同节点的计算机上，各个节点之间的数据互不影响。

4. 自制性

各个异构数据库均具有自己针对的应用，异构数据库系统的集成不能影响原有的应用。自制性体现在它们拥有对自身系统内各种资源的使用权利，包括设计、执行、修改等。同时，它们拥有与其他系统的交互权利，包括加入、退出、通信、提供服务等。它们有权接受外来的服务请求，也有拒绝或者请求服务的权利。但是，在这些权利与承诺的系统义务之间，必须有一个有机的结合。在异构数据库系统中，数据的共享分两个层次：局部共享和全局共享。各局部的 DBMS 可以独立地管理局部数据库；同时，系统又设有集中控制机制，协调各局部 DBMS 的工作。

6.4.2 异构数据库跨库检索的原理

异构数据库的跨库检索是指将不同类型、不同结构、不同环境、不同用法的各种异构数据库纳入统一的检索平台，使用户更方便、更高效地获取信息。

跨库检索（Cross Database Search）也称联邦检索（Federated Search）、多数据库检索（Multi Database Search）或集成检索（Integrated Access），是以多个分布式异构数据库的数据源为对象的检索系统。这种系统向用户提供统一的检索接口，将用户的检索要求转化为不同数据源的检索表达式，并发地检索本地和广域网上的多个分布式异构数据源，并对检索结果加以集成，在经过去重和排序等操作后，以统一的格式将结果呈现给用户，在实体资源分散的情况下实现了“虚拟的资源整合”。用户只需一次就能同时对多个数据库或信息源进行检索，而不必考虑这些检索引擎的协议、平台、产品或生产商。异构数据库的跨库检索能够减少用户学习检索不同数据源的负担，从而使用户能够节省一定的检索时间。跨库检索呈现给用户的最终结果不仅格式统一，而且按统一标准排序，大大方便了用户的浏览和选择。

1. 异构数据库跨库检索的基本原理

由于各种跨库检索系统的实现技术不尽相同，因此跨库检索的基本原理也各不相同。目前，异构数据库跨库检索的基本原理主要有以下几种：

（1）运用元搜索引擎，即利用数据库的 Web 客户端进行统一检索。现有的数据库大都提供 Web 客户端接口，因此可以运用元搜索引擎实现跨库检索，即把用户的查询请求转换成各个数据库能够接收的命令格式，并行地查询多个数据库。这种方式不需要获得数据库供应商的授权，但是需对各个数据库的接口进行分析，且稳定性较差，各数据库的接口如发生变化则需重新设计。

（2）通过数据库接口软件与不同的数据库直接连接。这种方式如JDBC（见下一小节），它的不足在于需要得到数据库接口。然而很多时候，数据库供应商都会为了其自身利益而不愿公布数据库接口，这就为跨库检索的实现带来障碍。

（3）不同的数据库间的格式转换。这即将不同的数据库导入一个新的集成数据库中并提供服务。这种方式检索速度快、效率高，不会因为某一数据库访问失败而影响整体检索效率。但如果未获得数据库提供商的授权，易引起版权纠纷。

（4）建立索引库。这即将多个数据库的索引数据整合到一个索引库中。用户通过索引库进行检索，同时利用索引库所提供的URL定位到所需要的源数据库中。

（5）利用SFX（Special Effects）实现数据库的无缝连接。SFX是一个网络电子资源无缝连接的整合软件系统，它可以将不同来源、不同协议的信息完全融合，使不同类型、不同结构、不同平台的数字资源实现无缝连接，进而使跨库检索得以实现。目前，国外多家公司的数据库都采用了SFX技术。但是，由于美国ExLibris公司对SFX的独占权，SFX技术的推广应用在一定程度上受到了限制。

2. 异构数据库跨库检索的实施步骤

虽然跨库检索的基本原理不尽相同，但其检索实施的基本步骤却大同小异，主要包括以下几个环节：

（1）用户构造并提交检索式。检索式是用户在确定检索项后所制定的既能反映用户信息需求，又能被计算机识别的提问式。用户检索式构造得好坏直接影响检索的查准率与查全率。

（2）检索查询。这是系统依据用户的检索式对各异构数据库进行查询的过程。由于各跨库检索系统的技术模式各不相同，这个过程也就各不相同。因为各数据库对检索式的要求不一样，如不同的数据库对逻辑算符AND、OR、NOT运算的先后顺序就有不同的要求，有些数据库只支持作者、题名、主题词等基本检索点，而有些数据库支持的检索点更多一些，则它们对检索的要求就不同。所以利用元搜索引擎的跨库检索系统需要将用户的检索式转换成各异构数据库所能识别的形式，然后才能分发给各异构数据库。而利用其他技术模式实现的跨库检索系统则不需要转换检索式。

（3）返回结果的加工策略。首先，去除表面相关而本质上不相关或相关度不大的数据，以提高检索的精确度；其次，去除重复信息；最后，对返回的不同格式和结构的数据进行处理，并按照统一的、符合用户需求的方式呈现给用户。

6.4.3 异构数据库跨库检索技术

通过运用异构数据库跨库检索技术，可以对各个异构数据库进行连接和数据转换，以实现对异构数据库的并行交叉访问和查询，而用户端也能及时得到对查询结果进行融合处理后的反馈。异构数据库跨库检索主要包括以下相关技术。

1. 开放式数据库互连

开放式数据库互连（Open Data Base Connectivity，ODBC）是由Microsoft推出的基于C语言的开放数据库互连技术，是用于访问数据库的统一界面标准，主要针对C/S结构的数据库。它包含访问不同数据库所要求的 ODBC 驱动程序及驱动程序所支持的函数，应用程序通过调用不同的驱动程序所支持的函数来操作不同的数据库。应用程序若想操作不同类型的数据库，就要动态地链接到不同的驱动程序上。它包含一组可扩展的动态链接库，提供了一个标准的数据库应用程序设计接口，可以通过它编写对数据库进行增加、删除、修改、查询和维护等操作的应用程序。

在 ODBC 的 DLL（Dynamic Linkable Library，动态链接库文件）之下安装不同数据库的驱动程序，开发人员就可以访问不同的数据库资源。由于 ODBC 是基于关系数据库的 SQL 设计的，这使应用可以利用 SQL 标准对不同的数据源进行操作。在 ODBC 层之上的应用程序看来，各个异构数据库只是相当于几个不同的数据源，而这些数据源组织结构的不同对于程序员来说是透明的，所以就可以编写独立于数据库的访问程序。应用程序通过专为 DBMS 编写的 ODBC 驱动程序而不是通过直接使用 DBMS 的工作方式来独立于 DBMS。驱动程序将这些调用转换成 DBMS 可使用的命令，因而简化了开发人员的工作，使得广泛的数据源都可以使用它。

2. Java 数据库连接

Java 数据库连接（Java Data Base Connection，JDBC）是一种用 Java 实现的数据库接口技术，是开放式数据库互连的 Java 实现。JDBC 主要针对浏览器/服务器结构的 Web 数据库，它的出现是 Java 编程中最重大的突破之一，它使得 Java 程序与数据库服务器的连接更加方便。JDBC 保持了 ODBC 独立于特定数据库的基本特性，继承了 Java 语言的所有特点，不仅具有独立于平台运行、面向对象、坚固性好的优点，而且具有多线程、内置检校器防止病毒入侵等功能。JDBC 的这些特点特别适合于实现对异构数据库的访问。使用相同源代码的应用程序，通过动态加载不同的 JDBC 驱动程序就可以访问不同的 DBMS。JDBC 支持在应用程序中同时建立多个数据库连接，各个 DBMS 通过不同的 URL 进行标识。同时，JDBC 更具有对硬件平台、操作系统异构性的支持。

使用 JDBC 能够方便地向任何关系数据库发送 SQL 语句。浏览器从服务器上下载含有 JDBC 接口的 Java Applet[㊀]，由浏览器直接与数据库服务器连接，自行进行数据交换。JDBC 要完成三项工作：建立与数据库的连接，发送 SQL 语句和处理查询结果。运用 Java 语言和 JDBC 编写统一的用户查询界面应用程序，可实现在浏览器端对多个位于不同数据库服务器上的异构数据库的访问查询。

3. 分布式构件对象模型

分布式构件对象模型（Distributed Component Object Model，DCOM）是目前比较成熟的分布式对象技术之一。它通过选择提供服务的接口在不同主机的进程间实现函数级功能的调用，客户进程对服务进程的函数调用与客户进程内部的函数调用几乎一样，这使得位于不同主机的 C/S 对象感觉就好像运行在同一服务进程中一样。

基于 DCOM 的系统可以划分为四层：用户界面层、查询处理层、远程服务对象层和数据库层。

用户界面层采用的是 Microsoft 的 IE 浏览器。

数据库查询处理层是处理的核心部分，采用的是以浏览器为载体的 ActiveX 控件，

㊀ 由 Java 语言编写的小应用程序。

其功能首先是根据用户的请求生成全局查询语句。由于分布式的各局部数据库系统的模式可能互不相同，因此对于普通用户而言，总是希望屏蔽掉各种层次的异构特性，而不必知道各物理数据库系统的分布和结构差异，只需通过简便的全局查询得到一个综合结果。因此，DCOM 建立了一个全局数据库模式，通过该模式使用户就像使用单个数据库系统一样，透明地访问异构数据库。全局查询语言是对应于全局数据库模式的，它类似于数据库的 SQL 查询语句，又有别于普通的 SQL 查询语句，在全局查询语句中应该包含全部的数据库分布信息。

在查询过程中使用的是全局查询语句，而针对具体的数据库系统时就必须使用数据库系统特定的 SQL 查询语句。因此，查询处理层还需把用户输入的全局查询语句中的信息分解开来，分解出相应的服务器名、数据源名、表名等信息，然后针对不同的数据库系统，重新生成对应于各数据库系统的多个 SQL 查询语句，通过 DCOM 调用远程数据服务对象接口，并通过远程数据服务对象接口调用数据处理方法（函数）。当查询结果返回时，根据用户的全局查询语句汇总各个查询结果，按用户要求的顺序、结构、方式生成用户期望的结果，显示于用户界面。在该层还可以实现远程数据库访问的安全控制功能。

远程服务对象层是以系统服务的形式运行在相应的服务器端。远程服务对象层与数据库层捆绑在一起，主要是响应远程 DCOM 的调用，并把查询结果返回到调用程序。

由于异构数据库的跨库查询要涉及多个局部数据库的查询，因此提高查询的并行性对整个全局查询性能有着重要的影响。在以往的单机操作中，不可能进行真正的数据库并行查询，而通过 DCOM 技术把查询分解且翻译后的多个局部查询请求送到不同的机器上执行，才真正实现了并行查询，有效提高了查询性能。

一般在异构数据库的跨库查询中往往数据量都比较大，客户端如果进行同步查询则可能查询时间比较长。因此，必要时可以在远程服务对象中采用主动服务技术，即远程服务对象之间可以相互联合查询而无须客户端的干预，这样可以较好地提高查询效率。

4. Java2 平台企业版

对于异构数据库，要实现数据共享应当解决数据库转换和数据的透明访问两类问题。数据库的转换需要解决多种数据库命名冲突、格式冲突和结构冲突。数据的透明访问是指用户在面临多个不同类型的 DBMS 时，不必知道不同数据库有不同的字段描述、不同的格式定义、不同的存储定义，就像使用单一的数据库，可以通过统一信息检索实现数据库的增删改查操作。

Java2 平台企业版（Java 2 Platform Enterprise Edition，J2EE）是轻量级的多系统平台开发环境，通过 J2EE 技术中的数据持久层实现异构数据库的访问。它可以整合多个操作系统、多个数据库管理系统，为用户提供透明的数据访问环境。检索者输入相应的检索词，J2EE 框架中的 Struts2 使用拦截器技术获得用户请求，Struts2 根据获得的用户请求调用相应的 Spring 业务逻辑处理模块，Spring 业务逻辑处理模块再调用 Hibernate 数据持久层数据访问对象（DAO），查询数据库记录，并把处理结果返回给 Spring 业务处理模块，然后根据所查询的数据库返回给 Struts2 页面呈现层，通过业务呈现层返回给读者，在用户使用的客户端浏览器进行结果展示。在此过程中，实现异构数据库访问的核心是使用 Spring 综合进行多数据的处理，使用 Hibernate 实现多数据库管理与操作。

Hibernate 是实现异构数据库的核心，它提供给开发人员访问多数据库的开发模式。通过使用 Hibernate，开发者可以避免复杂的 JDBC 或 ODBC 操作，把所有数据库操作都封装为 Spring 业务处理需要的操作对象，让 Spring 业务逻辑模块只需要操作相应的对象，即可实现异构数据库的操作，而不用再关注多种数据库带来的数据库字段命名冲突、数据格式冲突以及结构冲突。

6.4.4 异构数据集成

由于不同的异构数据库中存储的数据形式多种多样，因此各自的访问方式也千差万别，如有的可以通过各种数据库或文件来访问这些数据，而有的仅能通过应用程序提供的数据访问接口进行访问。

异构数据集成是指为支持物理上分布的多个异构数据库的全局访问和异构数据库之间的互操作性，针对已经存在的多个异构数据库，在尽可能少地影响其本地自制性的基础上，构造出具有用户所需要的某种透明性的分布式数据库。异构数据集成实际上是一个消除源数据和目标数据的差异和冲突，按目标系统的要求而进行一致化的过程。

异构数据集成的目标是为了实现各个异构数据源之间的数据共享，使数据资源得到有效利用，从而提高整个异构数据库系统的性能。它为用户提供了一个统一的访问界面，使用户可以高速快捷地访问多个异构数据源。

目前异构数据集成的体系结构主要有三类：联邦数据库（Federated Database）、数据仓库（The Warehousing）和中间件（Mediator/Wrapper）。

1. 联邦数据库

异构数据库集成的概念最早出现于 20 世纪 80 年代中期，当时普遍采用的方式是联邦数据库系统。早期的数据集成致力于构造多数据库系统，它是多个分布式数据库的集合，这些组件数据库中存在某种形式的异构性且需要共享或交换数据。联邦数据库是多数据库系统的一种特殊形式，它是多个互相协作的自治数据库的集合。根据组织方式的不同，它分为松耦合和紧耦合两种。

松耦合联邦数据库系统最早提出时是作为一组松耦合部件（如对象、记录、类型）的联合。各成员数据库利用一些联邦信息可以在一个站点访问另一个站点的数据，这些联邦信息中包含一些类似于全局模式的信息但不完全，即各站点只能看到与其有直接关联的数据库信息，而并非所有的全局信息。该系统不提供全局查询语言，各站点的用户需要使用本地的查询语言访问其他站点的数据，如图 6-7 所示。但是，当数据库的数目很多时，数据库之间实现互操作以及解决数据库之间的语义异构问题就相当困难。

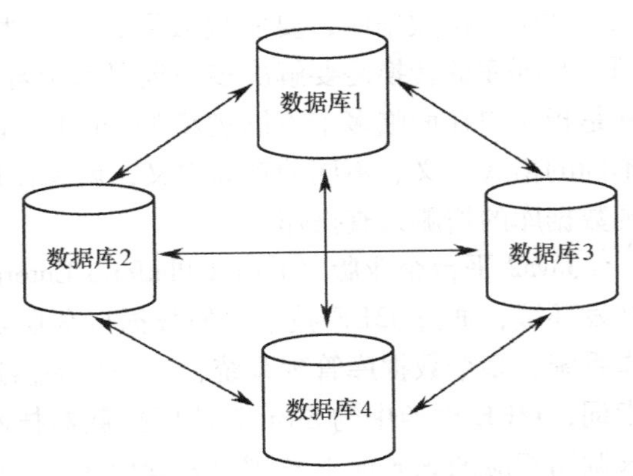

图 6-7 联邦数据库体系结构

注：资料来源：杨长辉. 基于 XML Web Services 的异构数据集成系统的研究和应用. 重庆大学硕士学位论文，2006。

紧耦合联邦数据库系统具有一个或几

个全局模式，用户通过全局模式访问多个数据库中的数据。系统提供一种全局查询语言，全局用户使用该语言对系统提出查询请求，并将全局结果返回给用户。数据提取由系统负责，用户并不关心数据从哪个局部数据库获得。但是，全局模式的构建常常需要领域专家进行，不易完成对数据库的添加和删除操作，整个系统的扩展和维护比较困难。

联邦数据库系统只适用于数据库数量不多的小范围内的数据集成，对于网络上越来越多的、不断动态变化的、半结构化的数据源，采用联邦数据库系统不是理想的解决方案。

2. 数据仓库

在数据仓库方法中，主要使用数据抽取工具将各异构数据源的数据过滤后预先存储到数据仓库中，这些数据多为支持决策分析的历史数据和汇总数据。查询只针对数据仓库进行，查询效率很高。由于在构建数据仓库时，数据处理大多数是应用相关的，而且数据量非常庞大，通常使用特殊的技术来实现数据的聚集，如多维数据库和数据方体等。通常采用积极和懒惰两种数据更新策略，前者是指组件数据库一旦有数据变化，就更新它的实视图的数据，而后者只有在使用数据时才查询变化。

数据仓库主要是针对某个应用领域提出的一种异构数据集成方法，适用于面向主题并为特定应用提供数据挖掘和决策支持的系统。它的不足之处在于，数据仓库中的数据在存储之前要经过一定的筛选处理，而且数据仓库还需要定期更新，所以用户查询到的数据可能不是最新的。

3. 中间件

中间件方式是目前使用较多的一种异构数据集成方法。中间件实际上是一种软件组件，支持虚拟数据库，就好像实际存在的物化的数据库一样。在中间件中，数据仍然保存在原来的各个异构数据源中，中间件不存储任何自己的数据。关于数据集成系统的查询在运行时被分解为对各个异构数据源的查询，然后，中间件能将那些数据源对用户查询的响应进行综合处理，把结果返回给用户。异构数据集成系统仅提供一个虚拟的集成视图以及对这个集成视图的查询处理机制。在这种方法中，数据不用复制到另外的数据仓库中，并且保证在查询时的数据均是“新鲜的”。中间件更适合于数据源规模大、数据经常变化的场合。

在中间件方法中，包装器（Wrapper）对特定数据源进行封装，将其数据模型转换为系统所采用的通用模型，作为其输出模式，它提供一致的物理访问机制。中间件侧重于全局查询处理和优化，有一个使用通用模型描述的全局模式。它通过调用包装器或其他中间件来集成数据源中的信息，解决数据冗余和不一致性，提供一致协调的数据视图和统一的查询语言。包装器既可与中间件处于同一位置，也可与数据源处于同一位置，具体取决于系统的性能要求、数据源的归属关系及其访问控制权限。中间件之间也可以嵌套调用，使得各个部门可以先形成一个局部集成模式，然后在这些局部集成模式的基础上构造更高层次的全局集成模式，形成分级的集成结构。当用户向中间件提交一个查询时，中间件把查询分送到每一个包装器，同时包装器把查询请求发送到相应的数据源中。事实上，中间件可能给一个包装器发送很多查询，也可能不给某个包装器发送任何查询。从各个数据源中得到的结果返回给中间件，又由中间件集成这些结果数据，把数据集构建成用户需要的数据模式。

中间件法可以提高查询处理的并发性，减少响应时间。此外，中间件法并不要求一次完成全部异构数据的集成过程，而可以随着应用需求、认识程度和资金投入，分期逐步完成，并可以方便地集成新增数据源。

实际应用中，由于联邦系统中的所有数据源都要添加彼此访问的接口，所以需要编写大量的接口程序，而且联邦数据库方式只支持数据库形式的数据源集成。针对现在各种结构化、半结构化、无结构化信息的大量出现以及集成的需求，联邦数据库方式的适用范围已非常有限，目前多采用中间件方式和数据仓库方式进行数据集成。

中间件方式和数据仓库方式是适应不同的集成环境和查询要求的两种集成方式。中间件方式将用户基于全局模式提交的查询在系统运行时动态地分解为针对每个数据源的查询，因此查询的结果都是最新的。同时，查询结果都是由包装器对数据源进行处理，而中间件只和包装器打交道，因此适合数据源的动态添加和删除。数据仓库方式中需要建立一个存储数据的数据仓库，在这个仓库中的数据都是经过条件过滤后预先存储进去的，主要是历史和汇总的数据，供分析和执行人员进行决策分析使用。使用数据仓库，在设计和维护阶段都要关注什么样的数据源应该被使用、什么样的全局视图应该被定义，以及数据仓库什么时间应被更新等问题。由于这些问题在设计时就被考虑，当有新的数据源加入或者数据源本身发生变化时，修改的代价将会变得很高。它的优势是查询的效率很高，但查询的数据不能保证是最新数据。因此数据仓库方式适用于数据源数量大、数据源结构多样、较易更新而且不能预知用户需要的查询要求的情况。中间件方式则适用于规模不大但要求查询效率高，并且数据源数据更新不多的情况。

思考题

1. 并行信息检索的原理是什么？
2. 倒排表应用到并行检索时需要做哪些改变？
3. 分布式信息检索的原理是什么？
4. 分布式信息检索的模式主要包括哪些？
5. 分布式检索中各种数据集选择方法有何特点？
6. 异构数据库有哪些特点？
7. 异构数据库跨库检索的原理是什么？
8. 异构数据库跨库检索的技术主要有哪些？
9. 异构数据集成的体系结构主要有哪几类？

第7章　人工智能与自然语言检索

【本章提示】 人工智能与自然语言检索是信息检索理论与方法发展的前沿领域。本章概括性地归纳了应用于信息检索的几类人工智能技术；介绍了智能检索的接口、技术与典型系统；阐述了语法、语义和本体层面的自然语言检索；说明了跨语言检索的实现模式、语言资源、关键技术和提问式翻译方法。本章的重点是智能检索技术和跨语言检索的实现模式。

7.1　引言

人工智能是研究机器模拟人的大脑所从事的感觉、认知、记忆、学习、联想等思维活动，解决人类才能处理的复杂问题，实质上是模仿人的大脑而展开思考。人工智能技术在信息检索领域的应用，使检索系统的智能化水平得到了显著提高。人工智能技术的特色在于，对问题的求解是建立在知识的基础上，它以完整的推理系统为核心，对知识进行组织、再生和再利用。目前，有相当多的人工智能技术已经在信息检索系统中获得应用，如自然语言理解、数据挖掘和知识发现等。

在信息爆炸的信息社会里，自然语言的识别和处理一直是人工智能研究的核心之一。自然语言理解技术的关键是，研究如何让计算机理解并正确处理人类日常生活使用的语言，并据此做出人们期待的各种正确响应。以自然语言理解技术为基础的信息检索系统，将把信息检索从目前基于关键词层面提高到基于知识层面，使其对知识有一定的理解与处理能力。这种检索系统具有信息服务的智能化、人性化特征，允许采用自然语言进行信息的检索，为用户提供更方便、确切的检索服务。

在信息检索系统中引入人工智能技术，适应了社会对智能化的需求，使信息检索系统具有更好的用户界面、更高的检索效率和更丰富的检索手段，能极大地方便用户高效地获取信息和知识，这无疑是信息检索发展的主要趋势和方向。基于知识的智能信息检索系统的发展是信息检索最终完全实现智能化的必要阶段。

7.2　人工智能技术

人类的许多活动，如解题、下棋、猜谜、写作，甚至驾车、骑车都体现了人类的智能。如果机器能够完成这些任务的一部分，那么可以认为机器已经具有了某种“人工智能”。人工智能（Artificial Intelligence，AI）是一门正在发展的边缘学科，是计算机科学、信息论、控制论、神经心理学、哲学、语言学等多种学科交叉渗透的结果。它与原子能技术、空间技术一起被誉为20世纪三大科学技术成就。在目前的人工智能技术体系中，具有代表性的技术主要有专家系统、数据挖掘、知识发现和信息抽取。

7.2.1 专家系统

1. 专家系统的特征

1968 年，斯坦福大学的费根鲍姆（E. A. Feigenbaum）和化学家勒德贝格（J. Lederberg）合作研制了 DENDRAL 系统。该系统可以用质谱仪得到的数据决定一个未知化合物的分子结构，这达到了人类专家的水平。20 世纪 70 年代，专家系统的观点逐渐被人们接受，各种专家系统开始应用于化学、医疗、地质、气象、教学、科学研究和军事等方面，大大提高了工作效率和工作质量。

按照专家系统的先驱费根鲍姆的定义，专家系统是一种智能的计算程序，它运用知识和推理的步骤来解决只有专家才能解决的复杂问题。专家系统可以解决传统程序无法解决的问题，提供了一种新型的程序设计方法。一般来说，一个专家系统应该具备以下三个要素：①具备某个应用领域的专家级知识；②能模拟专家的思维；③能达到专家级的解题水平。

专家系统与传统的计算机程序有着明显的区别，主要表现在：

（1）从编程的思想来看，传统的程序是依据某一确定的算法和数据结构来求解某一确定的问题，而专家系统是依据知识和推理来求解问题，这是专家系统和传统程序的最大区别，即

$$专家系统 = 知识库 + 推理机$$

$$传统程序 = 数据 + 算法$$

这也决定了两者的体系结构不同。

（2）传统程序不具备解释功能，而专家系统一般具有解释机制，可以对自己的行为做出解释。

（3）传统程序因其是根据算法来求解的，所以答案每次都是正确的，而专家系统像人类的专家那样工作，答案通常是正确的，也有可能是错误的。但它有能力从错误中吸取教训，改进对某一问题的求解能力。

（4）从处理的对象来看，传统程序是面向数值计算和数据处理的，数据多是精确的，对数据的检索是基于模式的布尔匹配。而专家系统是面向符号处理的，处理的数据和知识多是不精确的、模糊的，对知识的匹配也是不精确的。

（5）传统程序是将关于问题求解的知识隐含于程序中，而专家系统是将知识和运用知识的过程分离。这种分离使专家系统有更大的灵活性，使系统易于修改。

2. 专家系统的工作原理

专家系统的工作方式可简单地归结为运用知识，进行推理。专家系统的组成部分包括知识库、推理机、知识获取、人机接口、数据库和解释机构。

（1）知识库。知识库是问题求解所需要的领域知识的集合，包括基本事实、规则和其他有关信息。知识的表示形式可以是多种多样的，包括框架、规则、语义网络等。知识库中的知识源于领域专家，是决定专家系统能力的关键，即知识库中知识的质量和数量决定着专家系统的质量水平。知识库是专家系统的核心组成部分。一般来说，专家系统中的知识库与专家系统程序是相互独立的，用户可以通过改变、完善知识库中的知识内容来提高专家系统的性能。

（2）推理机。推理机是专家系统在解决问题时的思维推理核心，它是一组程序，用以模拟专家解决问题的思维方式。推理机针对当前问题的条件或已知信息，反复匹配知识库中的规则，获得新的结论，以得到问题求解的结果。在这里，推理方式可以有正向和反向两种。正向推理是从前提条件匹配到结论；反向推理则先假设一个结论成立，看它的条件有没有得到满足。知识库就是通过推理机来实现其价值的。推理机的程序与知识库的具体内容无关，即推理机和知识库是分离的，这是专家系统的重要特征。它的优点是对知识库的修改无须改动推理机，但是纯粹的形式推理会降低问题求解的效率。将推理机和知识库相结合也不失为一种可选方法。

（3）知识获取。知识获取负责建立、修改和扩充知识库，它是专家系统中把问题求解的各种专门知识从人类专家的头脑中或其他知识源那里转换到知识库中的一个重要机构。知识获取可以采用手工的方式，也可以采用半自动或自动的方法。

（4）人机接口。人机接口是系统与用户进行交流时的界面。通过该界面，用户输入基本信息，回答系统提出的相关问题。系统输出推理结果及相关的解释也是通过人机交互界面。人机接口的设计要尽量人性化，尽可能具备处理自然语言和多媒体信息的能力。

（5）数据库。数据库也称为动态库或工作存储器，是反映当前问题求解状态的集合，用于存放系统运行过程中所产生的所有信息，以及所需要的原始数据，包括用户输入的信息、推理的中间结果、推理过程的记录等。综合数据库中由各种事实、命题和关系组成的状态，这既是推理机选用知识的依据，也是解释机制获得推理路径的来源。

（6）解释机构。解释机构是与人机接口相连的部件，它负责对专家系统的行为进行解释，用于对求解过程做出说明，并回答用户的提问，其中两个最基本的问题是“Why”（为什么）和“How”（如何）。解释机制涉及程序的透明性，它让用户理解程序正在做什么和为什么这样做，向用户提供了关于系统的一个认识窗口。在很多情况下，解释机制是非常重要的。为了回答“为什么”得到某个结论的询问，系统通常需要反向跟踪动态库中保存的推理路径，并把它翻译成用户能接受的自然语言表达方式。

7.2.2　数据挖掘

1. 数据挖掘的含义与标准

数据挖掘是从大量的、不完全的、有噪声的、模糊的、随机的实际应用数据中，提取隐含在其中的、人们事先不知道的但又是潜在有用的信息和知识的过程。数据挖掘使数据处理技术进入了一个更高级的阶段，它不仅能对这些大量的数据进行查询和统计，而且能够发现数据中存在的潜在联系和规则，进行更高层次的分析，以便更好地做出理想的决策，预测未来的发展趋势等。数据挖掘的研究对象是某一专业领域中积累的数据，挖掘过程是一个人机交互、多次反复的过程，挖掘的结果应用于该专业。目前数据挖掘技术在货篮数据（Basket Data）分析、金融风险预测、产品产量、质量分析、分子生物学、基因工程研究、Internet站点访问模式发现以及信息搜索和分类等许多领域得到了成功的应用。

数据挖掘是一个多学科交叉研究领域，它融合了数据库技术、人工智能、机器学习、统计学、知识工程、面向对象方法、信息检索、高性能计算以及数据可视化等最新技术的研究成果。经过几十年的研究，产生了许多新概念和方法。特别是近几年来，一些基本概念和方法趋于清晰，它的研究正向着更深入的方向发展。目前的几个研究热点包括网站的数据挖掘（Web Site Data Mining）、生物信息或基因（Bioinformatics/Genomics）的数据挖掘、文本的数据挖掘（Textual Mining）等。

目前，数据挖掘的标准化包括三个标准：CRISP-DM、PMML 和 OLE DB For DM。

CRISP-DM（CRoss-industry Standard Process for Data Mining，交叉行业数据挖掘过程标准）。它由 SPSS、NCR 以及 DaimlerChrysler 戴姆勒-克莱斯勒）三个公司在 1996 年提出，是由开发数据挖掘产品的公司和使用数据挖掘软件的企业一起制定的数据挖掘过程的标准。这套标准被各个数据挖掘软件商用来指导开发数据挖掘软件，同时也是开发数据挖掘项目过程的标准方法。

PMML（Predictive Model Markup Language，预言模型标记语言），是由数据挖掘协会（DMG）开发的，是对数据挖掘模型进行描述和定义的语言，已经被万维网联盟 W3C 接受，成为国际标准。如果数据挖掘系统在模型定义和描述方面遵循 PMML 标准，那么各数据挖掘系统之间可以共享模型。

OLE DB for DM 是微软公司在 2000 年 3 月推出的数据挖掘标准，OLE DB for DM 的规范包括创建原语以及许多重要的数据挖掘模型的定义和使用（包括预言模型和聚集）。它是一个基于 SQL 的协议，为软件商和应用开发人员提供了一个开放的接口，该接口将数据挖掘工具更有效地和商业以及电子商务应用集成。同时，OLE DB for DM 已经与 DMG 发布的 PMML 标准结合。

2. 数据挖掘的功能

数据挖掘通过预测未来趋势及行为，做出前摄的、基于知识的决策。数据挖掘的目标是从数据库中发现隐含的、有意义的知识，这一目标主要通过五类功能实现。

（1）自动预测趋势和行为。数据挖掘自动在大型数据库中寻找预测性信息，使得以往需要进行大量手工分析的问题如今可以迅速而直接地由数据本身得出结论。一个典型的例子是市场预测问题，通过数据挖掘在有关促销的数据中寻找未来投资回报最大的用户，以及对可预测破产和对可能发生的事件做出反应。

（2）关联分析。数据关联是数据库中存在的一类重要的可被发现的知识。若两个或多个变量的取值之间存在某种规律性，就称为关联。关联可分为简单关联、时序关联、因果关联。关联分析的目的是找出数据库中隐藏的关联网。有时并不知道数据库中数据的关联函数，即使知道也是不确定的，因此关联分析生成的规则带有可信度。数据挖掘技术可以用来支持广泛的商务智能应用，如顾客分析、定向营销、工作流管理、商店分布和欺诈检测等。数据挖掘还能帮助零售商回答一些重要的商务问题，如“谁是最有价值的顾客”“什么产品可以交叉销售或提升销售”“公司明年的收入前景如何”。这些问题催生了相应的数据分析技术——关联分析。

（3）聚类。数据库中的记录可被划分为一系列有意义的子集，即聚类。聚类增强了人们对客观现实的认识，是概念描述和偏差分析的先决条件。聚类技术主要包括传统的模式识别方法和数学分类学。20 世纪 80 年代初，Mchalski 提出了概念聚类技术，其要点是在划分对象时不仅考虑对象之间的距离，还要求划分出的类具有某种内涵描述，从而避免了传统技术的某些片面性。

（4）概念描述。概念描述就是对某类对象的内涵进行描述，并概括这类对象的有关特征。概念描述有特征性描述和区别性描述两种，特征性描述针对某类对象的共同特征，区别性描述针对不同类对象之间的区别。生成一个类的特征性描述只涉及该类对象中所有对象的共性，生成区别性描述的方法很多，如决策树方法、遗传算法等。

（5）偏差检测。数据库中的数据常有一些异常记录，从数据库中检测这些偏差很有意义。偏差包括很多潜在的知识，如分类中的反常实例、不满足规则的特例、观测结果与模型预测值的偏差、量值随时间的变化等。偏差检测的基本方法是寻找观测结果与参照值之间有意义的差别。

3. 数据挖掘的主要技术

数据挖掘可以用到的技术有决策树法、神经网络法、遗传算法、统计分析方法、粗集方法、可视化方法等。

（1）决策树法。该方法的输出结果容易理解，实用效果好，影响也较大。典型的决策树方法有分类回归树（CART）、D3、C4.5等。决策树法是以信息论中的互信息（信息增益）原理为基础，寻找数据库中具有最大信息量的字段建立决策树的一个节点，再根据不同的取值建立树的分支，在每个分支子集中重复建立下层节点和分支，这样便生成一棵决策树。然后对决策树进行剪枝处理，最终把决策树转化为规则，再利用规则对新事例进行分类。

（2）神经网络法。该方法更适合用于非线性数据和含噪声的数据，在市场数据分析和建模方面有广泛的应用。神经网络法挖掘的基本过程是先将数据聚类，然后分类计算权值。神经网络的知识体现在网络连接的权值上，神经网络法建立在可以自学习的数学模型基础上。它由一系列类似于人脑的脑神经元一样的处理单元（节点）组成。这些节点通过网络彼此互连，如果有数据输入，它们便可以进行确定数据模式的工作。

（3）遗传算法。该方法适合于聚类分析，它简单而且优化的效果好。它是一种模拟生物进化过程的算法，由三个基本算子组成，即繁殖、交叉（重组）、变异（突变）。在遗传算法实施过程中，首先要对求解的问题进行编码（染色体），产生初始群体；然后计算个体的适应度，再进行染色体的复制、交换、突变等操作；最后产生新的个体。经过若干代的遗传，将得到满足要求的后代（问题的解）。

（4）统计分析方法。统计分析方法是最基本的数据挖掘技术之一，包括分类挖掘和聚类挖掘。常用的统计分析方法有判别分析、因子分析、相关分析、多元回归分析、偏最小二乘回归方法等。统计分析方法是利用统计学、概率论的原理对数据库中的信息进行统计分析，从而找出它们之间的关系和规律。

（5）粗集方法。该方法适合于不精确、不确定、不完全的信息分类和知识获取。它是一种分析不完整性和不确定性的数学工具，可以有效地分析不精确、不一致、不完整等各种不完备的信息，还可以对数据进行分析和推理，从中发现隐含的知识，揭示潜在的规律。在数据库中，将行元素看成对象、列元素看成属性、等价关系R定义为不同对象在不同属性上的取值相同，这些满足等价关系的对象组成的集合称为该等价关系R的等价类。

（6）可视化方法。这是一种辅助方法，它用比较直观的图形图表方式来表现挖掘出来的模式，大大拓宽了数据的表达和理解力，使用户更加了解挖掘出的数据。

7.2.3 知识发现

1. 知识发现的定义

知识发现（Knowledge Discovery）源于人工智能和机器学习，是机器学习、人工智能、数据库和知识库等众多学科相互融合而形成的一门适应性强的新兴交叉学科。数据挖掘是知识发现的核心过程。知识发现是交互式、循环反复的过程，它不仅包括数据挖掘，还包括数据准备和结果解释和评价。

知识发现一词是在1989年8月于美国底特律市召开的第11届国际人工智能联合会议的专题讨论会上正式提出来的。从1995年开始，每年举办一次的数据库知识发现（Knowledge Discovery in Database，KDD）国际学术会议，将知识发现和数据挖掘方面的研究不断推向深入。目前得到普遍认可的知识发现的定义是由Fayyad提出的：知识发现是从大量数据集中辨识出有效的、新颖的、潜在有用的并可被理解的模式的高级处理过程。

在上述定义中，数据集是一组事实F（如关系数据库中的记录）。模式是一个用语言L来表示的一个表达式E，它可用来描述数据集F的某个子集F_E，E作为一个模式要求它比对数据子集F_E的枚举要简单（所用的描述信息量要少）。过程在KDD中通常是指多阶段的处理，涉及数据准备、模式搜索、知识评价以及反复的修改求精。该过程要求是非平凡的，意思是要有一定程度的智能性、自动性（仅仅给出所有数据的总和不能算作是一个发现过程）。有效性是指发现的模式对于新的数据仍保持有一定的可信度。新颖性要求发现的模式应该是不同于以往的。潜在有用性是指发现的知识将来有实际效用，如用于决策支持系统里可提高决策质量。最终可理解性要求发现的模式能被用户理解，目前它主要是体现在简洁性上。有效性、新颖性、潜在有用性和最终可理解性综合在一起称为兴趣性。

2. 知识发现的过程

知识发现的过程可以归纳为三个步骤：数据准备、数据挖掘、结果解释和评价。

（1）数据准备。数据的形态有数字、符号、图形、图像、声音等。数据组织的方式也各不相同，可以是有结构、半结构或非结构的。

数据准备又可分为三个子步骤：数据选取（Data Selection）、数据预处理（Data Preprocessing）和数据变换（Data Transformation）。数据选取是根据用户的需要从原始数据库中抽取的一组数据，其目的是确定发现操作对象，即目标数据（Target Data）。数据预处理一般包括消除噪声、推导计算缺值数据、消除重复记录、完成数据类型转换（如把连续值数据转换为离散型的数据，以便于符号归纳，或是把离散型的转换为连续值型的，以便于神经网络归纳）等。当数据开采的对象是数据仓库时，一般数据预处理已经在生成数据仓库时完成了。数据变换的主要目的是消减数据维数或降维（Dimension Reduction），即从初始特征中找出真正有用的特征以减少数据开采时要考虑的特征或变量个数。

（2）数据挖掘。数据挖掘是知识发现的最关键的步骤，也是技术难点所在。数据挖掘算法的好坏将直接影响到所发现知识的准确性。目前知识发现的研究大部分集中在数据挖掘算法和应用的技术上。

（3）结果解释和评价。数据挖掘阶段发现出来的模式，经过用户或机器的评价，可能存在冗余或无关的模式，这时需要将其剔除。也有可能挖掘出来的模式不满足用户要求，这时则需要将整个发现过程退回到发现阶段之前，如重新选取数据，采用新的数据变换方法，设定新的数据挖掘参数值，甚至换一种挖掘算法（如当发现任务是分类时，有多种分类方法，不同的方法对不同的数据有不同的效果）。另外，KDD由于最终是面向人类用户的，因此可能要对发现的模式进行可视化，或者把结果转换为用户易懂的另一种表示，如把分类决策树转换为“if…then…”规则。知识发现的结果可以表示成各种形式，包括规则、法则、科学规律、方程或概念网等。

3. 知识发现平台

目前常用的知识发现方法和算法被集成在各种知识发现工具或平台里，下面列出了几个有代表性的知识发现工具或平台。由于目前应用中没有严格区分数据挖掘和知识发现，所以以下工具有时也被认为是数据挖掘的工具：

（1）SPSS公司推出的SPSS，以前的版本称为“Statistical Package for the Social Sciences”（社会科学统计软件包）。11.0版后名称改成“Statistical Product and Service Solutions”（统计产品与服务解决方案），为用户提供揭示客户关系、预测客户行为的解决方案，并把客户关系管理和商业智能（Business Intelligence）有机地结合在一起，建立与客户之间的互动关系，具有完整的数据准备、统计分析、报告图表和结果发布等功能。SPSS采用分布式分析系统结构，全面适应互联网，支持动态收集、分析数据和HTML格式报告。

（2）IBM公司的Intelligent Miner具有典型数据集自动生成、关联发现、序列规律发现、概念性分类和可视化显示等功能。它可以自动实现数据选择、数据转换、数据发掘和结果显示。若有必要，对结果数据集还可以重复这一过程，直至得到满意的结果为止。Intelligent Miner可以帮助用户从企业数据资产中识别和提炼有价值的信息。它包括分析软件工具Intelligent Miner for Data和Intelligent Miner for Text。Intelligent Miner for Data可以寻找传统文件、数据库、数据仓库和数据中心中的隐含信息。Intelligent Miner for Text允许企业从文本信息中获取有价值的客户信息。文本数据源可以是Web页面、在线服务、传真、电子邮件、Lotus Notes数据库、协定和专利库。

（3）Solution公司的Clementine提供了一个可视化的快速建立模型的环境。它由数据获取（Data Access）、探查（Investigate）、整理（Manipulation）、建模（Modeling）和报告（Reporting）等部分组成。这些模块都使用一些有效、易用的按钮表示，用户只需用鼠标将这些组件连接起来建立一个数据流。可视化的界面使得数据挖掘更加直观交互，从而可以将用户的商业知识在每一步中更好地利用。

（4）中国科学院计算技术研究所智能信息处理重点实验室开发的MSMiner是一种多策略知识发现平台，能够提供快捷有效的数据挖掘解决方案，提供多种知识发现方法。

（5）SAS公司的SAS Enterprise Miner是一种通用的工具。通过收集分析各种统计资料和客户购买模式，SAS Enterprise Miner可以帮助企业发现业务的趋势，解释已知的事实，预测未来的结果，并识别出完成任务所需的关键因素，以实现增加收入、降低成本的目标。SAS Enterprise Miner提供“抽样-探索-转换-建模-评估”（SEMMA）的处理流程。

7.2.4 信息抽取与知识抽取

1. 信息抽取

信息抽取（Information Extraction，IE）是从一段文本中抽取信息，并将其形成结构化、规范化的数据。这些数据的作用多种多样，可以直接向用户显示，也可作为原文信息检索的索引，或存储到数据库、电子表格中，以便于以后的进一步分析。简单地说，信息抽取就是从目标文档中抽取一些概要信息来形成描述整个资源的记录文档。信息以统一的形式集成在一起的优点是方便检查和比较，例如，比较不同的招聘和商品信息；还有一个优点是能对数据做自动化处理，例如，用数据挖掘方法发现和解释数据模型，从用户的自然语言描述中抽取出结构化信息。

输入信息抽取系统的原始文本，输出的是固定格式的信息点。信息点从各种各样的文档中被抽取出来，然后以统一的形式集成在一起。信息抽取技术并不试图全面理解整篇文档，只是对文档中包含相关信息的部分进行分析。至于哪些信息是相关的，则由系统设计时确定的领域范围而定。

信息抽取是多种自然语言处理技术的综合应用。就其目的而言，信息抽取和信息检索有本质的区别：信息检索的目的是根据用户的查询请求从文档库中找出相关的文档，用户必须从找到的文档中提取自己所要的信息；而信息抽取直接从文档中取出相关信息点，不需要用户对文档做进一步分析。这两种技术是互补的，若结合起来可以为文本处理提供强大的工具。

在国际上，美国国防部先后发起的 TIPSTER 和 TIDES 这两个和语言信息处理相关的计划，就被称为“评测驱动的计划”。它们在信息检索（TREC）、信息抽取（MUC）、命名实体识别（MET-2）等研究课题上，既提供大规模的训练语料和测试语料，又提供统一的计分方法和评测软件，以保证每个研究小组都能在一种公平、公开的条件下进行研究方法的探讨。TREC、MUC 和 MET-2 三大评测会议推动了信息抽取技术的发展。

20 世纪 80 年代以来，美国政府一直支持 MUC 对信息抽取技术进行评测。各届 MUC 吸引了许多来自不同学术机构和业界实验室的研究者参加信息抽取系统竞赛。每个参加单位根据预定的知识领域，开发一个信息抽取系统，然后用该系统处理相同的文档库。最后用一个官方的评分系统对结果进行打分。研讨会的目的是探求 IE 系统的量化评价体系。在此之前，评价这些系统的方法没有章法可循，测试也通常在训练集上进行。MUC 首次进行了大规模的自然语言处理系统的评测。如何评价信息抽取系统由此变成重要的问题，评分标准也随之制定出来。近些年来，MUC 最高组别的任务一届比一届复杂，而越来越多的机构可以完成最高组别的任务，建造能达到如此高水平的系统需要大量的时间和专业人员。但是，目前大部分信息抽取的研究都是围绕书面文本，而且以英语等少数语言为主。

2. 信息抽取技术的评测指标

信息抽取技术的评测采用经典的信息检索评价指标，即查全率和查准率。在信息抽取中，查全率称为抽全率（R），查准率称为抽准率（P）。抽全率可粗略地看成是测量正确抽取的信息比例（Fraction），而抽准率用来测量抽出的信息中有多少是正确的。其计算公式如下：

$$R=\frac{\text{抽出的正确信息点数}}{\text{所有正确的信息点数}}$$

$$P=\frac{\text{抽出的正确信息点数}}{\text{所有抽出的信息点数}}$$

两者取值在0和1之间，通常存在反比的关系，即 P 增大会导致 R 减小，反之亦然。评价一个系统时，应同时考虑 P 和 R，但同时要比较两个指标，对二者不一致的情况难以处理。因此一些学者提出合并两个指标的办法，其中包括 F 值评价方法：

$$F=\frac{(\beta^2+1)PR}{\beta^2 P+R}$$

式中　β——一个预设值，决定对 P 侧重还是对 R 侧重，通常设定为1。

这样用 F 这个数值就可反映出系统的质量。

3. 知识抽取

知识抽取是从现有的信息（尤其是非结构化的文本）中抽取结构化的、上下文依赖的知识的过程，目的是增强信息的可使用性和可重用性，这个过程同时又可以看作对现有的非结构化信息的语义标注过程。知识抽取工具将能解析现有的文本，用其语义含义来标记文档中的概念。

知识抽取起源于传统信息抽取而又有别于信息抽取。传统的信息抽取并不试图从内容上全面地、深层次地理解文档，而知识抽取建立在信息抽取的基础之上，使用了语义网技术，从知识表示和推理的角度来实现知识的自动（半自动）抽取。

知识抽取已成为信息处理的发达国家的研究热点之一，这些国家投入了大量的人力和物力进行相关项目的研究。表7-1对国外一些知识抽取项目的基本情况进行了概括。

表7-1　国外主要知识抽取项目

项目名称	所属国家/地区	是否使用本体	开始时间	抽取对象
ATM	英国	使用	2001	文本
SEKT	欧盟	使用	2004	文本
生物医学知识发现项目	英国	使用	2004	文本
ArtEquAKT	英国	使用	2002	文本
Web信息抽取和合成智能检索代理	新加坡	使用	2003	文本
基于语义Web服务的分布式知识抽取框架	美国	使用	2006	文本
TAO	欧盟	使用	2006	文本
KEEL	欧盟	使用	2005	文本
Dot. Kom	欧盟	使用	2002	文本
Ontotext	意大利	使用	2004	文本
知识抽取和语义互操作	欧盟	使用	2004	文本
K-space	欧盟	使用	2006	多媒体
BOEMIE	欧盟	使用	2006	多媒体

7.3 智能检索

智能检索主要表现在两个方面：用户检索接口的友好性和检索过程的可学习性，即检索系统能够把自然语言的检索提问自动翻译成检索系统能够理解的检索式，能够根据用户的检索行为进行学习，建立高效、高品质的检索模型库，以帮助用户改善检索策略。智能检索技术及其理论研究取得了很大的进展，用户智能检索接口、智能代理、自然语言的理解等研究已经从实验室逐步走向应用。

7.3.1 智能检索接口

智能检索接口用于完成智能检索系统的信息输入输出工作，它是系统和用户交流的界面，它能理解、分析用户的自然语言提问，并产生适合用户的结果，还具有解释功能，对自己的行为做出解释。检索系统通过检索接口输入知识更新完善知识库，一般用户通过它输入信息需求。智能检索接口能向用户提供友好的界面，完成各种交互活动；检验用户输入和系统输出的正确性、一致性；控制程序流程，对用户输入做出快速反应或者控制其他设备正确有效地工作。

解决智能检索问题的关键是设计智能检索接口。智能检索接口首先应该满足1990年Nielsen提出的九条可用性原则：

（1）人机对话简明、自然，用户用自然语言检索，检索工具可以识别自然语言并做出反馈。

（2）使用用户的语言，可以跨语言检索。

（3）应具备自学习功能，自动识别用户的兴趣，并根据用户使用习惯自动修正、完善用户兴趣，在搜索时根据用户兴趣进行优化排序，形成符合人性化要求的搜索结果，减轻用户的记忆负担。

（4）促进一致性的实现。

（5）提供返回信息。

（6）提供清楚的出口标记。

（7）对于用户经常使用的动作提供快捷键，方便用户操作。

（8）提供有效的出错处理信息。

（9）能够防止出错。

其次，设计接口要考虑到人和机器两个方面的因素，使之适合智能检索系统和用户的需求。接口应具有一定的自适应能力，自动改变其功能和界面；应具有较完善的知识库来支持一般用户较快地掌握系统的使用方法。

最后，交叉树索引和对象的分解匹配与综合是常用的智能检索接口技术。

对于中文信息智能检索系统，应能接受灵活多样、内涵丰富的汉语句子。具体来讲，要想实现汉语检索的智能接口，智能检索系统应理解常用的检索用语，在检索功能方面具有求解复杂问题的能力。汉语智能检索接口首先要让计算机理解汉语，正确的机器自动分词是正确的中文信息处理的基础。如何让计算机理解汉语，它涉及一系列语言学知识和计算机科学理论。由于中文的输入都是以汉字为单位，词与词之间并没有像英语那样以空格分开，因此从计算机处理的角度来看，汉语检索用语就是表示为汉字的字串，理解它们的第一步就是处理汉字串之间的关系，即进行汉语分词。汉语的词法约束很不规范且千变万化，给分词造成了很大的麻烦。长期以来，汉语分词作为中文信息处理中最困难的问题之一，受到广大研究者的广泛关注。

7.3.2　智能检索技术

传统的信息检索方法或搜索引擎，无论是关键字符的匹配，还是结合布尔逻辑运算提供更为复杂的查询表达方式，都是以关键词匹配为基础的。这种方法有两种缺陷：首先，检索结果只是在字面上符合用户的要求，实际内容往往偏离用户的需要。其次，用户输入的查询稍有偏差，检索系统就无法确定用户的真正需要，因而无法提供正确的结果。

为了解决这些问题，研究者们尝试从各种角度进行考虑，提出了各种新的方法和技术，也取得了很多的成果。通常的研究主要从自然语言处理、基于概念的方法、基于 Agent 的方法以及基于本体的思路等各个方面来实现信息检索的智能化。

1. 自然语言处理技术

通过对自然语言的分析来改善检索效果，目的是让计算机“理解"自然语言的内容。信息检索中常常使用的自然语言处理技术包括去除禁用词、分词、取词根、短语识别、命名实体识别、指代消解、词义消歧等。

（1）去除禁用词。如英文中大部分的介词、冠词等一样，禁用词指的是在文档中出现次数很多而本身没有实际意义的词。通常使用一个禁用词来表示过滤，并可根据实际的文档集合选择合适的禁用词表。实际使用的信息检索系统，例如 Web 搜索引擎中往往不采用去除禁用词这一技术，因为它对于检索效果的提高并没有实质上的帮助，反而可能导致在处理一些查询时得不到较好的结果。去除禁用词虽然对提高检索效果帮助很小，但可以提高检索效率，这对于实验系统来说已经很有价值了。

（2）分词。如前所述，分词是中文、日文等亚洲语言信息检索中遇到的特殊问题，大多数欧洲语言并不需要分词。中文信息检索系统中，分词技术使用广泛，中文分词就是指把中文的汉字序列切分成有意义的词，也称切词。分词的技术很多，如基于字符串匹配的分词方法、基于理解的分词方法、基于统计的分词方法。

分词的精度和检索效果并不是单调正比的关系。分词精度在 70% 左右时可获得最佳的检索效果，如果分词精度太高，反而可能导致检索效果下降。例如，在分词精度较高的文档中，“农作物”被作为一个词，没有被分成“农”和“作物”，从而无法和包含“作物”的查询相匹配，因此不能作为相关文档返回。对查询和文档使用一致的分词方法时能获得较好的检索效果，一致性比分词精度对检索效果更为重要。只要保持一致性，即便使用最简单的分词方法，也能获得与使用手工分词相当的检索效果。

（3）取词根（Stemming）。取词根使具有相同词根而形态不同的词相互匹配。这一技术多应用于英语等西方语言，如查询时输入 Europe 能够检索出包含 European 的文档，organ 和 organization 具有相同的形态等。实际上，尽管取词根技术的使用对信息检索的效果只有很小的提高，但由于这种技术可用性很强，因此被广泛地使用在信息检索系统中。

（4）短语识别。识别和查询文档中的短语，可以借助于自然语言处理中的句法分析技术，也可以采用统计的方法。短语识别技术在信息检索中使用的效果很大程度上取决于具体的识别技术、使用的短语类型以及使用的匹配策略。近年来，短语识别技术有了一些新的进展。例如，Nie 和 Dufort 将短语作为附加的单元结合到传统的基于词的索引中。他们将短语和词放在不同的向量中，分别计算出查询和文档的相似度后再进行加权。实验结果表明，这种短语使用方法大幅度地提高了检索精度。

（5）命名实体识别。命名实体是一种标识了某个概念或实体的特殊短语，例如专有名词、人名、地名、机构名等。显然，命名实体比词和一般短语表达了更加精确的信息。目前，命名实体识别系统主要是对文本中的人名、地名、机构名、时间表达式和数字表达式进行识别及标注。命名实体所包含的信息量要比组成它们的单个词所包含的信息量丰富得多，而且更加有意义。通过对命名实体的识别，可以基本掌握句子中的关键内容，这对于整体把握句子信息是非常有帮助的。

（6）指代消解。指代消解技术为文档中出现的代词或指代不明的短语找到它们实际所指代的事物。例如，用来指代“Bill Clinton”的“Mr. President”，就可以使用指代消解技术给出相应的具体解释。这个技术能够消除文档中不明确的表达方式。

（7）词义消歧。词义消歧是研究者们不断尝试着应用到信息检索中的一种自然语言处理技术，针对自然语言中存在的“同一个词可以表达多种意思”的问题，为每个词找到其在具体语境中实际表达的含义。

（8）用户查询的消歧。Allan 和 Raghavan 提出一种消除单个词查询中的歧义的方法。他们统计出查询词邻域内频繁出现的词性模板，每个模板都对应着人工构造的一个问题，在实际系统中可以将这些问题提供给用户选择，让用户明确地指定一个查询目的，从而消除查询中的歧义。在实验中，他们定义了一个清晰度公式，比较消歧前后查询清晰度的变化。结果表明，查询效率在消歧后有了较大的提高。

2. 基于概念的语义智能检索技术

Hsinchun Chen 提出了一种基于概念的文本自动分类与语义检索，它采用机器学习的方法实现了大量文本自动分类、标注与检索。概念是关于具有共同属性的一组对象、事件或符号的知识，是客观事物在头脑中的反映，要通过字、词、词组等概念描述元素表达出来。同一个概念可以由多个描述元素来表达，这些描述元素在此概念的约束下构成了同义关系。

概念并不是独立存在的，一个概念总是与其他概念之间存在着关系，根据概念之间的相互联系，形成蕴含有语义的关系网。在关系网中，可以实现同义词扩展检索、语义蕴含扩展以及语义相关扩展等。当使用某一检索提问词进行检索时，系统基于对概念内涵的理解以及用户提交的关键词所表达的概念作为搜索依据，能同时对该词的同义词、近义词、广义词、狭义词进行检索，选出与此概念相关的内容，以达到扩大检索、避免漏检的目的。

3. 基于 Agent 的智能检索技术

为使检索具有一定的智能，可以建立一个基于多 Agent 的体系结构。该体系结构主要包括 User Agent、Spider Agent 和 Collector Agent。

(1) User Agent。该Agent可以理解为具有智能的用户检索代理，应至少具有两种能力。第一，通过一个预先建立的词典（存在于知识库中）对用户的输入进行分词处理，将处理结果作为关键字对自有的索引库进行检索并返回结果。同时，它还应具有学习能力，根据用户输入的信息不断完善词典。第二，User Agent应具有一定的推理能力，能根据用户输入的信息，运用统计方法推算用户对哪些信息更感兴趣，将其存入知识库以提高检索效率。

(2) Spider Agent。Spider Agent比传统的“网络蜘蛛”功能更强大，它不但能够根据接收到的需求在Internet上漫游（漫游是指根据网址和网页上的链接对信息进行浏览），而且可以根据目标系统（网站）提供的数据库查询接口直接检索数据库中的信息。同时，Spider Agent应具有多种文本的处理能力，如处理Word、PDF等不同格式存储的信息，解决中文信息编码不一致的问题等。

(3) Collector Agent。Collector Agent负责给Spider Agent分派检索任务，对共享数据库中的数据进行分类、压缩处理、建立索引，并从知识库中获得用户对信息的偏好，对处理后的信息排序并依次存入索引库，同时清除索引库中过时的信息。

为实现上述基于多Agent的搜索引擎，可以使用多台服务器构成一个具有三层结构的整体来完成检索任务。前端处理层依靠一台或多台服务器上的多个User Agent来处理用户输入、返回检索结果。中间层实现Collector Agent。网络检索层由一台或多台服务器上的多个Spider Agent完成网络信息的收集工作。引擎启动后，中间层的Collector Agent和网络检索层的Spider Agent将开始全天候的无须人工干预的检索和整理工作。当有用户发起检索活动时，处于前端处理层的User Agent开始工作，完成用户提出的检索任务。同时，User Agent对用户的输入信息进行统计、分析，通过学习过程将新的关键词和用户对信息的偏好存入知识库，与Collector Agent共享。

7.3.3 智能检索系统与应用

传统信息检索系统（搜索引擎）由于搜索内容繁杂，导致用户查询到的结果中存在大量的无关信息，降低了查询的精度和查询的效率。智能检索系统（Intelligent Retrieval System, IRS）把现代人工智能的技术与方法引入情报检索系统，使后者具有一定的智能特征，在更高的层次上完成其查询功能。智能检索系统融合了专家系统、自然语言理解、用户模型、模式识别、数据库管理系统以及信息检索等领域的知识和先进技术，可以代替人类完成繁杂的信息收集、过滤、聚类以及融合等任务，在信息系统中引导用户进行更为有效的检索。

1. 智能检索系统的组成和功能

一般来说，智能信息检索系统由知识库、文本处理和智能接口三部分组成。

(1) 知识库部分。知识库是智能检索的核心，它由知识库系统、数据库系统和检索推理系统三个子系统构成。

(2) 文本处理部分。文本处理系统利用计算机自动处理自然语言形式的文本输入，它利用知识库中的语言学知识、科学知识和其他知识，对文本进行语法、语义分析界定，从内容上理解文档所论述的主题，并把它们表示成知识库中的知识单元和数据库中的数据元素，不断地丰富知识库和数据库。

(3) 智能接口部分。智能接口是用户与系统之间的通道，它的主要功能是对自然语言进行查询和处理，并作为智能终端建立用户兴趣档案，加工提取结果。

智能检索系统一般具有以下功能：①能理解自然语言，允许用自然语言提出各种询问。能够把自然语言转换成系统可以理解的语言，用户可以用丰富的自然语言进行提问。②具有推理能力，能根据存储的事实，演绎出所需要的答案。③系统拥有一定的常识性知识，以补充学科范围的专业知识。系统根据这些常识，能演绎出某些一般性询问的答案。

智能检索系统应能具备自学习功能，即自动识别用户的兴趣，并根据用户的使用习惯自动修正、完善用户兴趣，在搜索时根据用户兴趣进行优化排序，形成符合人性化要求的搜索结果。

2. 几种典型的智能信息检索系统

SavvySearch 系统是一个应用了元搜索技术的中介搜索系统。它采用基于经验学习的优化选择搜索引擎方法，具有智能地选择多个远程搜索引擎以及与其交互的能力。其思想是根据用户提供的关键词和以往搜索成功与失败的经验，建立一种中介索引。当用户提交一项查询时，系统利用中介索引，分析影响性能的时间因素（或称为最佳查询时间）和经验因素（即某一个搜索引擎搜索某一类信息最佳），优化选择效益好的搜索引擎进行信息检索，从而提高了搜索质量与效率。

Excite 应用了检索词“智能概念提取”技术，对用户输入的关键字进行扩展。这种搜索引擎突破了传统搜索引擎中相对比较简单的根据关键字是否匹配，以及关键字在文档中出现的频率等来判断被搜索文档是否符合搜索条件的简单逻辑，它借助数据字典扩展搜索条件，通过模式提取和识别抽象化条件与文档之间的联系。

一些用户个性化信息检索系统，如 WebWatcher、ShopBot、Fab 等，都是基于 Agent 的智能化的程序，主要通过学习用户的历史关联信息，在线引导用户检索感兴趣的信息。这种为用户导航的方式每次只能浏览一个站点，效率比较低，而且无法避免用户浏览以前已经浏览过而现在不需要再看的文档或链接。此外，由于没有有效地适应信息源信息变化的机制，不能及时为用户提供新的信息，因而该方式无法为用户快速定位感兴趣的主题。

中国科学技术大学的汪晓岩等设计了一个面向 Internet 的个性化信息检索系统，采用分布式 Agent 技术，适用于 Internet 上文档的并行查询与检索。该系统能够满足人们在信息检索时的个性化要求，反映了当前及今后信息检索领域发展的趋势。该信息检索系统从用户的角度出发，为了满足不同用户个性化检索的需求，采用相关反馈学习算法和基于多用户个性化模式的层次智能信息滤波算法，过滤了大量的不相关文档，有效地消除了用户迷茫问题。采用用户与用户 Agent 以及用户 Agent 与信息 Agent 的交互机制，智能化地适应用户兴趣的变化及环境的变化。

但是由于智能检索中涉及的相关技术还不是很成熟，因此目前已有的智能检索系统中仍然存在一些缺陷或不足。大部分的概念检索，只是单纯地对输入的关键词进行概念扩展。而个性化检索系统中，非个性化检索方式适应用户兴趣变化的能力较差，用户与检索系统的交互方式缺乏多样性。

7.4 自然语言检索

自然语言检索（Natural Language Retrieval，NLR）是信息检索的一种类型，从技术上讲是将自然语言处理（Natural Language Processing，NLP）技术应用于信息检索系统的信息组织、标引与输出，从用户角度讲是用自然语言作为提问输入的检索方式。

自然语言检索以文档文本的语言结构分析和语义分析为特色，将信息处理的层次深入到了文档中文本的内容，而非仅依据文本中索引词的统计信息。另外，用户可以不受控制地输入查询语言，表达自己的查询请求。其优势表现在符合客观需求，标引简便、快捷，检索方便、简单，查准率高，具有通用性等多个方面。

由于自然语言本身所存在的复杂性，所以对其处理要涉及语言学、心理学、认知学、人工智能等多领域学科，要综合利用多种相关学科的技术与方法。自然语言检索的基础是自然语言理解，检索方法包括基于语法分析、基于语义分析、基于语义理解和基于本体等多种类型。

7.4.1 自然语言理解

自然语言理解（Natural Language Understanding，NLU）是语言文字信息处理的一项高层次技术，是人工智能的一个分支学科，是指研究能够实现人与计算机之间用自然语言进行有效通信的各种理论和方法。自然语言理解分为人的自然语言理解和机器的自然语言理解，自然语言检索主要涉及机器的自然语言理解。所谓机器的自然语言理解是指计算机利用结构语法和语义分析，对句子自左至右逐词加以解析，从而正确处理人类语言，并能给出人们期待的各种正确响应。

1. 自然语言理解的原理

自然语言理解分为语音理解和书面理解两个方面。

语音理解是指用口语语音输入，使计算机“听懂”语音信号，用文字或语音合成输出应答。语音理解的第一步是语音识别，即先在计算机里存储某些单词的声学模式，用它来匹配输入的语音信号。语音识别只是一个初步的基础，还不能达到语音理解的目的。因为单凭声学模式无法辨认人和人之间、同一个人先后发音之间的语音差别，也无法辨认连续语流中的语音变化。因此语音理解的下一步必须综合应用语言学知识，切分音节和单词，分析句法和语义，进而理解语言内容获取信息。

书面理解是指用文字输入的方式，使计算机能“看懂”文字符号，也能用文字输出应答。由于绝大多数语种使用的是拼音文字，计算机识别拼音字母已无问题，而输入又是按单词分别拼写，因此书面理解一般没有切分音节和单词的问题，只需直接分析词汇、句法和语义。但是汉语用的是汉字，无论是用汉字编码输入还是将来计算机能直接认识汉字，都要首先解决切分单词的问题，因为输入的是一连串汉字，词和词之间没有空隔。书面理解的基本原理是在计算机里存储一定的词汇、句法规则、语义规则、推理规则和主题知识，语句输入后，计算机自左至右逐词扫描，根据词典辨认每个单词的词义和用法；根据句法规则确定短语和句子的组合，根据语义规则和推理规则获取输入语句的含义；查询知识库，根据主题知识和语句生成规则组织应答输出。目前已建成的书面理解系统应用了各种不同的语法理论和分析方法，如生成语法、系统语法、格语法、语义语法等，都取得了一定的成效。目前存在的问题有两个方面：一方面，迄今为止的语法都限于分析一个孤立的句子，上下文关系和谈话环境对本句的约束和影响还缺乏系统的研究，因此分析歧义、词语省略、代词所指、同一句话在不同场合或由不同的人说出来所具有的不同含义等问题，尚无明确规律可循，需要加强语用学的研究才能逐步解决。另一方面，人理解一个句子不是单凭语法，还运用了大量的有关知识，包括生活知识和专门知识，这些知识无法全部组织在计算机里，因此一个书面理解系统目前只能建立在有限的词汇、句型和特定的主题范围内。

2. 自然语言理解的层次

自然语言理解的语言层面从低级到高级一般可以划分为六个层次：①语音学层次：对语言声音的识别、理解和合成。②词形学层次：对各种词形和词的可识别部分的处理，如前、后缀，复合词等。③词汇学层次：重点在于对词操作和词汇系统的控制。④句法层次：它与语言结构单元的鉴别有关，具体而言就是对输入的单词序列进行分析，看它们能否构成合法句子，如果能则给出相应的合法句子结构。⑤语义层次：对自然语言文本意义的识别、理解和表示，它涉及各级语言单位（单词、词组、句子和句群）所包含的意义及其在语言使用过程中所产生的意义。⑥语用学层次：这是涉及上下文和语言交际环境以及背景意义和联想意义的语义分析。

当前，自然语言理解研究的主流采用的是一种由底向上的策略，即为了理解句子的意义，先从句法分析入手，划分句子结构成分，再给成分指配意义角色。在这种由底向上策略的指导下，为达到理解语言的目的，需要进行三步工作，即理解所出现的每个词，从词义构造表示语句意义的结构，从句子语义结构表示篇章含义的结构。在这三个过程中，需要着重解决如何有效地使用语法、语义、语用及与其相关的各种知识问题。随着学科的自身发展和网络环境下人们对信息需求的迫切性，自然语言理解越来越多地应用在信息检索中，使文本处理和用户提问处理都具有一定的智能性，提高了检索的准确性。

3. 自然语言理解在信息检索中的应用

自然语言理解在信息检索中的应用可以体现在一个或多个语言处理层次上，既可以仅应用于查询，也可以同时应用于查询和被检索的文本。由于语言的各个层次都包含了一定的含义，能够传递一定的信息，所以每个层次上的自然语言理解都能对提高检索效率有一定程度的帮助。

语音学层次大多应用在语音识别系统中，用来接收语音提问或者提供语音文本。

词形学层次是信息检索系统中应用最为普遍、应用时间最长的一个语言层次。文本和查询中的词语截词，使文本和查询能够得到较好的匹配，这在实验系统和商业系统中都有广泛的应用。大多数支持截词的信息检索系统可以避免丢失相关文档。例如，如果英文文本中的名词复数没有经过截词变为单数，就无法和查询中的检索词相匹配，反之亦然。但在处理中文的信息检索系统中，由于中文没有因人称、数量和时态而产生的词形变化，因此几乎没有对词形学的研究。

信息检索中，语言理解的词汇学层次主要应用在词性标注和获得词汇的详细特征，对中文来说，还包括词汇切分的工作。词汇学层次所包含的知识体现在辞典或其他类似的资源中，这些资源早期是由人工建立的。标引人员和检索人员利用辞典来确定某个词是否可以作为合适的标引词或检索词。由于辞典中还提供了词汇的相关信息，信息检索系统可以借助这些知识自动地或半自动地支持查询的构造和改进。总的说来，词汇信息的使用包括对词语的识别、标注和标引。

句法层次利用词汇学层次的词性标注输出，划分出短语和从句。利用部分分析的文本，可以从中选择更适当的标引款目，因为此时能够自动识别短语，并将其作为文本内容的表示，从而避免了由单个词语作为标引词而产生的模糊性。同样地，从自然语句提问中经句法分析得到的短语也能成为较好的检索关键词，更好地去匹配文档。另外，句子的结构传递着句子含义和词间的关系，即使不知道每个词的含义，通过一定的句子结构分析，也能了解句子的大致含义。

信息检索中对语言的语义理解是指把句子看作理解单元，解释句子的含义，包括明确上下文中词的意思。语义层次要分析词典中词的含义，也分析来自句子上下文中的意思。这个层次的理解主要包括对多义词的词义消歧和通过添加同义词扩展用户查询。词语的扩展是通过词典实现的，如 WordNet 或其他形式的词表。语义理解的另一个用处在于为文本和查询产生语义向量，这同样要求系统能够正确地确定词义，在语义向量中选择适当的语义类别。

语用学层次研究不同种类文本的结构，从文章的结构中提取附加的含义。自然语言理解利用这种可预测的结构来理解一条信息在文章中起什么作用，如结论、观点、预测或事实。

7.4.2　基于语法分析的自然语言检索

语法知识在自然语言处理系统中的应用就是处理文本的结构特性，称为语法分析（Syntactic Analysis）。语法分析将完整的句子分解成简单的短语，并表现出句子成分间结构关系的特色，同时语法规则为一个给定的句子指定合理的语法结构。基于语法分析的自然语言检索是检索系统在语法层次上对自然语言进行表层的形式化分析，包括词法分析和句法分析两部分。

1. 基于词法分析的自然语言检索

在自然语言检索系统中，词法分析是最基础的工作，也是传统的方法，它有助于确认词性以及做到部分理解词与词、词与文档之间的关系，提高检索的效果。

词法分析方法对文本、网页首先进行词语切分，然后通过词频统计和词出现的位置的判断，在文本和网页中提取主题词和概念词作为索引。同样地，从用户提问中筛选出有检索意义的一个或多个词单元，各个单元词之间构建相应的逻辑关系。这种方法更接近于传统的关键词检索，即利用多个关键词的布尔逻辑运算构成检索式，在索引库中逐个匹配。但它对关键词检索也有所改进，它能够根据词的位置关系发掘词的修饰限定关系，使得检索内容更为相关。基于词法分析的方法主要包括以下三种：

（1）加权统计法。加权统计法是对基本的词频统计方法的改进，这种方法主要依赖于词的频率特征（标引词在特定文献中的出现频率或词的文献频率）和词的区分能力来反映文本特征。它的缺陷是与用户的相关性无关，在实际应用中具有一定的局限性。

（2）*N*元法。*N*元（*N*-Gram）法是一种原理简单、处理容易，且实践证明又是较实用的检索方法。因为一种语言的 *N*-Gram 是有限的且较稳定，因此这种方法受学科术语发展变化的影响不大，同时它还可以检查文本或提问语句中单词的拼写错误。但是，这种方法仅从形式上对 *N*-Gram 进行统计，会出现一定程度的标引词不准、标引短语中缺词和误组配等问题。

（3）统计学习方法。统计学习方法通过一个学习机制建立了标引词与其相关词和非相关词的关系，并以此为基础确定标引词的标引值。试验表明这种方法是有效的，用某一特定标引词标引文献，发现大多数的相关文献被该标引词正确标引。但是这种方法目前只能处理单词，无法处理多词短语，而多词短语一般比单词包含了更多的语义信息，因此统计学习标引法的处理范围还有待进一步拓展。

以统计为基础的词法分析较为简单实用，因而在检索系统中使用较普遍，也取得了一定的实际效果，但是语言是有意义的符号序列，这类方法要克服单纯统计的形式化缺陷，取得更高的检索质量，就必须结合语法语义分析。

2. 自然语言检索中的句法分析

在自然语言检索中，句法分析是对句子和短语的结构进行分析。句法分析的方法有很多种，如短语结构语法、格语法、扩充转移网络和功能语法等。句法处理，即根据文字的语法知识，通过对句型结构的分析，自动抽取复杂的标识单元来代替由统计方法得到的关键词进行标引。检索系统中通常使用的句法分析方法分为两种：非结构化标识单元和结构化标识单元。

（1）非结构化标识单元。非结构化标识单元是根据句法结构分析所得到的标引项，组成词的字与字之间是一种线性关系。在该方法中，句法结构的分析所起的只是媒介作用。

获取非结构化标识单元的途径有两个：基于模板的分析（Template-based Analysis）法和基于解析的句法分析（Parser-based Analysis）法。前者只以简单的结构如 <形容词+名词> <名词+名词> 等为标准模板，凡是能够与该模板相匹配的字符串才能有机会进行下一步的处理。而后者是应用复杂的语法知识，对整个句子进行分析，直至部分理解后才抽取字符串。显然，后者虽然在处理上难于前者，但它能够处理许多前者无法处理的复杂问题。

通常经过句法分析后所得到的表达形式为句法树，词组生成系统将其作为输入，分析后得到的一系列词组，再经过标准化处理，得到的便是用于索引的关键词组。

（2）结构化标识单元。以结构化标识单元进行文本索引的基础是，在句子分析中，与语言语义成分最相关的部分并非关键词本身，而是词与词之间的句法层次结构。所包含的结构越多，它所隐含的语义成分就越多。这种方法的优点在于不必烦琐地处理某些模糊不清或结构不规范的句子；不足之处在于匹配时的处理较复杂，会影响到检索速度。通常可以根据统计得到的关键词寻找与关键词关系较为密切的句子或段落，然后再进行更细致的句法分析，这样可以做到省时间、省空间和提高效率。

句法分析的目的是确定每个词在句子中的功能以及句子的合法性，然后产生合适的表示，为进一步语义分析做准备。句法分析通常以事先精心定义的一系列语言规则为基础。句法分析器的设计要考虑到一致性、多知识源的应用、精确性以及返回结构等问题。

7.4.3 基于语义分析的自然语言检索

自然语言检索技术的发展主要依靠的是对检索概念进行语义上的控制，即进行语义层次上的自然语言检索。它以自然语言作为提问输入，经过语义处理，又以自然语言的形式将检索结果返回给用户，更好地满足用户的需求。语义分析就是通过分析找出词义、结构意义及其结合意义，从而确定语言所表达的真正含义或概念，要解决的是句子中的词、短语直至整个句子的语义问题。

1. 语义分析理论

语义分析理论涉及语义分析方法的语义关系类型和语义关系的形式化表示等内容。对句子内各部分之间的语义关系共性进行归纳与分类，就形成不同的语义关系类型。语义关系的形式化表示是指从各种句子的具体语义中抽象概括出共同的语义关系适用的符号表示。

现有的语义分析理论主要有格语法、语义网络、概念从属理论和框架分析法等。

（1）格语法。格语法（Case Grammar）是美国语言学家菲尔摩（C. J. Fillmore）在20世纪60年代提出的一种语言理论，使用相对浅层的领域无关的方法进行语义处理。格语法的中心思想是一个简单句中的表述具有深层的结构，即包括了动词（中心组成部分）和一个或多个名词短语，每个名词短语与动词都有特定的关系，这种关系就称为格（Case）。

（2）语义网络。语义网络（Semantic Network）是美国语言学家奎廉（R. Quiilian）于1968年提出的，1972年美国人工智能专家西蒙斯（R. F. Simmons）和斯乐康（J. Slocum）将语义网络用于自然语言理解系统中。

语义网络通过由概念及其语义关系组成的有向图这一形式化的方法来表达知识。描述语义的一个语义网络是由一些以有向图表示的三元组（节点1、弧、节点2）连接而成的。其中节点表示对象、概念或状态，弧是有方向的，指明所连接节点的语义关系。节点和弧都必须带有标记，以便区分各种不同的对象和对象间的各种不同的语义联系，如继承、补充、变异及细化等关系。语义网络是非统一式的信息表示方式，提供了表达“深层结构”或“潜在语义结构”的方法。

（3）概念从属理论。概念从属理论（Conceptual Dependency Theory）最初是由Sckank在20世纪60年代末70年代初发展起来的，简称CD理论。在这种理论中，句子意义的表达是以行为为中心。句子的行为不是由动词表示，而是由源语行为集表示，其中每个源语是包含动词意义的概念，即行为是由动词的概念表示，而不是动词本身表示。在CD理论中，句子的内容信息是由称为概念化（Conceptualization）的内部结构表达的。在这些结构中，有各种要扮演的角色，如行动者、行动、对象、方向、工具和状态。概念化表达是指任何两个意义相同的句子具有相同的内部表达，不管它们包括的词及词序是否相同。

（4）框架分析法。框架（Frame）是美国人工智能专家明斯基在1975年提出的一种知识表示法，称为框架理论。框架理论提供了一种框架结构，人们据此根据以往的经验来解释和认识新的信息。语义框架是表示事物或概念状态的数据结构，它由框架名和一组槽（Slot）构成。框架名用于指称某个概念、对象或事件；槽由槽名和槽值两部分组成，槽值可以是逻辑的、数字的，也可以是一个子框架。

2. 自然语言检索中的语义分析

为了使计算机模拟人类大脑来理解自然语言的含义，需要大量的语义知识以及实际背景知识。在自然语言检索中，语义分析是在词法分析和句法分析的基础上进行的，这三个分析步骤的组合方式有四种形式，如图7-1所示。

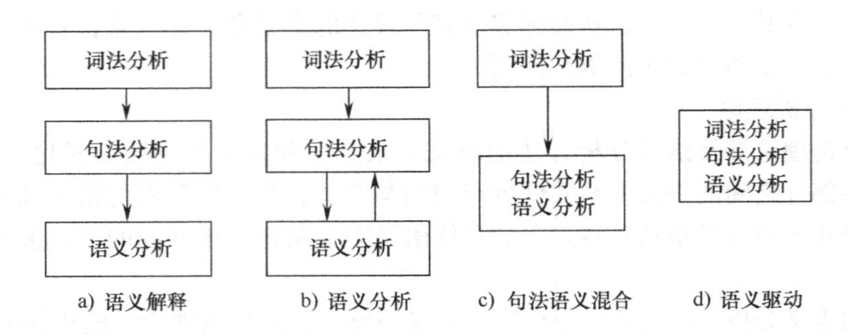

图7-1　语义分析的四种模式

注：资料来源：汤艳莉．汉语自然语言检索及其用户提问处理．北京师范大学硕士论文，2003。

（1）语义解释方式。将词法分析、句法分析和语义分析分为三个完全不同的模块，前一个模块的输出为后一个模块的输入，逐步进行分析。句法分析模块将输入的字符串转化为句法树之类的中间表达式，然后借助于语义分析的帮助，由推理器建立最终的含义或概念表达式。

（2）语义分析方式。语法分析程序中所使用的语法不是一般的语法，而是语义语法。语义语法利用各类规则将语义信息直接编译到语法中。这需要应用大量领域内的知识来代替一般语法规则。

（3）句法语义混合方式。这种方式综合了以上两种方法的优点，它的宗旨在于使语义分析模块尽可能早地介入句法分析模块。在应用句法规则进行句法分析时，系统可以及时调用语义分析模块，用于辅助分析，减少歧义。在语义分析模块成功地揭示某一句法成分时，程序返回句法分析模块；否则，该步句法分析失败，分析重新进行。该方法的主要优点在于它可以节省许多不必要的处理时间。

（4）语义驱动方式。这种方法把字、词的语法及语义信息存于词典中，在分析过程中尽可能不去应用或少量应用句法分析的结果。应用最多的语义驱动程序为概念依存程序，它是一种非标准的语言分析方法。这种分析方法根据某些典型的字、词以及大量的辅助规则，识别与其相关的概念，即基本概念＝字词识别＋词典知识＋背景知识＋简单的句法分析。分析程序能够发现并确定自己所需要的规则，容易修改规则，而且应用起来比较方便，但这些规则的精确度与完全的NLP分析方法相比较低。

7.4.4　基于语义理解的自然语言检索

句子和句群是自然语言中最为重要的两个语言单位，抓住这两个语言单位的语义核心，才能有效提高信息检索的质量和效率。

1. 基于句子理解的检索模型

句子理解服务于词语理解，因为在句子的具体语言环境中，词语的意义才能更准确。词语理解可以看作将词语所蕴含的内容向语义网所定义的概念基元进行映射的过程，沿着这一思路，句子理解也必然需要一个承载句子含义的形式化的符号体系，来作为理解的最终表示形式。句子理解的目标是用有限的句类表示式来表示句子的语义结构，同时获取构成句子的各个语言单位的语义。

句子级的理解模型输入为自然语言的语句，输出为句类表示式以及与词语所描述对象对应的概念。处理的第一个环节为预处理，如中文处理中的分词。第二个环节为句类假设，它完成的功能为根据句子中“可疑”词语蕴含的概念，对可能会产生的句类进行假设。第三个环节是根据其他词语所蕴含的概念知识，对句类进行断定。第四个环节则根据第三个环节做出的判断，以语义块为单位，对词语进行断定。处理的输出包括“句类表示式”“词语概念”以及“句子格式”，句子格式类似于构成句子的主谓位置规定。

基于句子理解的检索模型以句子理解为基础，通过句类分析系统实现准确的词语切分，同时获取词语概念，再根据词语在句子中的位置，赋予相应概念不同的权重，最后用统计模型对概念进行处理。

引入句子理解后，信息检索模型将具有一些新的能力，包括可以正确地切分词语，同时依据句子理解的结果获取词语语义并用概念加以标示，并可根据词语在句子中的功用赋予词语不同的权重，可以利用概念之间的相关性和语义网络概念树的特点，对文本进行有指导的分类，提高检索准确率。

2. 基于句群理解的检索模型

句群是一组由某一语义中心统摄的、关系密切的句子的集合体。从语言的表达看，如果表达的意思比较复杂，则往往不是用一个句子，而是用由几个句子组成的句群来表达，这样要比用一个结构很复杂的句子更容易让人理解，这也是形成句群的主要原因。

与句子理解的处理方法一致，句群理解同样通过构造能够承载句群含义的形式化的符号体系来作为理解输出的框架。在句群语义理解中，输入为句子理解的结果。系统首先根据句类表示式以及标点符号对句子进行句群划分，再以划分的句群为单位，根据句群中概念的领域信息强弱，假定句群所属领域，同时根据领域提取领域句类知识库中对应的领域句类表示式，然后将表示式中的内容与组成该句群的各个句子的句类表示式与格式进行一致性认定，最终确定领域以及领域句类代码，同时根据句类表示中的背景信息叠加成句群的背景信息。

基于句群理解的检索模型以句群理解为基础，根据句群理解得到的语境单元框架中的领域信息，对构成句群的文章进行分类，给出属于每类的置信度，同时根据每类出现每一概念的可能性计算出文章出现每一概念的可能性，然后根据语境单元框架中包含的关键概念，运用统计模型再次对概念索引。这一模型通过句类分析准确切分词语，获取词语的语义；根据句群分析的结果得到句群所属的领域，如政治、军事、法律等大类；根据领域信息对文章进行分类，基于分类实现检索。

7.4.5　基于本体的自然语言检索

本体（Ontology）是源自哲学领域的概念，本用于描述事物的本质。在知识工程领域，Ontology 被定义为关于领域知识的概念化、形式化的明确规范，它不仅仅是概念集、语料库，而且还是一个知识库。本体的目标就是获取相关领域的知识，确定该领域内共同认可的词汇，并从不同层次的形式化模式上明确定义这些词汇及词汇之间的相互关系，为系统内各个主体提供对该领域知识的共同理解。

1. 本体在自然语言检索中的作用

在信息检索领域中，原有的直接基于关键词和分类目录的信息检索技术已经不能满足用户在语义上和知识上的需求，而本体具有良好的概念层次结构和对逻辑推理的支持，因此在信息检索，特别是在基于知识的检索中得到了广泛的应用。

本体为自然语言检索系统提供了资源描述和形成查询所必需的元语。以本体为核心建立领域语义模型，为信息源提供语义标注信息，使系统内所有的 Agent 在对领域内的概念、概念之间的联系及基本公理知识有统一认识的基础上进行信息检索。这种检索方式更符合人类的思维习惯，可以克服传统检索方法造成信息冗余或信息丢失的缺点，从而能够快速、高效、精确地检索出用户所需的有价值的信息。本体已逐渐成为信息检索系统有效的知识表示方式，是智能信息检索系统的核心组成部分。具体地说，本体在自然语言检索系统中的作用体现在三个方面：

（1）改善对信息源的处理。虽然自然语言检索具有易用性、文献处理难度低以及更适合非文献检索的特点，但也存在着降低了检索效率、增加了检索难度等很多问题，需要对信息源的处理和检索语言控制机制做进一步的改进。本体具有良好的概念层次和对逻辑推理的支持，从而成为一种较为合理的语义数据建模方法，为信息源的标引处理提供了更广阔的发展空间。本体采用规范的形式语言、精确的句法和明确定义的语义，对领域中的概念与概念、概念与实体、实体与实体之间的关系进行预先标注，可以有效地减少系统内各主体对领域中概念和逻辑关系可能造成的误解，为信息源处理和检索方式的发展开拓了新的思路，提供了新的信息组织方法和技术。

（2）优化用户界面。基于本体的信息检索界面，更注重查询构造过程的交互性和用户的控制作用，帮助系统准确理解查询，可从允许用户查询和浏览本体、词汇超越、支持反复的查询细化和偶然的知识发现几个方面来优化检索系统的用户界面。优化的检索界面和导航服务将提供引导用户进行下一步查询的线索，在与用户交互的过程中为其检索提出详细的修正、改进或补充意见。通过与用户逐步交互，启发、引导用户表达出真正意图，从而快速找到其真正需要的信息。

（3）辅助自然语言处理过程。本体作为一种提供领域概念及其相互关系的工具，能够反映某一领域的语义相关概念，具有知识性、科学性和层次性，是一个开放的体系，其中包含的语义知识和约束条件正是自然语言处理所需的语义基础。在词法分析和句法分析上提供语义理解支持，可以更加系统、全面地揭示概念之间的相互关系，具有更强的表达能力，便于将标引用语和检索用语进行相符性的比较。因此，本体可以代替传统检索语言对自然语言进行更好的辅助处理和控制，并且其概念集可以随着学科领域的发展进行动态更新，更适应于信息频繁更新与变化的网络环境。

综上所述，本体由于具有对传统检索语言的继承、发展和超越的自身优势，因此将本体应用到自然语言检索中去，可充分结合本体能对概念关系进行处理和自然语言能够更好地让用户表达检索意图的优势，是检索方式发展的必然需求，对信息检索的发展有着重要意义。

2. 基于本体的自然语言检索实现方法

基于本体的自然语言检索的核心思想是利用本体中的领域知识和概念框架来表示信息内容，提高信息检索系统对语义信息的处理能力。这种检索方法对信息资源和用户提问语句进行语义层次上的标注和分析，同时将用户的检索请求转化为对概念及其相关信息的查询，克服仅依靠自然语言处理技术带来的困难，提高系统理解和分析的效果，从而达到提高检索精度的目的。

基于本体的自然语言检索系统整体上可由几个模块组成：本体管理模块、问题处理模块、文本预处理模块、信息检索模块、库文件管理模块。具体的实现算法可概括为：①在领域专家的帮助下，建立相关领域的本体。②收集信息源中的数据，并参照已建立的本体，把收集来的数据按规定的格式存储在元数据库（关系数据库、知识库等）中。③对用户检索界面获取的查询请求，查询转换器按照本体把查询请求转换成规定的格式，在本体的帮助下从元数据库中匹配出符合条件的数据集合。④检索的结果经过定制处理后，返回给用户。

根据上述实现算法，整个检索系统的功能实现依赖于各个模块相互协作，从而共同完成对用户问题的回答任务。其中，用户直接把问题提交给问题处理模块，然后等待处理的结果；系统在接收了用户的问题后，首先进行问题分析和处理，得到检索关键词和问题类型；检索关键词将被提交给检索部分去获取信息实体，问题类型将被转换为结果属性提交给检索模块，用于从信息实体中提取结果属性值，最后将检索结果排序返回给用户。

在基于本体的自然语言检索中，关键的技术主要包括对自然语言文本和用户检索请求的处理技术。

对自然语言文本进行处理时，首先利用领域本体中的知识和自然语言处理的相关技术对自然语言文本进行分析处理，并根据领域本体中的概念框架，从自然语言文本信息中抽取信息实体，从而将自然语言文本信息转化为具有一定结构的信息实体。然后对这些信息实体建立索引，并将它们存放到信息实体库中。通过该处理过程，自然语言文本内容就以信息实体的形式来表示。

对于用户的检索请求，首先利用自然语言处理的相关技术对其进行分析处理，然后结合领域本体中定义的概念框架，将检索请求转化为对信息实体及相关信息的查询，从而保证检索请求与信息描述的一致性，以实现它们的精确匹配。

利用领域本体中的知识对自然语言文本进行分析后，自然语言文本的内容采用信息实体的形式来表示，同时用户的检索请求也被转化为对信息实体及相关信息的查询，此时检索引擎需要完成的功能是从信息实体库中查找满足用户检索请求的信息实体，并对检索出来的信息实体按照它们与检索请求的相似度进行排序，最后把这些排好序的信息实体按照一定的形式返回给用户。

建立相关领域的本体对检索系统的成功构建和实施至关重要。本体作为原数据结构，提供了一个可控的概念词典，其中每个概念都被清晰地定义并拥有可机器处理的语义。通过定义和共享共同的领域理论，本体帮助人和机器进行简明的交流，这种交流支持语义交换，而不仅仅是句法上的。因此，构建完备一致的领域本体就成为实现上述目标的基础，其步骤主要如下：①在领域专家参与下，借鉴叙词表的知识体系，选择一个专业领域，建立专业领域术语词汇的词间关系，并总结科学的构建词间关系的程序流程。②建立包含各类词间关系的领域数据库，其中包含叙词系统的知识体系。③通过计算机语言程序，借助语义相关和 XML，编制本体知识集成系统。④将包含词间关系的数据库转化进本体系统中，构建成专业领域本体。⑤最后对建立的本体进行信息检索验证，对比基于关键词的信息检索，分析基于本体的检索结果。

总之，在自然语言检索系统中建立本体的目标是增加领域内的相互作用，为更好地标引资源和检索资源提供框架，并致力于提高效率，增强一致性，将多种语言的资源进行描述和联合，并在获得这些资源的过程中增加功能性及相关性，为共享领域内的通用说明、定义和关系提供一个内容丰富的框架以实现术语的规范、服务和管理。

另外，针对在检索中自然语言匹配失败的情况，基于本体的自然语言检索算法可以借助于本体的强大知识体系，对检索词法分析、句法分析加以控制，使数据库系统能够寻找到另一条合理的路径，或者舍弃一条错误路径做进一步的查找。对由于无法找到任何符合查询条件的事实数据而造成的检索失败，其处理方法是对用户查询式进行扩展，放宽查询条件或者获取更多的语义表示。在基于本体的知识检索系统中，可以根据领域本体中的概念和关系对用户查询式进行扩展，这主要可以从两个方面来进行：

一是利用基本的类层次结构关系。本体语言中的概念层次、类层次结构所体现的父子关系可以作为查询式扩展的依据。利用“父类”的通用概念代替用户的检索概念，或者用抽象的属性值代替具体的属性值都可以减少对查询的限制，获得更多的结果。在本体描述语言中对“父类”与“子类”概念的描述都很详细。

二是利用其他的专门关系。本体语言中定义的关系除了父子关系以外，还有用属性来描述更加丰富的词间关系，例如传递关系、对称关系、相似关系、关联关系等。

本体具有概念关系处理能力的优势，能更好地满足信息检索在语义上和知识上的需求。利用本体的概念词典提高检索结果的相关性和扩展性，把语义信息融入其中，也可以大大提高查全率和查准率。但是基于本体的自然语言检索还是一个新的应用领域，还存在着许多亟待解决的问题，例如，本体语言的词典构造问题、词典扩充问题等、还需要进一步的深入研究。

7.5 跨语言检索

传统的信息检索系统主要是针对单一语种的文档集，其查询语言通常为单一语种。随着互联网在全球的迅速发展，人们所面对的信息资源不再是单一语种的，而是用不同语言表达的信息汇聚在一个集合中。为解决人们从多语种信息系统中获取信息时存在的语言障碍问题，保障用户能够有效地检索多语种信息资源，对检索系统的跨语言检索功能需求越发迫切，由此引发了信息检索领域对跨语言检索的研究。跨语言检索（Cross-language Information Retrieval，CLIR）是一种跨越语言界限进行检索的过程，也就是指用户以一种语言提问，检索出另一种语言或多种语言描述的相关信息。例如，输入中文检索式，跨语言检索系统会返回英文、日文等语言描述的信息。这里的信息可以是文本信息也可以是其他形式的信息，目前研究最多的是跨语言文本信息检索。

7.5.1　跨语言检索的实现模式

在跨语言检索中，提问式所使用的语言通常称为源语言（Source Language），源语言一般是用户的母语。被检索的文档所使用的语言称为目标语言（Target Language），目标语言可以是用户不熟悉甚至完全陌生的语言。与跨语言检索相对应，提问式语言和文档语言相同的检索称为单语言检索（Monolingual Retrieval）。

目前跨语言检索的主要实现方法有提问式翻译方法、文献翻译方法、提问式—文献翻译方法、中间翻译方法、不翻译方法、专有名词音译方法、基于本体的转换方法等。

1. 提问式翻译方法

提问式翻译方法是指在信息检索之前，将提问式的语种转化翻译成所要检索信息的信息语种。这种转化方式是目前实现 CLIR 的主要模式，它可以很容易地和传统单语种信息检索技术紧密结合。由于仅对提问式进行语言翻译，因而工作量较小，但是检索返回的结果是用目标语言描述的，这将增加用户利用信息的难度。到目前为止，提问式翻译可以通过以下一些语言资源工具和方法来加以实现：基于字典方法（Dictionary-based Method）、基于语料库方法（Corpus-based Method）、字典—语料库混合方法（Hybrid Method）、提问式构造方法（Query Structuring Method）以及提问词再赋权方法（Query Term Reweighting Method）等。

2. 文献翻译方法

文献翻译方法不对提问式进行翻译，而是把数据库中用目标语言描述的文献翻译成与提问描述相一致的源语言形式，再通过提问式与信息库的匹配，完成检索过程。运用文献翻译方法进行跨语言检索，返回给用户的结果是用源语言描述的，用户能够方便地选择利用。文献层次的翻译相比于提问层次的翻译，其语境更加宽泛，进行歧义性分析所能利用的线索比较多，但是这种方法所使用的文本自动翻译技术的正确率目前还难以达到实用水平，而且将数据库中全部文献从目标语言翻译到源语言的工作量也是巨大的。根据分析估计，如果一台高速的微型计算机翻译 40 亿篇网页需要 300 年，而以 3600 台微型计算机一起进行翻译，则需要 1 个月。Oard 等人将原始文献翻译成目标文献进行跨语言检索实验，曾花了几个月的时间。文献翻译方法只有在翻译内容有限的情况下才有意义，如对已确定要浏览的某个网页进行翻译。

3. 提问式—文献翻译方法

综合提问式翻译方法和文献翻译方法的优点，研究者提出了提问式—文献翻译方法来实现 CLIR。在这一方法中，首先是将源语言提问式翻译成目标语言提问式，然后与目标语言描述的信息库进行匹配，检出相关信息，再把检索结果的全部或部分翻译成源语言描述的信息。检索结果的翻译一般选择部分翻译，因为与全部翻译相比，部分翻译的工作量较少，容易提高翻译的效率和质量。部分翻译一般是对结果文本的前两行、文摘或文本中重要的词进行翻译。在重要词的翻译中，如何找出重要词是决定这种方法效果的关键。目前的研究主要是根据词频并结合禁用词表和功能词表来决定词的重要性。利用提问式—文献翻译方法进行检索，返回给用户的结果是采用用户所熟悉的源语言描述的，用户能够容易地选择利用检索出的信息，减少了用户的翻译成本，提高了检索服务的质量。

4. 中间翻译方法

在跨语言检索中，解决语言障碍的基本方法是两种语言之间的翻译，然而所有的翻译方法都离不开双语词典、语料库等作为翻译的语言基础。但是，在跨语言检索中可能会碰到这样的情形：两种语言直接翻译的语言资源不存在，例如，在 TREC[㊀]中很难找到德语和意大利语之间直接对等的语言资源。为此研究人员提出了一种利用中间语言或中枢语言进行翻译的方法，即将源语言翻译成中间语言（可以是一种或多种），然后再将中间语言翻译成目标语言（利用多种中间语言时需要合并）。假定在德语和英语之间不存在直接的翻译，而是通过西班牙语和荷兰语两种语言作为中间语言进行翻译，如果被翻译的源语是德语单词“fisch”，翻译成西班牙语为“pez，pescado”，翻译成荷兰语为“vis”；西班牙语“pez，pescado”翻译成英语为“pitch fish，far，food fish”，荷兰语“vis”翻译成英语为“pisces the fishs，pisces，fish”，比较合并这两种翻译结果便可选择“fish”作为德语单词“fisch”的英语译文。

5. 不翻译方法

1990 年，S. Deerwester 等人在单语言检索研究中提出了潜语义标引（Latent Semantic Indexing，LSI）法。1997 年，S. T. Dumais 等人进一步把这种方法引入到跨语言检索中，他们将英语词汇、法语词汇、英法双语文件映射到一个向量空间中，尽管这些术语是用不同语言描述的，但是可进行语义上的比较匹配，而无须翻译转换。1995 年，M. W. Berry 等人在希腊文—英文，1996 年，D. W. Oard 在西班牙文—英文等不同语言配对上进行了实验，验证了这种方法具有一定的有效性。

跨语言检索中的不翻译方法不需要词典、词表和机器翻译系统，也不存在翻译过程中消除歧义的问题，具有很高的灵活性和适应性。其标引词、词的加权都可以根据具体的应用进行试验和调节，通过训练为各个任务找到优化的模型。但这种方法也存在不足，比如如何针对具体问题构造优化的向量空间模型成为一种经验型的工作，且向量空间模型的 SVD 计算需要时间，训练文档不容易获取。

6. 专有名词音译方法

根据 Thompson 和 Dozier 在 1995 年对《华尔街日报》（*Wall Street Journal*）、《洛杉矶时报》（*Los Angeles Times*）和《华盛顿邮报》（*Washington Post*）等新闻语料检索的统计，分别有 67. 8%、83. 4% 和 38. 8% 的检索词含有专有名词。由于词典的覆盖度无法达到 100%，如何翻译词典中未收录的词一直是提问翻译的重要问题，而专有名词的翻译更是难题。机器音译（Machine Transliteration）方法是解决这些问题的有效途径。

音译方法根据处理的方向可以区分成正向音译（Forward Transliteration）与反向音译（Backward Transliteration）。当一个语言的专有名词，因为没有适当的词语或是不容易以意译来表示时，可采用正向音译，将其音呈现出来。例如，意大利的城市 Florence，中文就音译成“佛罗伦萨”。反过来讲，当看到一个中文的音译人名“阿诺德 · 施瓦辛格”，如果想要找出其原文 Arnold Schwarzenegger，就是反向音译。一般来说，使用罗马字母的拼音文字语言，会保持原词语字母的拼法，以原语言的发音规则，或是自己语言的发音规则来发音。但在象形文字与拼音文字语言之间做音译时，则需要尽量将原语言

㊀ 信息检索评价实验平台，第 9 章将详细介绍。

的发音用另外一种语言相近的音素表示出来，而且要符合目标语言的语音组合规则。显然，拼音文字与象形文字之间的音译处理相对来说较为困难，反向音译比正向音译更难。正向音译允许某种程度的失真，所能接受的错误范围较大；反向音译不允许错误，也就是在找出原文的过程中，必须要相当准确，否则反向音译的结果应用性就很差。

7. 基于本体的转换方法

基于关键词和标引词的跨语言检索，一般都是通过从提问查询语言到文献标引语言之间的转换系统实现不同语言的信息检索。由于字义本身与其概念的延伸不在同一级上，这使得检索的结果可能只与字面意义或某层意义相匹配。但人们想要的往往是这个信息的概念及其相关成分，基于本体的语义检索模型可以很好地解决这个问题。利用本体在知识表示和知识描述方面的优势，可以解决查询请求在从查询语言到标引语言之间转换的过程中出现的语义损失和曲解等问题，从而保证在检索过程中能够有效地遵循用户的查询意图，获得预期的检索信息。

基于本体的CLIR语义模型主要分为三个部分：基于字典的翻译模块、基于本体的语义模块以及单一语种的信息检索模块。

在该语义模型中，首先需要构造一个双语（或多语言）本体库，目前世界上较有影响的跨语言本体有Euro WordNet、中国台湾建立的中英双语知识本体词网（Sinica BOW）、陈信希教授建立的Chinese-English WordNet等。

基于本体的跨语言信息检索可以实现语义级的语言转换，它与传统的CLIR方式的主要区别在于：

（1）在查询的跨语言转换过程中，基于本体的方法不是一味地采用词典或者其他方式来进行字面层次的处理，而是将查询的关键字进行初步区分，对于本体库中的内容能够识别其蕴含的语义，并在转换过程中予以保留。

（2）在被检信息的检索过程中，基于本体的方法也不是采用字符匹配或相关的优化策略来查找目标，而是对检索对象进行语义处理，分析该语义段落中的潜在目标对象和查询请求的语义相关性，从而决定是否将其作为结果返回。

（3）基于本体的方法还可以采用与用户交互的方式来获取更进一步的语义信息，通过用户对反馈的选择更深入地领会其查询意图，对查询条件进行修正并重新检索，直至用户满意为止。

8. 提问式翻译与检索统一的方法

不同于将提问式翻译与检索过程分离处理的方法，统一的思想就是考虑翻译词对检索的贡献和作用，把提问式翻译和检索统一起来作为一个整体。

为了与检索达成统一，在提问式翻译方面，要考虑以下三方面的因素：

（1）在选翻译词时考虑其区分度。改变把常用词或高频词作为翻译词的选择方法，而是依据其对检索效果的影响来选择，将区分度大的词作为翻译词的重要选择对象，进而提高检索的准确率。

（2）将翻译后的不确定性加入到检索中去。忽略翻译过程中不确定性的方法容易带来歧义所导致的误检。将翻译中的不确定性加入到译词中，以每个译词所得到的权重来表示该译词的正确程度，可以提高查准率。

（3）翻译需参考目标语种的文档集。分离的方法在选择翻译词时不考虑文档集所属的领域，从而使查准率降低。统一的方法要求依据文档集的领域作为选择翻译词的重要因素，如果该词有多义性，在取舍时就要依据文档集在分类体系中的位置，或通过共现的方法，提高检索的正确率。

在检索过程方面，统一思想是将检索过程作为一个整体，翻译后的不同语种的检索词同时在一个文档集合中执行检索，而不是分别到对应语种的文档集合中执行。在多语种文档集合中，有些词是被多语种使用的，也就是同形异义，为了避免检索到其他语种的文献，可以给翻译词加语种标签，根据提问词的语种标签来检索。

7.5.2 跨语言检索中的语言资源

在跨语言检索中，主要解决的问题是语言障碍，因此，两种或多种语言之间的翻译对于跨语言检索的性能有着重要的影响。翻译必须以一定的语言资源工具作为基础。在跨语言检索中，常用的语言资源有手工编制双语词典（Manually Generated Bilingual Dictionary）、机器可读词典（Machine-readable Dictionary）、语料库（Corpus）等。

手工编制双语词典是翻译人员进行翻译必备的工具，具有准确、全面的优点，但在跨语言检索中难以实现计算机的自动识别处理。

机器可读词典是把手工词典以机器可读的编码形式进行组织，便于实现两种语言在词汇层次上的对译，但机器可读词典如不借助人工干预，则难以解决翻译的歧义性问题。

语料库，尤其是平行语料库的应用，不仅改善了词翻译的不确定性，而且对于专有名词的翻译有着重要的意义，因为在平行语料库中，词与词（包括词与短语和短语与词）之间的对应是唯一的，很多在手工编制双语词典和机器可读词典中不能获取的词都可以在平行语料库中得到。基于语料库的跨语言检索已成为近几年的研究热点。

各种语言资源在跨语言检索中的使用不是孤立的，同时使用两种或多种语言资源会达到更好的效果。

1. 机器可读词典

词典是最典型的一种知识组织体系，机器可读词典与普通词典相比，要求具有高度的形式化、信息的确定性、规则描述的一致性等，以利于计算机快速检索与处理。根据以上的原则，人们制定了高度形式化的信息和规则表示方法，并采用复杂特征集的方式来表示词汇的静态信息（主词类、副词类、词汇本身的语义属性等）和动态信息（词汇对句中其他词汇的支配信息、词汇的上下文关联信息等）。以一个英汉转换词典为例，其体系结构用以下 BNF 形式描述：

<词典>::={<词项>}

<词项>::=(<词条><综合属性>)

<综合属性>::=(<习语信息><短语信息><兼类词信息><主词类><副词类><译文><语义属性><选择限制><关联词><特殊用法>)

在上面 BNF 形式的描述中，词汇的<综合属性>采用复杂特征表示，每一个特征采用属性—值结构表示，具体说明如下：

<习语信息>指出该词条是否有习惯用语和日常惯用语搭配信息。

<短语信息>指出该词条是否有短语，是固定型还是松散型。固定型短语是指该短

语不可拆分，不可插入任何其他成分，例如，get up（起床）、take off（起飞）等。松散型短语是指该短语在使用时可以拆分或插入其他成分，例如，turn on（打开）既可以说He turned on the radio，又可以说He turned the radio on。

<兼类词信息>指出该词条是否是兼类词，即该词条是否有一个以上的主词类。例如，单词book既可以是动词“预定”，又可以是名词“书”。

<主词类>指出该词条的主语法范畴。例如，computer的主词类为名词，write的主词类为动词等。

<副词类>指出该词条的次语法范畴。例如，动词keep的副词类有：Extra work kept me at the office until 10 oclock yesterday evening；Why does she keep giggling；Traffic in Britain keeps to the left；等等。

<译文>指出词条的汉语对等词。

<语义属性>指出词条本身的语义属性。语义属性分为三个层次结构，例如，词汇apple（苹果）的语义属性为apple（食物，水果，固体），词汇man（男人）的语义属性为man（生物，人，男性）等。

<选择限制>指出该词条的词义对其他成分在语义上的限制。例如，词汇have的译文为“吃”时要求其直接宾语词条的语义属性为（食物，*，固体），这里“*”表示该属性值可不限制。

<选择限制>用于结构的辅助判定和词义消歧。

<关联词>指出该词条取其词义时，句子中或上下文中可能出现的相关词汇。例如，单词bank取译文“银行”时，句中或上下文可能出现相关词汇money、dollar、check、cash、credit等；取译文“岸”时，句中或上下文可能出现相关词汇river、lake、sea等。

<特殊用法>指出某些词汇的特殊用法信息。例如，动词compare有两个特殊用法：其一，compare NP1 to NP2（把NP1比作NP2）；其二，compare NP1 with NP2（把NP1与NP2相比）等。

2. 语料库

语料库是将同一信息或同一主题的信息用两种或多种语言进行描述，并由人工或机器建立不同语言间的联系，在跨语言检索的翻译中可以参考这些联系信息进行提问或文档的翻译。语料库根据不同语言间对应层次的不同，可分为词汇对齐（Word Alignment）、句子对齐（Sentence Alignment）、文献对齐（Document Alignment）和非对齐（No Alignment）几种。词汇对齐是其中最细致的双语语料库（Bilingual Corpus），也是最实用有效的语料库。语料库中不同语言词汇间的关系，已经经过人工或机器建立对齐连接，语料库中对齐的准确性对翻译的质量至关重要。

语料库还可以分为平行语料库（Parallel Corpus）、比较语料库（Comparable Corpus）和多语种语料库（Multiligual Corpus）。平行语料库是指同一信息用不同的语言进行描述，它收集某种语言的原创文本和翻译成另一种文字的文本。比较语料库是指同一主题的信息用不同的语言进行描述，它的定义较前者宽松，因此，理论上较容易取得大量的文件。多语种语料库是根据类似设计标准建立起来的两种或多种不同语言的单语种语料文本组成的复合语料库，其中的文本完全是原文文本，不收录翻译文本，这种语料库又比比较语料库更宽松，更容易组织，但通常需要配合其他方法（例如词典、局部反馈等）才能发挥功能。

通过建立语料库，收集大量单语或双语语料和词典，可以从中获取语言知识和翻译知识。语料库在跨语言信息检索中，主要应用在针对查询的处理方面。

例如，“面向新闻领域的汉英机器翻译系统”就使用了一个具有一定规模的经过对齐处理的汉英双语平行语料库，语料库中语料的标记由一组相互链接的文档来完成，各文档的功能如下：①中英文基本标记文件主要标记中英文文本的结构信息，如新闻报道的标题、子标题、新闻导言、讯头以及文档的一般结构信息。此外，在这个文件中还要标记命名实体，例如，人名、地名以及机构名等。②中文文本语言学标记文件和英文文本语言学标记文件主要标记中英文文本中有关词语的词性信息、短语的结构信息、分句的组成关系信息、句子结构成分信息等。③中英文对齐信息文件标记中文文本和英语译文文本之间在各个级别上的对齐关系，包括段落级对齐、句子级对齐、词一级对齐、短语结构级的对齐信息等。标记系统允许以一致和循序渐进的方式对语料进行由浅层到深层的信息标注。标注工作还包括中文分词和词性标注、英文词性标注、中文和英文的专有名词（如机构名）标注、中英文文本句子一级的对齐、中文和英文专有名词的对齐、中文词语的详细语法特征标注等。

3. 混合工具

基于词典的方法对于不在词典中的词就无法翻译，通常是将该词不加翻译直接送入检索系统，因此，这个词的检索功能就会很有限。另外，词汇的歧义性会加入不少错误的检索词。

语料库建设难度较大，规模通常也较有限，包含的主题不够多，而且检索效果与对齐的质量有密切的关系。

虽然基于词典的方法存在不足，但却能达到单语言检索50%的效果。其实，词典和语料库是互补的，词典提供较广泛、较浅层的覆盖度，而语料库提供面向特定领域、较深入、能及时反映当前用语的覆盖度。因此，将两种方法进行整合是解决提问式翻译的一种有效方法：先使用字典对提问式进行翻译，在翻译过程中可能会出现多个结果或翻译含糊不清的情况，此时，再利用专业语料库中相关术语的对应关系来净化翻译结果。字典翻译的方便性和语料库翻译的准确性、专业性在这种方法中得到了最充分的体现。

7.5.3 跨语言检索的关键技术

在跨语言检索中主要涉及的关键技术有计算机信息检索技术、机器翻译技术和歧义消解技术。信息检索技术完成提问式与文档之间的匹配，机器翻译技术完成不同语言之间的语义对等，歧义消解技术则解决翻译过程中的多义和歧义问题。

1. 计算机信息检索技术

计算机信息检索技术目前已趋于成熟，在单语言检索中，计算机信息检索技术主要是自动搜索技术、自动标引技术和自动匹配技术。检索系统利用网络蜘蛛进行网络信息的收集，然后利用自动标引技术对搜集的信息进行标引形成索引数据库。用户输入检索式后，计算机把检索式与数据库中的索引项进行匹配，按检索式与标引项相关度的大小降序输出检索结果。跨语言检索中实现信息检索的原理和方法与单语言检索是相同的，只是在检索的过程中加入语言处理技术，使一种语言能够与其他语言相对应。

2. 机器翻译技术

机器翻译技术实质上是一种能够将一种语言的文本自动翻译成另一种语言文本的计算机程序。机器翻译技术的核心是保持两种文本（源语言文本和目标语言文本）的语义对等。由于在翻译过程中，源语言文本中的词往往对应目标语言描述的几个词，所以要选择最合适的词或相关处理以达到意义上的一致。由于这涉及复杂的计算机语义分析技术，因此机器翻译的效果还远未达到人们所期望的水平。在跨语言检索中，需要利用自然语言处理与机器翻译相结合的技术提高翻译的准确性，因为在跨语言检索中，翻译的准确性直接决定了检索的准确性。

计算机信息检索技术和机器翻译技术是跨语言检索中所利用的主要技术。由于计算机信息检索技术已比较成熟，而机器翻译技术的实用性还有待发展和完善，因此跨语言检索所要解决的问题实际上是一个语言处理问题。跨语言检索不同于单语言信息检索和机器翻译，也不是两种技术的简单叠加，而是一种有机的融合，有着自身的特点和专门的研究内容。

3. 歧义消解技术

在跨语言检索的翻译中最难解决的问题是翻译的歧义性（Translation Ambiguous），也就是说，对于一个单词，其译文可能有两种甚至是多种，出现二义性或多义性。如中文检索词“运动”具有的英文意义有 sport、exercise、movement、motion、campaign、lobby 等。而每一个英文词可能又有一个以上的意义，例如，“exercise”有 a question or a set of questions to be answered by a pupil for practice，the use of power or right 等意义。无论在哪一种语言中，一词多义的现象都是非常普遍的。那么，在对查询进行处理时，确定检索词的确切含义是非常重要的。而对被检索文献而言，要提高查准率，就需要明确文献中出现的检索词的含义，以判断其相关性。因而，翻译歧义性问题已成为跨语言检索研究的关键问题。

解决语言歧义性的自动处理方法分为两大类。一类是在一定程度上模仿人类解决歧义性的方法，在处理过程中结合人工构造的语法学、词法学、句法学、语义学等方面的知识，力求给出文本非歧义的解析表达。但是机器要在这种全文本层次上实现正确有效的分析是相当困难的，其性能水平无法与高昂的语言分析成本相对应。因此，这类方法大都局限在语言的特定子集或较小的论域中。鉴于此，许多研究者更关注较实用的方法，力图以较低的成本达到较合理的性能水平。例如，利用一种词的共现技术（Co-occurrence）来消除词的多义性，以明确其含义。词的共现技术就是利用两个有一定关联的词，共同出现在某一篇文献或者文献的某一个部分的这种关联，来确定词的含义的技术。例如，bank 既有“银行”的含义，又有“河堤、岸边”之义。如果 bank 和 card 同时出现，那么它的含义在很多情况下应该是“银行”；如果 bank 和 river 同时出现的话，那么它的含义在很多情况下应该是“河堤、岸边”。在第二类方法中，重点主要放在词汇和短语等较低语言层次的歧义消解上，所依赖的工具主要是一些机读化的语言资源，如词典、主题词表、语料库等，而词典和语料库是目前消歧方法中应用较多的两种。

（1）词典方法。词典方法主要用来分析语言中的词汇信息及其结构，以确定各个单词间细致的关系。

1986 年，M. Lesk 利用词交迭（Overlap）方法推测单词在给定语境中正确的含义以实现词汇消歧。该方法将歧义词的每个含义同与其共现词的定义进行比较，与共现词定义有最大交迭的那个含义选为歧义词的正确含义。

1992 年，R. Krovetz 试图间接地通过词根还原技术解决歧义性问题。词根还原是一种融合（汇聚）相同概念词的技术，Krovetz 的词根还原器 Stemer 根据词义对词进行汇聚，被汇聚的词不一定具有相同的词根。这种还原器充分利用了各种词法信息，比如利用不规则词法来识别词义，如 antennae 是与昆虫相联系的 antenna（触须）的复数，而不是与电子设备相关的天线（其复数为 antennas），因为后缀只附着于特定词类的词根上，因此可利用这类信息区分同形异义词。实验表明，这种词根还原器能够显著改进消歧的效果，尤其是对于文本较短的情况。

（2）语料库方法。1991 年，P. F. Brown 等人利用平行语料库在法译英翻译中进行了单词的消歧研究。为消除法语单词 f 在英语释义中的歧义性，一个与 f 相连的英语单词集合 ef 被分隔成两部分，被称为 f 信息提供者（Informant）的共现词集合 if 也进行类似的分隔。算法对 ef 和 if 分别进行划分，从而使得英语和法语划分之间的交互信息最大。英语划分结果定义了 f 两个划分的翻译等价物，每个法语划分映射到两个英语划分中的一个，而该英语划分中的成员作为信息提供者来识别 f 的释义。

1996 年，F. Smadja 等人开发了 Champollion 系统，该系统应用语料库来消除固定搭配短语的歧义性。在翻译中固定搭配短语不能逐字翻译，Champollion 将短语视为一个相邻单词或含有任意数量单词的序列，借助建立在句子层次上的平行语料库对短语进行翻译。对于一个给定的源语言短语，Champollion 使用 Dice 系数识别与其高度相关的目标语言词汇，这些词汇再通过系统化的迭代方法处理而生成源语言短语的译文。在这种迭代方法中，首先处理目标语言词汇的每个词对，选出与源语言短语高度相关的词对进入下一个步骤；通过向这些词对加入相关的单词生成高度相关的三元词组并进入下一个步骤；这种处理反复执行直到不再发现高度相关的词组合。最终目标短语的词序参照语料库中的例子确定。

7.5.4 提问式翻译的几种方法

在跨语言检索中，最成熟有效和常用的模式是提问式翻译方法。在提问式翻译中，除去典型的基于语言资源工具的方法，如基于字典方法、基于语料库方法以及字典—语料库混合方法外，研究者们还提出了一些具有不同特点的专用方法，如提问式构造方法、提问词再赋权方法、查询扩展技术（Query Expand Technique）等。

1. 提问式构造方法

在基于字典翻译的方法中，对提问式的翻译往往选择字典中多种释义的第一种释义作为提问式的译法。然而选择第一种译法存在一定的不合理性，选择全部的译法（然后进行筛选）又大大降低了检索的查准率。针对这一问题，2003 年，A. Pirkola 等人提出了提问式构造方法，认为主要有三种构造提问式的方法，即基于同源词的构造（Syn-based Structuring）法、基于复合词（Compound-based）的构造法、n 元匹配法（n-Gram Matching）法。提问式构造方法的实质是利用同源词、复合词或 n 元匹配分析提问式中各个词的权重，只有一种或两种释义的词权重最高，而有多种解释的词用同源词符、复合词

符或 n 元匹配符连接以降低其权重。Pirkola 等人通过对三种方法的实验，验证了使用提问式构造法能提高跨语言检索的检索性能。

2. 提问词再赋权方法

为了解决提问式翻译含糊不清的问题，Kang 等人在基于字典翻译方法的基础上提出了基于反馈技术的提问词再赋权方法。该方法包括三个步骤。

（1）首先使用双语字典将提问式翻译成扩展提问式（1→多），对扩展提问式中单词赋权重并组成扩展提问式向量（Query Vector）。

（2）根据由共现技术确定的提问式-文献相似度标准将由扩展提问式向量检索得到的文献进行排列。

（3）基于相关性反馈技术，统计步骤（2）结果的前 n 篇文献中的扩展提问词出现的频率，根据频率对扩展提问式向量中的提问词重新赋权重，最后根据重新赋权重的扩展提问式向量检索得到相关文献。该结果能更符合用户的需求。

3. 查询扩展技术

查询扩展，即在用户输入原始的查询请求后，自动地根据用户查询用语的语义，加入新的查询语句，扩展查询中的词汇应该是基于原检索词的同义词典以及相关词词典。它可以减少与词典翻译有关的错误，部分地解决“词汇问题”中“多词同义或近义”的问题。查询扩展的方法有很多，这方面的研究也开始进入实用阶段。1998 年，Ballesteros 和 Croft 提出了两种查询扩展方法。

（1）相关反馈（Relevance Feedback）：修正原始查询或对原始查询进行补充的词来自于已知的与查询相关的文献。

（2）局部反馈（Local Feedback）：修正原始查询或对原始查询进行补充的词来自于已知的与查询高度相关的文献，这种方法是对前面相关反馈方法的改进。

此外还可以通过查询近义词表（Similarity Thesaurus）获得原始查询的修正信息。

在跨语言信息检索中，查询扩展可分别在查询翻译前或查询翻译后进行，也可以同时在查询翻译前、后进行。查询翻译前的扩展可以通过增加语词来强调查询中的概念，查询翻译后的扩展可以通过增加更多的语义信息来减少查询中不相关词的影响。1997 年，Ballesteros 和 Croft 曾就不同的组合方式做了一系列的实验，实验结果表明，查询翻译前做查询扩展比翻译后做查询扩展的效果要好；而局部反馈作为相关反馈的改进方法，其效能明显增强；查询翻译前后查询扩展的结合则会大大提高检索的效率。

微软亚洲研究院在研究中英文信息检索时，提出了一种两步假相关性反馈的查询扩展方法。首先，最初的查询被用来检索一系列排列好了的文档。然后，排列在最前的 n 篇文档被用来扩展。从 n 篇排列在最前的文档中选取 m 个最高频率的词，来扩展最初的查询。

思考题

1. 专家系统的特征有哪些？
2. 数据挖掘的功能主要有哪些？
3. 数据挖掘的主要技术有哪些？

4. 知识发现的过程有哪几个步骤？
5. 信息抽取与信息检索的区别是什么？
6. 信息检索中常用的自然语言处理技术有哪些？
7. 自然语言检索的词法和句法分析方法主要有哪些？
8. 本体在自然语言检索中有哪几方面的作用？
9. 跨语言检索的实现模式主要有哪些？
10. 跨语言检索中提问式翻译主要有哪几种方法？

第8章 用户界面与可视化

【本章提示】 本章对用户界面设计的原则、用户界面的种类和风格、用户界面的评价以及信息可视化的相关知识等进行了阐述。通过本章的学习，应了解信息存取的交互模型，了解并掌握信息检索用户和用户界面设计的相关知识，理解信息可视化的作用以及信息检索可视化的方法等。

8.1 引言

用户界面是信息检索者与信息检索系统之间的交流媒介。信息检索是一个无法给以精确描述的过程，当用户面对一个信息检索系统时，他对要以什么样的方式达到目的通常只有一个模糊的概念，因而用户界面应该在信息需求的理解和表述方面为用户提供指导和帮助。此外，它还应指引用户构造查询，选择恰当的信息源，理解检索结果，以及保持对检索进展状况的控制。与信息检索的其他方面相比，人机交互界面更不易于被用户所理解，主要是因为人比计算机系统复杂得多，而且计量和描述人们的想法和行为也困难得多。

用户界面有两层含义，第一层含义是系统给用户的一种视觉呈现，是用户自己能看到、感觉到的，主要表现为文本字符、图形图像、窗口菜单、表框等视觉要素的组合；第二层含义是指人与计算机之间传递、交换信息的媒介和平台，是用户使用计算机检索系统的综合操作环境。在用户界面的后台运行的是系统的核心程序，这些程序控制着数据结构、算法等，它们对于用户而言完全透明，用户无须关心这些后台的运行机制，用户更加关心其视觉呈现。

本章首先对信息检索用户进行了阐述，分别介绍了用户的种类、信息存取的交互模型以及用户检索行为对界面设计的影响。然后将重点放在用户界面设计这部分内容上，详细介绍了检索系统中用户接口模块的基本结构、用户界面设计的原则、用户界面的种类和风格以及用户界面的评价，并针对当前流行的信息存取界面中的信息布局和管理方法进行了举例说明。在此基础上，介绍了信息可视化的相关知识以及信息检索可视化的方法等。

8.2 信息检索用户

8.2.1 用户及其种类

用户是人机系统的使用者，由于计算机的广泛普及，其用户范围也遍布各个领域。我们必须要了解各种用户的习性、技能、知识和经验，以便预测不同类别的用户对人机界面有什么不同的需要和反应，为人机交互系统的分析设计提供依据，使设计出的人机交互系统更加满足各类用户的需求。

按照用户使用计算机的频度、用户对计算机系统的熟练程度以及用户对应用领域专业知识的水平，可以把用户分为新手用户、平均用户、专家用户和偶然用户四种类型。

（1）新手用户。新手用户是指从来没有使用过计算机的人们，他们缺少计算机的基本概念。新手用户的特点是：第一，他们长期积累的操作工具的经验在计算机上失去了作用。例如，过去他们观察机器工具的外形就可以大致了解工具的功能，而面对计算机，从外形根本看不出它的功能。第二，在使用机器和工具的过程中，人们积累了大量操作行为与结果之间对应关系的经验，例如，用多大力正好把门关紧等，然而面对计算机，他们不知道自己的操作会引起什么后果。第三，计算机的行为过程对新手用户来说是不透明的，计算机里的一切操作和反馈信息都是计算机程序员采用的一套新的符号和语言。当新手用户遇到一个陌生的符号，他们就会感到困惑，不敢自信地进行操作。第四，计算机的操作方式十分繁杂，操作过程十分冗长，任何一步出错，遗忘任何一步，都会导致整个操作过程失败。

了解新手用户对计算机的想象、功能期待和使用方法期待，了解他们的思维方式、理解方式和交流方式，可以使计算机人机界面的设计更适应用户的需要，减少他们操作中的脑力负担和精神压力。

（2）平均用户。平均用户又叫普通用户或一般用户。他们基本能够自己完成一个操作任务，但是并不熟练，长期不操作就可能忘记所学过的东西。平均用户往往只会正常操作过程，面临非正常操作情况或新问题时往往不知所措，硬件和软件的升级会给他们带来许多困难。

（3）专家用户。专家用户又叫经验用户。专家用户的特点是：第一，他们不仅能够熟练使用计算机，还积累了许多解决具体问题的经验，掌握了特殊的、实用的、成套的操作方式，他们更喜欢使用快捷方式进行操作。第二，他们往往花费很多时间和精力去琢磨一个软件的使用，他们比编写该软件的程序员还熟悉该软件的使用，比他们具有的使用经验还丰富。第三，他们具有较高的信息分类和综合能力，他们不是从自己的角度，而是从广泛用户的角度去考虑如何解决问题。他们能够讲出用户的习惯和共同面临的问题。第四，他们能够评价一个软件的操作性能，并能与其他同类软件进行比较。专家用户往往能够对一个软件或计算机系统进行改进创新。

与新手用户截然不同，专家用户太熟悉计算机的行为和逻辑了，往往已经“计算机化”了。而新手用户更多地是按照自己的想象进行操作，这些想法更符合大多数人的行为特征。

（4）偶然用户。在有些时候，人们不情愿使用出现的新系统和新产品，但是却不可避免、别无他法地必须使用它们，这类用户称为偶然用户。偶然用户过去没有或很少使用过该系统，他们不了解系统的操作和功能，使用系统时显得非常生疏。这类用户通过阅读操作手册或培训教材来熟悉系统的使用方法。

对于每个用户个体来说，所处的用户类型并非一成不变的，而是随着系统的使用次数、学习和接受训练等因素而发生变化。一位偶然用户经过大量学习和使用系统可以转变成平均用户，而即使是平均用户，如果长期不使用系统，也会倒退回初学者状态。

8.2.2 信息存取的交互模型

信息检索系统是一种典型的人机交互系统，当用户由于学习、工作等任务而产生信息需求时，则需要访问某一或某些检索系统来获取所需信息。尽管用户需求是千变万化的，但用户与检索系统之间的信息存取过程存在共性，是一种交互循环模式，如图 8-1 所示。

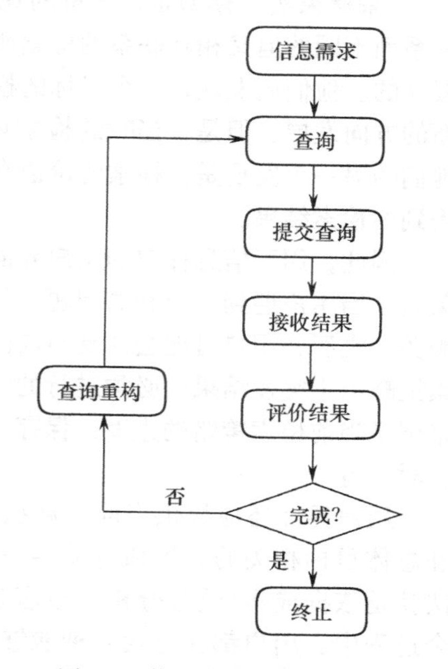

图 8-1　信息存取过程标准模型的简明图示

注：资料来源：B. Ricardo，R. Berthier. 现代信息检索（王知津，等译）. 北京：机械工业出版社，2005。

此标准模型的建立主要基于两个假设：①用户的信息需求是静态不变的；②信息查询过程是一个不断修改提问式、逐步获得理想检索结果的过程。虽然该模型比较准确地反映了用户与检索系统之间的主要交互任务或需求、提问式的表达与提交、检索结果的获取与评价、相关反馈与修改等关键环节，但它还不能与用户在信息查询过程中的真实表现和需求状态完全吻合，比如，它没有考虑到大多数用户并不喜欢面对一长串未经整理的查询结果，因为这不能直接解决他们的信息需求问题。

实际上，对用户来说，检索过程也是学习的过程。以网络搜索引擎为例，他们浏览信息，阅读结果集合中的各个标题，了解检出文献的内容，查看有关其查询词的主题列表，并通过超链接浏览网站。超链接已经成为信息查找过程的关键部分，它的出现使我们不得不重视对查找过程本身的观察和了解。尤其在今天，与书目查询相比，相近差错（Near-miss）更易于被接受，因为通过网络进行信息查找的用户，若是从相近差错出发，就有可能经过一些链接，即可得到适用的网页。

当用户浏览作为相关反馈结果给出的检索词时，当用户查看词表结构或者查看文献集合的主题概述时，用户与系统之间都会产生交互行为，但这在标准模型中并没有得到重视。另外，纵观历史，这是人们第一次要面对数以万计的可供选择的信息集合，因而对信息源的选择就显得愈发重要，但标准模型对这一点也没有给以充分的重视。因此，在描述信息存取系统的一些看似简单却十分重要的部分时，这种简单的交互模型就会在很多方面表现出它的不足。Marcia J. Bates 提出了一种新的信息查找模型，即“采摘果实（Berry-picking）”模型。这个模型主要包括两方面的内容：第一，用户在检索过程中会得到一些新的信息，用户的信息需求及相应的查询都会随之不断地发生变化。在检索过程的某一处得到的信息可能会引发一个新的、事前未能考虑到的检索方向。最初的目标可能会部分地实现，从而导致各个目标重要性排序的调整。这一点与标准模型形成了对比，后者假设用户的需求在整个检索过程中是保持不变的。第二，用户的信息需求仅靠某个单一的、最终检出的文献集合是不能得到有效满足的，他们真正需要的是在检索过程中获得的一系列信息，不管是集合形式的，还是单个语词形式的。与这一点相对的是另一种假设，即检索过程的主要目标就是检索出与用户最初的信息需求达到最佳匹配效果的文献集合。

“采摘果实”模型是以大量的观测性研究为基础，研究人员发现信息查找过程是由一系列不同的但又相互联系的检索所构成的，这些检索都是围绕一个基于问题的主题而展开的。他们还发现，一个目标的检索结果通常会引发新的目标，从而使检索向着一个新的方向发展，但是，当时的检索环境和先前的检索都会从当前阶段发展到下一阶段。他们的另一个发现是，检索的价值在于检索过程中对所获信息的学习和熟悉，而非最终得到的检索结果。

因此，用于信息存取的用户界面应该允许用户改变其检索目标，并相应地调整检索策略。当用户遇到一个新的问题，使他不得不暂时采用另一种策略时，他就会用到这项服务，之后，用户可能会回到当前尚未完成的检索过程。这意味着界面服务应该支持检索策略由于突发结果而必须进行的转换。要实现以上目标，用户界面就应提供一些服务来记录当前检索策略的进度，保存、查找、重载检索的中间结果，或者支持多项策略的同时进行。

用户界面还应提供当前策略状态信息的控制方法，当前策略是与用户的当前任务和总体目标相关的。评估有关某一目标或子目标的检索策略的进程控制，其中一种方法就是依据成本/效益分析，或者返回结果减少的分析。这种类型分析假设在检索的全过程中，用户都在寻找一种能够得到最佳预想效果的策略。经过一些局部更改，如果出现比当前策略效用更好的策略，那么当前策略（暂时性的或全局性的）就会被替换掉。

有很多理论和框架都从不同角度对浏览（Browsing）、查询（Querying）、导航（Navigation）和扫描（Scanning）进行了对比。用户查看信息结构，包括它的标题、词表语词、超链接、类目标题或聚类结果，然后，要么出于某种目的（进一步阅读，或将它作为查询输入，或由它转向新的页面信息）从所给语词中选择一个，要么构造查询（通过查找相关语词、选择语词种类或使用给出的语词），但无论如何都会看到一个新的信息集合的产生。查询可以引发新的对应于这些查询的信息集合的产生，这一集合是原来所没有的。相反，选择检索的则是那些事先已经组织好的信息集合。导航指的是向着目标的方向，通过一组链接，从一个视图转向另一个视图，顺序执行一系列查看和选择操作。浏览指的是随机的、主要是间接的对信息结构的探索，虽然查询也可以产生可供浏览的子集合，但在通常情况下浏览还是与选择同时进行的。交互过程的一个很重要的方面就是，上一阶段的输出结果要能够用于下一阶段的输入。

8.2.3 用户检索行为对界面设计的影响

信息检索系统的界面集中体现了该系统的信息输入和输出功能，以及用户对系统各个部分操作控制的能力。信息检索系统的用户界面应当起到全面展示该系统功能的作用，能向用户提供利用检索系统的途径和方法，传递和反馈检索系统的使用效果，并能提供适时的帮助信息。

良好的信息检索系统用户界面应该能够理解用户进行信息查询的目的，使用用户的操作行为，帮助用户有效地使用系统，迅速并准确地找到所需信息。要设计良好的信息检索系统用户界面，就必须了解用户的特点，分析用户的信息检索行为对界面设计的影响。

用户的检索行为是指用户为获取所需信息，在与检索系统交互过程中的一系列身体活动和心理活动。它主要包括检索前提问式的构造、检索式的重构、提问式的长度、布尔算符的使用、短语的使用、截词算符及位置算符的使用、相关性反馈、检索策略、检索类型、检索问题的解决、检索结果的评价、检索周期、由任务类型决定的检索时间和检索方式选择等方面。

然而，信息具有内在的模糊性和变化性，用户表达或据以进行检索利用的信息需要在检索利用的过程中不断地修正和转变，新的信息需要随着检索利用的进行而不断地被激发和延伸。由于用户检索动机的模糊性、变化性，用户的信息检索行为不可能按事先严格分析规划的步骤机械地进行，所以用户检索行为从本质上说是一种试验和摸索的过程。

构成信息检索的主要因素有用户行为、检索任务、系统性能和检索结果。针对不同类型、不同性质的检索任务，用户也会选择不同的策略和技巧。用户对检索结果的满意程度可能会导致用户重新构造检索提问式，寻求帮助或选择其他的检索系统。

对于一般用户而言，信息检索中的决策和行动往往并不是按照明确的目标和严密的方案进行的，有时甚至是一个带有强烈随意性的摸索过程，很少确认和分析“所有方案”和“所有因素”，而是在某些习惯、偶然因素和简单知识驱使下“试探”一个个途径和方法。而对于具有一定检索经验的专业检索人员来说，他们在解决检索问题方面比一般用户展现出更大的灵活性，更常使用检索系统的多种功能，例如，布尔逻辑检索、短语检索、截词检索、位置检索等。还有一种更加熟悉检索系统的专业技术人员，他们则更倾向于使用专业术语进行检索，而不大使用检索系统的多种检索功能。专业人员往往选择他们比较熟悉或喜欢的检索系统和数据库作为检索的开端，在未找到相关文献时，他们会使用较复杂的技巧，会重构或重新填写检索提问式，或者更换数据库或检索系统。

由此可见，用户类型、检索目的、检索方式等的不同，对用户界面也有不同的要求。因此，在用户界面设计的过程中要充分考虑到以上各种因素，以便适合各种检索行为的要求。

8.3 用户界面设计

8.3.1 用户界面的基本结构

用户界面可理解为用户接口模块，是使用者（人）与系统间进行信息交互的媒介。对于任何人机交互系统而言，用户界面都是不容忽视的重要组成部分，它方便用户使用系统资源。在信息检索系统的几大基本处理模块中，用户界面的具体功能是与系统用户交互信息，其中包括接受用户的查询，根据用户对信息检索的反馈调整检索系统的有关参数，以及显示用户查询的结果等。它通常由用户模型、信息显示、交互语言和反馈机制等部分构成。

（1）用户模型。用户模型是指由检索系统设计人员建立的用户认知模型，此模型的建立涉及系统、用户、外部环境等多个方面，且需要考虑不同用户（群体）的知识水平、技能、经验及其不同的信息需求状态等因素，以增强人机接口设计的适用性，提供良好的用户体验。用户是系统建设的终极目标，是最终评判用户界面优劣的人，因此，一个良好的用户认知模型的建立，是用户界面设计成功与否的关键所在。

（2）信息显示。信息显示是指检索系统以屏幕显示形式提供给用户的各种操作信息，例如：以下拉菜单和弹出式窗口显示的选择性信息、帮助信息、错误信息等；以线性列表方式分页显示的检索结果信息，等等。

（3）交互语言。交互语言主要是指系统提供给用户使用的检索命令集合（包括基本命令和扩展命令）及其他对话工具。目前，随着人机交互技术的快速发展，接口软件在保留检索命令语言方式的基础上，一些更为直观、形象的检索对话方式如图表、菜单、对话框等也得到了广泛应用。

（4）反馈机制。反馈机制是检索系统对用户操作做出反应的规则。例如，有的用户接口采用相关反馈（Relevance Feedback）技术，根据用户对检索结果的相关性判断来自动修改检索提问式。实际上，信息检索是一个不断求精的匹配过程，所以用户界面尤其需要嵌入和强化信息反馈机制。

目前，在一些大型联机检索系统中，不乏基于以上四种功能部件构成思想而开发出来的用户接口软件，如网关、前端系统、中介系统、透明系统、后处理软件等，其功能侧重点各不相同，它们在检索过程中承担的任务或发挥的功能可概括如下：①自动注册、登录远程联机检索系统；②访问多台主机或不同主机上的多个数据库；③检索界面的选择与联机帮助；④提问式的构造、编辑和保存；⑤选择适宜于特定提问式的相关数据库；⑥显示、浏览检索结果的主要信息；⑦检索结果的后处理，如排序、下载、打印、原文链接等；⑧统计分析及其他。

8.3.2 用户界面设计的原则

有效的人机交互界面都应该包含些什么呢？业内专家 Ben Shneiderman 是这样描述的：出色的、有效的用户界面应该使用户相信其有能力完成工作任务，能够熟练地进行各项操作，并对系统情况了然于心。在一个设计优秀的交互系统中，界面几乎是感觉不到存在的，用户可以专心于他们的工作、研究或是爱好。

按照 Ben Shneiderman 的说法，设计合理的界面能在用户群中产生一些正面的积极的情绪，如成就感（Success）、能力感（Competence）、驾驭感（Mastery）以及清晰感（Clarity）。为实现这些目标和过程，人们总结了八条有关用户界面设计原则的“黄金规则”。这些规则对于信息检索具有非常重要的意义，同时它们的应用应视具体界面的运行情况而定。

（1）尽可能保证一致性。这条规则最容易被违反，因为系统中涉及太多形式，要完全一致十分困难。类似的操作环境应提供一致的操作序列；提示、菜单和帮助里应该使用相同的术语；颜色、布局、大小写、字体等应当自始至终保持一致。

（2）符合普遍可用性。认识到不同用户的需求，并为可塑性（Plasticity）而设计，可以促进内容的转换。新手和专家的差别、年龄范围、残疾情况以及技术多样性都可以丰富设计需求，从而指导设计。添加适合新用户的特性（如注解），以及适合专家的特性（如快捷方式和更快的操作步骤），这些均可丰富界面设计并改善可以感知的系统质量。

所有用户界面的设计均存在着简易与有效的折中问题。简易的用户界面易于掌握，但其灵活性不强，有时工作效率不高。功能强大的用户界面可以使用户对界面的操作有更多的控制，但对其操作的学习比较费时，而且如果用户只是间歇性地使用这种界面的话，那么他们的记忆负担会很重。对于这一折中问题，普遍采用的解决方法就是使用“脚手架（Scaffolding）”技术。它提供给新用户的是简易式界面，这种界面易于掌握，并提供基本的应用功能，但其有效性和灵活性有限。对于经验丰富的用户，提供的是可选界面，这种界面给予用户更多的控制、可选项和功能，甚至可能提供各种完全不同的交互模型。优秀的用户界面设计在简易和复杂用户界面之间提供了直观的桥接器（Bridges）。

（3）提供说明性的反馈信息。对每个用户操作都应有对应的系统反馈信息。对于常用的或较次要的操作，反馈信息可以很简短；而对于不常用但重要的操作，反馈信息就应丰富一些。

这一原则对于信息检索界面具有尤为重要的意义。反馈信息的内容包括用户的查询说明与被检文献之间的关系、各被检文献之间的关系，以及被检文献与描述文献集合的元数据之间的关系。如果用户掌握了反馈信息提供的方式和时间，那么也就掌握了系统的内部控制轨迹。

应当把操作序列分成几组，包括开始、中间和结束三个阶段。一组操作结束后应有反馈信息，这可以使操作者产生完成任务的满足感和轻松感，而且可以让用户放弃临时的计划和想法，并告诉用户系统已经准备好接收下一组操作。

（4）降低工作存储器负载。信息存取是一个反复的过程，其目标可以随着所得到的信息而转移和改变。存储器负载为信息存取界面提供的一种主要的辅助方式就是，提供一定的存储空间来记录查找过程中所选的选项，允许用户返回到被暂时搁置的检索策略，或从一种策略转向另一种策略，或是通过搜索对话保存所得信息及相应的检索环境。另一种记忆辅助工具向用户提供可浏览的信息，这些信息是与当前信息存取过程阶段相关的。这项服务包括提示相关术语或元数据，以及检索起点（包括信息源列表和主题列表）。

（5）预防错误。系统应当设计得尽量不让用户犯严重的错误。比如，将不可选的菜单选项用灰色显示，以及禁止在数值输入框中出现字母等。如果用户犯了错误，界面应当检测到错误，并提供简单的、建议性的、具体的指导来帮助恢复。

（6）允许轻松的反向操作。所有的用户操作尽可能地允许反向。这个特点可以减轻用户的焦虑，由于用户知道错误可以被撤销，这就鼓励用户尝试不熟悉的选项。反向操作的单元可以是单个的数据输入，也可以是一组完整的操作。

（7）支持内部控制点。有经验的操作者都希望能够控制界面，并希望界面对他们的操作进行反馈。如果用户碰到奇怪的界面行为，进行冗长的数据输入，很难或无法得到所需信息，或者无法进行所需操作，他们就会感到焦虑和不满。因此，系统应该鼓励用户去做行为的主控者而不是行为的响应者。

(8) 减少短时记忆。由于人凭借短时记忆进行信息处理存在局限性，因此要求系统显示简单，多页显示统一以及窗口移动频率低，并且要保证分配足够的时间用于学习代码、记忆操作方法和操作序列。另外，还应该提供一个地方，对命令语法、缩略语、代码以及其他信息进行适当的在线访问。

信息存取界面不应该只采用某些特定的简易/有效折中方式，每一种方式都反映了检索系统本身运行方式的信息量。刚刚接触某一系统或某一具体信息集合的新用户可能对系统或信息集合所涉及的领域范围了解不多，以至于无法在纷繁复杂的功能中做出选择。他们可能不了解最佳的词加权方式，或是根据相关反馈信息重新对语词进行加权的效果会怎样。另外，已经使用过某一系统或是对某一主题已有大致了解的用户，他们有能力在给出的词中选出合适的，并以此来熟练地组织查询。在信息存取界面设计中，一个主要的问题就是明确系统应该向用户提供的信息量。

8.3.3 用户界面的种类和风格

1. 按照界面元素类型划分

按照界面元素类型划分，用户界面可以划分为字符用户界面、图形用户界面和多通道用户界面。

(1) 字符用户界面。字符用户界面（Character User Interface，CUI）是一种命令驱动的界面形式，也称为命令行用户界面（Command Line User Interface），是人机界面的早期形式。用户通过系统提供的命令语言与系统对话，首先，在字符终端上显示命令接收状态；然后系统从字符终端上接收到用户的输入命令，并对命令进行解释执行；最后，系统把命令处理结果输出给用户。字符用户界面在信息检索系统中的主要应用是传统的联机检索系统，对于熟悉检索系统并熟悉检索命令的高级检索人员来说，这种字符用户界面提供了更多的对检索过程的控制权，无须复杂的选择操作和反复的人机交互就可以得到比较理想的检索结果。但是对于大多数用户来说，学习和掌握它的使用方法仍比较困难。

(2) 图形用户界面。图形用户界面（Graphic User Interface，GUI）被称为“第二代用户界面”，是当前人机交互界面的主流，也是现有信息检索系统用户界面的主流。图形用户界面经常使用窗口、菜单等技术，界面尽可能符合用户一般生理和心理的需求特点，用户无须花很多时间去学习系统的检索方法。虽然对于熟练用户来说，它的灵活性和控制力不如字符用户界面，但图形界面自然、方便、友好的特点使其具有不可比拟的优势。图形用户界面属于二维界面，系统与人之间的信息通信方式主要依靠手和眼，在交互的方式和途径上仍然存在一定的局限性。

(3) 多通道用户界面。多通道用户界面（Multidimensional User Interface，MUI）是“第三代用户界面”，为了使人机交互能够更加自然，支持时基媒体，实现三维、非精准及隐含的人机交互，从而提出了此概念，目前尚处于探索和研究阶段。在多通道用户界面中，人和机器都被作为主动参与者，通过虚拟现实环境，人机以自然的通信方式进行交流，比如，用户可以通过语音、眼神、表情、手势等多种方式与系统进行协作。毋庸置疑，多通道用户界面技术的发展前景非常广阔。

2. 按人机交互形式划分

按照人机交互形式划分，现有的用户界面主要有以下几种风格：命令语言、菜单选择、表格填充、直接操纵和自然语言。

（1）命令语言界面。命令语言界面是指以命令语言进行人机交互的界面。DOS 操作系统是典型的应用命令语言界面的系统。在传统的联机检索系统中也经常使用这种界面风格。它的优点是快速、高效、精确、简明、灵活。对于专家用户来说，命令语言可以给予他们强有力的控制感。用户学会语法后，可以很快地完成复杂的操作。然而，这种方法的出错率很高，用户必须经过培训，而且很难记忆。在信息检索系统中，这种界面风格只适用于熟练型或专家型的用户，普通用户因难以记住系统的各种命令语法以及名称算符等而无法构造出恰当的检索式。

（2）菜单选择界面。在菜单选择系统中，用户通过阅读一系列的菜单选项，选择最适合自己任务的选项。菜单选项中所应用的术语和词汇应尽量通俗易懂，这样，用户可以仅用少量操作并无须学习和记忆就能完成任务。由于在菜单中同时列出了所有的可能性，因此它的最大好处是提供了清晰的结构以供用户选择。这种风格对于新用户和偶然用户很合适，如果其选择和显示机制能快速实现，也同样适用于专家用户。

（3）表格填充界面。如果需要输入数据，仅有菜单选择就远远不够了，而使用表格填充的方法就比较合适。屏幕上显示相关的字段，用户将光标在这些字段中移动，并在要求的地方输入数据。使用表格填充风格时，用户必须理解字段标签，了解允许值和数据的输入方法，并能处理出错信息。

在多数情况下，信息检索系统是将菜单选择与表格填充这两种形式结合在一起使用的。这两种交互形式的综合使用，使用户从对命令语言的记忆转换为对操作对象的输入和操作条件的选择，大大减轻了用户的记忆负担。这种风格的系统具有易学易会、不易出错等优点，其缺点是交互功能受到限制，系统开销较大。

（4）直接操纵界面。如果界面能够用可视化的方式表示行为的世界，就可以在很大程度上简化用户任务，允许用户对熟悉的对象进行直接操纵。这种界面可以让用户观看并直接操纵系统中的对象，而不像在命令语言或菜单中那样，通过中间代码来访问对象。

直接操纵界面具有简单、直观、易于理解和操作的特点，适合初级用户使用。

（5）自然语言界面。自然语言交互是指通过自然语言实现人机交互的形式，以自然语言交互为主要交互形式的界面即为自然语言界面。尽管至今为止，在全世界范围内真正实现自然语言界面的成功实例很少，但是研究人员和系统开发人员始终对此抱有希望，他们认为计算机迟早能够对自然语言中任意的句子或词语做出恰当的反应。这种界面最大的优点是易于使用，用户无须学习和培训就能以自然语言的交流方式使用计算机。

在信息检索系统领域，已经有研究者开始研究和开发自然语言界面系统，但由于一些与信息检索相关的词汇学和语义学方面的难题尚未完全得到解决，因此，目前看来效果还不甚理想。

表 8-1 对以上五种风格做了一个概括比较。

表 8-1　五种主要界面设计风格的优缺点

界面风格	优　点	缺　点
命令语言	灵活	错误处理能力弱
	吸引高级用户	需要大量的培训和记忆
	支持用户的主动性	
	允许方便地建立用户自定义宏	
菜单选择	缩短学习时间	有出现很多菜单的危险
	减少按键	对频繁用户来说，可能效率不高
	使决策结构化	占用屏幕空间
	允许使用对话框管理工具	需要较快的显示速率
	支持轻松的错误控制	
表格填充	简化数据输入	占用屏幕空间
	需要少量的培训	
	给予方便的帮助	
	允许使用表格管理工具	
直接操纵	可视化表示任务概念	可能编程困难
	容易学习	可能需要彩色显示器和指点设备
	容易记忆	
	可以避免错误	
	鼓励用户尝试系统的各项功能	
	给予用户较高的主观满意度	
自然语言		需要说明对话框
	减轻学习语法的负担	可能不显示上下文
		可能需要更多的按键
		无法进行预测

注：资料来源：Ben Shneiderman. 用户界面设计（张国印，等译）. 北京：电子工业出版社，2006。

3. 按信息检索过程的不同阶段划分

按照信息检索过程的不同阶段，可以将检索界面划分为作为检索起点的界面、作为检索过程的界面和作为结果显示的界面三种。

（1）作为检索起点的界面。在信息检索系统中，作为检索起点的界面主要是帮助用户选择资源和数据库，从中进行检索。目前大多数检索系统都提供资源选择的起始界面。现有检索系统主要以资源列表、概要、例示及自动资源选择的形式提供检索起点，其中最常见的是数据库列表和概要的形式。有些检索系统还提供了不同数据库的出版物浏览和检索功能。

（2）作为检索过程的界面。在信息检索系统中，作为检索过程的界面主要用于接收用户的提问（提问界面），并实施检索控制（检索控制界面）。提问界面主要用来接收用户构造的检索式和拟定的检索策略。检索控制界面主要用来实施各种检索限制，设置检索结果显示、输出格式以及对检索策略进行保存、清除或重新调用。在多数情况下，现有信息检索系统的提问和检索控制部分是继承在一个检索界面上的。而检索界面往往根据用户检索能力的差异分为基本检索界面（有些系统为快速检索界面）和高级检索界面。

（3）作为结果显示的界面。在信息检索系统中，检索结果显示界面主要是按照某种排序规则列表显示结果文献及其相关属性信息。一般来说，排序方式有按相关度排序、按出版日期排序等，结果显示则采用分组显示的方式。在一般情况下，系统按照默认的记录数显示检索结果文献。某些系统提供用户自行调整每组显示的记录数。另外，用户也可以定制结果文献的显示格式，如只显示一般书目著录格式，或显示详细著录格式，抑或显示文献或文献全文等。在一般情况下，出于节省界面空间的需要，系统默认显示记录的最简约形式，即显示文献的书目著录格式。检索结果的输出方式也比较灵活，用户可以根据需要选择另存、下载、打印或以E-mail方式输出。

8.3.4　窗口管理与系统举例

1. 窗口管理

在传统的书目检索系统中，往往采用的是基于键盘的命令行式界面或菜单界面。当系统响应一个命令时，新的结果将覆盖先前的内容，这就要求用户记住这个环境。例如，用户通常一次只可以查看某个主题优先级中的一个级别，并且必须离开这个主题视窗以便查看其他（如查询或文献）视窗。在这样的系统中，主要的设计在于命令或菜单的结构，以及各种选项的顺序。

在现代图形界面中，为了更加方便用户的使用，系统常常被改造为基于窗口的界面形式。在这种系统中，各个功能模块被划分成不同的但却可以同时显示的视窗。在信息存取系统中，将一个窗口中显示的信息与另一个窗口显示的信息关联起来十分必要，例如，将文献和它们在目录中的位置联系起来。此外，用户也可以从一个窗口向另一个窗口剪切和粘贴信息，例如，从显示的叙词表检索词中复制一个词，并将其粘贴在查询的输入框中。

在窗口中安排信息时，设计者有两种选择，即单屏式窗口与重叠式窗口。单屏式窗口中显示的所有窗口都在预先安排好的位置中列出，并且是同时可视的。这种单屏界面的优点是所有的信息同时可视，并且用户能够容易找到选项设置的位置。但是单屏界面也有一些缺点，例如，只有它占用整个可视的屏幕时它的工作效果才最好，而且视窗的数量也受到屏幕利用空间的内在限制。重叠式窗口刚好可以解决这一问题，与一次性显示在屏幕上的信息相比，重叠式窗口能够显示更多信息。当用户从一个任务向另一个任务过渡时，同时从一组相关窗口向另一组窗口移动，此时也会用到大量的独立窗口。一般地，用“工作区”或“工作集”这一概念来形容那些与某些行为或目标相关的、具有一定作用的、组合在一起的几组窗口。这种类型的组织结构与单屏式窗口相比，能够更准确地匹配用户的目标结构。重叠式窗口在排列上比较灵活，但应用不当会导致拥挤、杂乱无章的显示效果。

所有信息存取界面都存在这样一个问题，即系统自身对同时可以显示多少种信息的限制。信息存取系统必须为显示一个文本区保留空间，而且这必定会占用屏幕空间中相当大的一部分，以便文本能够清楚易读。例如，绘图程序中的一个工具虽然变得非常小，但仍然保持可以识别和利用。因为需要保持清楚易读，所以对许多信息进行压缩显示来满足信息存取系统的需要就变得十分困难（诸如叙词列表、查询说明和保存的标题列表）。良好的布局、图形技术和字体设计可以改善这种情况。

基于对用户信息存取行为的长期观察，专家们还设计出了一种“多虚拟工作区”系统。该系统采用一种三维空间“比喻”，即每一个工作区间就是一个“房间”，用户通过“移动”经由虚拟的门在工作区之间转换。通过从一个房间到另一个房间的“旅行”，用户可以从一个工作背景变换到另一个工作背景。在每一个工作背景下，与这个背景相联系的应用程序和数据文献都是可视的，并为重新打开和阅读做好了准备。这个工作区间的概念还强调在跨时间段的情况下，对话依然具有持续的重要性。用户可以离开从事某一项任务的房间，去从事另一项工作，三天后返回第一个房间，看到所有的应用程序都和以前一样保持相同的状态。在工作站操作系统的界面中，这种将每一个任务的应用程序和数据捆绑在一起的概念已经被窗口管理软件广泛采纳。

弹性窗口的设计是从二维并列式窗口结构向“工作区”或“房间”观点的延伸。其中心思想是通过调整当前任务占用的屏幕实际状况的尺寸，实现从一个角色或任务向另一个角色或任务的快速过渡。用户通过一个简单的操作就能够扩大整组窗口，并且这种自动重新设定会引起工作区的剩余部分尺寸的缩减，这样它们就总是能适应屏幕的大小而无须重叠。

2. 系统举例

在下面的内容里，将介绍几个现代信息存取界面中应用的信息布局和管理方法。

（1）InfoGrid 布局。InfoGrid 系统是信息存取界面中单屏布局的一个典型例子。这种布局假设所采用的是大型显示器，并将整个界面的布局分成左边和右边，如图 8-2 所示。左边进一步细分为：上部包含一个结构化的输入格式，这个格式用来详细描述一个查询的特征；左侧是一列图标式的控件器；底部是保留感兴趣文献的区域；主要的中心区域是用来显示检索结果的，或者以缩略图的形式表示原始文献，或者分解文献的结构（如分散/集中型聚类结果）。用户可以从这个区域中选择文献并将它们存储在下面的固定区域中，或是在右边的区域中浏览它们。右边大部分的显示空间都是用来浏览所选文献的。文献显示下方的区域用来显示先前检索的一个图表式历史记录。

搜索参数
属性表
控制面板
小型图像
文献文本
保留区
搜索路径

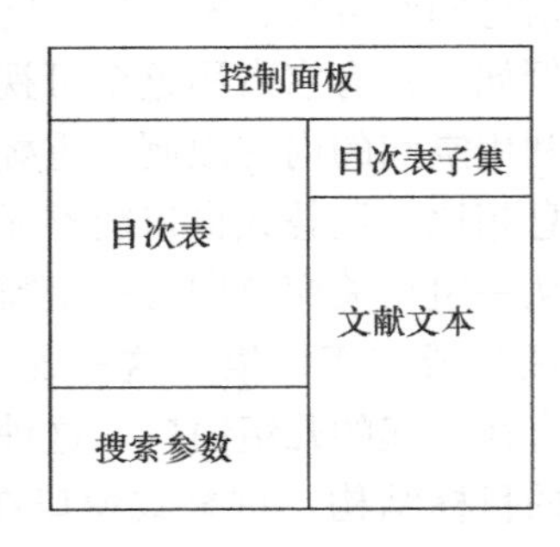

图 8-2　用于信息存取界面的单屏布局图示

注：资料来源：B. Ricardo，R. Berthier. 现代信息检索（王知津，等译）. 北京：机械工业出版社，2005。

设计者必须明确在最初的浏览中应该显示哪些信息，如果将 InfoGrid 系统用于较小的显示器，那么不仅文献浏览区域，还有检索结果浏览区域，都将不得不在一个弹出的重叠窗口中显示；否则，用户将必须在两个浏览界面之间来回切换。如果这个系统要为相关性反馈推荐检索词，那么现存的一个窗口就必须被这个信息所覆盖，或者必须用某个弹出窗口来显示这些候选的检索词。系统不提供所选信息源的细节信息，尽管在控制面板中运用一个弹出菜单就可以实现这个功能。

（2）SuperBook 布局。SuperBook 布局与 InfoGrid 布局十分相似，主要的不同在于 SuperBook 在左侧屏幕的主要位置上保留了相近内容列表。这个列表与包含检索命中了多少文献的指示符一同出现在示意图的每一个水平位置。与 InfoGrid 相同，屏幕右侧的主要位置用来显示选中的文献。查询的详细描述只是在内容列表视窗的下面进行，与用户查询相关的检索词也显示在这个窗口中，大量的图像出现在弹出的重叠窗口中。图 8-3 是一个典型的 SuperBook 界面，显示的是一个长篇手册的检索结果。

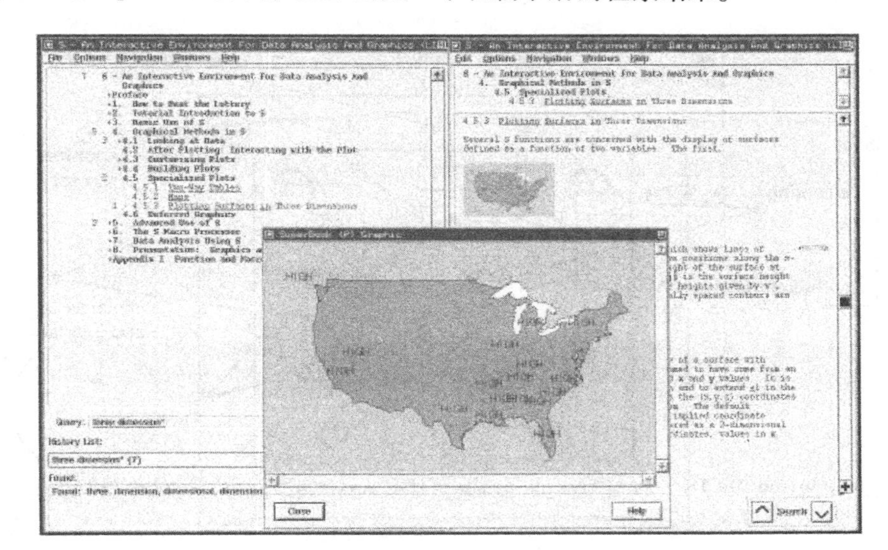

图 8-3　用于显示长篇手册检索结果的 SuperBook 界面

注：资料来源：B. Ricardo，R. Berthier. 现代信息检索（王知津，等译）. 北京：机械工业出版社，2005。

SuperBook 的布局是几次迭代循环设计的结果。早期的版本采用重叠式窗口代替单屏布局，并允许用户在屏幕上方空出一个长方形的区域，以便创建新的文本框。这个新的文本框具有一组独立的按钮，这样就允许用户跳转到在其他文献中命中词汇的具体位置或跳转到内容列表中。实践研究的结果表明，如果提供给用户少量的、较好的交互途径，相对于留有广泛的空间而言，可以使用户更有效地进行检索。正是注意到这样一个结果，设计人员对 SuperBook 系统进行了重新设计。设计者们还仔细分析了用户交互的日志文件。在重新设计界面之前，用户必须先选择浏览某个命中的总频率，移动光标到内容列表窗口上，单击按钮，等待结果的更新。由于这种模式会频繁地发生，因此在新的界面布局中，设计人员将系统重新设计成当一个检索运行后立即自动执行这个行为的结果。

SuperBook 的设计人员还试图重新设计出一项功能，使其界面适应较小的显示器。这种重新设计的界面利用了小型的重叠式窗口。在这个更有约束力的环境中，那些有用的交互结果被综合在一起，形成了大型单屏显示的最新设计。

（3）DLITE 界面。DLITE 系统采用了许多值得注意的设计选项。它把功能分成两个部分：检索过程控制和结果显示。控制部分是对用动画技术显示的图标直接进行操作，如图 8-4 所示。查询、资源、文献和检出的文献组都以图标的形式显示。用户通过在查询构造器图标中填写编辑字段来创建查询。这个系统设计了一个查询对象，这个对象是通过一个小图标表示的，可以通过拖拉这个图标来实现收集和检索服务。如果一项服务处于激活状态，那么系统将通过创建一个空的结果集合图标并将其与查询结合在一起的方式予以响应。一组检索结果用一个环形的工具来表示，结果集合中的文献用分散在这个工具边缘的图标来表示。文献可以从结果集合中拖出并放到其他的服务中，如文献汇总程序或一个语言翻译程序。在此期间，用户可以对查询图标进行备份，并把它应用于其他检索服务中。把光标移到查询的图标上将会弹出一个“工具提示”窗口，列出了基本查询的内容。系统将查询存储起来以便再利用，这样就便于保留先前成功的检索策略。

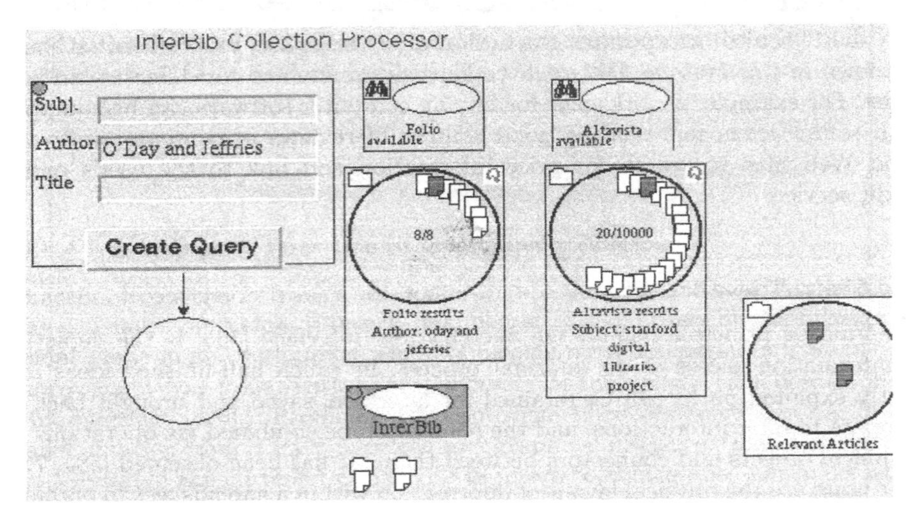

图 8-4　DLITE 界面

注：资料来源：B. Ricardo，R. Berthier. 现代信息检索（王知津，等译）. 北京：机械工业出版社，2005。

灵活的界面结构可以使用户从严格的命令限制中解放出来。另外，正如对 SuperBook 系统的介绍那样，这样的体系结构必须提供向导去帮助用户开始检索，给出关于如何继续这些有效方法的线索，并避免用户产生错误。DLITE 界面的图形部分使用了大量动画技术来辅助对用户的指导。例如，如果用户试图进行一项非法操作，那么为了避免操作失败，系统便出现一个表示拒绝的动画——左右反复移动该错误的对象，模仿一个“摇头说不”的姿势。动画技术还用来帮助用户了解系统的状态，例如，通过将结果集合对象从被调用的服务中移走，来表示查找结果的检索进程。

DLITE 为显示检出文献的细节信息使用了一个独立的 Web 浏览器，如文献的书目引文和全文。这个浏览器窗口还用于显示分散/集中型聚类结果，并允许用户从相关反馈中选择文献。这样，DLITE 将信息存取过程的控制部分从浏览和阅读部分中分离出来。分离不但可以清楚地表示检出文献之间的相互关系，还允许再次使用查询结构和服务的选择。在显示视图中的这种选择与图形控制部分相连接，因此，在查询构造程序中，可以将浏览过的文献用于查询的一部分。

DLITE 还融入了工作区或“工作核心”的观念，为不同种类的任务创建不同的工作区。例如，为购买计算机软件而创建的工作区，可以配有资源图标来表示有关计算机评价中有价值的信息源，能够检索价格信息的站点，以及用户的在线信贷服务链接等。

（4）SketchTrieve 界面。SketchTrieve 界面的指导原则是将信息存取作为一个非正式的过程进行描绘，在这个过程中将半完成的想法和访问过的部分路径保留下来以便今后使用，保存和返回比较新的交互结果，并通过图形对象和它们之间的连接器将这些结果合并在一起。SketchTrieve 允许用户以一种并列的方式安排检索结果，以便于比较和再次组合，如图 8-5 所示。

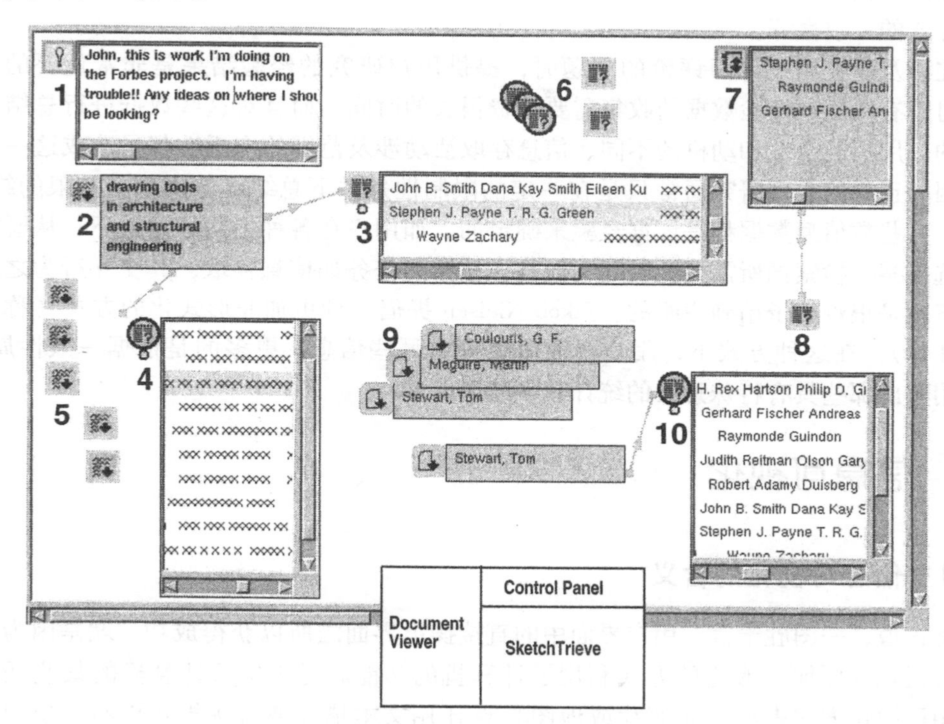

图 8-5 SketchTrieve 界面

注：资料来源：B. Ricardo，R. Berthier，现代信息检索（王知津，等译）. 北京：机械工业出版社，2005。

这种包含先前背景工作区的观念将会更广泛地应用于许多不容易解决的问题，例如，当在查询扩展、相关性反馈和其他形式的修改基础上进行小规模修改时，如何显示一组内部相关的查询结果。一种想法是将几种相关的检索结果作为一个文献夹中的卡片栈进行表示，并且允许用户抽取子卡片，一张接一张地浏览，就像在 SketchTrieve 中所做的那样，或者通过不同的操作对它们进行比较。

8.3.5 用户界面的评价

从用户界面设计的角度来看，人们在能力、偏好方面存在着极大的不同。在人们的这些差别中，有些对于信息存取界面是非常重要的，包括相对空间能力、记忆和推理能力、口头表达能力以及（潜在的）个性差别。人们对界面技术采取接受还是拒绝的态度，其年龄和文化背景都会对此有所影响。对于有些用户来说，界面更新是有效的，并

能使人方便地进行操作；但对于另一些用户，就有可能是不适宜的或是令人讨厌的了。因此，软件设计应该考虑到界面风格的灵活性，而且也不能认为新的功能对任何用户都具有同等的效用。

人机交互的一个重要方面就是用户界面技术的评价方法。在非交互系统结果排序的比较中，大多采用查准率和查全率作为衡量的尺度，但对于交互系统的评价，这两个标准就不太适用了。在交互系统中，用户只需要少量的相关文献，并不认为具有高查全率的系统就是高水准的交互式信息存取系统。除了查准率和查全率之外，其他一些适用的评价标准包括学习系统所需时间、实现基准任务的目标所需时间、出错率以及界面长期使用方式的一致性等。

在涉及研究用户界面评价的问题时，提供用户研究的经验结果是非常重要的。然而，对于有关用户经验数据的收集需要花费很长的时间，而且对这些数据进行总结是很困难的。用户的个性和动机的不同、信息存取活动涉及范围的广泛性都是造成这一状况的原因。正规的心理研究通常只是在一定的限制性条件下总结出适用范围有限的结论。例如，有些数值型数据都是依据经验来确定的，如用户在各种不同的条件下，从既定菜单中选出某一检索词所需要的时间，但是，复杂的任务如信息存取，其交互行为之间存在的不同是很难给予精确说明的。Jakob Nielsen 提倡一种更加非形式化的方式（称为启发式评价），在这种方式下，用户界面需要提供哪些信息，更多的是依据一般性属性，而不用考虑那些具有特殊意义的统计数字结果。

8.4 信息可视化

8.4.1 信息可视化的含义

常言道，一图胜千言。用户界面中的直接操纵界面之所以获得成功，就是因为它以更加可视化或更加图形化的方式利用了计算机的功能。对于执行计算机的某些任务而言，用可视化方式表示（如照片或地图）要比用文本描述或口头报告更易于使用和理解。随着计算机处理器速度和显示器分辨率的提高，用户界面的设计人员正在寻找如何以简洁的和用户可控制的方式来表示和处理大量信息。

可视化问题的提出最早源于科学计算领域，称为“科学计算可视化”（Visualization in Scientific Computing），目前已发展为更具普遍意义的“信息可视化”（Information Visualization，InfoVis 或 IV）。信息可视化实质上是一种信息转化处理过程，即以使用抽象数据的交互式可视化的表示形式来放大认识。也就是利用计算机支撑的、交互的、对抽象数据的可视表示，来增强人们对这些抽象信息的认知。需要说明一点，信息可视化与科学计算可视化的区别在于数据的抽象特征。对于科学计算可视化来说，由于它涉及的问题多为连续变量，因此三维表示必不可少；然而对于信息可视化，它涉及的典型问题多为对数据的模式、趋势、聚类、异常或差异的分析。

信息可视化旨在将信息从某种原有形式转化为一种视觉形式，充分利用人们对可视模式快速识别的自然能力去观测、浏览、判别和理解信息，从而将信息处理过程中人类承担的较多认知负担转变为相对容易完成的感知任务。在这个过程中，人们利用计算机系统从屏幕上观察交互图形、图像并通过可视模型处理信息。图 8-6 是卡德（S. Card）等人提出的一个信息可视化参考模型，描述了信息可视化的过程，也为相关研究提供了一个框架体系。

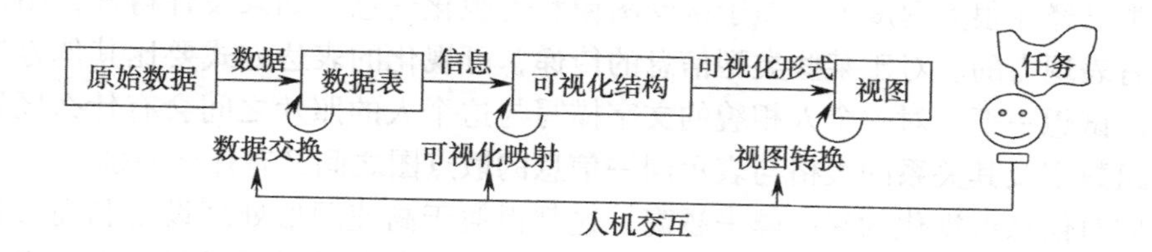

图 8-6　信息可视化参考模型

注：资料来源：赵丹群. 现代信息检索：原理、技术与方法. 北京：北京大学出版社，2008。

为了进一步理解信息可视化的含义，首先讨论数据、信息和知识的关系。数据、信息和知识三者的关系如图 8-7 所示。

数据是事实、概念或指令的一种形式化的表示，以便于用人工或自然方式进行通信、解释或处理。它是离散的、互不相关的客观事实，是孤立的文字、数值和符号，缺乏关联和目的性。

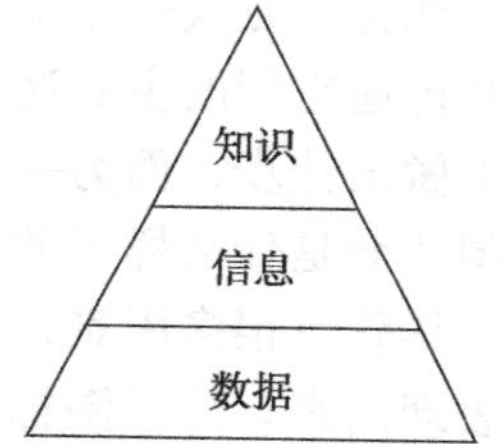

图 8-7　数据、信息和知识三者的关系

信息是数据所表达的客观事实。人们对数据进行系统组织、整理和分析，使其具有相关性。信息和数据在有些情况下不严格区分。信息作为一种特殊的产品，具有一系列的属性，具体表现在时间、空间和形式三个维度上。在时间维中，主要表现信息的及时性和相关性。信息是具有时效的，如股票信息等，若不及时提供，信息就会过时并失去意义。在空间维中，主要表现了信息的方便性。由于网络的普及，信息的传递与获取越来越方便，世界越来越“小”，也越来越“平”。在形式维中，主要表现信息的多样性和准确性。所谓多样性，是指信息以图（图形、图像、动画、视频）、文（文字、数字、符号等）、声（语音、音乐、音频）的多媒体形式提供。而信息要全面准确，只有这样信息才有价值。

知识是人类在实践中认识客观世界（包括人类本身）的成果，信息经过加工、提炼形成知识。它是人脑的创新成果，是人类智慧的结晶。知识分为两类：显性知识和隐性知识。显性知识能通过文字、图片、声音、影像等方式进行记录和传播，它独立于环境存在，易转让，可复制。隐性知识难以用文字或图片记录和传播，它随环境而改变，经过培训才能转让、无法复制。但不管是哪一类的知识，它都具有客观性、依附性、相对性、进化性、可重用性和共享性等特征，它随人类实践的发展而不断深化和更新。

数据、信息和知识的关联性十分紧密，数据是信息的载体，信息是数据的含义，知识是由信息加工和提炼而成的结晶。可视化就是把数据、信息和知识转化为可视的表示形式的过程。

8.4.2　信息可视化的作用

如今，大部分用户已经对计算机界面设计工具有了一定的了解，如窗口、菜单、快捷工具图标、对话框等。它们通过位图显示和计算机图形为人们提供了一个比命令行式的界面更易于理解和接受的界面。信息可视化是一个新兴研究领域，它尝试着将超大规模的信息空间以一种可视化的方式描述出来。

人类已经在很大程度上习惯于接受图像和可视化信息。如果设计得好，图片和图形会是很有表现力的。对于某些类型信息的传递，可视化的表达方式要比其他方法更快也更有效。试想一下，对一个人相貌的文字描写与这个人的照片之间会有什么区别，一个包含一组数字及其关系的表格与表示同一信息的散点图之间又有什么差别。

人们对信息可视化的兴趣越来越高，这都得益于高速图形处理设备和高彩色监视器应用的日渐广泛。信息可视化领域的一个迅速发展的分支就是科学可视化，它将物理景象以二维或三维图像的方式展现出来。例如，将海底地形中峰地和谷地的分布用彩色图像显示出来，这种方式提供的对物理景象的描述，是现阶段通过照片所无法实现的。

对内在抽象的信息进行可视化表示是十分困难的，尤其具有挑战性的是把文本信息用可视化的方式表达出来。对于那些没有明确的物理存在形式的抽象性概念，语言是表述和传递它们的主要途径。在有关某一贸易协定的商务谈判中，一方要求对方在环境政策上做出让步，而另一方却要求在加强其货币流通方面得到帮助，试想，描述这一场面的图片会是什么样子的呢？

尽管有很多困难，研究者们仍尝试着通过信息可视化技术将信息存取过程的各个方面表现出来。除了图标（Icon）和颜色凸出显示（Color Highlighting），主要的信息可视化技术还包括画笔和链接（Brushing and Linking）、移动镜头和调焦（Panning and Zooming）、焦点 + 背景（Focus-plus-Context）、魔术镜头（Magic Lenses），以及用于保存检索环境并帮助保留信息可视化的动画制作。这些技术均支持动态、交互的使用。虽然在科学可视化中，交互并没有起到很大的作用，但交互仍是抽象信息可视化的一个非常重要的特性。

画笔和链接主要涉及对同一数据的两种或两种以上的可视化表达方式的连接，一种表现方式的改变会影响到其他表现方式。举例来说，一个描述一组文献状况信息的显示界面，由一幅柱状图和一列标题两部分组成，柱状图显示每年出版的文献数量，标题列则显示相应的文献题目。用户通过画笔和链接可以实现的操作有，为柱状图中一个区间指定一种颜色，比如红色，之后在列表中，出版时间为对应区间年份的文献题目也会变成红色。

移动镜头和调焦与电影摄像机的工作原理十分相似，摄像机可以通过将镜头从一面移动到另一面来拍摄事物的侧面（移动镜头），或者要么推进镜头得到一个特写，要么后退得到一个更开阔的视图显示（调焦）。例如，通过文本聚类可以得到有关文献集合中主要类目主题的总览，调焦可以用于“推进”，以图标形式显示此类目下的各个文献，进一步推进即可查看某个具体文献的文本内容。

使用调焦技术时，某一物体的图像越清晰，其周围的景象就越模糊。焦点 + 背景技术可以在一定程度上改善这一效果。其方法是将一部分对象也就是焦点部分放大，同时削弱周围物体的显示效果。物体距离焦点越远，它看起来就会越小，这和透过鱼眼摄像机和猫眼看东西的效果是一样的。

魔术镜头则是能够直接操作的透明窗口，它与其他数据类型的重叠会引起数据显示形式的转变。对魔术镜头最直接的应用是绘图，当它用于双手操作的界面时，效果尤其明显。举例来说，左手可以用来将彩色镜头放到某个物体的图片上，右手用鼠标单击这一镜头，使得镜头下面物体的颜色转变成与其一致的颜色。

另外还有许多描述树形结构和层次结构的图形方法，有些利用动画来显示节点，这些节点在不显示的情况下被隐藏在其他节点的后面。

在通常情况下，在一个包含概述及细节信息的界面设计中综合运用这些技术是很有效的。一个窗口显示一项概述，比如一份表格形式内容的手册，用鼠标单击章节的标题，即可通过链接的方式激活另一个窗口来显示此章节中的内容。移动镜头和调焦以及焦点+背景技术都可用来改变概述窗口内容的显示形式。

8.5　信息检索的可视化

8.5.1　信息检索可视化的优势

可视化的方法可以传递信息，帮助用户管理、分析、控制和理解大量信息。可视化的目标就是帮助人们增强认知能力。从信息检索过程分析的角度来看，认知应该是知觉、注意、表象、记忆、学习、思维、问题求解和个性差异等有机联系的信息处理过程。

虽然信息可视化可以被理解为一种计算或一种转换，但是从信息服务的角度来看，它更应该是一个界面。无论信息系统内部是什么样的结构，对于用户而言，或者对于信息提供而言，需要的是以简洁易懂、省时高效的方式表示信息内容。因此，信息技术的最终落脚点是用户的认可，研究可视化的目的也在于此。

信息检索的可视化处理可以将人们的认知负担转变为感知任务，可以将复杂的信息空间转变为可视化导航，还可以帮助用户从检索结果中抽取信息。

1. 可以将认知负担转变为感知任务

文本方式目前被认为是用来交流观点的最有效的方法，但是文字只有在阅读后它表达的意思才能被人所理解。人类具有较强的处理图片等视觉信息的能力，文本内容被转化成空间化的、图形化的描述形式后就可以被直观地浏览与分析，而不需要进行语言处理，从而可以减少人的认知负担。而且，信息可视化的过程是对信息的分析加工过程，因此也可以减少人的认知负担。另外，文本在处理大量的信息时往往受到显示空间的限制。利用信息可视化技术在一个屏幕上显示的信息比单纯用文本方式显示的更多。信息可视化利用人的感知系统天生就能迅速理解的基本特征，如颜色、大小、形状、运动和邻近度，从而提高显示信息的数据密度。因为人类理解这类特征非常容易，加上每种特征可用来表示数据的不同属性，所以优秀的可视化技术不仅使我们更容易感知信息，还可以一次感知更多信息。视觉描述往往能比其他方式更快更有效地传递某些信息。比如，对一个人的脸部的文字描述及这张脸的照片，或包含一组数据的表格以及根据这组数据生成的散点图，这些不同的描述方式传递给人们的信息效率及效果大大不同。

利用可视化的关系来揭示文档中看不见的语义信息，可将人在检索过程中的认知负担转变为感知任务。通过一些空间属性（如距离、大小、长度等）来表示文档的相似性，可以便于用户快速从大文档集中判断出哪些文档彼此相关。不同的可视化信息检索系统根据它本身的结构选取不同的特征进行可视化。

2. 将复杂的信息空间转化为可视化导航

Internet为人们获取信息、实现信息共享提供了前所未有的方便，但是人们在享受便利的同时，也时常如陷入迷宫一般，茫然不知所从。将复杂结构的信息空间可视化，向用户揭示出全局性的概貌，借助可视的、直观的、有效的信息呈现方式把这个复杂的信息空间以易于理解、易于接受的方式呈现给用户。在未知的信息空间与用户之间建立一架桥梁，为用户查询和浏览信息提供帮助，使用户能直接从可视化的信息空间中同时找到多个信息目的地。可视化还可以记录用户访问非线性的超文本空间的过程，从而解决用户的信息迷航。

人们在描述一个地理空间时往往是从位置、大小、距离、方位、形状等方面来进行定义，从而让人们在头脑中形成具体的印象，信息空间借鉴了地理空间的称谓以实现其空间属性的映射。

位置：信息空间中的每个节点可以用IP地址或URL来描述其相对位置。

大小：采用字节来度量信息的大小。

距离：在信息空间可视化中需要考虑的是信息之间的相关性，因此距离用来表示信息空间的相关度。

方位：在信息空间中，不需要相对方向，在信息空间中的移动仅仅只是线性的，"后退"代表可以回到开始的节点，"前进"表示进入下一个节点。

形状：为了区分信息空间中不同的信息单元，可以利用不同的形状来揭示其不同的属性特征。

3. 便于用户从检索结果中抽取信息

检索结果可视化是在对检索结果分析、处理的基础上，从多个方面根据用户的检索需求有针对性地将结果从不同的层次、角度来揭示。可以基于统计、语义、文档结构、检索词与文档间的相关性等方面来实现结果的可视化显示。在可视的环境下浏览检索结果，有助于用户分析结果集的整体分布，找出对某一个检索词来说最相关的文档或文档的某一部分，辨别出隐藏在检索式与文档以及各文档之间的语义关系。

借助于图形化的可视化方式，用点或其他符号来表示结果文档，几乎所有的检索结果都能在一个屏幕中同时显示出来，提供整体浏览。用户可任意选择其中的某点，了解对应文档的详细信息。

检索结果可视化还能增强用户与系统间的交互作用。用户可以在可视化的文档分类地图中选取自己感兴趣的类目进行浏览。它允许用户对检索结果进行动态调整和过滤，甚至根据自己的检索需求标记出相关文献与非相关文献，改变了传统检索过程中不考虑用户检索偏好、缺少根据用户具体要求的变化情况进行动态检索的状况，进而提高了查准率。

8.5.2 原始信息提供的可视化

原始信息是指尚未收录在信息检索系统中的信息，即信息的原始状态。原始信息包括信息资源的各种类型，如文本、图像、图形、声频、视频、动画等。原始信息提供的可视化即对原始信息本身的可视化。从信息资源的特征出发，原始信息可视化可分为一维信息可视化、二维信息可视化、三维信息可视化、多维信息可视化、时间序列信息可视化、层次信息可视化和网状信息可视化七种类型。

（1）一维信息可视化。一维信息是简单的线性信息，如文本、程序源代码等。一维信息可视化的有用性依赖于信息量的大小以及用户企图根据源信息完成的工作。对于文本这种常见的一维信息来说，高维空间描述法是描述文本信息的基本方法之一，它以文本的关键词或主题词为基础，每篇文献用一个点表示，在空间中彼此靠近的点，其代表的文献也彼此相关。

（2）二维信息可视化。在信息可视化环境中，二维信息是指包括两个主要属性的信息。例如，宽度和高度可以描述事物的大小，事物在 X 轴和 Y 轴的位置表示了它在平面的定位。典型的二维信息可视化的例子是股票走势图，用横坐标表示时间，纵坐标表示股价的高低，简洁明了地表达出复杂的信息内容。地理信息系统（GIS）也属于二维信息可视化，常被应用于交通管理、天气预报及区域规划等项目之中。

（3）三维信息可视化。近年来，三维信息可视化被广泛地应用于建筑和医学领域。我国“863”高技术发展研究课题“数字化虚拟中国人数据集构建与海量数据系统”的目的，就是用计算机在三维空间模拟真实人体的所有特征。医生可以通过对虚拟病人的研究与演练确定对真实的病人该如何治疗。

（4）多维信息可视化。多维信息是指信息可视化环境中具有超过三个属性的信息，这些属性都是相当重要的。可视化的目的就是使得用户可以根据任何一个属性来给信息排序，这就是多维数据。

对于多维信息的可视化最终还是在二维或者三维空间实现。一方面是现有的技术还不能直接表示多维信息，另一方面由于人们很难想象多维空间，而习惯于三维、二维空间。那么对于多维信息的可视化、如何降低维度是关键问题。在降低维度时如何确保信息失真最小是评价各种降维方法的标准。

（5）时间序列信息可视化。有些信息自身具有时间属性，可以称为时间序列信息。根据时间顺序图形化显示事物是一种普遍使用的、很有效的信息可视化方法。美国马里兰大学开发的 LifeLines 系统就是具有时间线功能的系统。例如，LifeLines 在医学领域内的一个应用是，患者的全部医疗记录被输入数据库，软件按照时间线提供了关于患者病史的一个全局性的视图。患者的全部医疗记录中的事件、特征、关系等被按钮、水平线、颜色以及线的粗细表示出来。实验表明，与传统的列表描述相比，用户对于 LifeLines 表示出的信息更加容易理解和记忆。

（6）层次信息可视化。层次关系也称为等级关系。传统的描述层次信息的方法就是将其组织成一个类似树的节点连接。这种表示结构简单直观，但对于大型的层次结构，树形结构的分支很快就会拥挤交织在一起，变得混乱不堪。其主要原因是层次结构在横向（每层节点的个数）和纵向（层次结构的层数）扩展的不成比例。

关于层次信息可视化的研究，目前大多数集中在如何寻求高效简洁的层次信息可视化结构方面。在层次信息的表现上，具有明显的认知心理学特征。除了加强用户的可用性测试实践外，如何利用计算机图形学等技术动态地表示层次信息仍然比较困难。

（7）网状信息可视化。网状信息不仅包括网络上的信息，准确地讲，它是指这样的节点，它们与其他任意数量的节点之间有着联系。网状信息没有内在的等级结构，两个节点之间可以有多种联系，节点以及节点间的关系可以有多个属性。在网状信息可视化时，不仅包括信息节点本身所含信息内容的可视化，还要求信息节点之间联系的可视化。

8.5.3 提问式构造的可视化

检索提问式的构造是决定检索效果的关键。由于用户自身对检索问题认知的模糊性和局限性，检索系统是否便于用户准确表达自己的信息需求并轻松地实现提问式的构造，对于获取理想的检索结果非常重要。尤其是当前许多文本检索系统的提问式表达，还都建立在简单的布尔逻辑运算基础上，因而提问式构造更加关键。

提问式构造可视化的意图在于通过检索界面或检索接口，利用检索词的语义扩展技术（如同义扩展、蕴涵扩展、外延扩展及语义相关联想等）及可视化技术，对检索词及其逻辑组配关系进行形象、直观的显示和表达，帮助用户更准确地构造出既符合自身真实需求又遵循系统检索语法规则的提问式，以减轻用户在人机交互过程中的认知负担。

提问式的构造和表达有命令语言、菜单选择、表格填充、直接操纵、自然语言等多种方式。目前较受关注的是直接操纵方式下提问式构造的可视化。

例如，VQuery 系统使用文氏图（Venn Diagram）来辅助用户构造提问式，如图 8-8

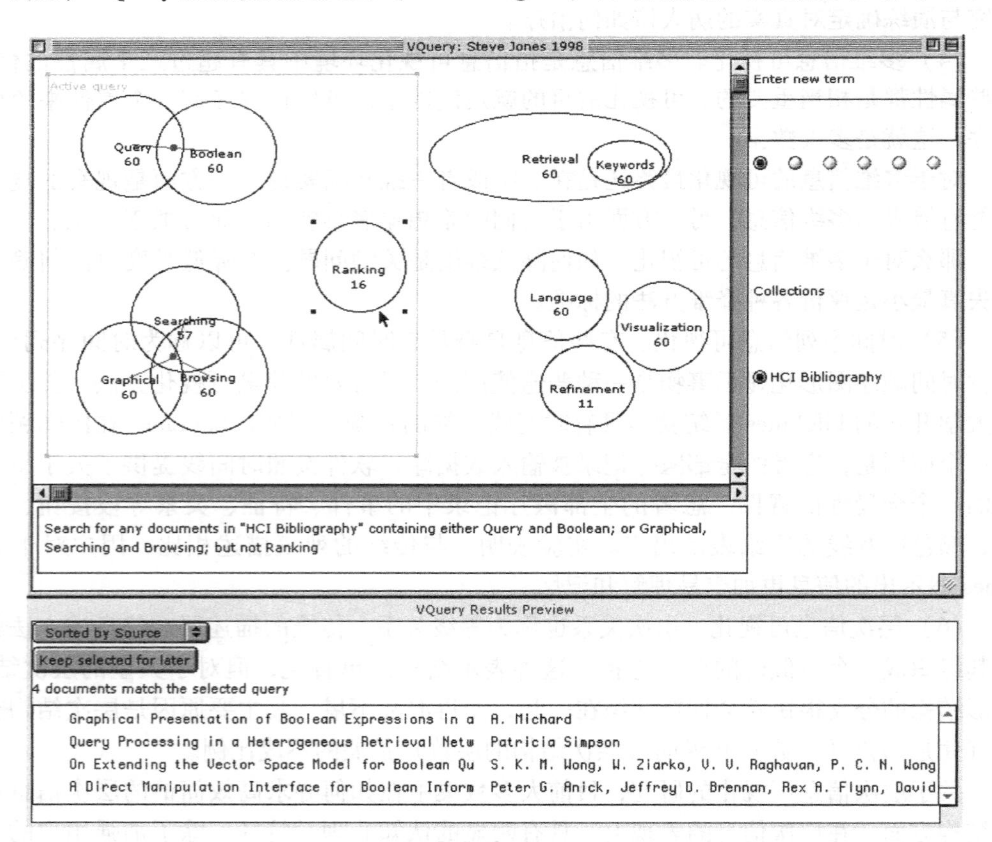

图 8-8　VQuery 系统使用文氏图方式的提问式构造可视化

注：资料来源：Marti A. Hearst. Search User Interfaces. London：Cambridge University Press，2009。

所示。每个检索词对应一个圆，圆与圆之间可能存在相交或相离两种情况，相交部分表示这些圆所对应的检索词之间是逻辑“与”关系，非相交部分则表示这些圆所对应的检索词之间是逻辑“或”关系，若某一检索词所对应的圆出现在界面的活动区域但始终没有被选择，则表示对该词的逻辑“非”操作。

再如，使用块定位图（Block-oriented Diagram）方式来分组构造提问式，如图 8-9 所示。一个块代表一个检索词，所有的块都以行和列的形式进行组织。同一行中各块间为逻辑“与”关系，而同一列中各块间的关系为逻辑“或”关系，用户可以将各检索词块设为激活或者非激活状态来实现各检索词之间的任何组配。此外，用户界面还提供一种检索结果预览功能，能分别显示出与每个检索词匹配的检索结果数量。

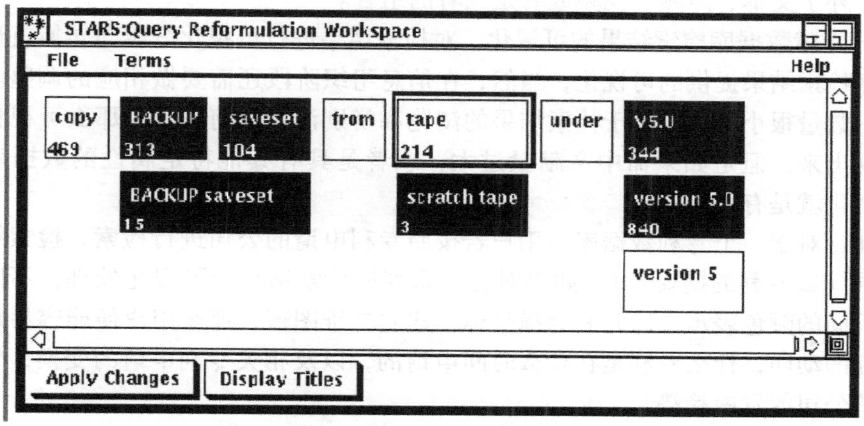

图 8-9 使用块定位图方式的提问式构造可视化

注：资料来源：Marti A. Hearst. Search User Interfaces. London：Cambridge University Press，2009。

还有一个例子是使用“魔镜”（Magic Lenses）方式来构造提问式。在二维空间中相关信息以列表或图标的形式展现，镜组相当于文档集的过滤器，如图 8-10 所示。比如，

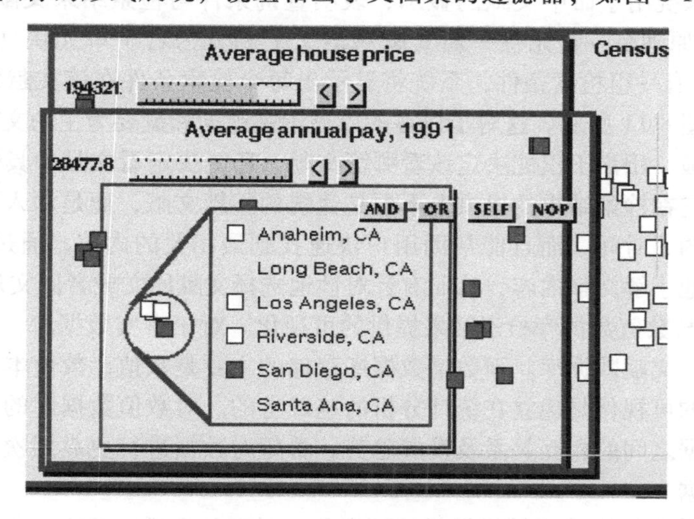

图 8-10 使用“魔镜”方式的提问式构造可视化

注：资料来源：Marti A. Hearst. Search User Interfaces. London：Cambridge University Press，2009。

一个检索词对应一个透镜，将镜头置于文档集的图标上时，可以隐藏所有不含该检索词的文档，如果再将代表其他检索词的镜头置于前者的结果集上，则表示两个检索词之间是逻辑“与”关系。此外，还可以动态调整附加信息，比如，检索词在文档中出现频次的最小阈值、衍生词检索的开启和关闭等。

8.5.4 检索结果的可视化

1. 检索结果可视化的类型

按照数据库存储信息类型的不同，数据库可以分为文献数据库（目录数据库和全文数据库）、数值数据库、事实数据库、多媒体数据库等。这几种数据库所输出检索结果的类型不外乎文本、声频、视频或者是三者的组合。

（1）文献数据库检索结果的可视化。对检索结果进行可视化分析与转换就形成了文献数据库检索结果提供的可视化，当然，在信息组织阶段还需要做相应的调整。如果检索结果的数量很小，用户对于检索结果的浏览和辨别没有任何困难，那么可视化的作用很难体现出来。但是如果命中文献量过大，或者是具有其他特定属性的数据库检索结果，可视化就是有益的。

例如，对于一个专利数据库，用户若按照专利申请的公司进行检索，检索结果包含了关键词（或专利的摘要等）。如果对这一系列的检索结果做可视化处理，不同的专利主题用不同的颜色表示，以时间为横坐标，建立二维图形，那么用户便能容易地看出该公司研究的动向，什么专利是在什么时间申请的，以及相关专利申请的变换，借此还可以了解该公司的发展趋势。

目录型文献数据库检索结果的可视化，可以在原有检索系统的基础上添加可视化接口，而全文数据库可视化更加复杂，一般还需要借助于图符库、词库（关键词库和自由词库）、索引库等。

以美国加州大学伯克利分校数字图书馆项目中开发的文献检索结果可视化系统 Tilebars 为例，该系统用于命中文献的显示，表明查询条件与检索结果文献之间的相关性。Tilebars 的根本原理是：首先将一篇文献从语义上划分为若干单元块（如章节、段落、页），假定用户有一组检索条件，系统将显示出每个检索条件在该文献每个单元块中的分布情况，如图 8-11 所示。这对于以往的以显示关键词和摘要为主的文献检索结果显示方式是一个突破。用户不仅能决定该看哪篇文献，还能决定看文献中具体哪一个部分或哪几个部分。它在检索结果的提供上不再是笼统的整篇文献，而是深入到文献内部，这不仅为用户节约了时间，而且能帮助用户快速找到最相关的内容。通过这种显示方式，用户能更清楚地了解文献内容，从而有针对性地选择文献原文或者原文片断。

（2）事实与数值数据库检索结果提供的可视化。对于事实数据库，其检索结果提供的可视化类似于文献数据库。而数值数据库存储的主要是数值，数值本身是可以被统计分析的，对它的可视化是建立在统计分析的基础上的。对数值数据库的可视化是因为人们需要了解数据之间的相互关系及发展趋势，希望对数据进行更高层次的分析，以更好地利用这些数据。

（3）多媒体数据库检索结果提供的可视化。对于包含语言的声频信息，可以通过文本这个桥梁转为可视化的形式，将听觉转换为视觉。声音信息可视化存在一个模式识别

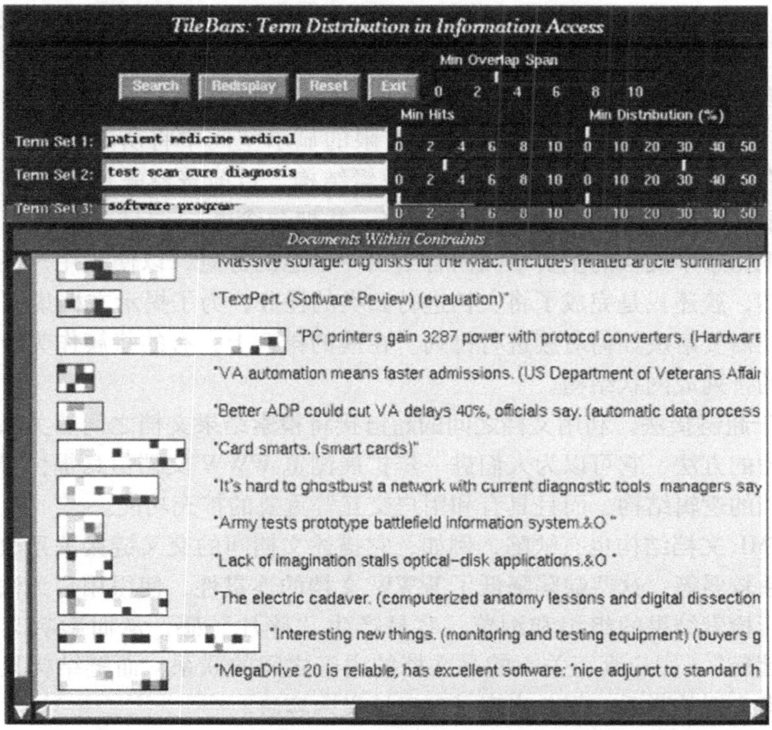

图 8-11　TileBars 检索结果的显示画面

注：资料来源：Hearst M. A. TileBars：Visualization of Term Distribution Information in Full Text Information Access.［2013-12-10］. http：//people. ischool. berkeley. edu/ ~ hearst/papers/chi95. pdf。

的问题，首先要建立一个语音库，对特定声音特征进行采样分析，这样才能保障对于特定声音的较高识别率；而知识库的作用在于提供语境信息，对于语音识别的结果进行基于上下文的判断，最终形成符合逻辑的文本输出。声音信息的可视化提供主要还是归结为文本信息的可视化。

视频信息自身已经是视觉化存在了，那么视频信息可视化又怎样解释呢？视频信息可视化主要是指视频信息检索结果提供的可视化和视频信息组织的可视化。

传统的视频信息组织是采用文字标引，检索结果是文字性的描述和指向视频文件的链接。而这里的视频信息可视化是指在标引阶段和检索结果提供阶段采用视频信息的关键帧。这种信息提供方式改进了传统的对视频数据的顺序查找方式，达到了视频信息的快速定位和部分析取，同时改善了传统的基于主题词的视频信息检索。

视频信息检索结果提供的可视化，主要是要求提供给用户的不仅仅是若干个关键词的描述而是关键帧，用户通过浏览若干关键帧来确定检索结果是否符合需要。为了实现这样的目标，首先需要将视频数据进行可视化组织，如标引、分类、摘要等。

视频图像自动标引技术就是将完整的视频资料分割成若干片段，从中分析出关键帧作为后备标引帧，最后对后备帧进行分析对比得到标引帧，并将这些标引帧作为标引内容存入数据库，以保证可直接进行图像检索获取视频信息。基于视频信息内容的分类主要是根据关键帧的内容进行，也可以借助视频主题标引的结果进行分类。视频摘要是指

将一部电影、电视剧或其他较长视频资料浓缩成一部较短的视频材料，以便用户预览时使用。

2. 检索结果可视化的主要方法

（1）基于分类的文档簇法。要在一个有限的显示空间中将所有的检索结果显示出来，就必须在结果显示上确立一个合理的逻辑结构。目前普遍采用的策略是构造文档簇，它的主要思想是找出具有相同词的文档，并把包含共同词最多的文档放在同一簇中。每个簇根据簇中文档的主要语义内容给出一个总的标题，以便让用户能找到所需要的信息。当然，簇还只是完成了将文档进行归类的任务，为了揭示文档集（簇）之间的逻辑关系，还需要解决如何对簇进行排列。在簇的排列上，有的将簇作为节点排列成层次结构，有的排列成网状结构。

（2）基于超链接法。利用文档之间的超链接将检索结果文档之间的关系可视化是最直接、最省力的方法，它可以为人们进一步扩展浏览 WWW 文档信息提供导航。超链接不仅指明文档的逻辑结构，而且具有和用户交互等重要的扩充功能。

但是 HTML 文档结构也有缺陷，例如，它描述文档间的交叉链接关系较强，而描述层次链接关系较弱等。这些缺陷降低了 WWW 文档的连贯性，使得用户无法基于良好的全局结构进行检索结果的组织和浏览，容易产生“碎片”感，从而影响文档的浏览效率，导致“迷航”。用户真正关心的是文档的内容之间的联系，而链结构只能部分地反映出这种内容之间的联系，因此出现了基于语义内容法。

（3）基于语义内容法。目前这种方法还只是局限于用关键词来表征文档语义内容，因此文档之间的联系简化为关键词之间的关系，对文档的操作可转化为对关键词的操作。在目前的系统中，有些能对文档的语义内容进行操作形成一个可视化层次结构。在这类系统中，文档根据其属性来组织，系统允许用户根据自己的信息需求指定文档属性，从而改变文档的显示结构。

此外，有的系统综合考虑文档的超链接和语义内容来进行可视化，允许用户查看通过链的层次结构所访问的文档结构图，也可以让用户根据自己的需求创建一个独立的层次图。该系统还为被访问文档中的词建立一个同步图，帮助用户随时调整检索式中的词。

思考题

1. 用户的种类有哪些？
2. 用户界面的设计原则是什么？
3. 按照人机交互的形式划分，用户界面分为哪五大类，其特点是什么？
4. 什么是信息可视化？信息可视化的作用有哪些？

第9章 信息检索评价与实验

【本章提示】 本章讲述信息检索评价的基本知识，主要内容包括信息检索的相关性理论、信息检索评价的指标体系、信息检索评价的一般方法，并介绍了部分具有代表性的信息检索评价实验。通过本章的学习，应掌握信息检索相关性理论和信息检索评价的指标体系，了解典型的信息检索评价实验及其重要进展，理解信息检索评价的过程。

9.1 引言

作为评价活动的一种类型，针对信息检索系统的评价工作一直是信息检索领域的一项重要内容。多年来人们开展了大量的评价实验，对信息检索的效果进行了多角度的探索和分析。所谓信息检索评价，是指运用科学的方法，按照设定的指标体系，对信息检索效果进行评价的过程。通过长期的评价实践，已经总结出一些较为合理的评价指标和评价方法，检索评价的可行性显著增强。当前，随着信息资源的爆炸性增长，信息检索所扮演的角色越来越重要，检索评价也进一步发展成为一项专门技术。

对信息检索评价的研究，主要是对信息检索系统的评价研究。信息检索系统包括一切具有存储和检索功能的设施，所以评价范围也应包括各种不同类型的系统及其组成要素，如手工检索系统、脱机检索系统、联机检索系统、Web 检索系统、标引子系统和检索语言等。信息检索系统评价的目的是改进其性能，完善其功能，全面提高检索系统的效果、效率和效益，最终更好地满足用户的需求。因此，信息检索系统评价的内容应当包括：信息资源的收录范围、信息质量、系统功能以及检索结果反馈等。

数据的评价主要从两个方面考察：一是数据的录入质量，如数据的错误率是多少、数据的结构是否合理、数据的完整性如何、数据的著录是否完备等；二是数据的加工质量，如数据的加工深度如何、数据的标引质量如何、数据的分类是否合理等。

检索的功能与效率的评价主要考察检索入口能否满足用户的需求，检索的组配是否丰富，查准率和查全率是否得当，检索的响应速度如何等。检索功能和效率与检索算法有密切的关系，由于检索算法难以分辨出优劣，因此，可以通过检索界面、查全率和查准率以及检索响应时间等来判断检索的效率。

除了对检索功能的评价，系统的功能也应该是检索系统评价的一个重要方面。不考虑检索功能，系统功能的评价应当包括系统是否易于使用、是否具有用户学习平台、信息的可视化水平、结果的相关度输出、源信息获得的难易度等。

另外，随着信息检索服务能力的提高，服务方面也应纳入检索系统评价的范围，如收费情况、用户的使用情况、用户的反馈信息、检索系统的自身效益和产生的社会效益、系统的费用效果比等。总之，检索系统的评价是一个综合性问题，应当从多个方面来进行考察。

另外，信息检索评价研究已从系统输入方面的特性逐渐向检索者输入方面的特性转移，开始注重研究检索专家的特性（如教育背景、经验、个性等）与检索成功率之间的关系。有些评价者还考察了采用不同检索键引起的变化，例如，分别用题名关键词、文摘关键词、叙词、原文中的词，或者分别用主题词与引文对相同的课题进行检索时，检索结果之间的差异。

整体而言，信息检索评价活动范围扩大了，评价水平在不断提高，从而积累了大量有价值的实验或调查数据，初步揭示了检索系统及其各组成部分的运行机制及对系统性能的影响。不过需要指出的是，就目前的状况而言，对用户需求相关性判断和系统行为的本质方面的探索还显得不足，有些评价方法还需要进一步完善，评价结果的解析和验证也有待进一步深入和加强。

9.2 信息检索相关性理论

信息检索过程的本质是文献与提问之间的匹配，而这个匹配的原则就是二者必须是“相关”的，“相关”程度越高也就意味着匹配效果越好，“相关性”与“相关性判断”是检索性能评价不可或缺的标尺与基准。而对于信息检索而言，检索系统并不一定直接解答用户所提出的问题，只需提供与提问“相关”的文档资料即可。系统查全率和查准率的计算都建立在相关性判断的基础上。文献检索本身就是一种相关性检索，而不是确定性检索。它不直接回答用户所提出的问题，而只是提供与解决问题有关的文献。所以在确定文献与提问的匹配标准（或输出标准）时，必然要考虑相关性问题。因此，“相关性”（Relevance）对于信息检索而言是一个关键性的基础概念。从信息检索系统的设计和信息检索算法的研发，到用户对检索结果的评判及检索效果的评价，几乎所有环节都离不开对“相关性”概念的理解和运用。

9.2.1 相关性的概念及特征

相关性问题的出现，可以追溯到20世纪50年代末期。在此之前，虽然已经有很多研究（例如在文献计量学领域）也涉及或隐含着对“相关性”因素的思考，但有关概念却一直隐藏在研究的背后，并没有真正浮现出来。1958年，国际科学信息会议（the International Conference for Scientific Information，ICSI）举行，著名学者维克里（B. C. Vickery）的两篇会议论文引发了对“相关性”概念的最初讨论，“相关性”问题由此得到明确提出。

目前的检索系统只能实现形式匹配（以外表相关为匹配标准），还不能判断信息与提问之间的语义相关性。至于某一文献是否对用户有价值，最终取决于用户的相关性判断。因此，人们认为，“相关性”是一个带主观性的、模糊的概念。

“相关性”概念不仅在信息检索中举足轻重，研究人员也把它看作情报学的一个重要理论问题，情报学独立学科地位的确立离不开“相关性”概念的支撑。从早期非此即彼式的“二值”（0/1）相关性，过渡到后来渐变式的“多值”相关性，即把相关性看作在［0，1］区间取值的一个渐变的连续体；从系统相关性（System-oriented Relevance）发展到用户相关性（User-oriented Relevance）……时至今日，人们对相关性概念的认识又上升到了“多维”相关性的水平。

虽然对“相关性”给出一个全面的定义很困难，但随着信息检索研究的发展，人们对相关性概念的认识和理解正在达成某些共识。概括起来，相关性概念具有如下本质特征：

1. 关系

关系是“相关性”最核心的本质特征。虽然传统的观点认为“相关”是对系统与用户之间联系有效性的判断，但新的研究观点认为，它是对信息与信息用户需求之间关系性质的判断。

2. 直觉的

“没有人能够向信息检索系统的用户解释相关性是什么，尽管他们总是努力去寻找相关信息，用户往往靠直觉来理解相关性”（1996年，由 Saracevic 提出）。正如集合论中“集合”概念的直觉性一样，信息检索中的“相关性”也具有直觉性。

3. 多维的

“相关性”是一个多维的认知概念。首先，相关性概念涉及多个不同维度的匹配要素，如匹配双方、匹配动因、匹配标准、匹配环境等；其次，相关性判断存在着一个由简单到复杂、不同层次的相关匹配水平，如形式相关、语义相关、语用相关等。事实上，相关性概念不是单一的，而是包含了多种相关性。

4. 动态的

相关性的动态性是非常明显的。经验表明，受用户的知识水平、检索经验、信息需求的动机、情境及人物等众多因素的影响，对于同一批文档，不同用户基于同一检索提问，通常会做出不同的相关性判断。即使是同一用户，随时间、地点、自身知识状态的变化，对同一检索系统输出的有关同一提问的结果文档，其相关性判断结果也会有一定的差异。另外，文档之间的关联和相互依赖，也会影响到对它们的相关性判断，例如，对首先阅读文档的相关性判断可能会影响到对后面其他文献的相关性判断。

可以这样理解“相关性判断”，它指的是信息检索中判断者在某一时刻对某种相关性的一种赋值操作。这个定义中实际包含了相关性判断的四个基本组成要素：

（1）相关性类型。这是指基于何种相关性进行判断。

（2）判断者类型。判断者即实施判断的主体，通常分为用户（User）与非用户（Non-user）两大类。其中，用户是指检索系统的真实用户，非用户则包括检索系统设计者、检索中介等在内的各类人员。

（3）判断时间。在不同的时间点，相关性判断的结果可能是不同的，所以判断时间也是相关性判断的基本组成要素。

（4）判断结果的表达方式。这是指对相关性的赋值方法。

9.2.2　影响相关性判断的变量

由于“相关性”问题是信息检索系统设计和评价过程中的核心问题，曾经受到许多情报学家和专家的极大关注，他们对它进行了许多理论探索和实验研究，并存在许多争论。通过一些实验研究发现，有五类变量与人的相关性判断有密切关系，它们是文献与文献表示、提问、判断环境与条件、判断表达模式和判断者的特性。

1. 文献与文献表示

文献与文献表示是检索的对象，对人的相关性判断有直接影响。人们比较了题名、题录、文摘和全文对相关性判断的不同影响，分析了文献的风格和内容专指性与相关性判断的联系，从而发现文献的主题内容是影响判断的最重要因素。文献内容越具体，越有利于相关性判断。文献的风格也可能影响判断。对同一文献，分别根据其题名、题录、文摘、全文来判断与特定提问的相关性，判断结果均有差异。

2. 提问

良好的提问有利于将相关文献作为检索结果输出，判断者在不同研究阶段的知识状态以及提问的措辞等方面对判断均有影响。判断者对提问本身了解越多，对提问与答案的推断越深入，判断的一致性就越高。提问文本与相关文献文本之间似乎存在着较高的相似性和关联性，而在提问与非相关文献文本之间却未发现这种相似性。此外，判断者对提问本身知道越少，判断文献为相关的倾向性就越大。

3. 判断环境与条件

这里主要是指判断时间、人们对相关性的解释及其他环境因素。一些实验发现，实验条件的变化可能导致判断的变化；判断环境中的压力（如时间紧迫感）越大，会导致相关率越高；对相关性的不同解释并不一定导致不同的相关率。

4. 判断表达模式

这个变量是指供判断者用来表达判断的方式或手段，如文献相关性的等级划分、分支设置方法等。一些实验发现，不同的相关性分级方法对判断差异影响很大：分级越多，判断越方便；问卷方式对表达判断较有利；对一组相关度较高的文献，即使判断者的背景不同，也有望使判断达到显著的一致性。

5. 判断者的特性

这里主要是指判断者的受教育程度，特别是专业教育水平和身份等。一些实验发现：判断者的专业知识越高深，相关性判断的一致性就越好；高级专业人员的判断一致度为0.55~0.75，情报服务人员为0.45~0.60；专业知识越少，相关性判断就越宽泛。

实验中的最重要发现之一是相关性判断和随机分布无关。一组判断者对某一文献的相关性判断不呈正态分布，而是向一个方向偏离。尽管相关性判断是一种非常主观化的人类思维过程，但它还是与某些显著的规则性模式有关。这些规则性有希望实际应用于更有效的信息检索系统设计中。

9.2.3 面向系统的相关性

考察面向系统的相关性（System-oriented Relevance）时，是把信息检索定位于一种单方向的信息处理过程，系统根据用户的提问输出检索结果，用户是信息的接受者。这种理解把相关性看作系统方面的属性，用户提出的查询请求只是被拿来与已经确定的文档相比较，二者之间匹配、比较的主要标准就是文档内容与提问的“主属性”（Prime Attribute）的相符程度。因此，系统角度的相关性也被称为“主题相关”或“算法相关”。

系统相关性是对复杂的相关性概念采取的一种简化处理，这也是在早期的信息检索处理中为研究人员乐于接受的。因为只有做出这样的建设与简化，信息检索及其评价才能在一种相对“客观”的相关性标准下顺利进行。相应地，评价的指标也比较容易观察或测度，例如，查全率、查准率、非相关检出率、囊括值等指标。

从20世纪60年代的大型评价实验Cranfield，到今天的TREC评价平台，检索性能评价活动一直都是以系统相关性判断为主导的，有关的实验工作也都采用了非交互状态下批处理评价的研究模式，其间形成的许多评价指标也主要建立在系统相关的匹配标准上，并一直沿用至今。

9.2.4 面向用户的相关性

面向用户的相关性（User-oriented Relevance）主要观察并考虑用户对检索结果的反应，是系统检索结果向用户需求的再投射。随着检索系统日益广泛的应用及专家检索模式向最终用户检索模式的转变，检索评价研究开始更多地思考相关性判断中人的因素和影响。事实上，信息检索不应是一个单向的处理过程，而是一个不断迭代、交互的人机对话过程。在检索性能评价过程中，脱离用户谈相关是不现实的，也是不可能的。一篇检出文档是否具有相关性，在很大程度上取决于用户的主观判断，往往涉及用户的知识状态、待处理和解决的问题、任务及所处的情境或者用户的目标、动机等众多因素。

一方面，用户的相关性判断对检索结果的评价非常关键而不可缺少；另一方面，影响用户相关性判断的因素又是如此复杂而难以捕捉。在这样的情形下，基于用户的相关性判断的性能评价研究存在着太多的障碍，寻找适宜的性能评价指标并进行合理的测度更是困难重重。时至今日，虽然很多研究中心采取了“以用户为中心”的观念，并关注人机交互状态下的检索评价，但如何创造不同于Cranfield的新型评价模式，设计全新的评价指标与工具，仍然是一个开放性的问题。如果说系统相关性中的“关系”属性是客观的，不容易随着判断者的变化而变化，用户相关性则更多地表现出其“关系”属性的主观性与个性化特征。

为了使多个信息检索系统的性能相互间可以比较，或者判断一个检索系统有了多大程度的性能改善，就需要有能够客观地评价检索系统的评价量度。对于信息检索系统来说，用户的查询请求本质上具有一定的模糊性，检索到的结果并不是所查询的精确结果，因此必须按照它们与查询的相关程度来排序，这在信息检索中是非常重要的。对信息检索系统的检索结果进行评价，称为检索性能评价。尽管可以从检索速度、用户接口等观点来评价检索系统性能，但最重要的还是检索系统的有效性。为了客观、定量地评价信息检索系统的有效性，一般只使用相关性这一评价指标。对于相关性评价，主要用系统的查全率、查准率来度量。对于大型的检索库来说，除了相关性之外，平均排序值、排序的紧密度等也是常常采用的指标。

9.3 信息检索评价的过程与方法

信息检索评价的实施是一个复杂的系统工程，这个过程受到多种因素的影响和制约。不同的评价对象、不同的评价指标体系、不同的评价实验平台等因素都会对评价方法提出很多具体要求，从这个角度来说，信息检索评价方法是与具体评价过程密切融合在一起的。尽管如此，任何评价工作都有其评价指导思想和相应的理论基础，同时也都遵循一定的规则和程序。一项完整的检索评价工作一般可分为以下步骤来完成：

9.3.1 确定评价对象及目的

评价是针对特定对象进行的，因此，首先要明确评价的对象、范围和目的，以便据此制定相应的评价方案及指标体系。这一步主要由评价委托人来确定。对象可以是整个系统、几个系统或其中的某些子系统。评价目的可以是测定系统的性能或费用/效果水平，或检验某种假设、观点、关系。评价范围可以是全面性的或局部性的，通常表示为问题大纲，即要通过评价来回答的问题。评价者一定要与委托人充分讨论、协商，明确委托人的目标和要求。

9.3.2 选择评价方式

评价研究可以通过多种不同方式来进行。归纳起来，在一般情况下，可以采用的评价方式有单系统调查分析法、多系统比较分析法、问卷调查法和检索实验评价法等。在具体选择评价方式时，要注意考虑不同方式所需要的评价经费、时间要求和环境限制等因素。例如，针对实验性系统采用的实验室受控实验评价法，针对实用系统采用的问卷调查法、调查分析法等。一般而言，在实验室中采取模拟仿真的方法来测定系统性能，评价结果的可信度主要取决于系统仿真的水平，失误原因与性能指标之间的因果关系较易判断；而选择面向运营中的实用系统进行评价，由于不可控的因素较多，评价难度大，但评价的可信度和实用价值也可能较大。

9.3.3 设计评价方案

设计评价方案是信息检索评价成功的关键。设计时要考虑的方面有：需获得哪些数据；采用哪些评价指标（即设定哪些变量）；采用什么方法去获得有关系统性能的定性描述和定量描述；如何分析各种性能与特定变量之间的关系。

评价方案的制定必须确保评价结果能准确反映检索系统的性能或满足评价项目的预期目标，必须确保评价结果能准确回答委托人提出的问题。

9.3.4 实施评价方案

当评价方案经过充分论证和认可后，就可以开始实施了。以检索实验评价法为例，其实施步骤如下：

（1）抽样。选取供实验用的文档集合和提问集合。样本可以来自实用系统，也可以是纯实验性和模拟性的，抽样方法要科学。

（2）测试。由受试者根据给定样本进行标引和检索，然后对检索结果进行相关性判断。这一步骤可能要区分不同检索环境（检索时间、检索语言、文档集合、检索策略以及有无反馈过程等）而重复进行多次。

（3）数据收集与记录。如实地记录各种测量数据（如检出文档量、相关文档量、响应时间、检索时间与费用、失误实例、用户满意程度等）。可预先设计出一定的表格来记录测试数据，以方便后来的数据处理。当测试数据量非常大时，可以考虑只收集与实验目的有关的主要数据。

（4）数据处理与分析。对各种原始数据进行整理，计算或推算出有关评价对象的各种性能数据，如查全率、查准率、误检率、漏检率、费用效果比等。可以用坐标图或列表法表示整理结果。例如，每进行一次检索，就得到一对有关查全和查准的性能值，并在平面坐标上得到一个性能点。通过变换检索策略或其他变量，又可以得到一系列的性能值和点。然后进行回归分析，画出反映系统性能变化情况和查全率/查准率因果关系的检索结果离散分布图。不同的数据形式适用于不同的处理方法。例如，对于代码数据，可以使用某种统计分析法或推理法；对于自然语言数据，则可使用描述性方法，或者进行必要的编码分类后，再使用统计分析法。

（5）评价结果分析和解析。这包括对得到的不同性能水平进行比较分析、检索失误原因分析和评价结论的解析。性能比较分析是考察不同的检索者在不同环境下的检索结果，说明各种变量和系统性能的关系；或者比较不同系统的性能，分析产生差异的原因。失误分析是要找出误检或漏检的每个文档，仔细分析其标引记录、所用检索策略、用户的相关性判断等原始资料，找出错误的原因。最后，在此基础上提出评价报告。报告中要对评价对象给予一个综合性的评价结论。若发现系统确实存在某些缺陷，应提出有针对性的合理化建议。若评价结果与原有的结论有冲突，也应对此加以解析。

（6）改进系统性能与效益。实际上，该环节是检索评价实施的一个反馈过程，即采纳评价报告中提出的改进意见或建议，研究系统改进方案并加以实施。

9.4　信息检索评价指标体系

信息检索评价的核心问题是建立一套切实可行的评价指标。由于检索效果的评价涉及许多问题，可以从不同角度采用不同的评价方法。不同检索工具和方法，其评价检索标准有一定的差别。对传统的信息检索系统进行评价时，主要的评价指标包括信息收录范围、查全率、查准率、响应时间、输出方式、新颖率、用户友好程度等。因特网的出现使信息环境发生了变化，网络信息检索的评价指标也发生了变化，以搜索引擎为例，其评价指标具有多样性。评价检索系统必须有一套科学的评价标准，而且每项标准必须定义明确，可以操作和计量。下面先介绍检索评价中较常用的一些指标。

9.4.1　系统性能指标

传统的信息检索效果评价，通常以查全率、查准率和响应时间三个指标为主。美国著名情报学家兰卡斯特提出，用户可以从质量、费用和时间三方面来评价检索系统。质量标准主要通过数据库覆盖范围、查全率、查准率、数据的完整性和准确性来反映。费用标准针对用户为检索课题所投入的费用。时间标准是指花费的时间，包括检索准备时间、检索过程、获取文档时间等。其中，查全率和查准率是判定检索效果的主要标准。

根据英国学者克莱弗登（C. W. Cleverdon）的研究，评价信息检索效果的指标主要有六个，即收录范围、查全率、查准率、响应时间、用户负担和输出形式。在上述六个指标中，最重要、最常用的是查全率和查准率，它们可以基于相关性判断而得到较为具体的量化值。另外四个指标或者使用定量定性描述，或者通过观察或直观感受等获得。其中，收录范围是指检索系统的数据库所覆盖的学科面、所收录的文档类型和数量，它现在已经演化成网站或搜索引擎的规模。响应时间是指从接受提问到提供检索所消耗的时间。用户负担是指用户在检索过程中花费的精力的总和。输出形式是检索系统提供的检索结果的形式，可能是目录信息，也可能是全文信息等。这四个指标都反映了检索系统的性能，是用户选择检索系统时需要考虑的重要因素，它们与查全率、查准率一起，共同构成检索系统性能评价指标体系。但与查全率和查准率相比，它们又是较次要的指标。

随着因特网信息检索的兴起、信息量的急剧增加，对信息检索效果的评价又增加了新的内容。不论采用什么评价指标，用户在实际使用过程中最为关心的还是查准率、查全率和响应速度。查全率和查准率是由美国的佩里（J. W. Pery）和肯特（A. Kent）于20世纪50年代中期提出来的，后经不断改进和完善，至今已成为评价检索效果最常用的两项关键指标。确定查全率和查准率最常用的是有名的2×2表（见表9-1）。

表9-1　检索结果评价2×2表

用户相关性判断 / 系统相关性测报	相　关	不 相 关	总　计
已检出	a	b	$a+b$
未检出	c	d	$c+d$
总计	$a+c$	$b+d$	$a+b+c+d$

注：资料来源：冯惠玲，王立清．信息检索教程．北京：中国人民大学出版社，2004。

1．查全率

查全率是评价检索系统的一项重要指标，是衡量检索系统在实施某一检索作业时检出相关文献能力的一种测度指标。早期的信息检索查全率是这样定义的：当进行检索时，检索系统把文档分成两部分，一部分是与检索策略相匹配的文档，并被检索出来，用户根据自己的判断将其分成相关的文档（命中）a 和不相关的文档（噪声）b；另一部分是未能与检索策略相匹配的文档，根据判断也可将其分成相关文档（遗漏）c 和不相关文档（正确地拒绝）d。在一般情况下，检索出来的文档数量为（$a+b$），相对整个系统规模来说这是很小的，而未被检出的文档（$c+d$）数量非常大。此时，查全率为

$$\text{查全率} = \frac{\text{检出的相关文档量}}{\text{系统数据库中的相关文档总量}} = \frac{a}{a+c} \times 100\% \tag{9-1}$$

查全率是指从检索系统检出的与某课题相关的文档信息数量与检索系统中实际与该课题相关的文档信息总量的比率。对于固定数据库检索系统，查全率为检索出的款目数与数据库中满足用户检索式需求的款目数之比；而对因特网信息检索来说，文档总量是很难计算的，甚至连估算都困难。要按传统的方式计算查全率，就要检验检索工具反馈的所有检索结果，而检索结果的数量有时是极大的。为此，相对查全率是一种可以实际操作的指标，但从其定义可以看出，该指标受人为因素的影响较大。相对查全率计算公式如下：

$$\text{相对查全率} = \frac{\text{专业人员检出文档的数量}}{\text{全部实际检出文档集合并集的数量}} \times 100\% \tag{9-2}$$

提高查全率往往就要放宽检索范围，但放宽检索范围又会导致查准率的下降。为

此，需要提高标引质量和主题词表质量，优化检索式，准确判断文献的相关性和相关程度。具体来说就是规范检索语言，选取适当的检索方法，选择合理有效的检索策略，加强标引工作。

2. 查准率

查准率是从检索系统检出的有关某主题的文档信息数量与检出的文档总量的比率。当进行检索时，检索系统把文档分成两部分：一部分是与检索策略相匹配的文档，并被检索出来，用户根据自己的判断将其分成相关的文档（命中）a 和不相关的文档（噪声）b；另一部分是未能与检索策略相匹配的文档，根据判断也可将其分为相关文档（遗漏）c 和不相关文档（正确的拒绝）d。查准率的计算公式如下：

$$\text{查准率} = \frac{\text{检出的相关文档量}}{\text{输出的文档总量}} = \frac{a}{a+b} \times 100\% \tag{9-3}$$

在理想的情况下，系统检索出用户认为相关的全部文档，用户相关性估计和系统相关性判断是重合的，即 $b=0$，$c=0$，则查全率为100%，查准率也是100%。实际上，这样的结果是很难得到的。在一般情况下，查全率的计算比较困难，因为检索系统中的相关文档总数是很难估算的。

对因特网信息检索来说，真实查准率更难计算。因为，对于命中结果数量太大的检索课题来说，相关性判断工作量极大，很难操作。为此可以定义一个相对查准率如下：

$$\text{相对查准率} = \frac{\text{检索者确定为相关的文档量}}{\text{检索者在检索过程中看过的文档量}} \times 100\% \tag{9-4}$$

这个公式与传统的定义有很大的差别，受主观因素影响太大，缺乏可重复性和客观性。另一个比较成功的计算查准率的替代方法是由两位美国研究人员 H. Vernon Leighton 和 Jaideep Srivastava 提出的“相关性范畴”概念和“前 X 命中记录查准率”。

相关性范畴是按照检索结果同检索课题的相关程度，把检索结果分别归入四个范畴：①范畴0，重复链接、死链接和不相关链接；②范畴1，技术上相关的链接；③范畴2，潜在有用的链接；④范畴3，十分有用的链接。

一旦相关性判断进行完毕，接下来就是要对检索工具的检索性能进行评价。“前 X 命中记录查准率” $P(X)$，用来反映检索工具在前 X 个检索结果中向用户提供相关信息的能力。前 X 命中记录查准率可操作性较好，评价者可以根据实际情况来选择 X 的具体数值。一般说来，X 越大，$P(X)$ 就越接近真实查准率，但这也意味着评价成本的增加。评价结果的精度与成本有一种相互制约的关系。当然，在条件允许的情况下，X 应该尽可能大。

比较合理的情况是把 X 值定为20，因为一般的检索工具会以10为单位输出检索结果，前20个检索结果就是检索结果的前两页。而检索用户对前两页的检索结果一般都会认真浏览。在实际计算 $P(20)$ 时，要对处在不同位置的检索结果进行加权处理。因为检索工具大多有某种排序算法，排在前面的检索结果在理论上应有较大的相关系数，并且检索者通常都从头开始检验检索结果。因此，排在前面的检索结果被赋予高权值。其优点是可操作性强，评价人员可根据自身经济、时间、精力等情况灵活选择 X 的具体值。

作为一对最为流行的性能评价指标，查全率和查准率之间具有密切的关系，它们反映了某一检索结果集合不同方面的特性。传统的信息检索理论认为，查全率和查准率具有互逆相关关系，也就是说，如果提高检索的查准率，就会降低检索的查全率。该论点首先来源于英国学者克莱弗登主持的著名的 Cranfield 实验。兰卡斯特在他的《情报检索系统：特性、实验与评价》一书中也明确提出“查全率与查准率总是相反的关系”，而且根据 50 次检索的调查结果绘制出有名的经验曲线，反映出查全率和查准率之间的互逆关系。

3. 查全率与查准率的研究发展

目前，一些学者对查全率和查准率的关系进行了深入研究，提出这两个指标之间不仅存在互逆关系，而且还可以存在互顺关系和其他关系，并通过检索实例、理论描述和数学推理等论证了此观点。查全率和查准率之间的关系与检索提问式的结构有关，在不同的检索条件下，查全率与查准率之间将呈现出以下三种不同的关系：当由于检索策略的变化，使得检索到的相关记录的变化量与全部命中记录的变化量之比小于相关记录数与命中记录数之比时，查全率与查准率呈现逆变关系；当由于检索策略的变化，使得检索到的相关记录的变化量与全部命中记录的变化量之比等于相关记录数与命中记录数之比时，查全率可能变化，而查准率不变；当由于检索策略的变化，使得检索到的相关记录的变化量与全部命中记录的变化量之比大于相关记录数与命中记录数之比时，查全率与查准率呈顺变关系。目前，评价实验往往将查全率和查准率结合在一起形成某种单一指标或平均值指标，以对它们进行替代，常见的查全率和查准率的替代性计算指标主要如下：

（1）平均查全率和平均查准率。平均查全率和平均查准率的具体计算方法有三点平均值计算和 11 点平均值计算。前者的计算方法是选择查准率值分别为（0.25，0.50，0.75）或（0.2，0.5，0.8）时，对这三个点上的查全率求平均值；或者选择查全率值分别为（0.25，0.50，0.75）或（0.2，0.5，0.8）时，对这三个点上的查准率求平均值。例如，对于某一检索系统，首先选择不同的检索策略逐一考察检出结果排序中每个新的相关记录，然后对其查准率进行平均。每检出一个新的记录时，在查准率分别为 0.25、0.50 和 0.75 这 3 个不同点水平上来考察其对应的查全率，如果相应的查全率分别为 0.82、0.73 和 0.64，那么该系统的平均查全率就是（0.82 + 0.73 + 0.64）/3 = 0.73；反之亦然。后者的计算方法是将计算平均值的点扩展为（0.0，0.1，0.2，0.3，…，1.0）等 11 个，其余与三点平均值方法相同。著名的 TREC 评价实验就采取了 11 点平均值的计算方法。不论是平均查全率还是平均查准率的计算，都要求检索系统能够对检索结果实施线性相关度排序输出，只有这样，各个不同点上的查全率和查准率的值才易于定义和获取。

R 查准率（*R*-precision）是基于上述思想的一个重要指标，*R* 查准率就是在返回的结果排序中的第 *R* 个位置上计算查准率，产生排序结果的单值度量。在按与查询相关程度输出检索结果的系统中，输出从高相关位到 *R* 相关位的检索结果，评价指标称为 *R* 查准率。*R* 查准率是一种评价按相关顺序输出检索结果有效性的度量。*R* 查准率方法对于观察一种算法在实验中每个查询的有效性是非常有用的。

（2）*F* 调和均值。排序结果中第 j 个文档的查全率 $R(j)$ 与查准率 $P(j)$ 的调和均值称为 $F(j)$ 调和均值（*F*-measure）。

$$F(j) = \frac{2}{\frac{1}{R(j)} + \frac{1}{P(j)}} \tag{9-5}$$

$F(j)$ 调和均值取值范围在［0，1］，当查全率和查准率双方的值都大时，$F(j)$ 取的值大。$F(j)$ 取值越大表示性能越好。

（3）E 测度指标（E-measure）。E 测度指标允许用户指定是对查全率更感兴趣还是对查准率更感兴趣，其定义如下：

$$E(j) = 1 - \frac{1 + b^2}{\frac{b^2}{R(j)} + \frac{1}{P(j)}} \tag{9-6}$$

其中，b 是表示重视查全率还是查准率的参数。$b=1$ 表明查全率和查准率同等重要，$E=1-F$；$b>1$ 表示与查全率相比，更看重查准率；$b<1$ 表示与查准率相比，更重视查全率。E 的取值范围是［0，1］，E 取值越小表示性能越好。

（4）Ranking 指标。对于大型的文档集来说，查全率是很难统计的。人们更关心检索返回的文档是否排在前面，以及排在前面的紧密度如何。因此，往往采用 Ranking 指标来评价系统的检索性能。Ranking 指标包括：

1）平均排序值。设某个查询请求为 q，r_1，…，r_m 为系统检索出的正确结果，ranking(r_j) 为查询 q 的第 j 个正确结果的排序位置，则平均排序值计算如下：

$$\mathrm{AR}(r_j) = \frac{1}{m}\sum_{j=1}^{m} \mathrm{ranking}(r_j) \tag{9-7}$$

该式反映了某个查询在检索结果中的排序平均值，该值越小越好。

2）平均排序紧密度。平均排序紧密度反映与查询 q 相关的文档在检索结果中排在靠前位置的紧密程度，可以用下式计算：

$$\mathrm{ART}(r_j) = \frac{1}{m}\sum_{j=1}^{m} \frac{j}{\mathrm{ranking}(r_j)} \tag{9-8}$$

如果相关文档全部排在最前面，那么该值为 1。

4. 响应时间

响应时间（Response Time）是指在一次检索过程中，用户从开始向信息检索系统提问到系统输出检索结果的全部时间。在非委托检索中，它只表示用户的实际检索时间。响应时间的长短也是评价检索系统效果的重要指标，直接反映检索速度。一般来说，响应时间越短，信息检索效果就越好。如果检索系统速度太慢，系统的实用性就会大打折扣。响应时间在很大程度上依赖于检索手段和检索技术的进步。在手工检索阶段，响应时间受检索者主观因素的影响较大，主要取决于检索者制定的检索策略的优劣、对检索工具的选择和对检索工具使用方法的熟悉程度，响应时间一般比较长。在计算机检索阶段，信息检索的响应时间大大缩短，主要由系统对信息的处理速度决定，对于网络信息检索而言，用户所处的网络条件和利用的相关设备也在很大程度上影响着响应时间。随着智能信息检索在信息检索领域的发展，响应时间将会更大程度上依赖信息检索系统的处理速度和运行效率。

具体地说，网络检索的响应时间由四部分组成：①从用户请求到服务器的传送时间；②服务器处理请求的时间；③答复从服务器到用户端的传送时间；④用户端计算机处理服务器传来的答复的时间。其中，从用户请求到服务器的传送时间和答复从服务器到用户端的传送时间是信息在网络上传输所造成的延迟，服务器处理请求的时间和用户端计算机处理服务器传来的答复的时间主要取决于服务器和客户机的硬件配置、用户的请求类型和服务器的负载情况等。

可见，缩短网络检索的响应时间，一方面可以提高服务器和客户机的整体性能，选择运行效率高的硬件和软件，采用先进的信息技术；另一方面要增加网络带宽，控制网络中的数据量，减少报文信息在网络路由器上的排队等待、丢失重发等，避免过多的信息往返延迟。此外，还可以使用缓存，一个精心设计的缓存会大大降低网络负载，缩短用户检索时间。

5. 常用的其他性能指标

除了以上常用的几项重要指标之外，还有一些与检索效果相关的指标，如检索系统的收录范围、结果输出形式、易用性、用户负担，以及在网络环境下存在的重复链接率、死链接率等。

(1) 收录范围 (Coverage)。收录范围又称数据覆盖率，收录范围指标被作为衡量查全率的一项辅助指标，用以揭示数据库的涵盖范围。它的计算公式为“给定时间内系统收录的记录总量”与“同期相关领域中的实际记录量”之比。一个信息检索系统的收录范围直接影响到用户信息需求的满足程度。

(2) 新颖率 (Novelty Ratio)。新颖率是指某一次检索中检出新的相关记录的能力，特别是用于评价定题情报提供 (Selective Dissemination of Information, SDI) 服务 (见9.5.6小节)。计算公式为检出的新的相关记录数与检出的相关记录总量之比。

(3) 囊括值 (Generality Number)。囊括值是指与某一提问相关的记录在指定记录集合中的分布密度。通常，分度密度越大越易检出。其计算公式为给定集合中与某一提问相关的记录数与给定集合中的记录总量之比。

(4) 用户负担 (User Effort)。用户负担是用户在检索过程中所消耗的物力、财力乃至精力的总和。

(5) 输出形式 (Output Display Format)。输出形式是系统检索出记录的形式，可能是记录号、题录、文摘或全文等。输出的信息越多且便于浏览，用户越容易做出相关性判断。输出形式影响着用户对检索结果的选择和利用。

(6) 易用性。系统的易用性也称为可存取性，反映了信息检索系统的易用程度。易用性是用户选择信息检索系统的重要参考因素之一。

9.4.2 系统效益指标

信息检索系统的效益主要包括社会效益和经济效益，综合体现在如下方面：加快信息和知识的传播速度；提高信息资源的有效利用率；节省获取信息的时间和费用；改进决策方式，提高决策水平；避免重复研究；促进新发明新发现的产生，提高科研效率。

上述效益往往不能直接计量，因为它是由不同的、不能比较的多种要素组成的。有些方面可用间接方法来评测。例如，时间和费用的节省方面可以通过不同系统的比较来测定。有的则可以用负的经济效益来间接体现，如因缺乏情报而造成的重复研究所浪费的资金、人力，或因情报不准确而造成决策失误所带来的经济损失和其他损失。

另外，检索服务效益除具有多样性的一面外，还具有潜在性和不确定性的一面。检索服务的效益往往需经过一段较长的时间才能显示出来，不能很快被人们所认识，有时甚至可能没有效益。检索服务是一种以社会效益为主的服务，其经济效益常常隐含在社会效益之中。

9.4.3 费用/效果指标

对用户来说，接受检索服务时需要支付的费用或成本可能有以下几种：检索服务收费，或检索工具或数据库的订购费；学会使用某系统所付出的时间和精力；检出信息时所付出的时间和精力；其他费用（如流量费等）。

相应地，系统的费用/效果水平可分别表示为：

1）检出每条相关记录的单位成本。

2）检出每条新的相关记录的单位成本。

3）获得每篇完整文档原文的单位成本。

9.4.4 费用/效益指标

系统经营者为了向用户提供具有一定质量的服务和产品，必须投入一定数量的资源，如系统设备费、系统研制开发费、数据库购置费和建设费、系统运营维持费、广告费、培训费、房租水电费等。它的收益包括用户交纳的检索费，出售有关产品和服务的收入等。由于普遍缺乏对信息产品和服务费用的实际计算，各系统的费用开支很少公开，而且缺乏较完善的信息价格政策，信息服务的价格常被扭曲。所以，计量费用效益比的难度很大。

9.4.5 Web检索系统性能评价存在的问题

Web信息检索是从由网页组成的文档库中，检索出与用户查询请求相关的一组文档集合。该项工作主要由搜索引擎完成，而搜索引擎的性能优劣直接关系到网络信息检索效果以及对网络信息的管理控制水平。对搜索引擎检索进行比较和评价，既能促进搜索引擎技术的改进，也能指导用户选择最适合自己的搜索引擎。对于搜索引擎来讲，网页数以亿计，内容瞬息万变，查全率难以计算；对于查准率来说，在网络环境下进行相关性判断的操作也面临许多新的问题需要解决。此外，影响一个搜索引擎的性能还有很多因素，如对索引数据库的评价，特别是从人性化方面考虑对用户负担的评价等。

对网络检索工具特别是搜索引擎进行评价有其自身的特点。目前的网络检索工具主要以自动方式在网上搜索信息，经过标引形成索引数据库。索引数据库的构成是网络检索工具检索效果实现的基础。通常有两个评价指标：标引深度和更新频率。检索工具提供的检索功能直接影响到检索效果，所以网络检索工具除了提供传统的检索功能外，还提供了一些高级检索功能，如多媒体检索、多语种检索、自然语言检索和相关反馈等。

当前搜索引擎的评价方式众多，存在着各种各样的标准和指标。搜索引擎的相关性关系着用户的搜索效率和满意程度。网页覆盖率是指搜索引擎索引的网页数量，评测中用同一排重算法对结果排重。网上的信息变化频繁，每天都有大量新网页的出现和已有网页的失效。能否及时地反映这些变化，也是评价搜索引擎的重要指标。网页死链率是指搜索结果中指向已不存在（或无法访问）的互联网资源的链接的数量比例。网页作弊是指网页通过程序或人工的手段，非法地提升自己在搜索引擎的排序，提高自身的点击率等非法获益行为。

由于搜索引擎的运行环境及其搜索对象——网络信息资源等方面都不同于传统的联机检索系统，简单地沿用以前的评价方法对搜索引擎的性能进行评价并不合适。虽然已在这方面进行了大量的研究，但目前的评价活动还面临着许多现实的困难与问题：①搜索引擎提供或公开的信息有限，一些重要的评价指标，如数据库规模、更新周期、标引方式等，许多搜索引擎都不愿意在网上公布，即使公布，其可靠性也值得怀疑，或者所使用的数据单位、前提条件等不同，使数据失去可比性。②某些指标客观存在，但实际上却无法准确获得，如查全率。③各个搜索引擎之间差异较大，测试结果数据的可比性较低。④有些评价指标涉及评价者的主观因素较多，或完全取决于评价者的主观判定。

对于一个信息检索系统来说，检索结果的有效性始终都是一个首要标准，用户使用搜索引擎的目的就是找到其所需的信息。目前，国内外还缺乏规范的比较和评价方法，如何客观、科学地建立起 Web 信息检索系统的性能评价指标，还是一个有待研究的问题。因此，在本章前面介绍的评价指标的基础上，改进并增加适应于 Web 信息检索评价需求的内容，是信息检索技术发展所面临的客观要求。

9.5 经典的信息检索评价实验

信息检索评价领域有一些典型的评价实验，这些实验都产生过或者仍然在发挥很大的影响力，它们实施的规范性也堪称信息检索评价的典范。本节重点介绍 Cranfiled、MEDLARS、SMART、STAIRS 等代表性评价实验。

9.5.1 Cranfield 实验

作为信息检索评价研究历史上的一项大型实验，Cranfield 实验由英国情报学家克莱弗登主持完成，前后分为两期，历时近 10 年时间。虽然该项评价实验取得的具体结论受到许多人的质疑和批评，但在检索评价实验的方法论方面，它为后来的研究工作奠定了重要基础。

1. Cranfield-1 工程

Cranfield 评价实验的第一阶段（即 Cranfield-1）开始于 1957 年，1962 年结束。实验在克莱弗登的指导下，在英国 Cranfield 航空学院图书馆进行。具体情况如下：

（1）目标。这一实验的设计目标是对四种索引系统的效率进行比较。这四种系统为

1）基于一个标题表的字顺主题目录。

2）UDC 分类目录，含有对所建类目标题的字顺链式索引。

3）以分面分类和对类目标题的字顺索引为基础的目录。

4）基于一个单元词组配索引所编纂的目录。

（2）系统参数。这项研究包含了 18 000 个索引款目和 1 200 个查询主题。文献一半是研究报告，另一半是期刊论文，并且均等地选自于航空学一般领域和高速空气动力学专业领域。

实验中选择了三位标引人员——一位具有专业知识；另一位有标引经验；还有一位直接来自于图书馆，既没有专业背景也没有标引经验。在实验中要求每位标引人员对每一篇源文献进行五次标引，分别在2min、4min、8min、12min、16min内完成。这样由100篇源文献产生了一个含有6 000个标引款目的集合（100篇文献×三个标引人员×4套系统×5次）。对这6 000个款目分三个阶段测试，由此系统将一共处理18 000（6 000×3个阶段）个索引款目。分阶段进行测试的目的是，考察系统的性能是否会随着系统工作人员经验水平的上升而提高。

这一实验采用已构造的提问，即提问式是在实际检索开始之前编辑好的。实验以外的人员对每篇文献研究后创建出与之相关的提问。这样总共创建了400个提问，并且所有这些提问都由系统分别在三个阶段进行了处理，这样系统就共进行了1 200次检索提问的处理。

（3）实验结果。用查全率来表示系统的运行效率，这四个系统的查全率均在60%～90%之间，总的平均查全率为90%。不同系统的查全率见表9-2。

表9-2　不同系统的查全率

系　统	查全率数据	系　统	查全率数据
字顺索引	81.5%	UDC	76%
分面分类索引	74%	单元词	82%

随着标引时间的增加查全率有所提高，但是在8min的时间水平下由于一些未知因素，查全率异常下降。不同时间下的查全率见表9-3。

表9-3　不同时间下的查全率

时间/min	查全率	时间/min	查全率
2	73%	12	83%
4	80%	16	84%
8	74%		

对三位不同标引人员所标引的文献进行检索的结果并没有显著的差别，换句话说，三位标引人员的标引水平没有太大的差别。

对航空学一般领域的文献款目检索的成功率为4%～5%，高于对高速空气动力学领域的款目检索的成功率。

对第三阶段的6 000个款目进行检索的成功率为3%～4%，要高于前两个阶段。

（4）失误分析。在此次实验中共发现了495次失误，通过对这些失误进行分析得出了如表9-4所示的数据。

表9-4　失误分析

失误类型	百分比	失误类型	百分比
提问方面的失误	17%	检索方面的失误	17%
标引方面的失误	60%	系统方面的失误	6%

可以看出，77%的失误出现在检索阶段（17%）和标引阶段（60%）。在这77%的失误中，有55%是人为失误，而其余22%是由于缺乏足够的时间用于标引。

（5）意义。Cranfield-1实验结果在许多方面都与人们对信息检索系统性质的普遍认识相抵触。首先，这一实验证明了一个系统的运行效率并不依赖于标引工作者的经验和学科背景。其次，这一实验表明以分面分类方案对文献进行组织的系统比字顺索引系统和单元词系统的性能要差。Cranfield-1实验在另外两方面也有很重要的意义。首先，它鉴别出了影响检索系统性能的主要因素。其次，它首次开发出了一套成功的信息检索系统评价的方法体系。另外，它还证明了查全率和查准率是判断信息检索系统性能的两个最重要的参数，并且这两个参数之间是互逆的关系。以下是Cranfield-1的重要发现：

1）超过4min以上的标引时间并没有使检索效率得到实质性的提高。

2）非专业的标引人员同样可以做出高质量的标引。

3）系统的查全率和查准率分别在70%～90%和8%～20%之间。

4）查全率每增加1%就会使查准率降低3%。

5）查全率和查准率是互逆的关系。

四种索引系统的检索效率是大致相同的。

（6）批评意见。尽管Cranfield-1阐明了许多问题，但是许多人也对它提出了批评意见。Swanson指出对此系统性能所做的描述（如以上所讨论的）并不是通过实验建立起来的，而是实验的设计结果。维克里主要的批评意见是关于检索提问的，认为此实验中所采用的提问是从源文献中“构造”出来的，有人提出这样“构造”的提问与现实生活中的提问相比太局限于文献本身。另一批评意见指出这一实验虽然鉴别出了这些索引系统的性能水平，但是它并没有对这些系统的失误因素做出任何解释。

2. Cranfield-2工程

Cranfield-2评价实验于1963年启动，仍由克莱弗登主持，1966年整个实验全部结束。评价对象还是标引语言，这次选用的标引语言分别是单元词、受控词（取自《Engineer's Joint Council叙词表》，简称《EJC叙词表》）、自然语言短语、题名与文摘中的关键词四种。实验目标是研究这些标引语言的不同控制模式或手段对检索效果的影响，待检验的控制模式或手段主要有词形控制、同义词控制、等级控制、相关参照、各种概念组配方式以及它们的不同组合，共计33种。实验所采用的方法是：依次改变每一要素并保持其他要素不变，从而对每一要素的作用进行评估。通过概念组配方法共产生了29种索引语言，并将其在1400篇文献上进行了实验。

（1）实验集合。此次实验是在一个包含1400篇文献的文献集上进行的。这些文献都是从高速空气动力学和飞行器结构学领域收集的报告和文章。

（2）提问式。此次实验大约收集了200篇研究论文，每篇论文都引用了大量的参考文献。让这些论文的作者为他们在论文中所引用的那些参考文献创建一个提问式，同时找出那些没有被引用但是与他们所创建的提问相关的文献。让这些作者浏览所有的被引文献，并且那些未被引用的文献也被送到这些作者手中，让他们对这些文献与他们所创建的提问的相关性做出评估。这些作者共鉴别出了1961篇全部或部分与已创建出的279个提问相关的文献。最后选择了221个提问和1400篇文献用于此次实验。通过计算某一既定的检索能够检出多少篇通过以上方式评估出的相关文献，可以对系统的效率进行测定。

（3）标引水平。前面已经提到，在此次研究中，不同的索引语言是通过对索引词在不同的层次水平上加以组配而形成的。以下是维克里对这些组配方式所做的讨论：

1）对每一文献进行分析，并对文献中所用到的一系列概念性的短语进行收集，这些短语组成了一种索引语言。将这些短语的同义词扩充进来从而形成一套另外的索引语言。

2）把所有的概念通过一个显示上级、下属和并列关系的等级分类体系加以组织，将上级概念、下属概念和并列概念与原概念结合起来就形成了扩展的索引语言。

3）把索引语言中用到的每一概念（概念性短语）分隔成单个的词语，这些简单的词语构成了另一种索引语言。

4）找出每一个词的同义词、准同义词和同根词，将其分别与原词相结合从而形成三种索引语言。

5）把实验标引中用到的所有单个词语编入一个等级分类体系，并且通过将上级概念、下属概念和并列概念与原概念相结合从而形成扩展的索引语言。

6）把用于标引每篇文献的概念所对应的概念翻译成《EJC 叙词表》中相应的术语，从而形成一种索引语言，由这种索引语言又可以衍生出另外四种索引语言——将索引词分别与其广义词、狭义词和相关词相结合就形成了其中的三种，剩下一种则是把原索引词与其广义词、狭义词和相关词同时结合起来而形成的。

7）每篇文献题名中的词语构成了一种索引语言。对这些词加以扩充，把每个词的各种形式包括进来就又产生了一种检索语言。

8）每篇文献文摘中的词构成了一种索引语言。对这些词加以扩充，把每个词的各种形式包括进来就产生了另一种索引语言。

（4）检索。把每一个提问式分解成单个的词，再把这些词加以组配后与组配好的索引词相匹配，并通过一次减去一个提问词的方式实现在不同组配层次上的匹配，从而希望在每一层次上检索出一些相关文献。此时，把同义词加入原有词汇所形成的索引语言的词汇取代了提问词和索引词。检索是在不同的组配层次上进行的，以预测进一步会检索到哪些文献。使用所有的索引语言进行近似检索（前面部分已经讨论过），并记录下每次检索出的相关文献量（Hits）和未检出的相关文献量（False Drops）。

（5）实验结果。共将 221 个提问应用于一个包含 1400 篇文献的文献集。研究人员总结了使用每一种语言所得出的全部检索结果，并计算了平均的查全率和查准率（见表 9-5）。某一既定的索引语言的查全率和查准率定义为

$$\text{查全率} = \frac{\text{检出的相关文献}}{C} \times 100 \tag{9-9}$$

式中　C——文献集合中与提问相关的文献总数（=198）

$$\text{查准率} = \frac{\text{检出相关文献}}{\text{检出相关文献}+\text{未检出相关文献}} \times 100 \tag{9-10}$$

在一张图表中标出不同组配层次下的查全率和查准率，得出了以下结论：

1）在使用概念进行标引的情况下，系统性能随着原概念的上级、下属和并列概念的引入而下降。

2）在使用单个词语标引的情况下，并列词尤其是近义词的引入使系统性能下降。

表 9-5 Cranfield-2 的实验结果

组配层次	7	6 +	5 +	4 +	3 +	2 +	1 +
检出的相关文献总数	12	25	49	88	132	162	189
未检出的相关文献总数	11	56	251	1039	3979	9811	34127
查全率	6	13	25	44	67	82	95
查准率	52	31	16	8	3	2	1

注：资料来源：B. Ricardo，R. Berthier. 现代信息检索（王知津，等译）. 北京：机械工业出版社，2005。

3）当广义词和狭义词随着叙词表的受控语言一起引入时，系统性能下降。

4）基于题名的索引语言比基于文摘的索引语言效率更高。

Cranfield-2 实验的结果是出乎人们预料的，这是因为效率最高的索引语言是由文献中出现的那些非受控的单个词语所组成的。但是有人指出，此次实验中用到的变量存在问题。每一种索引语言都由不同集合的单词、短语或二者共同所组成。这样，提问与文献的匹配程度将会决定专指度不同的各种语言的相对效率。维克里评论说 Cranfield-2 中采用的测评方法没有充分反映出检索性能中那些具有实际操作意义的方面。

9.5.2 MEDLARS 系统评价实验

MEDLARS（Medical Literature Analysis and Retrieval System，医学文献分析与检索系统）是美国国家医学图书馆于 1964 年建成的一个脱机检索系统。1966～1968 年间，在美国著名情报学家兰卡斯特的主持下，对该系统进行了评价实验。作为一个生物医学文献数据库，其索引款目是从《医学主题词表》（MeSH）中选取出来的。该评价实验的目的是通过对当前系统进行评价，研究用户的检索需求，确认该系统满足用户需求的程度，分析鉴别影响系统性能的不利因素，寻找改进系统性能的途径。作为一项面向运营中的实用检索系统的大规模评价研究，该项工作取得了积极的进展，并产生了较大的影响。反映评价实验结果的总结报告——《MEDLARS 工作效果评价报告》荣获了 1969 年度美国最佳文献工作报告奖。

MEDLARS 评价实验数据主要来自两个方面：检索提问和检索对象数据。前者使用该系统当时拥有的 70 万条生物医学书目记录；而后者是通过分层抽样方法，从该系统的 5 个服务中心所服务的 20 个机构在 1966～1967 年间实际受理的真实检索课题中选取，共 302 个。对于这些检索课题，通过对用户的个人访问和通信联络（以得到用户的充分协助），让用户对每一个检索课题给出尽可能详细的描述（包括检索目的、范围、解释及限定等），并提供有关的专业词汇。然后，再由服务中心的工作人员利用 MeSH 为检索课题编写相应的检索提问式。此外，实验还要求参与评价实验的每一个用户提交一份他认为与某一检索课题相关的近期文献目录，以便于估算课题的相关文献总量。该实验的主要方法和过程如下：

1. 选取实验用的提问集合

用分层抽样方法选出 5 个有代表性的团体用户（MEDLARS 服务中心），再从它们所服务的机构中选出 20 个机构。这 20 个机构在 1965 年受理了大约 410 个提问，其中 317 个用户提供了充分协助，填写了相关性判定表。评价时详细地处理了其中的 302 个提问。要求用户在提问单上对提问做尽可能详细的描述（如目的、范围、解释、限定等），并提供有关的专业词汇。服务中心工作人员利用 MeSH 为提问编写检索式。

2. 检索

服务中心分别利用计算机在 MEDLARS 磁带上对各自接受的提问集合进行检索。同时要求每个用户提交一份他认为与该提问相关的近期文章目录。

3. 向用户提交检索结果

将计算机打印的结果送交用户。若检出文献不超过 30 篇，连同原文复制件一起提交给用户。若超过 30 篇，则从中随机选出大约 25 篇复印原文，连同全部打印结果交给用户。

4. 用户填写“相关性评估表”

该表的主要项目有：“你以前是否知道此文献”，“该文献对你的价值如何（分为大、较小、无价值和无法估计四档，并说明原因）”，等等。用户根据文献原文进行相关性估计。

5. 初步统计分析

对返回的估计表进行统计处理，例如，1 号用户的检索结果如表 9-6 所示。

表 9-6　检索结果

● 用户号	1
● 检出文献总量	344 篇
● 提交的原文件数	24 篇
● 相关度大的文献量	6 篇（25%）
● 相关度小的文献量	13 篇（54%）
● 相关文献总量	19 篇（79%）

注：资料来源：赖茂生．计算机情报检索．北京：北京大学出版社，2006。

由于这 24 篇原文是从 344 篇中随机选出的，故算得的查全率只是一个估计值。

6. 估计被遗漏的文献量

利用用户提供的近期相关文献目录和从其他情报源（如 NLM 目录、专题书目、SDI 等）中检出的文献目录，去掉其中 MEDLARS 未收录的和前面的检出文献相重复的文献，将两种目录中列出的其他文献的原文交给用户判断其相关性。结果发现，漏检的与 1 号用户提问相关的文献为 2 篇，遗漏率 2/15（即在上面两份目录中发现 17 篇 MEDLARS 已收录的相关文献，其中有 15 篇已检出）。

7. 综合统计

对第 5、6 步获得的数据进行综合（如表 9-7 所示），推导出查全率和查准率。

表 9-7　数据综合

● 检出文献量	344 篇
● 检出的相关文献量（344 篇 ×79%）	272 篇
● 误检的文献量（344 篇 ×21%）	72 篇
● 漏检的相关文献量（272 篇 ×2/15）	36 篇

这样，对1号用户的提问，系统的查全率和查准率是：

$$R=\frac{272\text{篇}}{272\text{篇}+36\text{篇}}=0.88$$

$$P=0.79$$

统计中发现，5个服务中心的平均查全率和平均查准率分别为0.50和0.58。

8. 检索失误分析

实验详细地分析了302个提问及其检索结果，因其中有3个的查全基数无法确定，故最终评价的实际上只有299个。实验共发现797个查全失误和3 038个查准失误。对失误涉及的每篇文献的标引记录、原文、提问词、检索策略、MeSH以及用户的相关性估计表进行逐一检查，发现失误的类型分布如表9-8所示。

表9-8　MEDLARS失误分析

系统属性/要素	查全失误	查准失误
索引语言	81篇（10.2%）	1094篇（36%）
标引	298篇（37.4%）	393篇（12.4%）
检索	279篇（35%）	983篇（32.4%）
用户—系统交流	199篇（25%）	503篇（16.6%）
其他	11篇（1.4%）	78篇（2.5%）

注：资料来源：B. Ricardo，R. Berthier. 现代信息检索（王知津，等译）. 北京：机械工业出版社，2005。

属于标引方面的失误原因是：选词太多或太少；遗漏了重要概念；选词不当；所选的词含义过宽泛。

索引语言方面的原因是：缺乏适当的专指词；词间关系有缺陷；入口词太少。

检索方面的原因是：提问式范围过宽或过窄；提问式中包含的词过多或过少；选用了不恰当的词或词组配；提问中的概念之间关系不正确。

用户—系统交流方面的原因是：经过交流后，提问被中间人所曲解。

9. 提交评价报告

评价者提交了《MEDLARS工作效果评价报告》。报告中提出了有关改进系统—用户交流模式、检索语言、标引、检索策略等方面的建议。

9.5.3　SMART检索实验

美国情报学家萨尔顿于1964年在美国哈佛大学建立了一个实验性检索系统SMART（System for Mechanical Analysis and Retrieval of Texts，文本机器分析与检索系统），其设计意图在很大程度上是将SMART作为一个实验工具，对多种不同形式的分析检索过程的效率进行评价，目的在于对某些自动标引技术做出评价。

SMART是一个基于向量空间模型的实验系统，其系统框架如图9-1所示。不同于传统的布尔逻辑检索，在SMART中，文献通过自动标引技术用文献向量表示，用户的检索需求也经过自动分析形成提问，检索匹配则是通过计算文献向量与提问向量的相似度来完成的，检索结果可按照相关度大小排序输出。其具体步骤是：获取文献和以英文编辑的检索提问；对文本进行全自动的内容分析；把分析后的提问语句和文献内容进行匹配；检索出与提问最相似的存储款目。

为了实现对文献内容的自动化分析，实验人员采用了许多种方法，例如：单词后缀切除法、叙词表查询程序、短语生成法、统计词语关联、等级词汇扩展，等等。

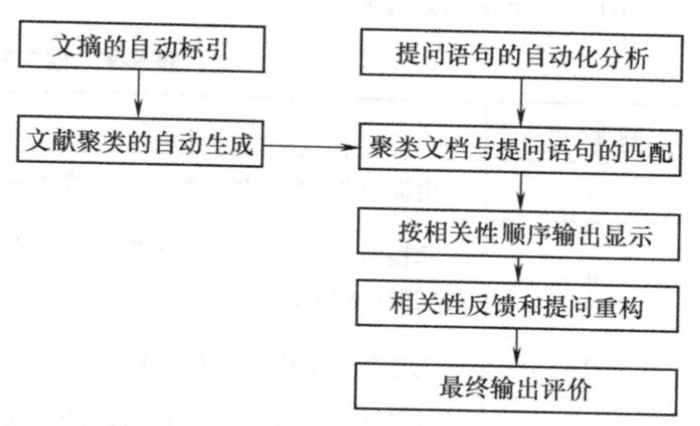

图9-1 SMART系统框架

注：资料来源：B. Ricardo，R. Berthier. 现代信息检索（王知津，等译）. 北京：机械工业出版社，2005。

尽管最初的SMART实验是在实验室环境中完成的，但是其最基本的目标是开发出一个全自动化信息检索系统的模型。因此，在大量的检索实验中，用户环境是通过在用户反馈基础上实施互动查询来模拟的。纳入系统的评价过程参与对两种或更多处理方案的效率所进行的双重比较。对于所考察的每一种方案都计算出大量的评价参数，然后对两种或两种以上的方案的评价数据进行对比，从而生成一个检索效率递减的方案等级序列。

此次实验共收集了1 268篇图书馆学和文献资料领域的文摘，包含约13 150个英文单词。集合中所包含的文章主要是美国文献杂志和其他该专业领域的杂志在1963年和1964年所发表的文章。

8个人一共编辑了48个不同领域的检索提问。这些人有的是图书馆员，有的是图书馆学专业的学生，他们都熟悉这一专业领域。每个人都要提出6个提问，这些提问应该是图书馆学专业的学生可能会提出的。每一个提问都被假定代表一个真实的情报需求，并且必须用语法正确、语义明确的英语表述出来。

在收到这8个人的提问后，对构成文献集的文摘文本进行分配，要求每个人对每篇文献与他们所创建的6个提问的相关性做出评估。每篇文献都按照以下标准来判断是否相关："如果文摘中直接表述了或从中直接可以推导出，或正文中包含了与提问主题相关的内容，那么这篇文献则被认为是相关的。"

在得到"A组判断"及相关判断集后，让实验小组中的每个成员对6个人所提出的6个附加提问的相关性做出判断，从而就可以得出"B组判断"，即第二组独立的相关性判断集。在第二次判断中同样使用第一次判断采用的标准；唯一的不同在于"A组判断"是由提问者本人所做出的，而"B组判断"不是。为了保证独立性，在做"B组判断"前并不公布"A组判断"的结果，并且判断进行之前和进行期间不让评估者有任何交流。

这样，对于48个提问中的每个提问都会产生4个不同的文献集合，不同文献集合是由不同人判断出的相关文献所构成的，如下所示：

集合A——提问者所评估的相关文献。

集合B——外部专家所评估的相关文献。

集合C——A组或B组评估者评估的相关文献。

集合 D——A 组和 B 组评估者同时评估的相关文献。

相关性判断分组见表 9-9。

表 9-9 相关性判断分组

判断组	任务
A	由提问者所组成的小组，其中的每一成员相对自己所编辑的 6 个提问做出相关性判断
B	非提问者本人所做出的判断，该组的每个成员相对于由 A 组的 6 个成员所编辑的 6 个相应的提问做出相关性判断
C	无论是 A 组或 B 组成员认为某篇文献与某一给定的提问相关，则此篇文献是相关的
D	如果 A 组和 B 组成员同时认为某篇文献与某一给定提问相关，则此篇文献是相关的

注：资料来源：B. Ricardo，R. Berthier. 现代信息检索（王知津，等译）. 北京：机械工业出版社，2005。

在 SMART 系统中包含三个自动化的语言分析过程：词形、词干和叙词表。分别介绍如下：

（1）词形。通过去掉相同的词和词尾的“s”对文摘和提问的文本进行缩减，并对保留的词形赋予一个权值；把缩减后的文本加以匹配，从而得出文献—提问关联系数。

（2）词干。对文本采取与词形相同的方法进行缩减，但是要去掉文本中单词的全部后缀，从而进一步缩减文本，并对词干加权。提问—文献的匹配程序保持不变。

（3）叙词表。在同义词叙词表中查找由前一过程生成的每一词干，并对加权后的提问和文献的等同概念加以对比（取代词形和词干）。

人们发现 SMART 实验的评价结果并不随着相关性判断的变化而改变。Lesk 和 Salton 进一步揭示了为何查全率—查准率的结果对于研究中的不同文献集是基本不变的，他们提出尽管不同的判断者所评估的相关文献集存在着很大的差别，但是那些明显与提问最接近的文献和较早检索出的文献有很大一部分是一致的。由此得出以下结论：如果 SMART 实验中提问者做出的相关性评估具有大众用户评估的特性，则“最终的平均查全率—查准率结果将作为系统性能的稳定指数，真实反映实际的检索效率”。

9.5.4 STAIRS 工程

1985 年，Blair 和 Maron 在进行了大量实验的基础上发表了一篇实验报告，该实验目标是对全文检索和检索系统的检索效率进行评价。该工程被称为 STAIRS（Storage and Information Retrieval System，情报存储与检索系统）研究。

STAIRS 中所使用的数据库包含近 40 000 篇文献，代表某大型诉讼案在申诉时使用的约 350 000 篇硬拷贝文献。每篇文献的全文都可以通过联机方式获取，并且可以通过意义明确的简单词汇或其布尔逻辑组合检索得到。用户可以通过一个叙词表——TLS（叙词表语言系统）和广义词、狭义词或相关词的使用来操作检索。STAIRS 的一个重要特点是，使用这一系统准备法庭辩论的律师必须能够检索到与一给定提问相关的所有文献的 75%。STAIRS 评价的主要目的是评估系统检索出与某一给定提问相关的全部文献的能力。为此，实验中对查全率和查准率进行了测算。

律师共提出了 51 个一般性的请求，由两个熟悉 STAIRS 的律师助手把这些请求转换成正规的提问，然后对数据库进行查询，并将检索到的文献交给最初提出请求的律师。律师对这些文献做出评价，按照其与提问的相关性将其分为“重要的”“满意的”“基本相关的”或“不相关的”文献。记录下对所给提问所做的进一步修改，并且展开进一步的检索直到用户满意（例如，在用户的评价结果中至少有75%是“重要的”“满意的”和“基本相关的”文献）。

用“重要的”“满意的”和“基本相关的”文献总数除以检索到的文献总数就得到了查准率。对于查全率的计算采用了一种抽样技术。随机抽取一些样本文献，并由律师对其做出评价，然后估计出所有这些样本子集中包含的相关文献总数。

对这51个提问中40个提问的查全率和查准率进行了计算，并将其余11个提问用于检验抽样技术以控制检索和样本实验评价中可能出现的偏差。查准率用百分数来表示，最高为100%，最低为19.6%，平均为79%（标准差=23.2%）。查全率最高为78.7%，最低为2.8%，平均为20%（标准差=15.9%）。从以上结果可以看出，平均每100篇检索出的文献有79篇是相关的，但是文献集中只有20%的相关文献被检索到。如果在图中标出40个提问中每个提问的查全率和查准率，就会发现有50%的检索查准率高于80%，而查全率只有20%或更低。

在分析STAIRS只能检索出与某一提问相关的1/5的文献的原因时，Blair和Maron发现，用户不可能预先知道在所有或大多数相关文献中使用的确切词语及其组合和短语，并且这些词和短语是仅在这些文献中使用。他们同时还发现数据库规模过大，即他们所谓的“输出超载”也是查全率过低的一个原因。他们指出让用户——浏览检索到的几千篇文献是很不实际的。很自然，在这种情况下，用户将希望通过增加更好的检索词来重新构造检索式，从而得到一个可控限度之内的检索结果。然而，随着交叉词汇的增加，输出量减小，同时查全率也会下降。这是因为提问式的重构可能会将一些相关文献排除在检索结果之外。

STAIRS研究公布了与早期研究不一致的检索结果。萨尔顿在SMART中证明了全文自动化文献检索系统的运行效果是令人满意的。然而，在STAIRS研究中却发现并非如此。实际上，STAIRS的研究报告在情报学界引起了许多争论。1986年萨尔顿对这一研究发表了一篇评论，提出了以下几点主要的批评意见：

1）在一个大型系统中并没有证据证明存在“输出超载”的现象。

2）以前的研究证明自动化的文本检索系统至少与基于手工标引的系统性能相当，甚至优于手工标引的系统。

3）在使用自动标引得到最佳结果的研究中，所标引的词汇选自于文摘而并非文献全文。

9.5.5 WRU检索实验

1963~1968年，美国凯斯西储大学（Case Western Reserve University，CWRU）文献学与通信系统比较实验室进行了一项检索系统评价研究，简称为WRU检索实验。

1. 研究目标

它的研究目标是：确定文献检索系统的基本成分，建造一个系统模型；对影响系统性能的各种变量进行分析鉴别；设计一种实验方法去获得有关系统性能的量化信息；建造一个实验性系统，评估其性能与特定变量之间的关系；进一步揭示检索系统内各种变量和过程及实验方法。

2. 实验设计

经分析，将检索系统的变量设定如下：系统所属学科领域、用户类型、文档规模、文献选择方法（主题分析用的）、文档组织方法、文献源（供主题分析用的题名、文摘、全文）、标引语言、索引词形式（词语或代码）、检索式词汇来源、检索宽度、输出方式，共11个变量。

因为是实验性系统，故决定前5个变量和最后1个变量固定不变，只改变其他5个变量。采用9种不同的检索语言（5种标引语言和4种提问扩展语言）、6种不同的检索式（5种用于窄型检索，1种用于宽泛检索），所以实际上可以有 $9 \times 6 = 54$ 种变量组合用来评估系统的性能。

假设的因果模型是：当其他条件不变时，5个变量中的每一个都会影响系统的性能。实验的目的就是要检验这一假设，并用定量方法来表示预期效果。

系统性能的测试方法：先确定系统规模（实验用文献量和提问数）。文档由27种文献源/标引语言组合构成。提问由学科专家提供，并用不同方法检索。目标是使检出的相关文献量达到最大，使无关文献量减至最小。相关性判断由提问的专家负责。用 2×2 表整理数据。设立了三个性能指标：敏感度（Sensitivity，即查全率）、专指度（Specificity，即误检率）和效率（Effectiveness）。前两个指标的计算方法与其他评价实验相同。后一个指标等于前两个之和减1。

3. 评价实施细节

选出600篇有关热带病的文献，用5种标引语言分别根据每篇文献的题名、文摘和全文进行标引。将124个提问与每种索引文档进行匹配，并变换其分析方法和检索策略。每次检索的结果交专家独立地根据题录、文摘、全文进行判断。取全部检索者检出的相关文献累计（去重）数为该集合的相关文献总量。

所用的5种标引语言是：

1）“电报式”语言——抽取或赋予的词，词间关系用职号和等级表示。

2）人工抽取的关键词。

3）机器抽取的关键词（仅对题名）。

4）《热带病文献通报》中提供的标引词。

5）用抽象或具体的术语构造的“元语言”（仅对题名）。

提问来自该领域中很活跃的25名专家。提问的分析过程为：①将提问分解为单元概念，然后用两种方法加以扩展；②利用当地编制的叙词表加以扩展；③用其他工具（词典、参考书等）加以扩展；④用词典和参考书扩展过的提问再用叙词表加以扩展；⑤向专家咨询后，再修正前一步扩展的词。

采用的检索策略有两种：窄型检索和宽泛检索。前一种把原提问中的全部概念均保留在检索式中，后者则把组配级别减少到只有“最宽泛的主体方面”。

4. 评价结果和结论

当网罗度增加时，输出和查全率提高，而查准率下降。基于文摘的标引深度的检索“效果”最好。似乎存在一种最优的网罗度水平。

当网罗度相同时，没有证据表明不同标引语言对系统性能有显著影响。这不足为奇，因为这几种语言并没有任何清晰的定义方式。

然而，提问的扩展方式影响系统性能。第四种扩展方式的输出，查全率和“效率”最高，因为此时误检率最低。特别有趣的发现是：第三种扩展方式引起的性能变化比第二种更明显，因为当地编制的词表不太适用。

该实验得出的结论是：预先编制一部叙词表可能不值得，但这并不意味着借助叙词表的提问扩展方式不必要，相反，它是提高查全率和“效率”的必要步骤。其他结论是，职号的作用较小；拓宽检索式就可以达到最大的查全率，但其代价是查准率非常低；为改善提问分析、构造检索策略方面的决策是影响性能的主要因素。评价和最后提出的看法是，检索系统的效率通常是低的，必须接受这一事实。

9.5.6　SDI 服务评价

这是 1970 ~ 1972 年间由莱格特（P. Leggate）等人在英国牛津大学实验信息部（Experiment Information Unit）进行的评价研究。评价对象是若干种营运中的 SDI 服务，目的是测定服务的效果和效率。

评价方法如下：

因没有用户总体可供抽样，不得不通过向研究人员提供免费服务的办法来征求用户。在每个有关的领域征集一定数额的用户，构成一个有代表性的样本。给 300 个用户提供了近一年时间的服务，其中有半数用户同意参加到一个更详细的评价阶段中去。

评价者与用户进行了充分的交谈，根据用户近期的文献需求编制需求大纲，然后到 BA Previews[⊖] 磁带上进行检索，把检索结果打印给用户。在一般性评价阶段，用户可以修改需求大纲，以获得更好的结果。在详细评价阶段，需求大纲则不能改动。用户收到打印结果后，对检出文献进行相关性评估，对相关文献分别标明“价值大”或“价值小”，并指出哪些文献是已经知道的。

两个阶段计算出来的查准率差别不大，一般阶段为 39.6%，详细阶段为 38.6%。详细阶段还计算了新颖率（即未知的相关文献量与相关文献总量之比），分别为 57%（仅对价值大的部分）和 77%（对全部相关文献）。它表明基于 BA Previews 的 SDI 服务提供新文献的能力比不上其他渠道（例如用户通过浏览原始期刊）。

为了估计查全率，要求参加评价的用户每人提供一份自己用常规方法收集到的与提问有关的参考文献目录（最多不超过 30 篇），所用的工具书或情报源不包括 BA Previews 在内。评价者也是利用其他数据库进行检索，检出文献经用户审查后，补充到用户提供的补充样本中。但在估计查全率时，必须把近期的 BA Previews 收录的相关文献排除在外。统计结果显示，查全率为 58%，新颖率为 73%。

为了弄清如果用户根据全文来进行相关性判断，结果有何差异，还进行了一次辅助性评价。从每个用户的打印结果中随机选出 7 ~ 12 篇英语文献，将其原文交给用户评判。结果发现：对被判定为相关的文献，90% 的原文被认为有相似的价值；对非相关文献，78% 的原文被认为是无价值的。换言之，通过阅读原文，用户认为有 10% 的相关文

⊖　Biological Abstracts Previews，一个数据库，可直译为《生物学文摘预览》。

献是次要的，另有22%的非相关文献的价值提高了。合计有83%的文献的评价结果与前面相同。

为了进一步评价该项服务，半年之后又请全部参加评价的用户填写问卷。这次问卷调查的结果表明，大多数用户对这种SDI服务有兴趣，对BA Previews数据库的收录完备性表示满意。

9.6 信息检索评价实验平台：TREC

与信息检索领域相关的组织和会议主要有ACM SIGIR（Special Interest Group on Information Retrieval，美国计算机协会信息检索专业组）、TREC、WWW Conference等。ACM SIGIR起始于1978年，是信息检索领域最著名的年度学术会议，学术论文可以代表本领域的最高学术水平。始于1994年的WWW Conference由万维网联盟组织举办，是Web领域最重要的学术会议。会议涉及包括Web信息挖掘、搜索、语义Web在内的与Web相关的内容。TREC是由美国国家标准与技术研究院（National Institute of Standard and Technology，NIST）和美国国防部高级研究计划局（DARPA）赞助并组织的文本信息检索领域一个国际性重要会议。本节将重点介绍TREC这一文本信息检索领域的国际性重要会议。

9.6.1 TREC概述

TREC是“文本检索会议”（Text Retrieval Conference）的简称，1992年由NIST和DARPA共同发起并主办，是国际文本检索领域最具权威性的年度评测活动。TREC名称中虽有“会议”的成分，但实际上，它并不是一个真正意义上的学术性会议，而是一项致力于对文本信息检索技术进行大规模评价研究的实验活动。

作为国际性的文本检索实验及评价活动，按照主办者的设想，TREC活动的主要目标在于：

（1）通过提供大型的语料库、统一的测试程序及系统整理评测的结果数据，来促进信息检索技术的发展。

（2）强调检索技术的先进性与实用性的有机结合。

（3）为学术界、工业界、政府部门等提供交流研究思想的公开论坛，促进各部门之间的合作与交流。

（4）经由对真实检索环境的模拟与重要改进，加速将实验室研究技术转化为商业产品。

9.6.2 TREC的实验数据集合

为了对信息检索系统做出评价，需要有统一的测试参考文档集和统一的评价系统。TREC为信息检索研究人员提供了一种标准的用于比较信息检索系统的评价平台，其最大的特点是提供一组统一的测试文档集，用以比较、评价各种检索技术和检索系统。TREC主办者从一开始就致力于建设并不断完善大规模公用测试数据集合，以弥补过去评价研究活动中存在的实验数据量小、实验结果没有比较基础的缺陷。目前，TREC已拥有一个动态更新、来源多样、类型与语种多样的实验用文本数据集合，数据集合的规模也在逐年稳定增长。众多机构和部门都向NIST免费提供其具有的知识产权的文档资料，也有少数采取象征性收费策略提供TREC需要的资料，而TREC成员只要出于实验目的，即可无偿使用。测试文档集合包含以下三种数据：

1. 文档集合

文档集合（Document Set）是评价检索系统时采用的检索对象文档的集合，TREC测试文档集合分为“英语文档集合”和“非英语文档集合”两类，其中以前者为主。

为了方便TREC实验项目的参与者解析其内容，文档一般采用SGML进行简单标记。大多数文档中提供有“文档编号”（DOCNO）、“文档内容”（TEXT）等类型的通用字段。针对不同类型的文档资料，NIST还决定尽可能多地保留各自原有的结构信息，以使语料更接近真实文本处理环境。

TREC的非英语文档集合涉及汉语、西班牙语、德语、意大利语等语种，其中比较重要的内容有来自《人民日报》和新华社电讯稿的中文全文语料、来自墨西哥报纸的西班牙文语料以及来自法新社的法语电讯稿语料等。

TREC实验数据的特点可以概括为：全文文献占主导，文摘文献为补充；文献主题包罗万象；实验数据规模大。

2. 查询文档集合

查询文档集合（Query Set）是评价检索系统时采用的查询文档的样本集合（或称为检索主题）。在TREC实验的术语集中，用户的信息需求被称为“检索问题”（Topics），它们一般用自然语言描述，以区别于检索系统中采用的某种检索语言形成的结构化的“检索提问”（Queries）。针对不同领域的测试语料，TREC专家形成了不同的检索提问集合，同样采取一种简单的、SGML风格的标签对每一个问题进行标记。通常，检索问题的陈述形式也会随领域的不同而有微小的变化。问题描述具有简单的结构，具体包含三个字段：Title（标题）、Description（描述）和Narrative（叙事）。

在一般情况下，参加检索实验的系统需要自行把用自然语言描述的“检索问题”转换成符合自己系统要求的检索提问式，具体的提问式可以是一个检索词的集合、一个布尔表达式或者一个提问向量等。这种转换被看作参加评价活动的一个有机组成部分，其转换方式可以是自动方式的，也可以是其他手工方式的。

3. 相关信息

相关信息（Relevance Judgements，Relevance Assessments）是指对应于每个查询样本，表明文档集合中哪个文档是相关的（或是不相关的）信息。根据测试数据的不同有时给出部分相关的信息。对检索问题得到的检索结果进行相关性判断，即可获取并确认检索问题的正确答案（Right Answers），目前，TREC检索实验采用的是一种二值判断（Binary Judgement）模式，并认为如果一篇文献的任何部分或片段与某检索问题相关，那么，这篇文献就被判断为相关文献，并列入该问题的正确答案列表中。

通常，相关性判断应基于检索问题所来自的测试文档集合，并采用“Pooling”技术来完成。“Pooling”技术的具体操作方法是，针对某一检索问题，所有参与其检索实验的系统分别给出各自检索结果中的前K个文档，将这些结果文档汇集起来，得到一个可能相关的文档“池”（Pool）。然后，由检索评价专家进行人工判断，最终判断出每一文档的相关性。

已有的 TREC 评价实践证明，用“Pooling”方法产生的正确结果集合是准确的。通常，也把这些结果集合进行适当的组合与划分，形成不同的计算机文件加以保存。有时，为了便于下载，还会进一步细分成更小的文件进行保存。

9.6.3 TREC 的主要评价项目

TREC 活动主要由一系列评测“项目”（Tracks）组成，每个项目涉及一个特定的检索任务。世界各地的 TREC 参与者正是通过携带自己开发、设计的检索实验系统，参与当年设立的全部或部分评测项目的评价活动，来实现对自身系统检索技术先进性与实用性的检验和验证的。

1. TREC 评测项目的设立

按照 TREC 活动发起者的考虑，评测项目的设立希望能够达到以下主要目的：

（1）通过支持并创建必要的测试项目，形成可以使用的语料集合及评测方法体系，以催生并孵化信息检索的新研究领域。

（2）验证核心检索技术的健壮性（同样的技术适用于不同的检索任务）。

（3）通过提供与更多研究小组兴趣相关的检索任务，使 TREC 在更大范围具有吸引力。

在每一届 TREC 中，具体设立哪些或多少评测项目，不仅取决于检索问题对 TREC 环境是否适宜，也取决于当年参与者与赞助者的兴趣。随着 TREC 活动的不断深入，越来越多新的评测项目不断被提出，于是，每届 TREC 评测项目有了数量上的限制。目前，每年最多进行 8 个项目的评测。

2. TREC 的主要评测项目简介

TREC 评价实验对项目采取动态管理，目前已经形成了一个非常简单的测试项目集合。在 TREC 实验活动的初期，检索评价主要围绕以下两项不同的检索任务来进行：

（1）Ad hoc Retrieval（特别检索任务）。特别检索任务的含义是使用不同的提问式，在同一文档集合（语料库）中进行检索。这非常类似于在图书馆中发生的用户检索情形——新的检索请求、静态的文档集合。一般参与特别检索任务的系统在评价实验前只拥有指定的文档数据库，所使用的检索问题是在开始检索实验后才获得的。参评系统可以先对数据库做各种各样的分析研究，并做好检索式构造准备。

（2）Information Routing（常规检索任务）。常规检索任务的含义是使用同样的一批提问式，在不同的文档集合（语料库）中进行检索。这种检索评价任务类似于后来设立的“过滤”项目——不变的检索请求、动态的文档集合。参加常规检索任务的系统在评价实验开始后，会得到一个检索提问集合和两个实验用文档集合，其中的一个文档集合用于训练和调整系统的检索算法，另一个文档集合则用于对调整后的检索算法进行测试，以获得检索问题的检索结果。

特别检索任务和常规检索任务已经分别于 1998 和 2000 年终止。从 1995 年开始的 TREC-4 开始，检索任务进一步细化，引入更加专指的检索“子任务”（Secondary Tasks），即现在所说的“评测项目”。

TREC 评测项目包括基本实验和特种评价实验，基本实验包括常规任务（Routing Task）和特别任务（Ad hoc Task），特种评价实验包括西班牙文实验（Spanish Track）、交互实验（Interactive Track）、“噪声”实验（Confusion Track）、数据库合并实验（Database Merging Track）、过滤实验（Filtering Track）、中文实验（Chinese Track）、自然语言处理实验（Natural Language Processing Track，NLP Track）、语音检索实验（Spoken Document Retrieval Track，SDR Track）、跨语言实验（Cross-language Track）、高查准率实验（High Precision Track）、超大样本实验（Very Large Corpus Track，VLC Track）、检索提问实验（Query Track）、问答实验（QA Track）、Web实验（Web Track）等内容。不同的任务随着年份的变化已经终止或者发生改变。

TREC有两套工作：主要工作（TREC术语的核心）和辅助性工作（TREC术语的思路）。核心部分的工作又有两种类型：特别任务（对应回溯检索）和常规任务（对应定题情报提供）。基于前一次的文献集所做的相关性判断和前一次的主题选择在随后的每一次TREC系列实验中都是已知的。常规任务包括：将一些已使用过的主题应用于新的文献集：基于旧的文献集所得出的相关性信息可以作为编辑提问或提示的参考。

9.6.4 部分往届TREC简介

TREC发起的总目标是推动基于大规模实验数据集的信息检索研究的发展，并希望通过提供一个大型的实验数据集，借助评价论坛促进研究队伍之间的交流，为信息检索的发展提供一个新的动力。部分往届TREC的基本信息见表9-10。

表9-10 部分往届TREC的基本信息

届次	年份	参与系统数	评测项目
TREC-1	1992	25	Ad hoc（特别任务）/Routing（常规任务）
TREC-2	1993	31	Ad hoc（特别任务）/Routing（常规任务）
TREC-3	1994	32	Ad hoc（特别任务）/Routing（常规任务）
TREC-4	1995	36	Spanish（西班牙语）/Interactive（交互）/Database Merging（数据库合并）/Confusion（噪声）/Filtering（过滤）
TREC-5	1996	38	Spanish（西班牙语）/Interactive（交互）/Database Merging（数据库合并）/Confusion（噪声）/Filtering（过滤）/NLP（自然语言处理）
TREC-6	1997	51	Chinese（中文）/Interactive（交互）/Filtering（过滤）/NLP（自然语言处理）/CLIR（跨语言）/High Precision（高查准率）/SDR（语音检索）/VLC（超大样本）
TREC-7	1998	56	CLIR（跨语言）/High Precision（高查准率）/Interactive（交互）/Query（提问）/SDR（语音检索）/VLC（超大样本）
TREC-8	1999	66	CLIR（跨语言）/Filtering（过滤）/Interactive（交互）/QA（问答）/Query（提问）/SDR（语音检索）/Web（网页）
TREC-9	2000	70	QA（问答）/CLIR（跨语言）/Web（网页）/Filtering（过滤）/Interactive（交互）/Query（提问）/SDR（语音检索）
TREC-10	2001	89	QA（问答）/CLIR（跨语言）/ Web（网页）/Filtering（过滤）/Interactive（交互）/Video（视频）

（续）

届次	年份	参与系统数	评测项目
TREC-11	2002	93	QA（问答）/CLIR（跨语言）/Web（网页）/Filtering（过滤）/Interactive（交互）/Video（视频）/Novelty（新颖性）/……
TREC-12	2003	93	QA（问答）/ Web（网页）/Novelty（新颖性）/ HARD（文献高精确度检索）/ Robust（鲁棒性）/Genomics（基因组学）/……
TREC-13	2004	103	QA（问答）/Web（网页）/Novelty（新颖性）/HARD（文献高精确度检索）/Robust（鲁棒性）/Genomics（基因组学）/Terabyte（兆字节）/……
TREC-14	2005	117	QA（问答）/HARD（文献高精确度检索）/Robust（鲁棒性）/Enterprise（企业）/Genomics（基因组学）/Terabyte（兆字节）/SPAM（垃圾邮件）/……
TREC-15	2006	不详	QA（问答）/Legal（法律）/Enterprise（企业）/Genomics（基因组学）/Terabyte（兆字节）/SPAM（垃圾邮件）/Blog（博客）/……
TREC-16	2007	不详	QA（问答）/Legal（法律）/Enterprise（企业）/Genomics（基因组学）/Terabyte（兆字节）/SPAM（垃圾邮件）/Blog（博客）/Million Query（百万查询）
TREC-17	2008	不详	Legal（法律）/Enterprise（企业）/Genomics（基因组学）/Terabyte（兆字节）/SPAM（垃圾邮件）/Blog（博客）/……
TREC-18	2009	不详	Million Query（百万查询）/Blog（博客）/Genomics（基因组学）/……
TREC-19	2010	不详	Blog（博客）/Legal（法律）/Genomics（基因组学）/……
TREC-20	2011	不详	Entity（实体）/ Chemical IR（化学信息检索）/……
TREC-21	2012	不详	Legal（法律）/ Medical Records（医疗文档）/……
TREC-22	2013	不详	Crowdsourcing（跨源）/Legal（法律）/……
TREC-23	2014	不详	Web（网页）/Clinical Decision Support（临床决策支持）/ Microblog（微博）/ Session（会议）/Contextual Suggestion（语境支持）/Federated Web Search（联合网页搜索）/ Knowledge Base Acceleration（知识库加速）/……

9.6.5 关于 C-TREC 的一些思考

Web 信息检索从 1999 年开始成为 TREC 的一个测试子项目，提供英文 Web 测试集。缺乏大规模的中文 Web 测试集是制约中文信息检索技术前进的障碍。同时受 TREC 的启发，一些学者认为有必要在中文信息检索领域开发 TREC 式的中文检索评价实验活动，即 C-TREC，以便实质性地借鉴和利用 TREC 的经验。

国内信息检索的研究活动日益活跃，中文信息检索的规范化、产业化发展特别需要权威的、第三方研究数据予以评测和认证。另外，美国、日本、新加坡等海外信息检索界已经开始建立中文信息检索的评测体系。这两点成为举办 C-TREC 的主要理由。国内著名学者曾民族先生等对 C-TREC 的建设提出了设想，并就一些具体的建议进行了讨论。建议包括：

（1）把“筹建中文信息检索评测体系（C-TREC）”作为国家级重要研究课题来设立。

（2）建立准官方、权威性的 C-TREC 评测体系的常设机构。

（3）着手筹建 C-TREC 的实验基础设施，包括确定实验语料库、制定竞赛规则、明确测试项目等。

自 2004 年 6 月开始，北京大学网络实验室和北京大学计算语言学研究所建立并维护了以大规模中文 Web 信息为测试集的信息检索研究论坛（简称 CWIRF，http：//www. cwirf. org)，正在致力于建立大规模的中文 Web 测试集，推动中文信息检索技术的进步和发展。

C-TREC 平台的建设构想，可以看作 TREC 活动在中文信息检索领域的影响的一种积极回应，也是 TREC 吸引力的一种具体体现。未来的 TREC 和 C-TREC 如何发展和演变，仍然很值得我们关注和期待。

检索评价工作已开展了数十年，取得了不少代表性的成果，但也必须承认这项工作还远未得到圆满解决。一方面，如何在已有的传统评价方法和指标体系的基础上，进行更加可行、更具说服力的评价工作，提高评价工作的科学性，难度依然很大；另一方面，随着新的检索环境和检索工具（如网络搜索引擎、各种基于内容/视频的检索系统、智能检索系统等）的不断出现，以及像 TREC 这样的大型评价活动的发展变迁，评价工作中面临的新问题和新挑战也在不断出现，如何建立新型检索系统的合理评价体系，有关的探索和实验还刚开始，仍然有很长的道路要走。

思考题

1. 简述信息检索评价的一般实施步骤。
2. 简述信息检索评价的主要指标，并分析各个指标之间的联系。
3. 比较几种具体的检索评价实验，分析各自的优缺点并讨论改进方案。
4. 结合 TREC 官方网站，讨论 TREC 的主要进展，对 C-TREC 的实施提出个人看法。

参 考 文 献

[1] 布切尔，等. 信息检索：实现和评价搜索引擎 [M]. 陈健，等译. 北京：机械工业出版社，2011.

[2] Baeza-Yates R, Ribeiro-Neto B. Modern information retrieval: the concepts and technology behind search [M]. 2nd ed. New York: Addison Wesley, 2011.

[3] Baeza-Yates R, Ribeiro-Neto B. 现代信息检索 [M]. 王知津，等译. 北京：机械工业出版社，2005.

[4] Bates M J. Understanding information retrieval systems: management, types, and standards [M]. Boca Raton: CRC Press, Taylor & Francis Group, 2012.

[5] Ben S, Catherine P. 用户界面设计——有效的人机交互策略 [M]. 张国印，李健利，等译. 北京：电子工业出版社，2006.

[6] Bruce C W. Advances in information retrieval recent research from the center for intelligent information retrieval [M]. New York: Springer-Verlag New York Inc. , 2013.

[7] Büttcher S, et al. Information retrieval: implementing and evaluating search engines [M]. Cambridge, Mass. : MIT Press, 2010.

[8] Ceri S. Web information retrieval [M]. Heidelberg: Springer, 2013.

[9] Chowdhury G G. Introduction to modern information retrieval [M]. New York: Neal-Schuman Publishers, 2010.

[10] Chowdhury G G. Introduction to modern information retrieval [M]. London: Facet, 2004.

[11] Chu H. Information representation and retrieval in the digital age [M]. Medford, NJ: Information Today, 2010.

[12] Dinet J. Information retrieval in digital environments [M]. Hoboken, NJ: ISTE Ltd/John Wiley and Sons Inc, 2014.

[13] Foster A, Rafferty P. Innovations in information retrieval : perspectives for theory and practice [M]. London: Facet, 2011.

[14] Gödert W. Semantic knowledge representation for information retrieval [M]. Boston: Walter de Gruyter GmbH, 2014.

[15] Harman D K. Information retrieval evaluation [M]. San Rafael, Calif. : Morgan & Claypool, 2011.

[16] Jouis C, et al. Next generation search engines: advanced models for information retrieval [M]. Hershey, PA: Information Science Reference, 2012.

[17] Kowalski G. Information retrieval architecture and algorithms [M]. New York: Springer, 2011.

[18] Lu J. Design, performance, and analysis of innovative information retrieval [M]. Hershey, PA: Information Science Reference, 2013.

[19] Lux M, Marques O. Visual information retrieval using Java and LIRE [M]. San Rafael, Calif. : Morgan & Claypool, 2013.

[20] Maher R. Information retrieval handbook [M]. Delhi: Research World, 2012.

[21] Manning C D, et al. 信息检索导论（英文版）[M]. 北京：人民邮电出版社，2010.

[22] Melucci M, Baeza-Yates R. Advanced topics in information retrieval [M]. Berlin: Springer, 2011.

[23] Mihalcea R, Radev D. Graph-based natural language processing and information retrieval [M]. New York: Cambridge University Press, 2011.

[24] Mostafa J. Personalization in information retrieval [M]. San Rafael, Calif. Morgan & Claypool Publishers, 2012.

[25] Neal D R. Indexing and retrieval of non-text information [M]. Boston: De Gruyter Saur, 2012.

[26] Nenkova A, McKeown K. Automatic summarization [M]. Hanover, Mass. : Now Publishers, 2011.

[27] Nie Jian-Yun. Cross-language information retrieval [M]. San Rafael, Calif. : Morgan & Claypool Publishers, 2010.

[28] Peter S. Multimedia information retrieval: content-based information retrieval from Large text and audio databases. [M]. New York: Springer-Verlag , 2013.

[29] Peters C, Braschler M, Clough P. Multilingual information retrieval: from research to practice [M]. New York: Springer, 2012.

[30] Peters C, et al. Multilingual information retrieval : from research to practice [M]. New York: Springer, 2012.

[31] Raieli R. Multimedia information retrieval: theory and techniques [M]. Oxford: Chandos Publishing, 2013.

[32] Raś Z, Wieczorkowska A A. Advances in music information retrieval [M]. Berlin: Springer-Verlag, 2010.

[33] Roelleke T. Information retrieval models : foundations and relationships [M]. San Rafael, Calif. : Morgan & Claypool Publishers, 2013.

[34] Rüger S M. Multimedia information retrieval [M]. San Rafael, Calif. : Morgan & Claypool Publishers, 2010.

[35] Ruthven I, Kelly D. Interactive information seeking, behaviour and retrieval [M]. London: Facet Publishing, 2011.

[36] Salton G, McGill M. Introduction to modern information retrieval [M]. New York: McGraw-Hill Book Co. , 1983.

[37] Salton G. The SMART Retrieval System——Experiments in Automatic Document Processing [M]. Englewood Cliffs, NJ: Prentice Hall Inc. , 1971.

[38] Sanderson M. Test collection based evaluation of information retrieval systems [M]. Hanover, Mass. : Now Publishers, 2010.

[39] Schedl M. Music information retrieval: recent developments and applications [M]. Hanover, Mass. : Now Publishers Inc, 2014.

[40] Soro A, et al. Information retrieval and mining in distributed environments [M]. Berlin: Springer, 2010.

[41] Sukula S. Information retrieval [M]. New Delhi: Ess Ess Publications, 2014.

[42] Wu S. Data fusion in information retrieval [M]. New York: Springer, 2012.

[43] Yan L, Ma Z. Intelligent multimedia databases and information retrieval : advancing applications and technologies [M]. Hershey, PA: Information Science Reference, 2012.

[44] Yi X, et al. Private information retrieval [M]. San Rafael, Calif. : Morgan & Claypool Publishers, 2013.

[45] 陈次白，等. 信息存储与检索技术 [M]. 北京：国防工业出版社，2006.

[46] 陈雅芝，等. 信息检索 [M]. 北京：清华大学出版社，2006.

[47] 冯惠玲，王立清. 信息检索教程 [M]. 北京：中国人民大学出版社，2004.

[48] 符绍宏. 信息检索 [M]. 北京：高等教育出版社，2004.
[49] 符绍宏，等. 因特网信息资源检索与利用 [M]. 北京：清华大学出版社，2000.
[50] 高凯，等. 信息检索与智能处理 [M]. 北京：国防工业出版社，2014.
[51] 焦玉英，符绍宏. 信息检索 [M]. 武汉：武汉大学出版社，2001.
[52] 焦玉英. 信息检索进展 [M]. 北京：科学出版社，2003.
[53] 赖茂生，赵丹群，韩圣龙，等. 计算机情报检索 [M]. 2版. 北京：北京大学出版社，2006.
[54] 李国辉，汤大权，武德峰. 信息组织与检索 [M]. 北京：科学出版社，2003.
[55] 李卫疆，李卫军，王玲玲. 基于自然语言处理的信息检索 [M]. 昆明：云南大学出版社，2014.
[56] 李晓明，等. 搜索引擎——原理、技术与系统 [M]. 北京：科学出版社，2004.
[57] 李新叶. XML智能信息检索技术 [M]. 北京：中国电力出版社，2013.
[58] 林福宗. 多媒体技术基础 [M]. 北京：清华大学出版社，2002.
[59] 刘挺，等. 信息检索系统导论 [M]. 北京：机械工业出版社，2008.
[60] 刘永. 多媒体信息处理 [M]. 北京：中国农业大学出版社，2005.
[61] 刘毓敏. 数字视音频技术与应用 [M]. 北京：电子工业出版社，2003.
[62] 潘卫东，黄金国. 多媒体技术基础及应用 [M]. 南京：东南大学出版社，2003.
[63] 祁延莉，赵丹群. 信息检索概论 [M]. 2版. 北京：北京大学出版社，2013.
[64] 苏新宁. 信息技术及其应用 [M]. 南京：南京大学出版社，2002.
[65] 苏新宁. 信息检索理论与技术 [M]. 北京：科学技术文献出版社，2004.
[66] 孙建军，成颖，等. 信息检索技术 [M]. 北京：科学出版社，2004.

[67] 邰晓英. 信息检索技术导论 [M]. 北京：科学出版社，2006.

[68] 王冲. 现代信息检索技术基本原理教程 [M]. 西安：西安电子科技大学出版社，2013.
[69] 王兰成，敖毅. 数字图书馆技术 [M]. 北京：国防工业出版社，2007.
[70] 王兰成. 信息检索——原理与技术 [M]. 北京：高等教育出版社，2011.
[71] 王松林. 信息资源编目 [M]. 北京：北京图书馆出版社，2005.
[72] 王曰芬，等. 网络信息资源检索与利用 [M]. 南京：东南大学出版社，2003.
[73] 吴玲达，老松杨，魏迎梅. 多媒体技术 [M]. 北京：电子工业出版社，2003.
[74] 夏立新，等. 信息检索原理与技术 [M]. 北京：科学出版社，2009.
[75] 肖明. 基于内容的多媒体信息索引与检索概论 [M]. 北京：人民邮电出版社，2009.
[76] 杨玉麟. 信息描述 [M]. 北京：高等教育出版社，2004.
[77] 叶继元. 信息检索导论 [M]. 2版. 北京：电子工业出版社，2009.
[78] 叶鹰. 信息检索：理论与方法 [M]. 北京：高等教育出版社，2004.
[79] 喻萍，严而清. 实用信息资源检索与利用 [M]. 北京：化学工业出版社，2005.
[80] 张鸿. 多媒体信息的融合分析与综合检索 [M]. 北京：科学出版社，2011.
[81] 张维明. 多媒体信息系统 [M]. 北京：电子工业出版社，2002.
[82] 赵丹群. 现代信息检索：原理、技术与方法 [M]. 北京：北京大学出版社，2008.
[83] 周宁，张玉峰，张李义. 信息可视化与知识检索 [M]. 北京：科学出版社，2005.
[84] 朱学芳. 多媒体信息处理与检索技术 [M]. 北京：电子工业出版社，2002.